U0946460

动物疾病诊治
彩色图谱经典

动物传染病
诊治彩色图谱

第二版

郑明球　蔡宝祥　姜　平　主编

中国农业出版社

内容提要

本书在第一版的基础上进行了全面修订，又增补了14种国内外新出现和重新出现的动物传染病。全书共收录包括牛、羊、猪、禽、马、犬、兔等动物88种传染病的特征性症状和眼观病变图片791幅。每种疾病除以图片显示主要病变外，还配有简炼、易懂的文字说明，简要介绍该病的病原、流行病学特点、具有诊断意义的症状、病理变化和防制措施要点等。本书适合广大兽医工作人员、养殖户和兽医专业师生学习和参考。

主编简介

郑明球

福建闽侯人，1934年出生，1959年毕业于南京农学院兽医系，1989年作为高级访问学者在英国爱丁堡皇家兽医学院合作科研。曾任南京农业大学动物医学院院长。现任南京农业大学教授，博士生导师，中国畜牧兽医学会家畜传染病学分会副理事长。主持和参加多项禽病科研项目，并获多项省部级奖。1993年被国家教委、人事部评选为全国优秀教师并获得奖章。与蔡宝祥教授合作主编《幼畜幼禽疾病防治手册》和《猪常见病诊断与肉品检验图谱》等书。

蔡宝祥

浙江杭州人，1926年出生，1947年毕业于南京中央大学农学院畜牧兽医系，1980—1981年在美国密歇根州立大学及衣阿华州立大学兽医学院作为访问学者合作科研。现任南京农业大学动物医学院教授，博士生导师，中国畜牧兽医学会家畜传染病学分会名誉理事长，全国博士后管委会专家组成员。曾担任国务院学位委员会学科评议组成员，农业部畜牧专家顾问组成员等。主持多项畜禽病科研项目，并获多项省部级奖。曾被评选为农业部、江苏省高校优秀教师和南京市劳动模范。主编全国高校教材《家畜传染病学》、《人畜共患病学》和参考书《实用家畜传染病学》、《动物传染病诊断学》等书。

姜　平

男，1964年2月出生，博士，教授，博士生导师，现任南京农业大学动物医学院预防兽医学系主任，农业部动物疫病诊断与免疫重点开放实验室主任。教育部新世纪优秀人才；江苏省"333工程"科技学术带头人（第二层次）；江苏省高校"青蓝工程"中青年学术带头人。1981—1989年南京农业大学动物医学院，获硕士学位，1994—1997年南京农业大学动物医学院博士研究生毕业。1998年加拿大Guelph大学兽医学院进修，2000—2001年美国Rush医学中心博士后。先后主持国家和部省级研究课题24项。研究领域涉及畜禽重要疫病病原分子流行病学、致病机理、诊断和免疫研究。于国内外重要学术期刊发表论文150多篇，其中SCI论文25篇，主编出版面向21世纪课程《兽医生物制品学》和其他专著3部，获省部级科技进步奖6项，培养博士研究生8名，硕士研究生50多名。

第二版编写人员

主　编　郑明球　蔡宝祥　姜　平

编　者（以姓氏笔画为序）

王川庆　河南农业大学

王永坤　扬州大学

王志亮　农业部青岛动检所

冯太兰　扬州市畜牧兽医站

许家荣　南京农业大学

孙伟东　南京农业大学

吴延功　农业部青岛动检所

周　斌　南京农业大学

单　虎　青岛农业大学

姜　平　南京农业大学

郑明球　南京农业大学

蔡宝祥　南京农业大学

戴建君　南京农业大学

第一版编写人员

主　　编　郑明球　蔡宝祥

编者及分工　蔡宝祥（前言）

蔡宝祥　范伟兴　陈德胜（牛、羊的传染病）

姜　平　黄灿平　许家荣（猪的传染病）

戴建君　陈德胜（禽的传染病）

郑明球　姜　平（其他动物的传染病）

第二版前言

进入新世纪以来，随着改革开放的深入，我国社会主义新农村建设事业的高潮正在蓬勃地掀起。畜禽养殖业作为我国农村经济的支柱，受到党和人民群众的高度重视，亦将有更大的发展。但由于畜禽交易运输频繁，饲养管理水平低下以及动物防疫工作尚未完全到位，畜禽的疫病流行正严重威胁我国畜禽养殖业的进一步发展。在生产实践中，对畜禽疫病作出快速准确的诊断是有效控制疫情的前提，而临诊症状和病理剖检变化的观察，仍是目前我国快速诊断畜禽疫病的主要手段。

本书自2002年出版以来，深受广大大专院校师生和有关科技人员的欢迎。书中的图片和相关文字说明对于读者认识各种动物传染病的临诊症状和病理变化要点有很大帮助。初版虽然重印仍供不应求，广大读者和出版社均提出要求再版。

我们在再版时在对原书进行全面修订的基础上，又增补了14种国内外新出现和重新出现的动物传染病。全书共收录包括牛、羊、猪、禽、马、犬、兔等动物88种传染病的特征性病状和眼观病变图片791幅。其中牛和猪传染病的部分图片是马志永研究员提供，特此致谢。每种病除以图片显示主要病变外，还配有文字说明，简要介绍该病的病原、流行病学特点、具有诊断意义的症状、病理变化和防制措施要点等。本书既可作为面向21世纪课程教材《兽医传染病学》的配套教材供有关大专院校师生学习，又可作为广大兽医工作人员较为实用的参考书。

限于我们的水平和条件，书中的不妥和遗漏之处在所难免，诚恳希望读者批评指正。

编　者

第一版前言

为适应新世纪加强直观形象教学的需要，同时，应生产一线之需，我们编著了这本《动物传染病诊治彩色图谱》，既作为面向21世纪课程教材《家畜传染病学》的配套教材，又作为指导生产上动物传染病防治工作较为实用的参考书，奉献给广大读者。

面向21世纪，我国畜牧业将成为农村经济的支柱产业，在国民经济中将发挥越来越重要的作用。为保障畜牧业的健康发展，对家畜传染病的防制也将提出更高的要求。为了配合家畜传染病学的教学和兽医临诊工作的需要，使农业院校师生和广大兽医工作者对常见动物传染病的临诊表现、病理变化有直观形象的认识，我们在多年的教学研究过程中，收集了一些有关的图片，加以文字说明，编著成这本图谱。其中三种兔传染病的图片引用甘肃农业大学编著的《兔病诊治彩色图说》，特此致谢。

本书内容包括牛、羊、禽、马、犬、兔等动物74种常见传染病的特征性症状和眼观病变的图片595幅。每种病除以图片显示主要病变外，还配有文字说明，简介该病的病原、流行病学特点、具有诊断意义的症状和病理变化以及防制措施要点等。本书既可作为《家畜传染病学》的配套教材供大专院校师生学习，又可供广大兽医工作人员参考。

限于我们的水平和条件，书中的不妥和遗漏之处在所难免，诚恳希望读者批评指正，以便今后再版时修改补充。

编著者

目　录

第二章　猪的传染病

第三章　禽的传染病

第四章　其他动物的传染病

第一章

牛、羊的传染病

一、炭　疽

炭疽是由炭疽杆菌引起的一种人畜共患的急性、热性、败血性传染病。其病变的特点是败血症变化，脾脏显著增大，皮下和浆膜下有出血性胶样浸润，血液凝固不良。病原炭疽杆菌是一种革兰氏阳性芽孢大杆菌，菌体两端平直，呈竹节状，在病料检样中多散在或呈短链排列，有荚膜（图1-1、图1-2、图1-3）；在培养物中则形成较长的链条，一般不形成荚膜。病畜体内的菌体不形成芽孢，一旦暴露空气中在适当温度下能在菌体中央处形成芽孢。炭疽杆菌为兼性需氧菌，在普通琼脂平板上生长成灰白色、表面粗糙的菌落（图1-4、图1-5、图1-6）。放大观察，菌落边缘呈卷发状。

各种家畜、野生动物都有不同程度的易感性。其中草食兽最易感，包括羊、牛、驴、马、水牛、骆驼、鹿、羚羊和象等。猪感受性较低，犬、猫最低，家禽一般不感染，人也有易感性。实验动物中小鼠和豚鼠最易感。牛、羊发病常见最急性型或急性型病例，病牛体温升高，突然死亡，濒死期体温下降，瘤胃臌气，天然孔出血，可见肛门突出、流血（图1-7）。急性炭疽为败血症病变，尸僵不全，全身多发性出血，皮下、肌间、浆膜下胶样水肿。脾肿大2～5倍，脾髓软化和糊状，（图1-8）血不易凝固。

随动物种类不同，本病的经过和表现多样，最急性病例往往缺乏临诊症状，对疑似病死畜又禁止解剖，因此，确定诊断要靠微生物学及血清学方法。取濒死期末梢血液或脾脏制成涂片，用瑞氏染色液染色镜检，若见有多量菌端平直、有荚膜的粗大杆菌，并结合临诊表现，可诊断为炭

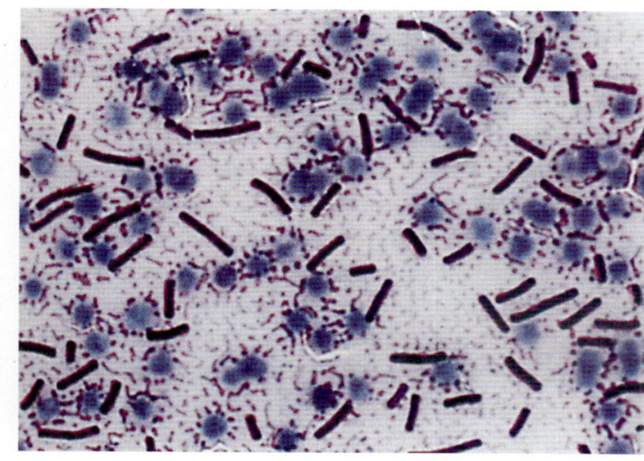

图1-1　死于炭疽的新鲜动物的血液涂片

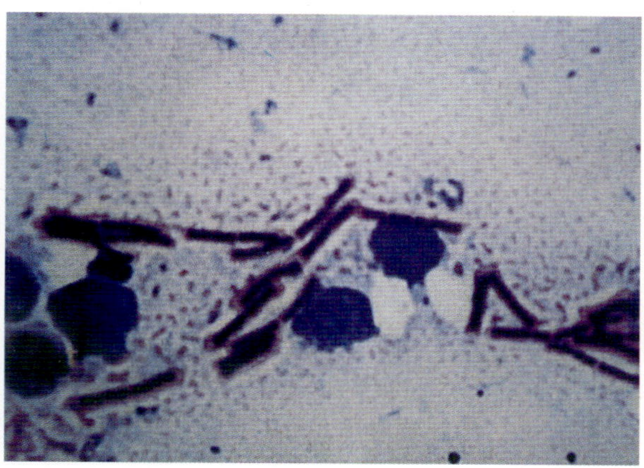

图1-2　在组织涂片中的炭疽杆菌形态片经姬姆萨染色可见大量菌体

疽。必要时可将病料接种小鼠或豚鼠作动物试验；或采病料为抗原作炭疽沉淀试验（Ascoli 氏反应）。在疫区或常发病地区，每年对易感动物进行免疫预防，常用疫苗有无荚膜炭疽芽孢苗（对山羊不宜使用）及炭疽Ⅱ号芽孢苗。此外，应严格执行兽医卫生防疫制度。

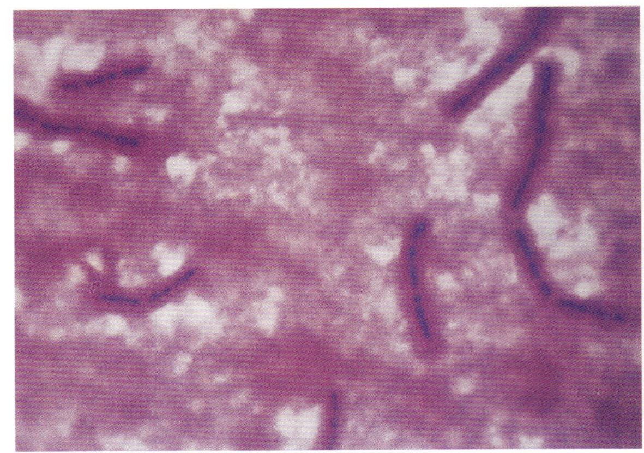

图 1-3　炭疽杆菌在病料检样中多散在或呈短链排列，有荚膜

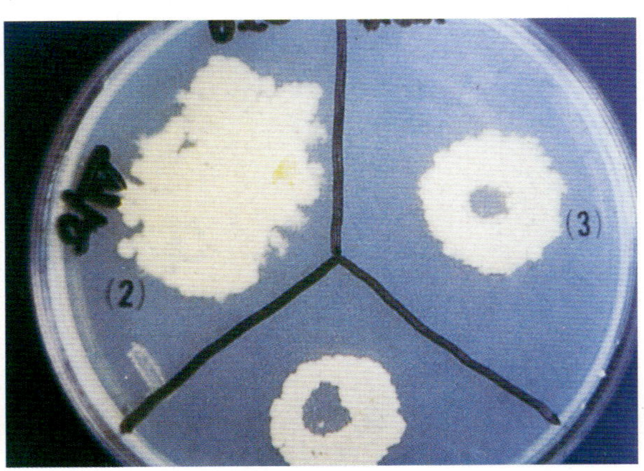

图1-4　炭疽杆菌在普通琼脂培养基上培养18～24h后，长成灰白色、扁平、不透明的菌落，表面干燥，边缘呈卷发状

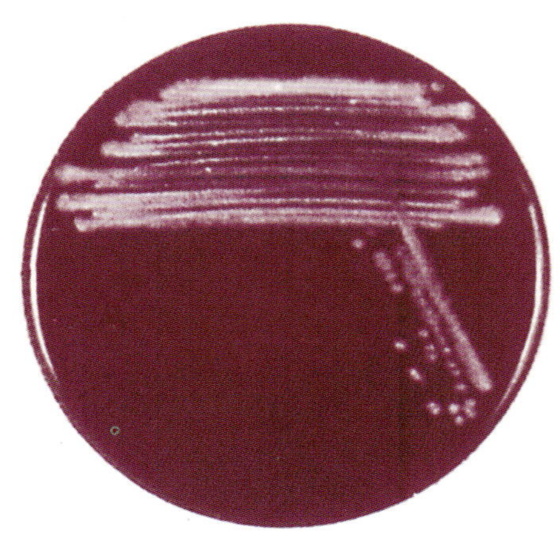

图1-5　经24h培养后典型的炭疽杆菌菌落

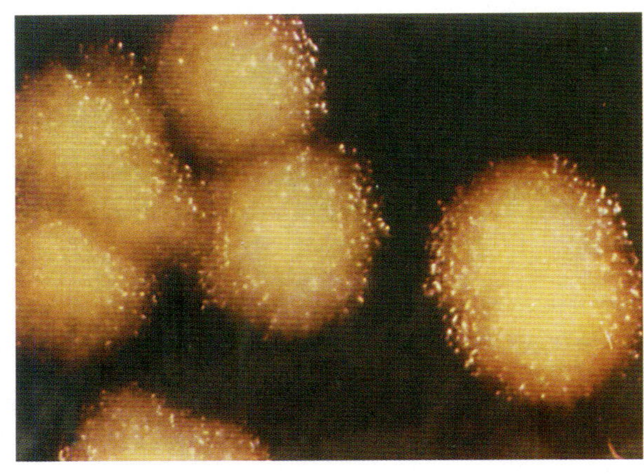

图 1-6　在 PLET 培养基上生长的炭疽杆菌菌落

图 1-7　病死于炭疽的牛瘤胃臌气，天然孔流血，见肛门突出，流血

图 1-8　死于炭疽的角羚脾脏显著肿大

二、破伤风

破伤风又称强直症，是由破伤风梭菌经伤口感染引起的一种急性中毒性人畜共患病，临诊上以骨骼肌持续性痉挛和神经反射兴奋性增高为特征。本病广泛分布于世界各地，呈散在性发生。病原破伤风梭菌为一种厌气性革兰氏阳性大杆菌，在动物体内外均可形成抵抗力强大的芽孢，可在土壤中存活多年，产生的痉挛毒素是引起动物特征性强直症状的决定性因素。感染常见于各种创伤，如断脐、去势、手术、断尾、产后感染等。各种家畜均有易感性，其中以单蹄兽最易感，猪、羊、牛次之，人的易感性也很高。

病畜最初表现对刺激的反射兴奋性增高等症状，以后随病情发展，出现全身性强直痉挛症状（图1-9、图1-10）。严重者牙关紧闭，无法采食和饮水，由于咽肌痉挛致使吞咽困难，唾液积于口腔而流涎。头颈伸直，两耳竖立，鼻孔张开（图1-11），四肢腰背僵硬，腹部蜷缩（图1-12），尾根高举，行走困难，形如木马（图1-13、图1-14），关节屈曲困难，易于跌倒。牛、羊常发生角弓反张和瘤胃臌气（图1-15、图1-16）。末期常因呼吸功能障碍或循环系统衰竭而死亡。

根据本病的特殊临诊症状，如神志清楚，反射兴奋性增高，骨骼肌强直性痉挛，体温正常，并有创伤史，即可确诊。

图1-9 病山羊全身强直

图1-10 病山羊前躯及头部痉挛性强直，后躯无力，牙关紧闭

图1-11 病马牙关紧闭，颈坚硬

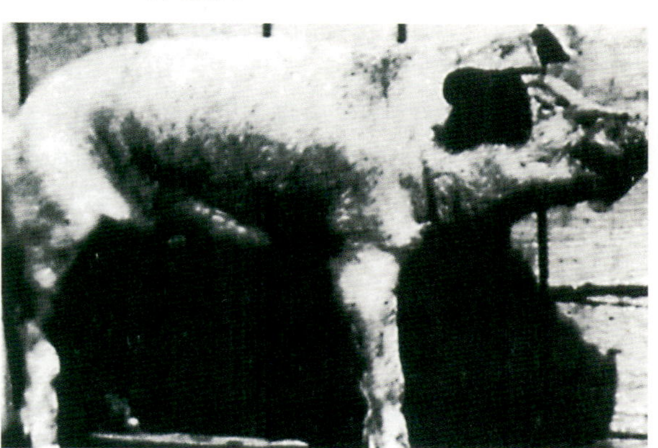

图1-12 病猪腹部蜷缩，四肢强直

预防本病，可在常发地区对易感家畜定期接种破伤风类毒素。平时要注意饲养管理和环境卫生，防止家畜受伤，一旦发生外伤，要注意及时处理创伤。发病早期使用破伤风抗毒素，疗效较好。当病畜兴奋不安和强直痉挛时，可使用镇静解痉剂。

图 1－13　病驴四肢强直，角弓反张

图 1－14　8 日龄驴破伤风（脐带风）

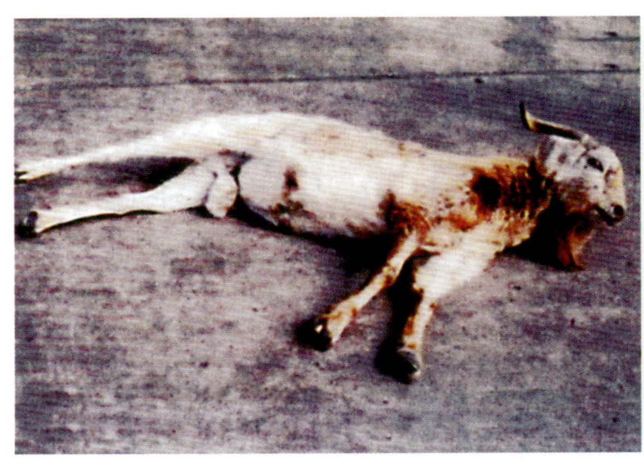
图 1－15　感染了破伤风的山羊表现出典型的症状

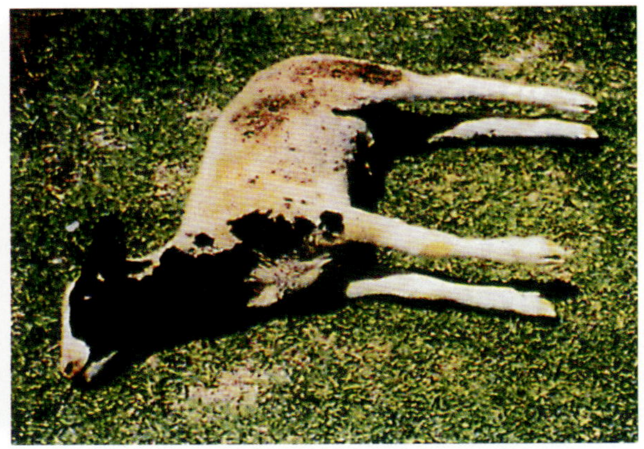
图1－16　感染了破伤风的羊羔角弓反张

三、坏死杆菌病

坏死杆菌病是坏死梭杆菌引起各种哺乳动物和禽类的一种慢性传染病。病的特征是在受损伤的皮肤、皮下组织、消化道黏膜发生组织坏死，有的在内脏形成转移性坏死灶。一般为散发，有时表现地方流行性。本病广泛发生于世界各地，我国也有牛、羊、猪、马和鹿发病的报道。病原坏死梭杆菌为多形性革兰氏阴性菌，常呈长丝状。病灶及老龄培养物染色时，常因着色不匀，犹如串珠状（图 1－17）。本菌为严格厌氧菌，存在于沼泽、污泥、洼地、污水及粪便中，在病畜肝、脾等内脏病变部及体表坏死处常能分离到病菌。本病主要经损伤的皮肤和黏膜而感染，新生畜有时经脐带感染。

病型因受害部位而有所不同，常见的有：①腐蹄病：多见于成年牛、羊或鹿，病初跛行，病肢不敢负重，蹄冠、趾间出现蜂窝织炎，多形成脓肿，往往出现湿性和气性坏疽，严重者出现蹄壳脱落（图1-18、图1-19）；②坏死性皮炎：多见于仔猪及其他幼畜，其特征为体表皮肤及皮下发生坏死和溃烂；③坏死性口炎：多见于犊牛、羔羊或仔猪，主要以咽喉的损害为特征，病变蔓延至肺部或转移他处形成坏死灶（图1-20、图1-21、图1-22）或坏死物被吸入肺内，常导致病畜死亡；④坏死性肠炎：常与猪瘟、副伤寒等病并发或继发，剖检可见肠黏膜坏死和溃疡。

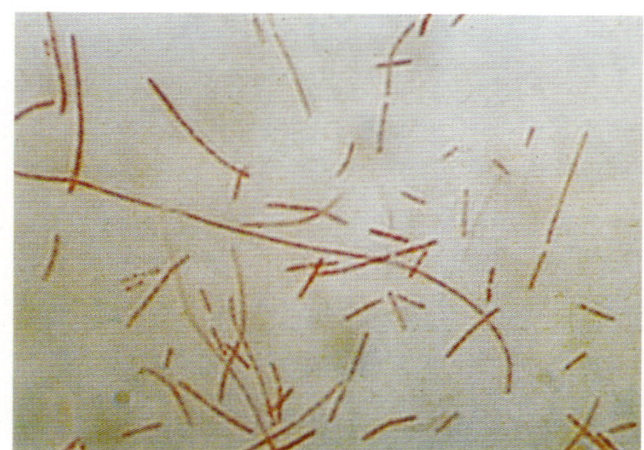

图1-17　坏死梭杆菌形态：革兰氏染色阴性，呈长丝状，或呈串球状

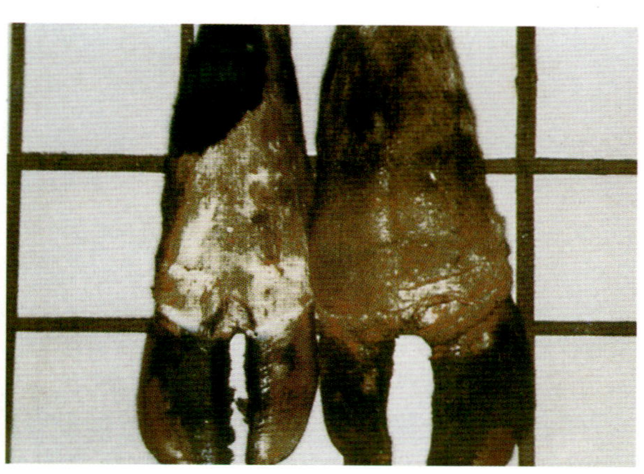

图1-18　腐蹄病：蹄冠、趾间出现蜂窝织炎，多形成脓肿

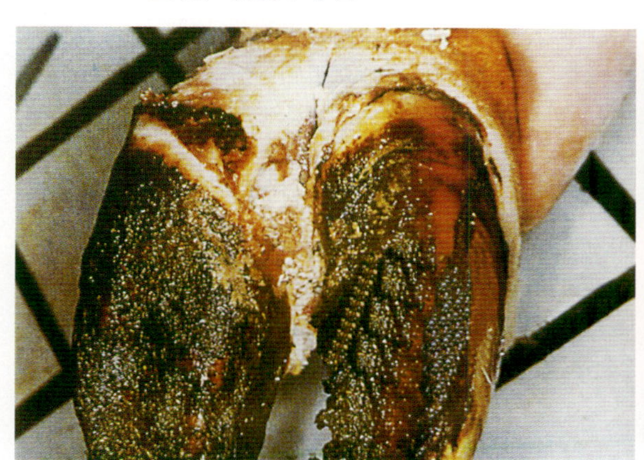

图1-19　腐蹄病：严重者出现蹄壳脱落

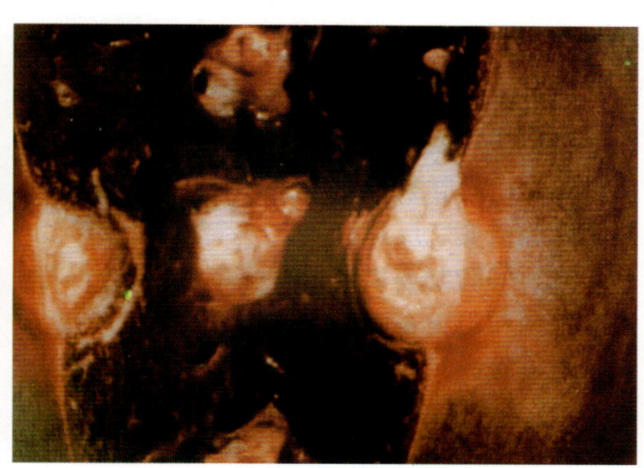

图1-20　坏死杆菌病，肺有坏死灶

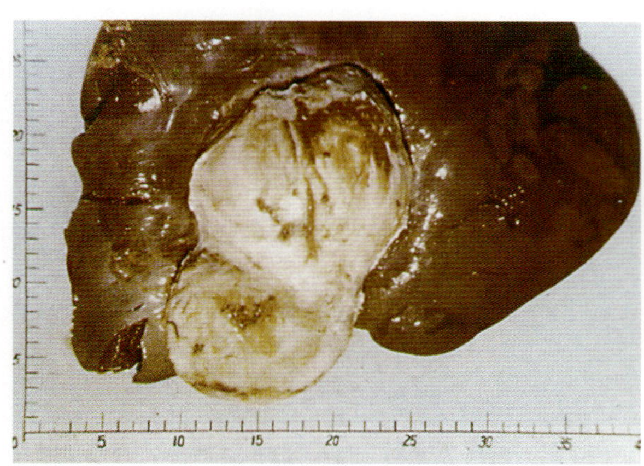

图1-21　坏死杆菌病，淋巴结有坏死灶

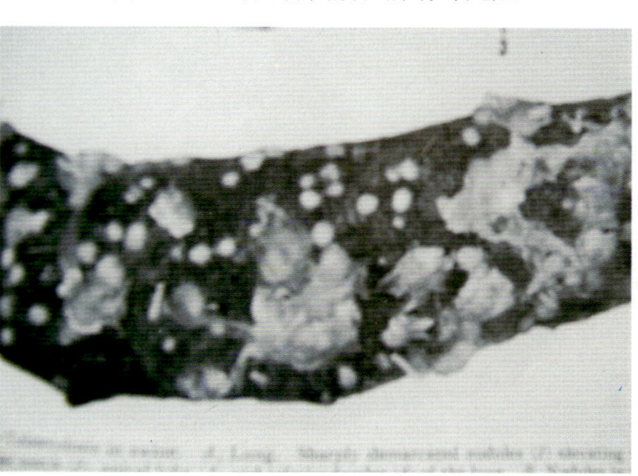

图1-22　脾脏有众多坏死灶

本病无特异性菌苗，只有采取综合性防制措施，加强饲养管理，搞好环境卫生和消除发病诱因，避免皮肤和黏膜损伤，对病畜应及时隔离治疗，在采用局部治疗的同时，要根据病型不同配合全身治疗。

四、布鲁氏菌病

布鲁氏菌病是由布鲁氏菌引起的人畜共患传染病。在家畜中，牛、羊、猪最常发生，且可由牛、羊、猪传染于人和其他家畜。其特征是生殖器官和胎膜发炎，引起流产、不育和各种组织的局部病灶，本病广泛分布于世界各地，我国目前在人、畜间仍有发生，给畜牧业和人类的健康带来严重危害。

病原布鲁氏菌为球杆状小杆菌，革兰氏染色阴性。布鲁氏菌属有6个种，即马耳他布鲁氏菌（或称羊布鲁氏菌）、流产布鲁氏菌（或称牛布鲁氏菌）、猪布鲁氏菌、林鼠布鲁氏菌、绵羊布鲁氏菌和狗布鲁氏菌。本病的易感动物范围很广，包括大多数家畜和野生动物，主要传播途径是消化道，即通过污染的饲料和饮水而感染，也可经皮肤、黏膜感染。

牛、羊最明显的症状是流产，通常发生于妊娠的中后期。流产前阴道黏膜潮红、肿胀，有粟粒大的红色结节，阴唇及乳房肿胀，不久即发生流产。流产胎儿多为死胎（图1-23、图1-24）。有时产下弱仔，但常存活不久。母牛流产后常伴发胎衣停滞和子宫内膜炎，从阴道流出污秽不洁的红褐色恶臭的分泌物，可持续2～3周（图1-25）。病公牛常发生睾丸炎或附睾肿胀，关节炎及局部肿胀，配种能力降低。主要病变为胎衣水肿、增厚，呈胶样浸润，表面有纤维素或脓汁覆盖（图1-26）。胎儿淋巴结、脾和肝有不同程度的肿胀（图1-27）。有的散布有炎性坏死灶。胎儿胃内有淡黄色或白色黏液絮状物，胃肠和膀胱浆膜下见有点状出血。

依据流行病学资料，孕畜流产，胎儿及胎衣的病理变化，胎衣滞留及不育，公畜发生睾丸炎及附睾炎，同群家畜发生关节炎及腱鞘炎，可以怀疑为布鲁氏菌病。确诊需进行细菌学检查、血清学试验或变态反应试验。

本病的防制要贯彻以畜间免疫、检疫、淘汰病畜和培育健康畜群为主导的综合性预防措施。只有控制和消灭畜间布鲁氏菌病，才能防止人间本病的发生，最终达到控制和消灭本病。家畜的计划免疫接种，我国经常使用的菌苗有我国自行培育的猪2号菌苗、羊5号菌苗和国外引进的流产19号菌苗，均有很好的免疫效果。

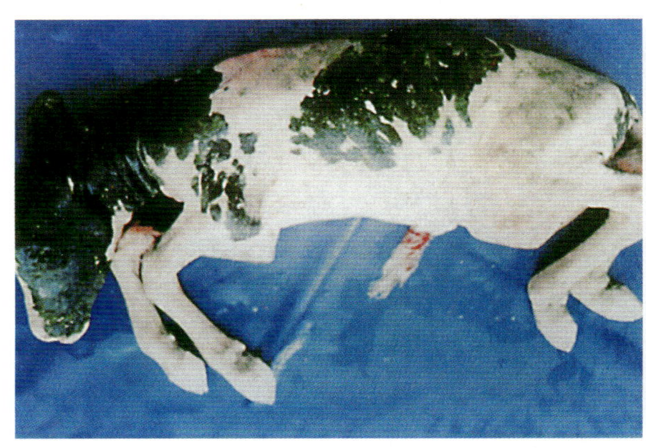

图1-23　布鲁氏菌病：母牛流产，产出发育比较完全的死胎

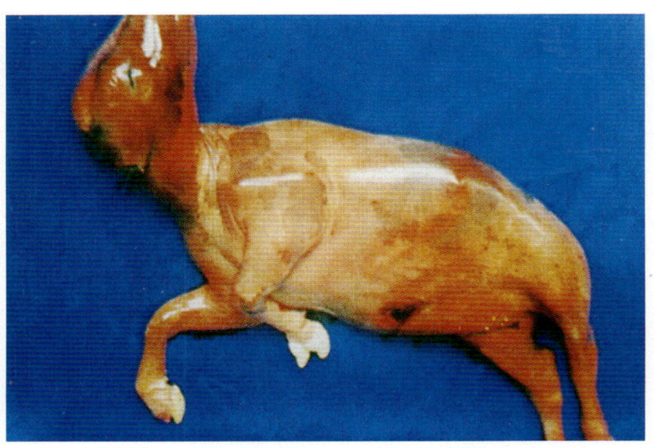

图1-24　布鲁氏菌病：母牛流产，产出发育不完全的胎儿，全身肿胀，有出血斑

图1-25 流产的母牛从阴道排出污灰白色或棕红褐色有恶臭的分泌液

图 1-26 胎衣水肿增厚，呈胶样浸润，子叶出血

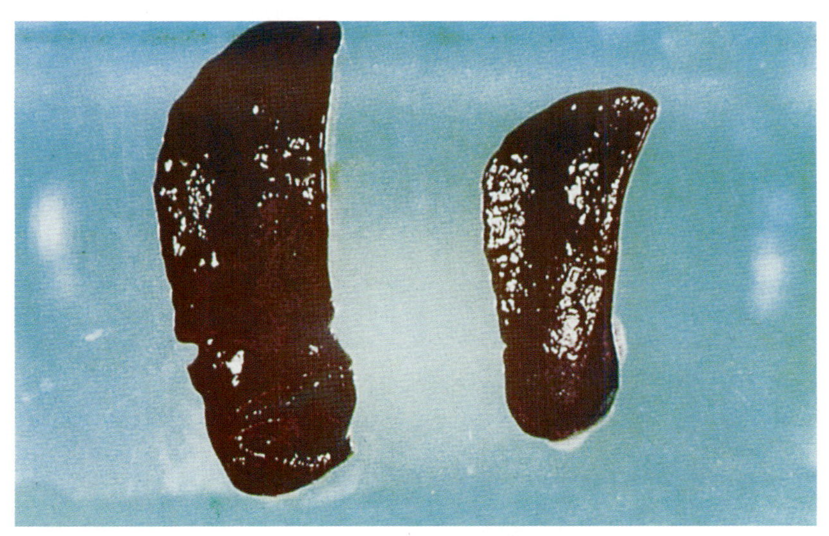

图 1-27 胎儿脾脏有不同程度的肿胀

五、恶性水肿

恶性水肿是由以腐败梭菌为主的多种梭菌引起多种家畜的一种经创伤感染的急性传染病，病的特征为创伤局部发生急剧气性炎性水肿，并伴有发热和全身毒血症。我国也时有散发病例。病原体腐败梭菌为严格厌氧菌，菌体粗大，两端钝圆，革兰氏阳性，无荚膜，能形成芽孢，有周鞭毛（图1-28）；培养物中菌体单在或呈短链状，但在动物腹膜或肝脏表面上的菌体常形成无关节、微弯曲的长丝或长链状，本菌产生的多种外毒素损害血管壁，使血管通透性增强，血浆及有形成分渗出，局部组织发生炎性水肿，同时细菌的毒素还分解病变部肌肉的肌糖和蛋白质，产酸产气，使病变部呈现气性水肿。毒素及组织分解产物吸收入血后，引起毒血症或脓毒血症，病畜因高度缺氧和心力衰竭而死亡。

传染主要由于外伤，如去势、断尾、注射、剪毛、采血、助产时消毒不严、污染本菌芽孢而引起感染。

病初减食，体温升高，伤口周围出现气性炎性水肿，触诊有捻发音（图1–29），切开流出多量淡红褐色、带气泡的酸臭液体（图1–30），随着炎性气性水肿的发展，全身症状严重。剖检可见发病部位局部的弥漫性水肿，皮下和肌肉间结缔组织有污黄色液体浸润，常含有少许气泡，其味酸臭。肌肉呈白色，煮肉样，易于撕裂，有的呈暗褐色。实质器官变性，肝、肾混浊肿胀（图1–31）。

在梭菌病常发地区常年注射梭菌病联苗，平时注意防止外伤，当发生外伤后要及时进行消毒和治疗，做好各种外科手术、注射等无菌操作和术后护理工作。

局部治疗：切开肿胀部，扩创清除异物和腐败组织，吸出水肿部渗出液，用氧化剂（如0.1%高锰酸钾或3%过氧化氢液）冲洗，然后撒上青霉素粉末或在肿胀部周围注射青霉素。全身治疗：采用抗菌消炎（青霉素、链霉素及土霉素或磺胺类药物治疗），并配合对症疗法，如强心、补液、解毒。可肌注干燥精制多价气性坏疽抗毒素，一次3万~5万单位。病死动物不可利用，须深埋或焚烧处理，污染物品和场地要彻底消毒防止感染。

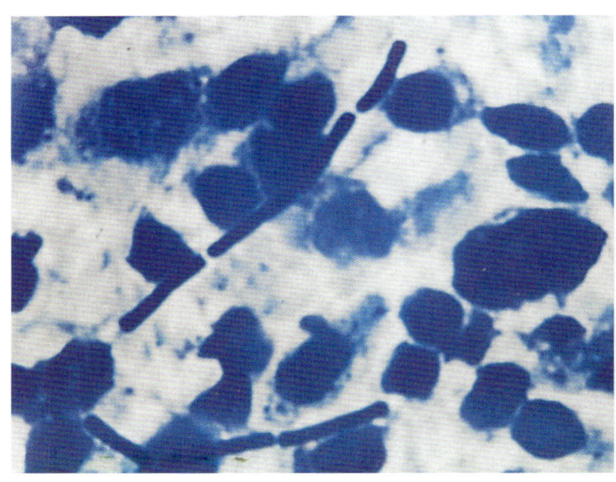

图1–28　腐败梭菌，为革兰氏阴性大杆菌，可形成芽孢

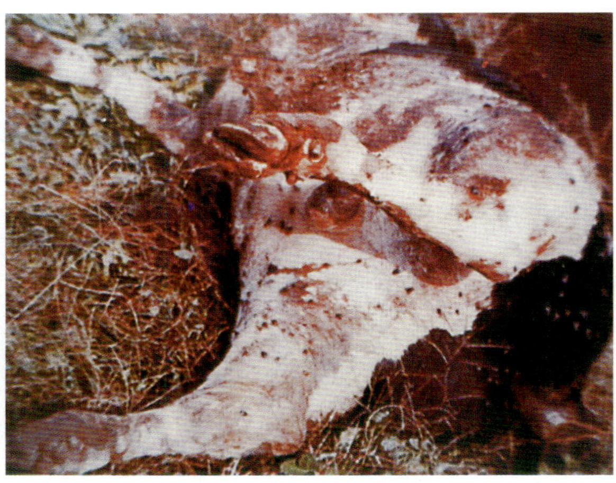

图1–29　后躯出现弥漫性炎症水肿，肌肉呈灰白色或褐色，含有气泡，触诊有捻发音

图1–30　切开肌肉有出血，流出炎性水肿液

图1–31　肾脏混浊肿胀

六、李氏杆菌病

李氏杆菌病为散发性，但病死率很高，主要表现为脑膜脑炎、败血症、妊娠母畜流产。本病病原在分类上属于李氏杆菌属，是一种革兰氏阳性的小杆菌，在抹片中单个分散，或两个菌排成V形或互相并列。已知有7个血清型、16个血清变种。

各种年龄都可感染发病，以幼龄较易感，发病较急，妊娠母畜也较易感。有些地区牛、羊发病多在冬季和早春。原发性败血症主要见于幼畜，表现精神沉郁，呆立，低头垂耳，轻热，流涎，流鼻液，流泪，不随群行动，不听驱使。咀嚼吞咽迟缓，有时于口颊一侧积聚多量没有嚼烂的草料。脑膜脑炎发于较大的动物，主要表现头颈一侧性麻痹，该侧耳下垂，眼半闭，以致视力丧失。沿头的方向旋转（回旋病）或作圆圈运动，遇障碍物，则以头抵靠而不动。颈项强硬，有的呈现角弓反张。后来卧地，呈昏迷状，卧于一侧，强使翻身，又很快翻转过来，以至于死。病程短的2～3d，长的约1～3周或更长。成年动物症状不明显，妊娠母牛常发生流产（图1–32）。流产的胎儿水肿，皮肤有出血点（图1–33）。有神经症状的病畜，脑膜和脑有充血、出血和水肿（图1–34、图1–35）的变化，脑脊液增加，稍浑浊，含很多细胞，脑干变软，有小脓灶，血管周围有以单核细胞为主的细胞浸润。败血症的病畜，有败血症变化，肝脏有坏死。

防制本病平时须驱除鼠类和其他啮齿动物，驱除外寄生虫。治疗以链霉素较好，但易引起抗药性。有神经症状的绵羊，治疗难以奏效。

图1–32　怀孕母牛发生流产

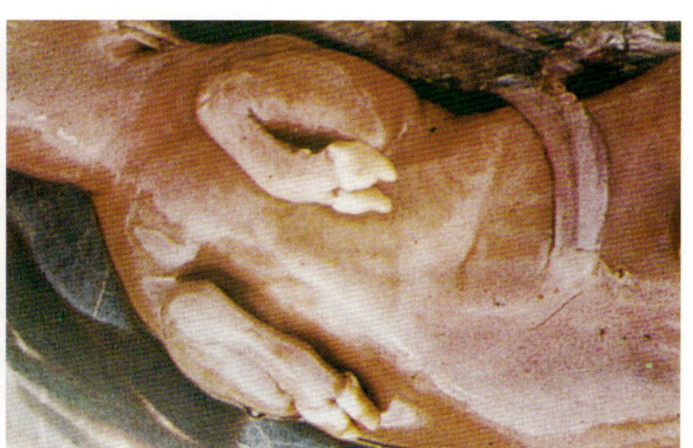

图1–33　流产的胎儿水肿，皮肤有出血点

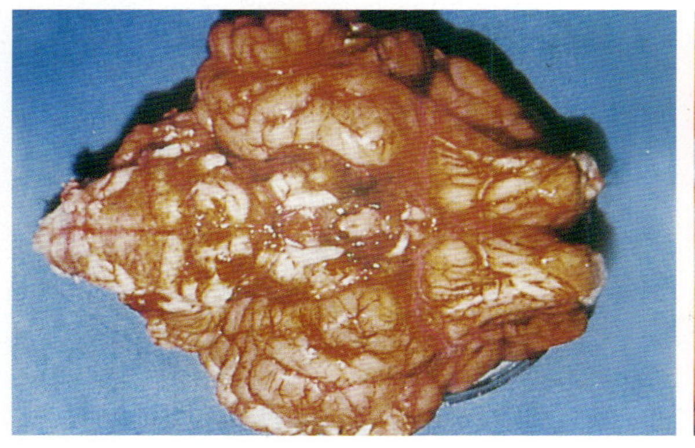

图1–34　大脑严重充血、出血

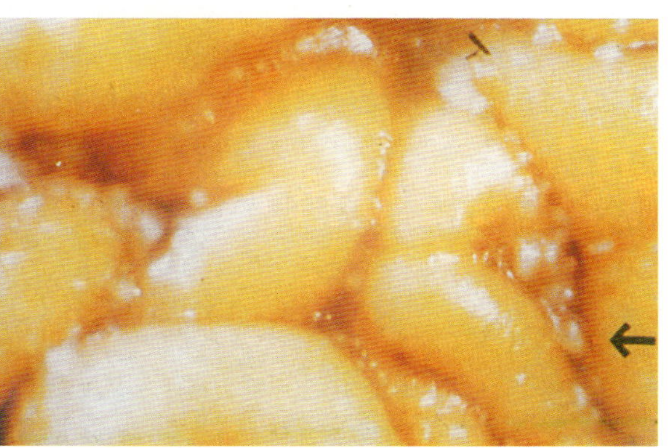

图1–35　大脑组织水肿

七、结 核 病

结核病是由分支杆菌引起的人畜共患的慢性传染病。病变特征见多种组织器官形成肉芽肿，干酪样和钙化结节。

病原是分支杆菌属结核分支杆菌，本菌为专性需氧菌，不产生芽孢和荚膜，也不能运动，为革兰氏染色阳性菌，用一般染色法较难着色，常用的方法为Ziehl−Neelsen氏抗酸染色法。显微镜下呈直或微弯的细长杆菌，呈单独或平行相聚排列，多为棍棒状，间有分支状（图1−36）。

本病可侵害人和多种动物。易感性因动物种类和个体不同而异，家畜中牛最易感，猪和家禽易感性也较强，羊极少患病。

发生肺结核时，起初症状较轻，但易疲劳，常有短干咳，病畜日渐消瘦、贫血。肩前、股前、腹股沟、颌下、咽及颈淋巴结肿大。剖检在肺脏常见有很多突起的白色结节（图1−37），切开为干酪样坏死（图1−38），切开时有砂砾感。有的坏死组织溶解和软化，排出后形成空洞（图1−39）。发生粟粒性结核时，胸膜和腹膜发生密集结核结节，呈粟粒大至豌豆大的半透明、灰白色坚硬的

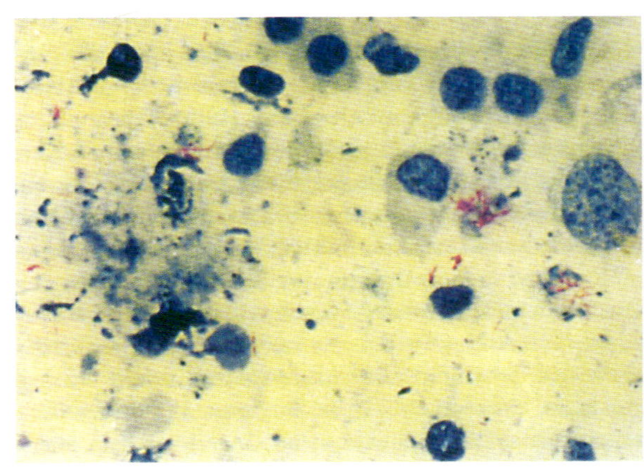

图1−36　结核分支杆菌形态：呈直或微弯的细长杆菌，呈单个或成丛排列，间有分支状

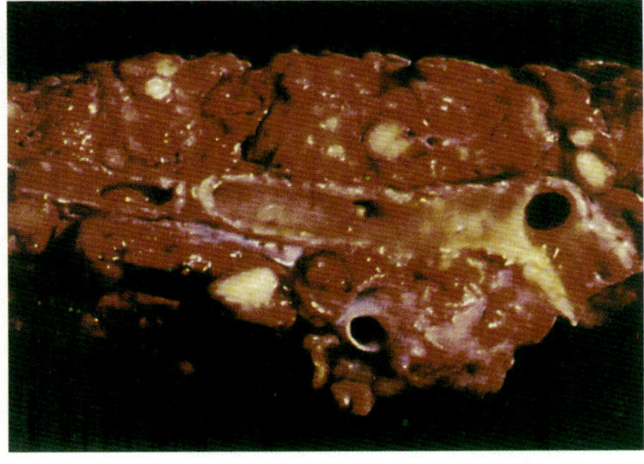

图1−37　多灶性结核性肺炎，沿着支气管分布

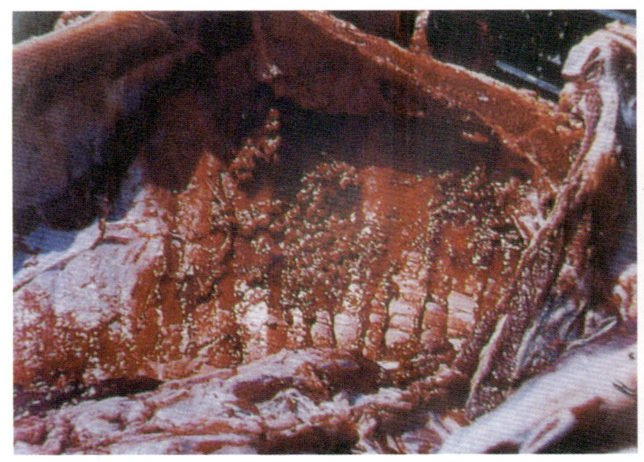

图1−38　切开为干酪样坏死

图1−39　广泛性干酪样结核性支气管肺炎，在某些肉芽肿的中央呈液化状态，呈空洞

结节，形似珍珠状，即所谓的“珍珠病”（图1-40）。乳房结核可见乳房上淋巴结肿大，剖开有大小不等的病灶，内含有干酪样物质（图1-41）。肠道结核多见于犊牛，表现消化不良，食欲不振，顽固性下痢，迅速消瘦，肠系膜淋巴结有大小不等的结核结节（图1-42）。中枢神经系统主要是脑与脑膜发生结核病变，常引起神经症状，如癫痫样发作、运动障碍等。

结合流行病学、临诊症状、病理变化、结核菌素试验以及细菌学试验和血清学试验等可以做出确诊。

畜禽结核病一般不予治疗，通常防止疾病传入而采取加强检疫、隔离、净化污染群、培育健康畜群等综合性防疫措施。

图1-40 胸膜和腹膜上有密集结核结节，形似珍珠状

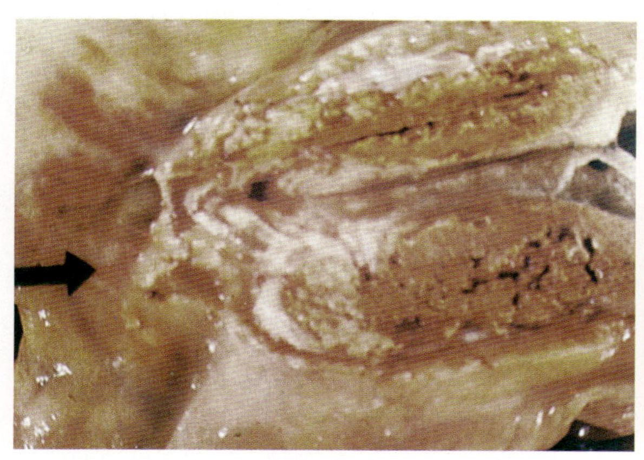
图1-41 乳房上淋巴结肿大，内含有干酪样物质

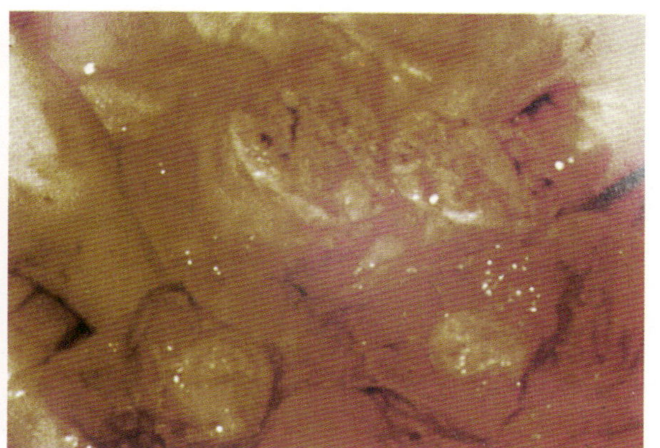
图1-42 肠系膜淋巴结有大小不等的结核结节

八、副结核病

副结核病又称副结核性肠炎，主要发生于牛的一种慢性传染病。其特征是顽固腹泻，逐渐消瘦，肠黏膜增厚并形成皱襞。病原为副结核分支杆菌，用抗酸染色镜检见红色成丛的小杆菌（图1-43）。与结核分支杆菌、牛分支杆菌、禽分支杆菌等同属于分支杆菌科、分支杆菌属。本病分布广泛，一般养牛地区都可能存在，尤其是乳牛常发病，呈地方流行或散发。

幼年牛对本病最易感，但潜伏期甚长，一般在母牛开始怀孕、分娩以及泌乳时，易于出现临诊症状。因此，在同样条件下，此病在公牛和阉牛比母牛少见得多；高产牛的症状较低产奶牛严重。饲料中缺乏无机盐，可能促进疾病的发展。

副结核杆菌到达肠道后，侵入肠黏膜和黏膜下层，引起肠道的损害。早期症状为间断性腹泻，以后变为经常性的顽固拉稀，病牛后躯被稀粪玷污（图1-44），极度消瘦（图1-45）。主要病变在消化道和肠系膜淋巴结，肠管充满稀的粪便（图1-46），回肠、盲肠和结肠黏膜局部或整个增厚，形成皱褶，如大脑皮质的回纹状（图1-47）。组织学变化见回肠黏膜固有层的肠腺之间有大量吞噬副结核分支杆菌的上皮样细胞（图 1-48）。

药物治疗常无效。预防本病重在加强饲养管理，特别是对幼年牛只更应注意给以足够的营养，以增强其抗病力。不要从疫区引进牛，如已引进，则必须进行检查，确认健康时，方可混群。对

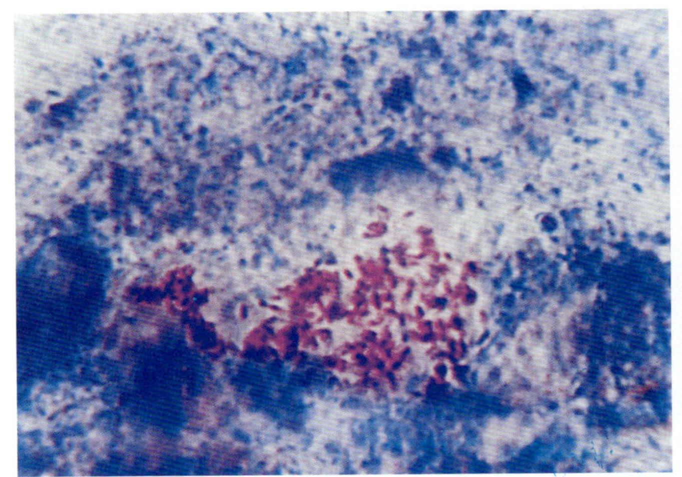

图 1-43　抗酸染色镜检见红色成丛的小杆菌

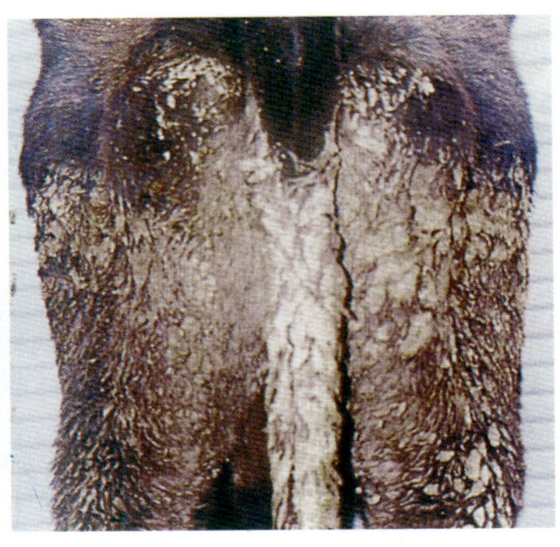

图 1-44　病牛后躯被稀粪玷污

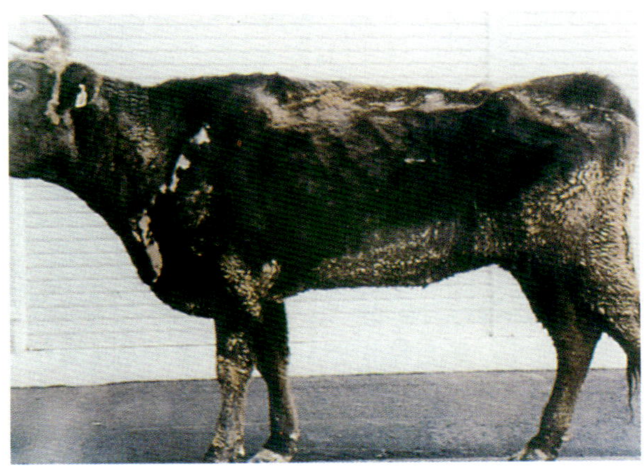

图 1-45　病牛极度消瘦

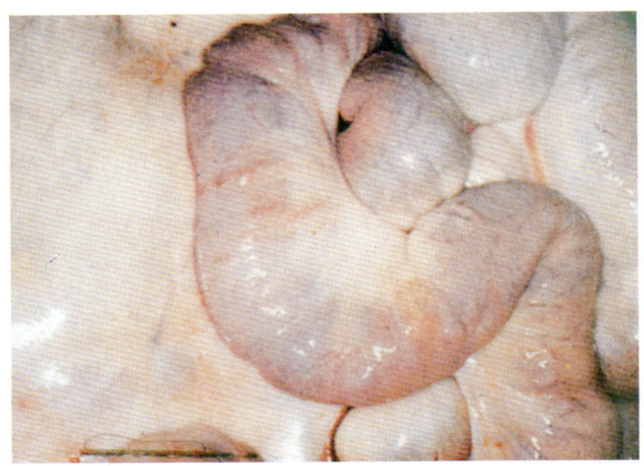

图 1-46　肠管充满稀的粪便

图 1-47　回肠、盲肠和结肠黏膜增厚，形成皱褶，如大脑皮质的回纹状

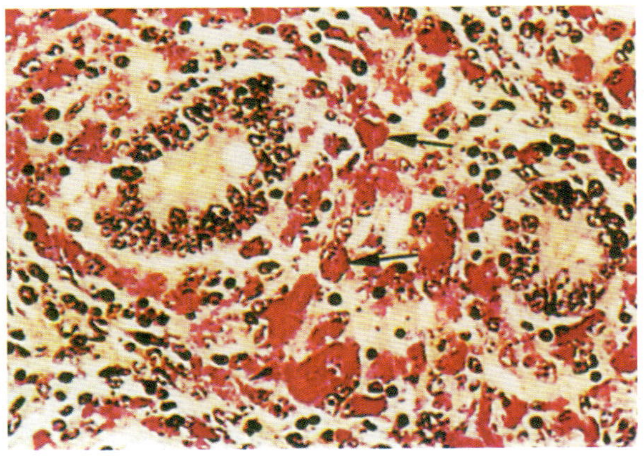

图 1-48　回肠黏膜固有层的肠腺之间有大量吞噬副结核分支杆菌的上皮样组织

具有明显临诊症状的开放性病牛和细菌学检查阳性病牛，要及时扑杀处理。对妊娠后期的母牛，可在严格隔离不散菌的情况下，待产犊后3d扑杀处理，犊牛以人工喂健康母牛初乳，3d后单独组群，人工喂以健康牛乳。对变态反应阳性牛，要集中隔离，分批淘汰。本病的人工免疫，尚未获得满意的解决方法。吉林省兽医研究所研制的副结核弱毒疫苗，在有此病（无结核病）的牛场可试用。

九、传染性角膜结膜炎

传染性角膜结膜炎又称红眼病，是主要危害牛、羊的一种急性传染病。其特征为结膜炎症，大量流泪，角膜混浊，严重者可导致失明。病原主要是牛摩勒氏杆菌（又称牛嗜血杆菌），是一种粗短杆菌，有荚膜，常形成短链，革兰氏阴性（图1－49）。

本病广泛分布于世界各国。牛、绵羊、山羊、骆驼、鹿等，不分性别和年龄，均对本病易感，但幼年动物发病较多。可以通过直接或密切接触而传染，蝇类或某种飞蛾可机械地传递本病。牛和羊之间一般不能交互感染，常发生于天气炎热和湿度较高的夏秋季节。一旦发病，传播迅速，刮风、尘土等因素有利于病的传播。

本病主要表现羞明，流泪，角膜混浊呈乳白色（图1－50），眼睛有脓性分泌物，角膜充血，形成角膜翳（图1－51），或在角膜上发生白色或灰色小点（图1－52），有时发生眼前房积脓或角膜破裂，晶状体可能脱落。多数病例起初一侧眼患病，后为双眼感染。病程一般为20～30d。病畜一般无全身症状，很少有发热现象。多数可自然痊愈。

山羊发生本病时，也可见角膜混浊（图1－53），羞明流泪，严重者导致失明（图1－54、图1－55），有的病羊发生关节炎、跛行。

患过本病的动物对重复感染有一定抵抗力，用牛摩勒氏杆菌制成疫苗，可刺激犊牛产生保护性免疫。该菌有许多免疫性不同的菌株，用具有菌毛和血凝性的菌株制成多价苗才有预防作用。犊牛注苗后大约经过4周产生免疫力。

病畜立即隔离，早期治疗。流行时应划定疫区，禁止牛、羊等牲畜出入流动。在夏秋季须注意灭蝇。

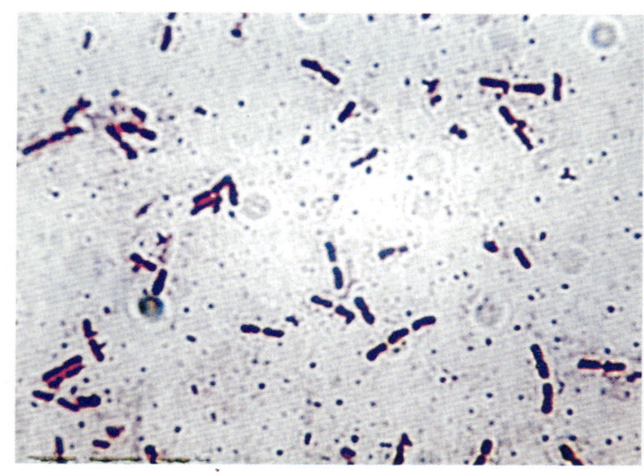

图1－49　牛摩勒氏杆菌是粗大杆菌，有荚膜，常呈短链，革兰氏阴性

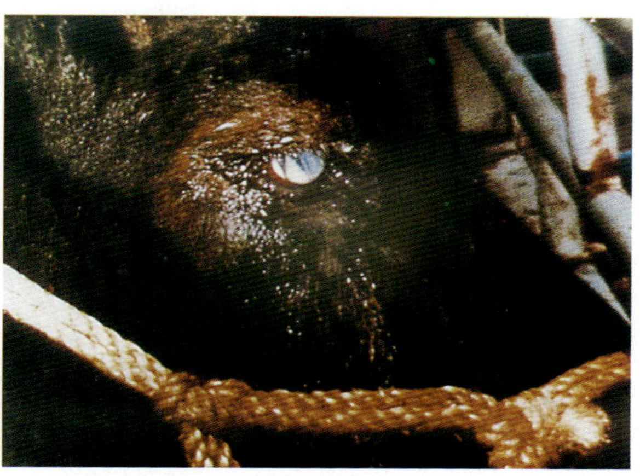

图1－50　病牛羞明，流泪，角膜混浊呈乳白色

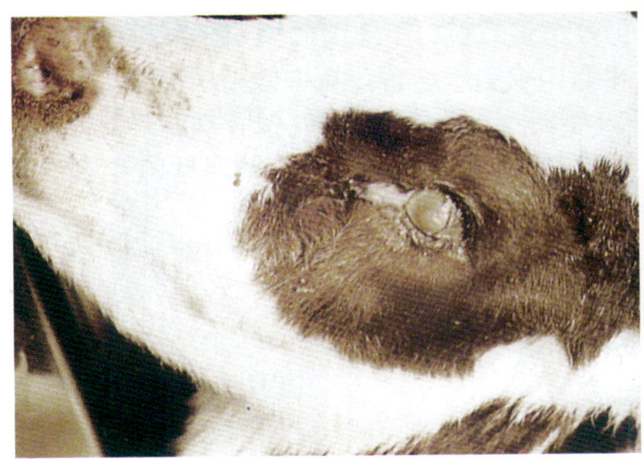

图1－51　眼有脓性分泌物，角膜充血，形成角膜翳

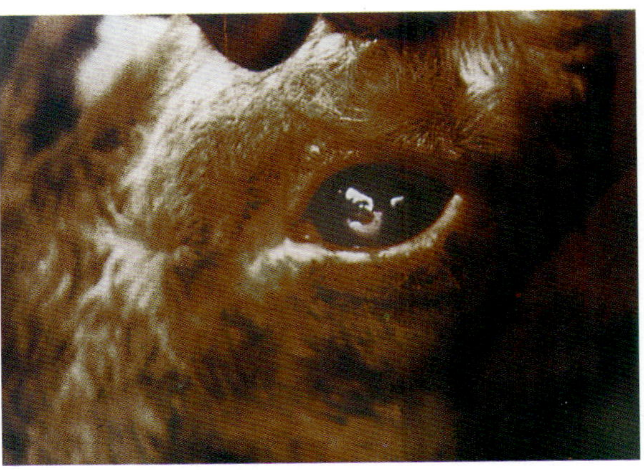

图1－52　角膜上有白色或灰色小点

图1－53　山羊角膜混浊

图1－54　病山羊羞明

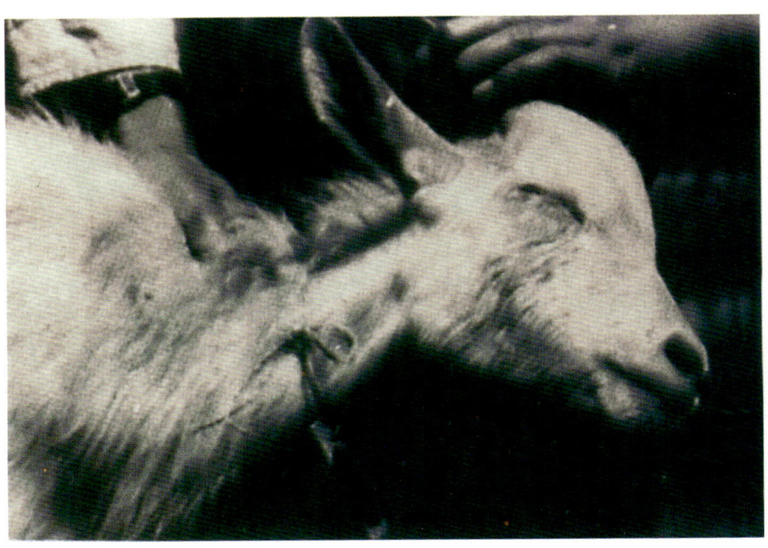

图1－55　病严重者可导致失明

十、牛传染性胸膜肺炎

牛传染性胸膜肺炎又称牛肺疫，俗称烂肺疫，是由丝状支原体引起牛的一种接触性传染病，主要侵害肺和胸膜，其特征为纤维素性肺炎和浆液纤维素性肺炎。牛肺疫丝状支原体细小，多形，但常见球形，革兰氏染色阴性。

牛肺疫主要通过呼吸道感染，也可经消化道或生殖道感染。本病多呈散发性流行，常年可发生，但以冬春两季多发。非疫区常因引进带菌牛而呈暴发性流行；老疫区因牛对本病具有不同程度的抵抗力，发病缓慢，通常呈亚急性或慢性经过，往往呈散发性。在自然条件下主要侵害牛类，包括黄牛、牦牛、犏牛、奶牛等，其中3～7岁多发，犊牛少见，本病在我国西北、东北、内蒙古和西藏部分地区曾有过流行，现已消灭此病。目前在亚洲、非洲和拉丁美洲仍有流行。病牛和带菌牛是本病的主要传染源。

急性型：病初体温升高至40～42℃，鼻孔扩张，鼻翼扇动，有浆液或脓性鼻液流出。呼吸高度困难，呈腹式呼吸，有痛性短咳，前肢张开，喜站（图1－56、图1－57）。反刍迟缓或消失，可视黏膜发绀，臀部或肩胛部肌肉震颤。前胸下部及颈垂水肿。病情严重出现胸水时，叩诊有浊音。若病情恶化，则呼吸极度困难，病牛呻吟，口流白沫，伏卧伸颈，体温下降，最后窒息而死。

亚急性型：其症状与急性型相似，但病程较长，症状不如急性型明显而典型。

慢性型：病牛消瘦，常伴发痛性咳嗽，叩诊胸部有实音且敏感。食欲反复无常，有的无临床症状但长期带菌，故易与结核相混，应注意鉴别。病程2～4周，也有延续至半年以上者。特征性病变在呼吸系统，尤其是肺脏和胸腔。肺的损害常限于一侧，初期以小叶性肺炎，中期该病典型病变，表现为浆液性纤维素性胸膜肺炎，病肺与胸膜粘连，胸膜显著增厚并有纤维素附着。胸腔有淡黄色并夹杂有纤维素之渗出物。（图1－58、图1－59、图1－60、图1－61），病肺呈不同时期的肝变，质地变硬，切面呈大理石状外观，间质增宽（图1－62、图1－63）。支气管淋巴结和纵隔淋巴结肿大、出血。心包液混浊且增多。末期肺部病灶坏死并有结缔组织包囊包裹，严重者结缔组织增生使整个坏死灶瘢痕化。慢性型病牛的关节肿大，关节腔内有大量淡黄色积液（图1－64）。

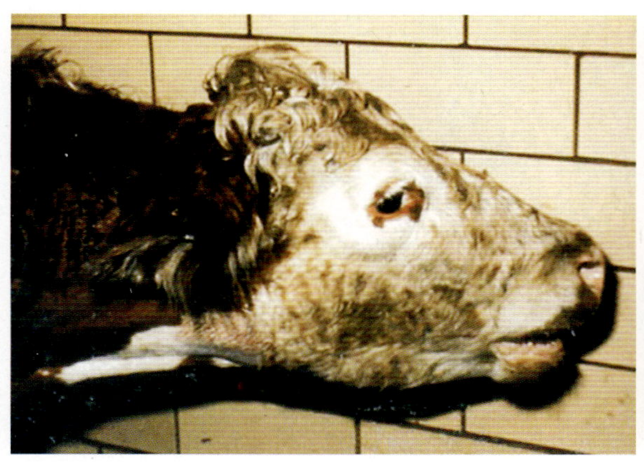

图1－56　病牛呼吸困难

图1－57　病牛呈腹式呼吸，呼吸极度困难

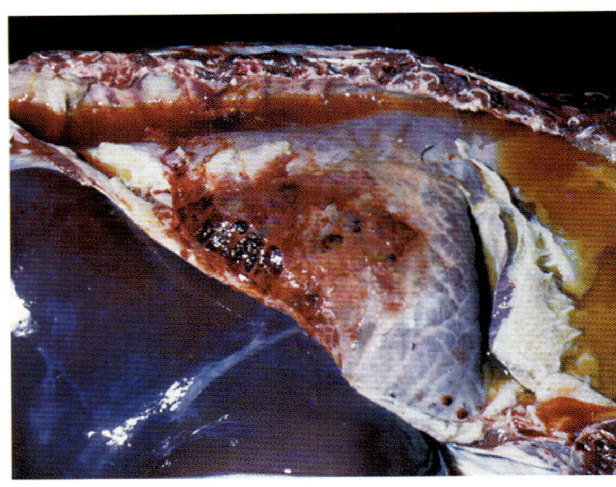

图 1−58　胸腔内有淡黄色积液

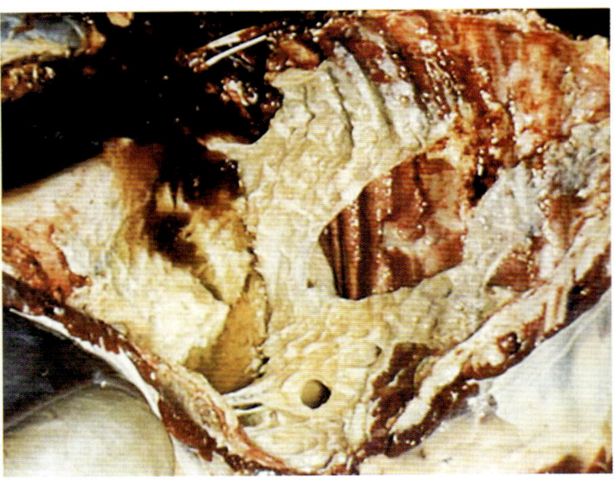

图 1−59　胸膜炎

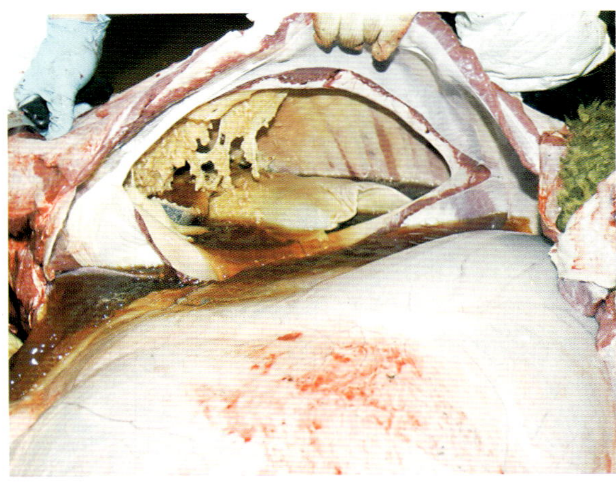

图1−60　胸腔内有大量的红黑色渗出液，胸膜有大量的纤维渗出物

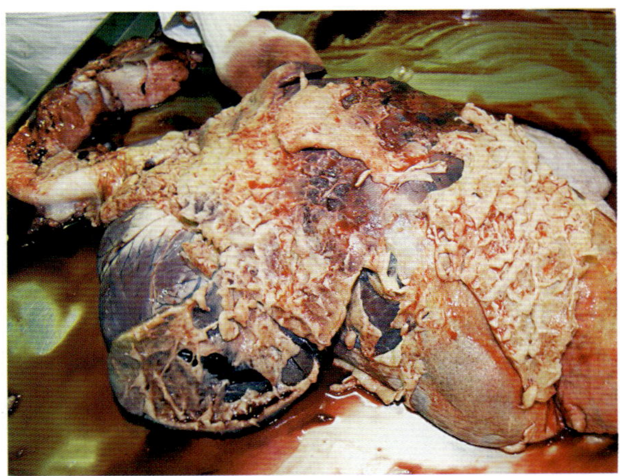

图 1−61　肺表面有大量的纤维渗出物

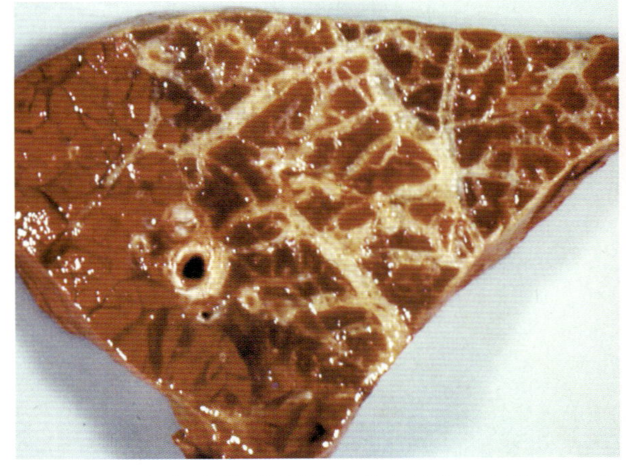

图 1−62　小叶间隔因纤维蛋白性结缔组织沉积而扩张

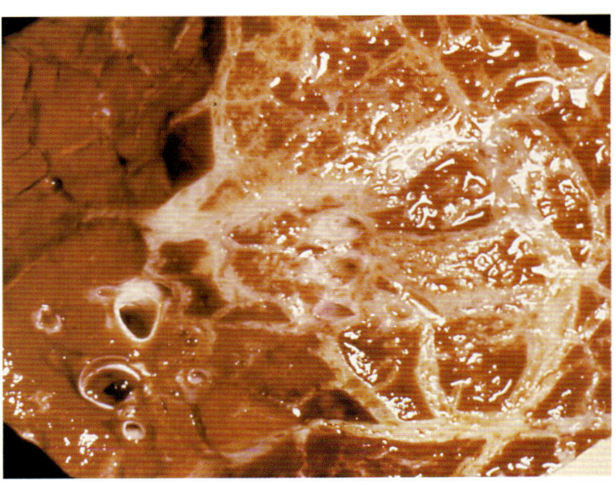

图 1−63　病肺呈现大理石样外观

十三、牛皮癣

牛皮癣是由皮肤真菌或皮肤丝状菌引起人畜共患的一种皮肤真菌病。在受害部位的组织出现渗出、结痂的特征。本病发生于世界各地，对幼畜的生长发育有明显的影响。皮肤真菌有三个属：发癣菌属、小孢子菌属和表皮癣菌属。发癣菌主要感染动物和人的毛发、羽毛、皮肤、趾和蹄，而小孢子菌属仅感染毛发、羽毛、皮肤，但这两种菌常寄生于同一种动物体表和癣斑内。皮肤真菌的共同特点：形成有隔的菌丝（图1−81），不产生有性孢子，在沙堡培养基上形成丝状菌落，产生大小分生孢子。

本病是由健畜和病畜直接接触而传染。皮肤卫生和营养状况不良，易促进本病的发生、传播与蔓延。癣斑最常见于眼眶、口角附近、面部、颈部和会阴部（图1−82），也可蔓延至体表的各部位，有瘙痒和触痛（图1−83）。癣斑形如硬币，故又称钱癣，有同心环样结构。病后期表面覆盖一层灰白色鳞屑，脱毛等。

预防本病的发生主要是加强环境管理，做好畜舍通风干燥，控制舍内温度和湿度，创造对真菌不利的环境，加强动物营养等。引种时要加强检疫，防止病畜和带菌畜传入。可用灰黄霉素治疗，每千克体重10mg，口服，连用5d。

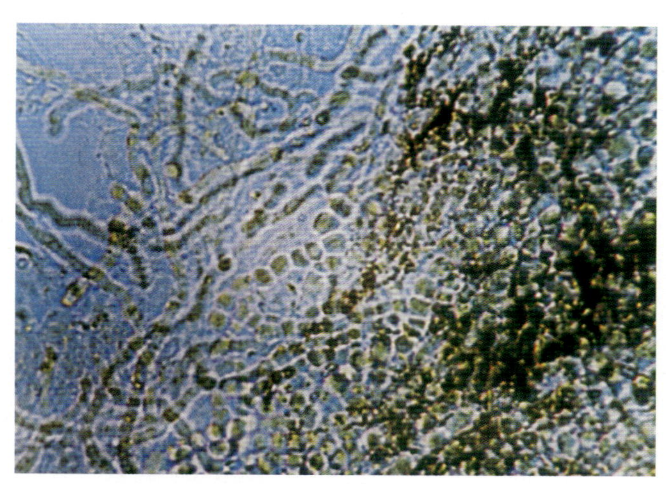

图1−81　病原体为发癣菌，在皮肤的角质层和毛囊中生长形成菌丝，分格分支，形成的孢子呈平行的线状排列

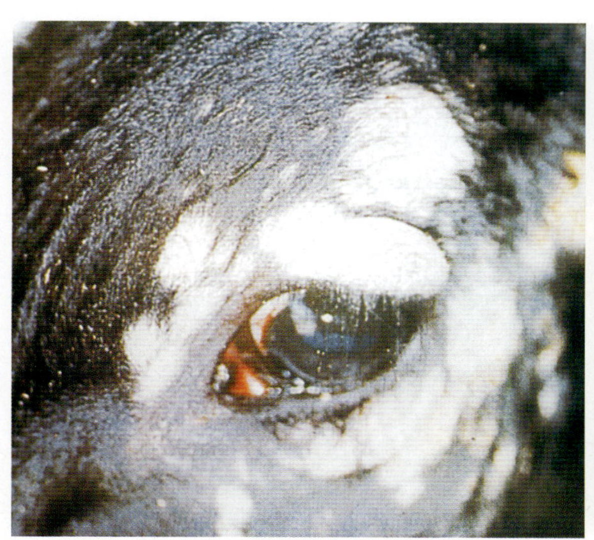

图1−82　在牛眼睑周围的皮癣形成癣斑，皮肤变白色，有痒感

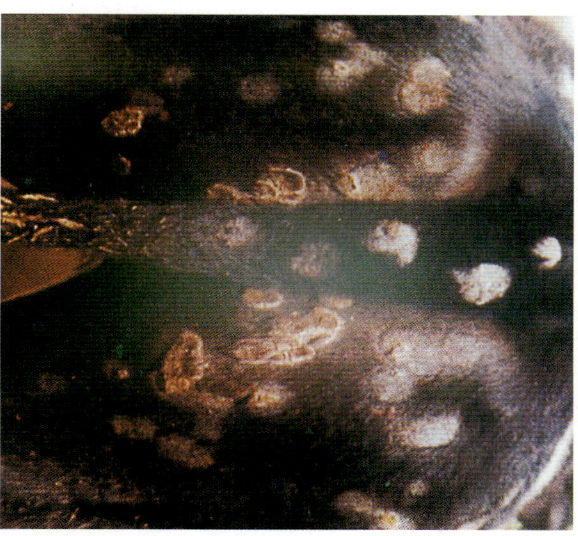

图1−83　臀部及后躯皮肤有癣斑，早晚期都有剧痒，患畜不安，摩擦，消瘦

十四、恶性卡他热

恶性卡他热又名恶性头卡他，是牛的一种致死性淋巴增生性病毒性传染病。主要特征是持续发热，口腔黏膜和眼损害，伴有严重神经扰乱，病死率高。病原为牛疱疹病毒3型，属于疱疹病毒科。病毒存在于病牛的血液、脑、脾等组织中，在血液中的病毒紧紧附着于白细胞上，不易脱离，也不易通过细菌滤器。病毒对外界环境的抵抗力不强，不能抵抗冷冻及干燥，因而病毒较难保存。

本病散发于世界各地。自然情况下主要发生于黄牛和水牛，其中1～4岁的牛较易感，老牛发病者少见。绵羊、山羊及牛羚（图1-84）可以感染，但其症状不易察觉或无症状，成为病毒携带者，可能是牛群暴发本病的来源。

本病按临诊表现可分为最急性型、消化道型、头眼型、良性型及慢性型等。各型可能互相混合。最初症状为高热稽留（41～42℃），同时还伴有鼻眼少量分泌物，一般在第二日以后，口腔与鼻腔黏膜充血、坏死及糜烂，鼻腔可见到大量的脓性黏性分泌物（图1-85），在典型病例中，形成黄色长线状物直垂于地面。这些分泌物聚集在鼻腔（图1-86），妨碍气体通过，引起呼吸困难。眼部畏光、流泪、眼睑闭合，发生虹膜睫状体炎和进行性角膜炎（图1-87、图1-88），可能在8h内变得完全不透明。趾间溃疡糜烂（图1-89）。

剖检变化依临诊症状而定。头眼型以类白喉性坏死性变化为主，鼻甲骨黏膜出血、坏死（图1-90）。喉头、气管和支气管黏膜充血，有小点出血，也常覆有假膜。肺充血及水肿，也见有支气管肺炎。

消化道型以消化道黏膜变化为主。舌和硬腭糜烂（图1-91、图1-92），真胃黏膜和肠黏膜出血性炎症，有部分形成溃疡（图1-93）。小肠糜烂和出血（图1-94），脾正常或中等肿胀，肝混浊、肿胀，肾脏皮质区呈多裂性淋巴样浸润，膀胱出现急性糜烂性膀胱炎，胆囊可能充血、出血，心包和心外膜有小点出血，脑膜充血，有浆液性浸润。

本病尚无特效治疗方法。控制本病最有效的措施是：将绵羊清除出牛群，不让与牛接触，同时注意畜舍和用具的消毒。有人曾研制灭活疫苗，证明效果不佳，弱毒疫苗也已研制出来，但尚未推广使用。

图1-84　牛羚感染后症状不易察觉

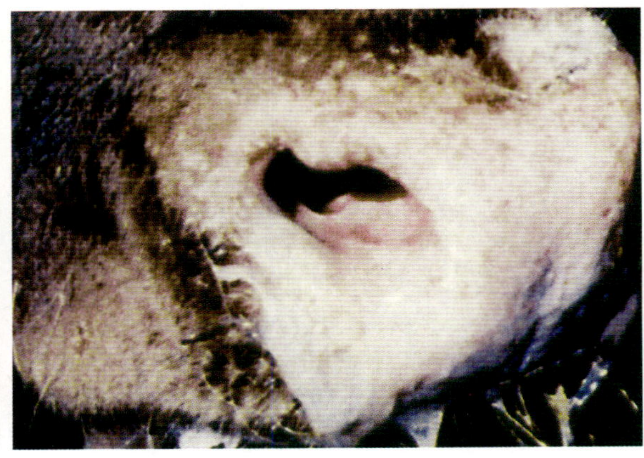

图1-85　病畜鼻腔可见大量的脓性黏膜分泌物

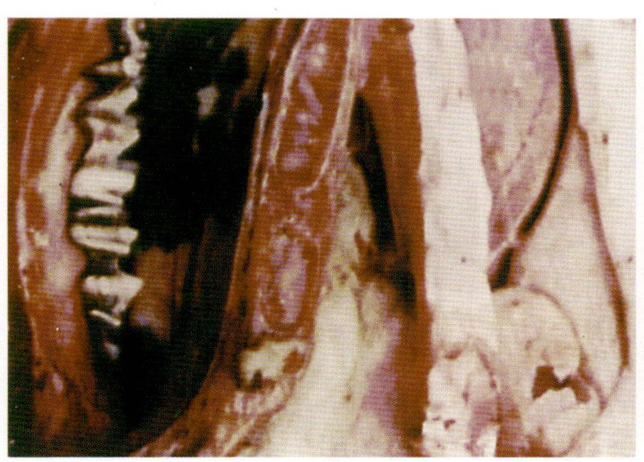

图1-86　鼻咽部有大量的黏性脓性分泌物

图1-87　虹膜睫状体炎和进行性角膜炎

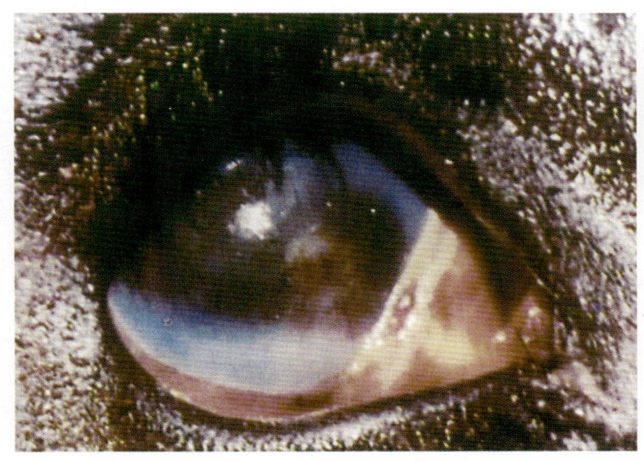

图1-88　虹膜睫状体炎和进行性角膜炎，可能在8h内变得完全不透明

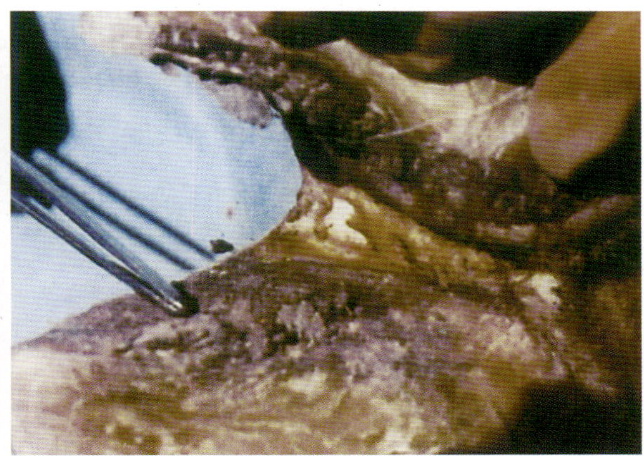

图1-89　趾间溃疡糜烂

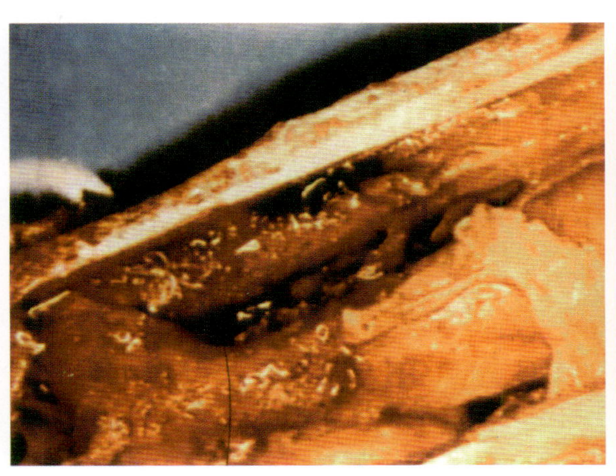

图1-90　鼻甲骨黏膜出血、坏死

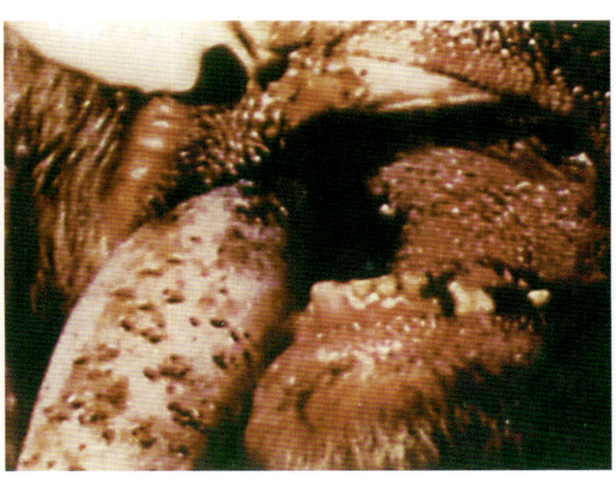

图1-91　舌糜烂

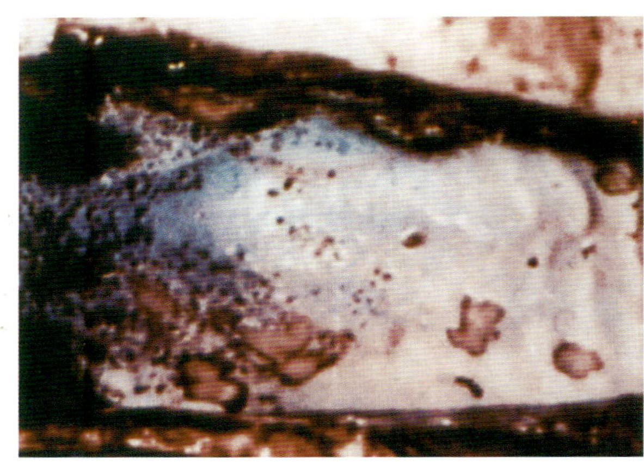

图 1−92　硬腭糜烂

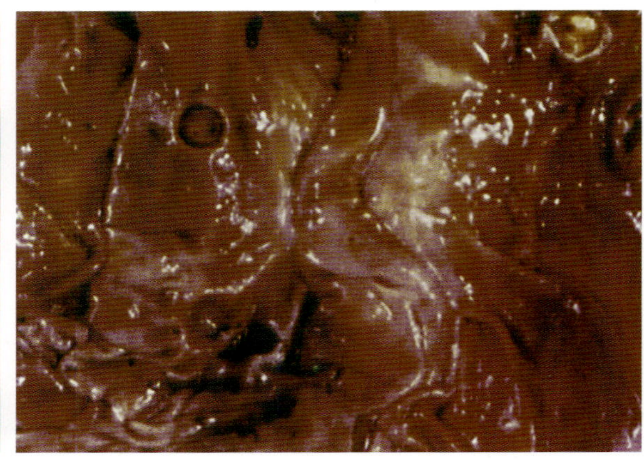

图1−93　真胃黏膜和肠黏膜出血性炎症，有部分形成溃疡

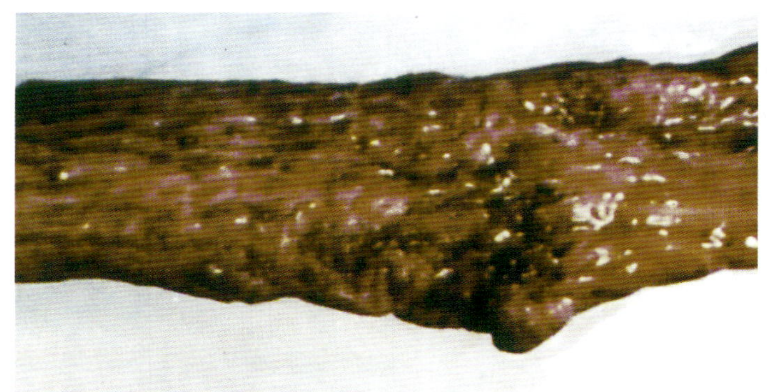

图 1−94　小肠糜烂和出血

十五、牛　瘟

牛瘟又名烂肠瘟、胆胀瘟，我国已经于 1956 年宣布消灭，目前世界上仍有少数国家和地区（特别在非洲和亚洲的部分地区）有本病发生，应保持高度警惕，以防本病由国外传入。本病病原是属于副黏病毒科，麻疹病毒属。在结构上和麻疹、犬瘟热、鸡新城疫以及其他副黏病毒极为相似，和麻疹病毒以及犬瘟热病毒有共同抗原。

牛瘟主要侵害牛和水牛，由于牛的品种、年龄以及流行经历不同，易感性也有差异。牦牛的易感性最大，犏牛次之，黄牛又次之；绵羊、山羊和猪仅有轻度感染，许多野生反刍动物呈隐性感染。传播途径为消化道、呼吸道、眼结膜、子宫内感染，也可通过吸血昆虫以及与病牛接触的人员等机械传播。病牛体温升高达 41～42.2℃。病牛委顿，便秘，呼吸和脉搏加快，有时意识障碍。流泪，眼睑肿胀，鼻黏膜充血，有黏性鼻汁。口腔黏膜充血、流涎（图 1−95、图 1−96）。上下唇、齿龈（图 1−97）、软硬腭（图 1−98）、舌（图 1−99）、咽喉等部形成伪膜或烂斑。由于肠道黏膜出现炎性变化，继软便之后而下痢，混有血液、黏液、黏膜片、伪膜等，恶臭（图 1−100），病牛后躯沾满了污秽的排泄物（图 1−101）。

剖检变化见消化道黏膜都有炎症和坏死变化，皱胃底部充血和出血（图 1−102），可见到灰白色上皮坏死斑、伪膜、烂斑等。肠黏膜充血、潮红、肿胀、点状出血和烂斑（图 1−103），盲肠、直肠黏膜严重出血、有伪膜和糜烂。呼吸道黏膜潮红肿胀、出血，鼻腔、喉头和气管黏膜覆有假膜，其下有烂斑，或覆以黏脓性渗出物。肺前叶严重充血、出血（图1-104），淋巴结水肿、增大（图1-105）。阴道黏膜的变化可能与口腔黏膜相同。

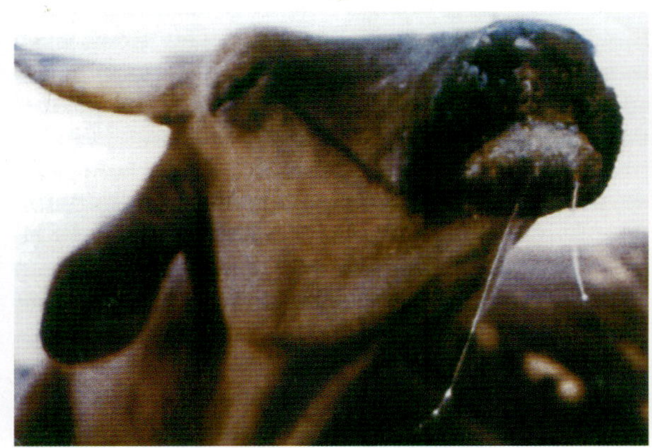

图1-95　严重坏死性口炎，鼻镜结痂流涎，结膜炎和羞明

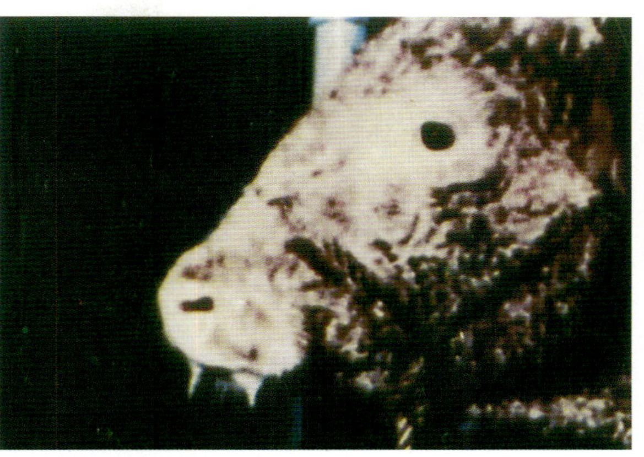

图1-96　口腔有炎症，流涎

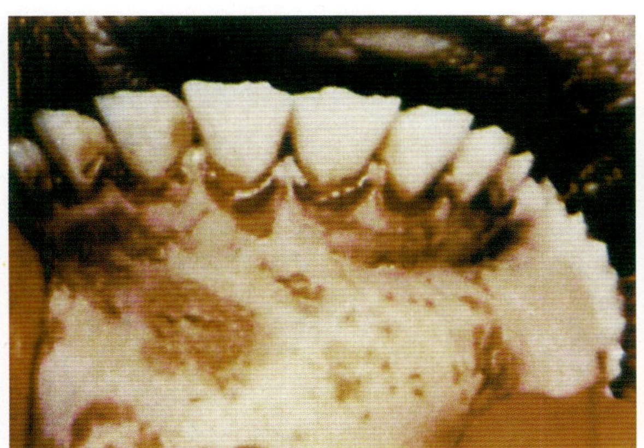

图1-97　口腔黏膜和牙龈有糜烂

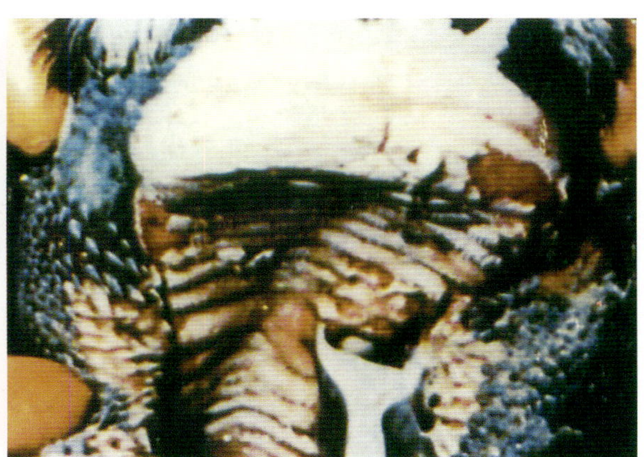

图1-98　硬腭上有糜烂

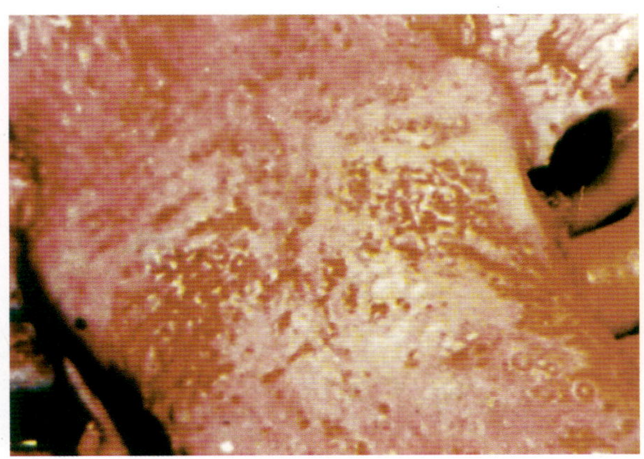

图1-99　舌面形成糜烂斑

图1-100　病牛腹泻，粪便混有血液、黏液和黏膜碎片，恶臭

图 1-101 病牛后躯沾满污秽的排泄物

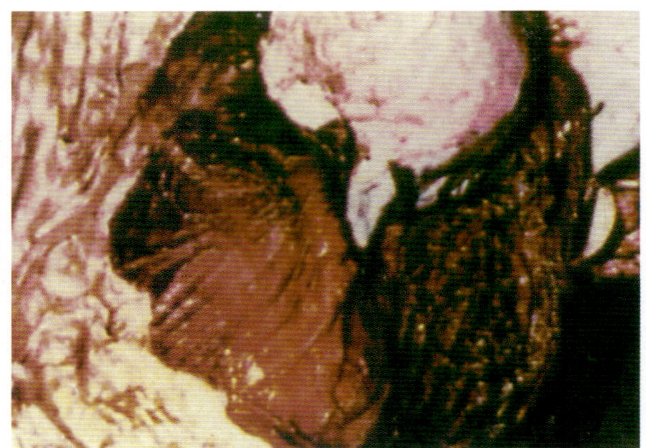

图 1-102 皱胃底部黏膜充血和出血

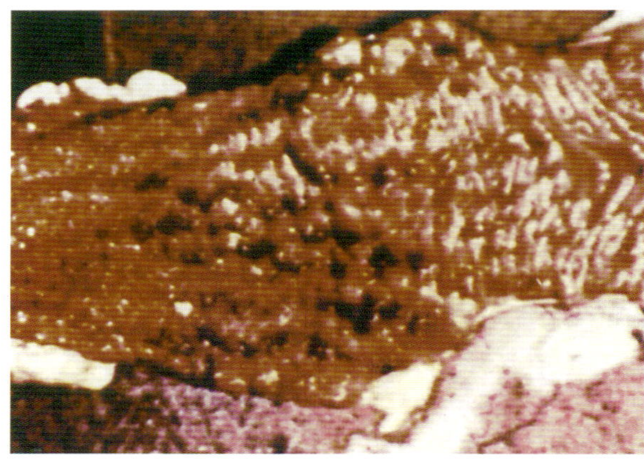

图 1-103 肠道黏膜严重充血和出血

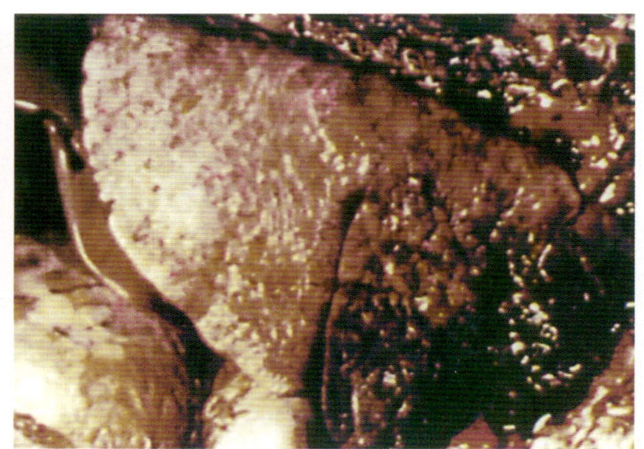

图 1-104 肺脏呈大叶性肺炎，有严重出血

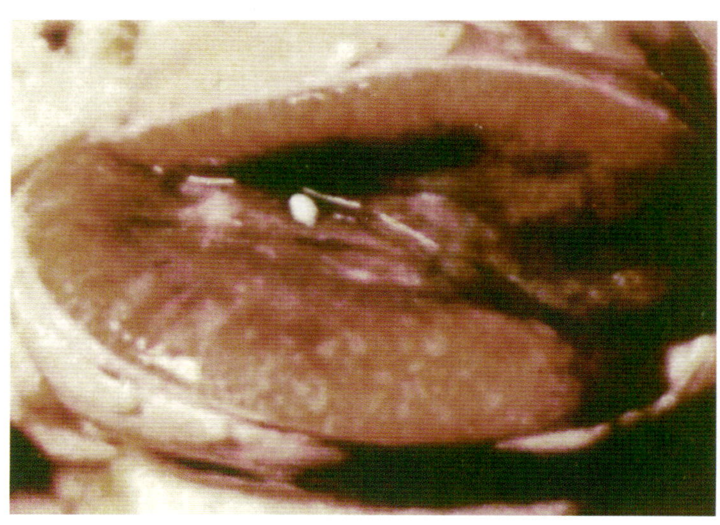

图 1-105 淋巴结水肿，增大

不从有牛瘟的国家和地区引进反刍动物和鲜肉。当发现牛瘟病例时，立刻封锁疫区，扑杀病畜，彻底消毒被病畜污染的环境。同时，在疫区和邻近受威胁区用疫苗进行预防接种，建立免疫防护带。我国曾经使用过的疫苗有：牛瘟兔化疫苗、牛瘟山羊化兔化弱毒疫苗、牛瘟兔化绵羊化弱毒疫苗等。有资料报道，使用麻疹疫苗可以预防牛瘟。目前尚无治疗牛瘟病牛的有效化学药物，早期静脉注射抗牛瘟高免血清，常可取得治疗效果。

十六、口蹄疫

口蹄疫是由口蹄疫病毒引起的急性热性高度接触性传染病，病的特征是口腔黏膜、蹄和乳房皮肤发生水疱和溃烂。主要侵害偶蹄兽，偶见于人和其他动物。有强烈的传染性，往往造成大流行，不易控制和消灭，因此，世界动物卫生组织（OIE）一直将本病列为A类动物疫病名单之首。

口蹄疫病毒（FMDV）属于微核糖核酸病毒科中的口蹄疫病毒属。所含核酸为RNA，其RNA决定病毒的感染性和遗传性，病毒蛋白质决定其抗原性、免疫性和血清学反应能力，外壳蛋白质包括4种结构多肽（VPl～VP4）。VPl构成了型的抗原差异，分离的VPl可诱生中和抗体，是近年来免疫、诊断制剂研究的重点。

现已知FMDV有7个血清型，即O、A、C、SATl、SAT2、SAT3（即南非1、2、3型）以及Asial（亚洲1型）。每一型内又有亚型，亚型内又有众多抗原差异显著的毒株。各型之间在临诊表现相同，但彼此均无交叉免疫性。同型各亚型之间交叉免疫程度变化幅度较大，亚型内各毒株之间也有明显的抗原差异。

口蹄疫病毒可侵害多种动物，但主要为偶蹄兽。家畜以牛易感，其次是猪、绵羊、山羊和骆驼。仔猪和犊牛不但易感而且死亡率也高。野生动物也可感染发病。

在症状出现前，从病畜体开始排出大量病毒，发病初期排毒量最多。水疱皮、奶、尿、唾液及粪便含毒量最多，毒力也最强。隐性带毒者主要为牛、羊及野生偶蹄动物，猪不能长期带毒。从流行病学的观点来看，绵羊是本病的“贮存器”，猪是“扩大器”，牛是“指示器”。有抗体存在时，可引起病毒演化，发生持续性感染。可通过呼吸道、消化道和损伤的黏膜和皮肤感染。病牛体温升高，精神委顿，大量流涎（图1－106），在唇内面、齿龈、舌和颊部黏膜出现白色水疱（图1－107、图1－108），水疱迅速增大融合成片，破裂后露出明显的红色糜烂区（图1－109、图1－110、图1－111、图1－112）。在口腔发生水疱的同时或稍后，趾间和蹄冠部的柔软皮肤以及乳房和乳头上发生水疱（图1－113、图1－114），很快破溃，出现糜烂，或干结成硬痂。愈合的牛蹄蹄匣有裂纹（图1－115）。心包膜有弥散性及点状出血，心肌松软，心肌切面有灰白色或淡黄色斑点或条纹，好似老虎皮上的斑纹，故称“虎斑心”

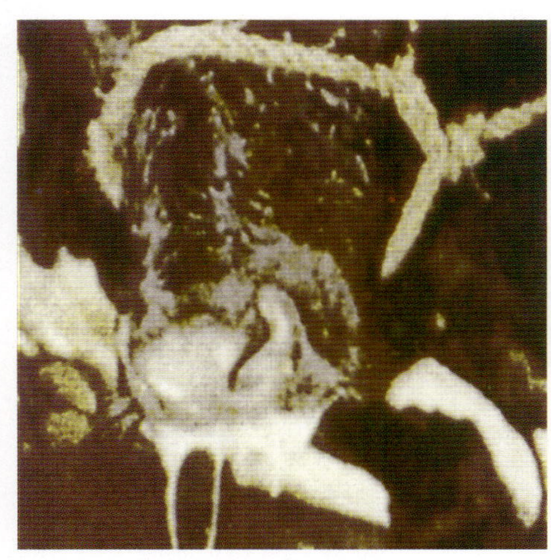

图1－106　病牛大量流涎

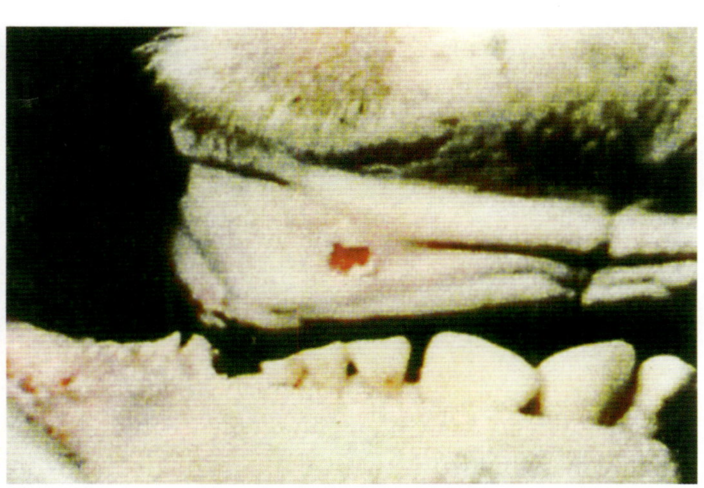

图1－107　牙龈上有刚破裂的水疱

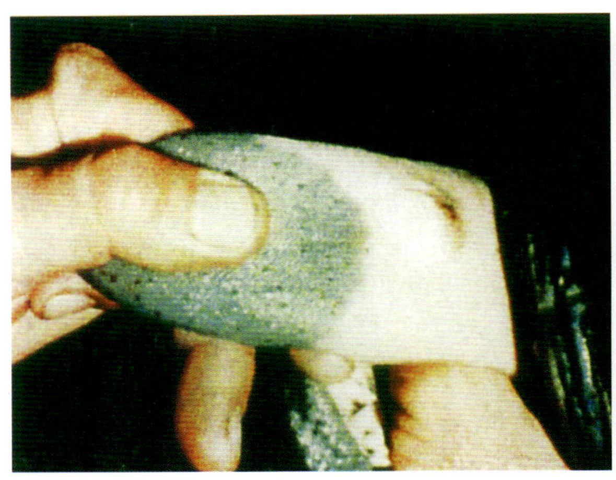

图1-108　舌上的水疱

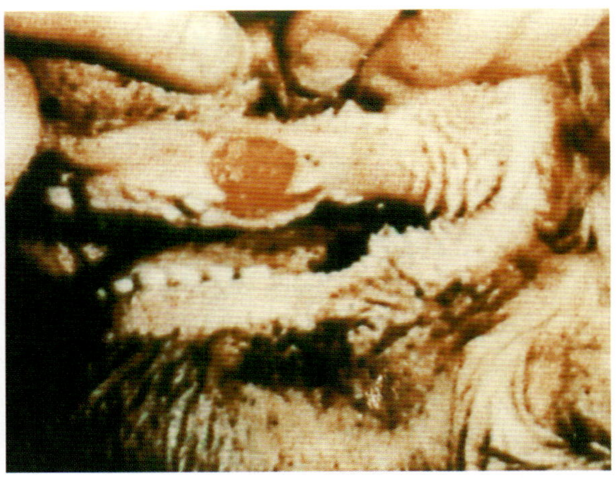

图1-109　牛的舌尖和颊上刚破裂的水疱

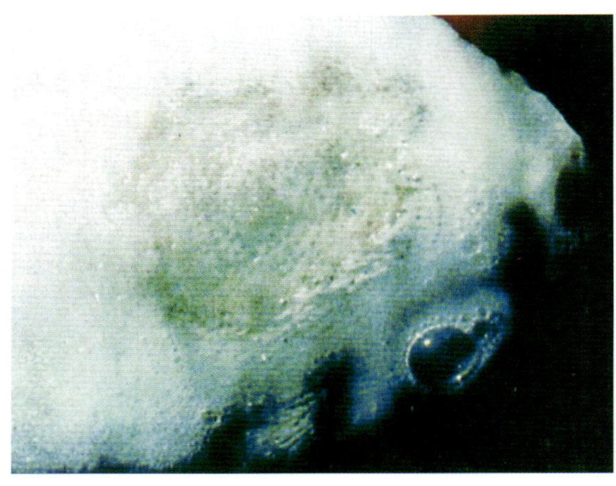

图1-110　牛舌背侧表面愈合后的病变

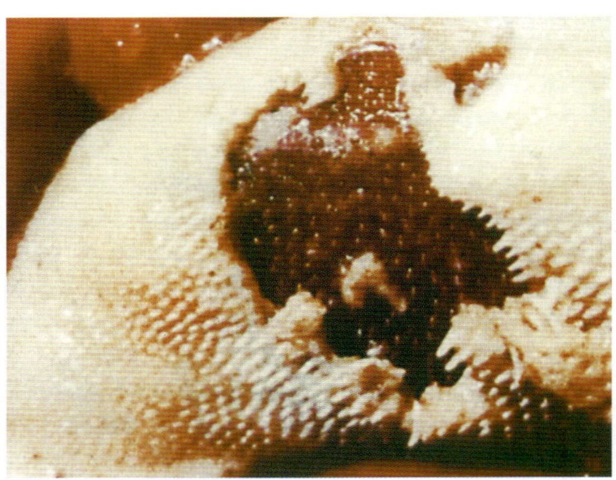

图1-111　牛舌上破溃的水疱，形成红色烂斑区

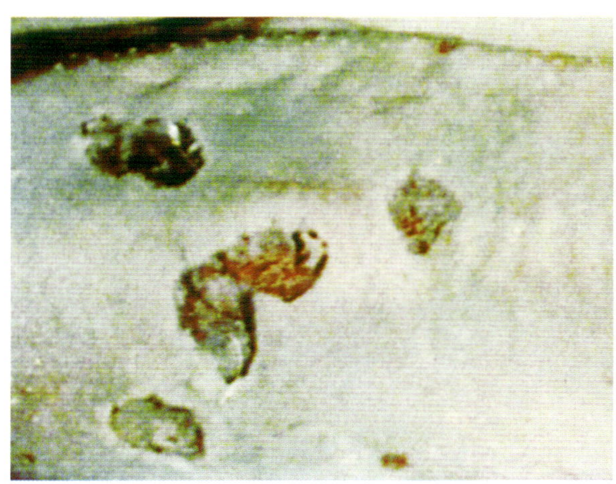

图1-112　牛舌上刚破裂的水疱形成的小烂斑

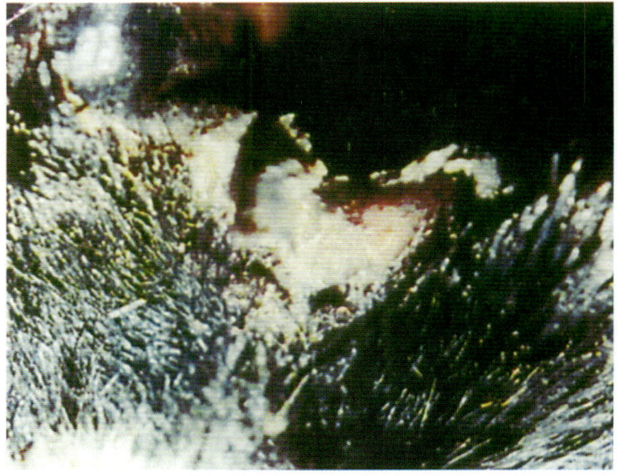

图1-113　趾间的水疱破溃后形成的糜烂

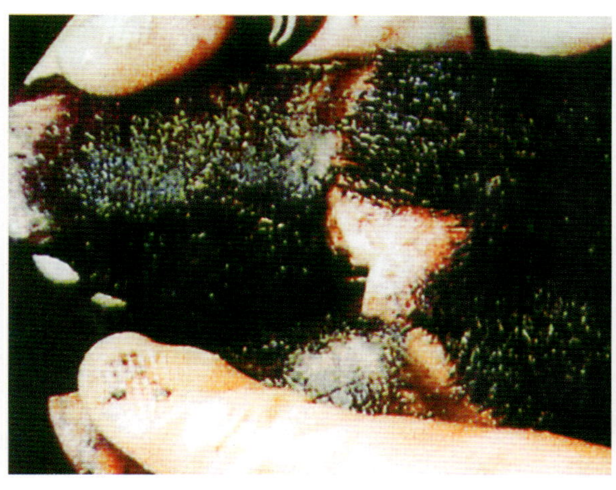
图1−114　趾叉水疱破溃

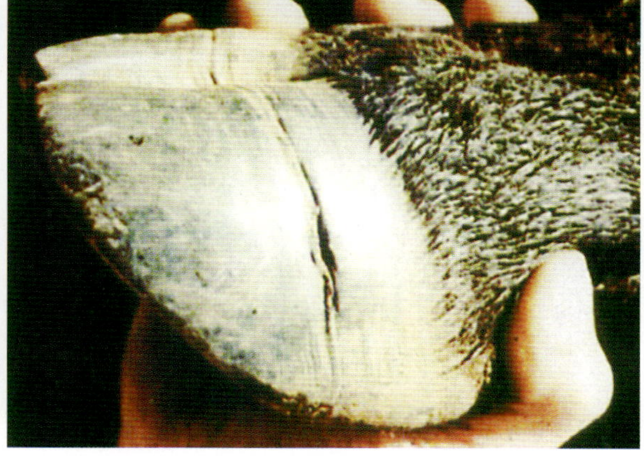
图1−115　愈合的牛蹄蹄匣有裂纹

预防接种需用与当地流行的相同病毒型、亚型的弱毒疫苗或灭活疫苗进行免疫预防。家畜发生口蹄疫后，一般经10～14d自愈。为了促进病畜早日痊愈，防止继发感染的发生和死亡，应在严格隔离的条件下，及时对病畜进行治疗。

附　猪水疱病

猪水疱病是由一种肠道病毒引起的急性传染病。在症状上与口蹄疫极为相似，但牛、羊等家畜不发病。病原属于小核糖核酸病毒科，肠道病毒属，与人的肠道病毒柯萨奇B5（Coxsackie B5）有亲缘关系，病毒对环境和消毒药有较强抵抗力，在自然流行中，本病仅发生于猪。

临诊症状可分为典型、温和型和亚临诊型（隐性型）。典型的水疱病在蹄冠和蹄踵的角质与皮肤结合处首先见到，水疱明显凸出，里面充满水疱液（图1−116、图1−117），水疱破后形成溃疡，真皮暴露，颜色鲜红。常常环绕蹄冠皮肤与蹄壳之间裂开。病变严重时蹄壳脱落（图1−118）。部分猪的病变部因继发细菌感染而成化脓性溃疡。水疱也见于鼻盘、舌、唇和母猪乳头（图1−119）上。个别病例在心内膜有条状出血斑。其他内脏器官无可见病变。

诊断：临诊症状无助于区分猪水疱病、口蹄疫、猪水疱性疹和猪水疱性口炎。因此，必须依靠实验室诊断加以区别。

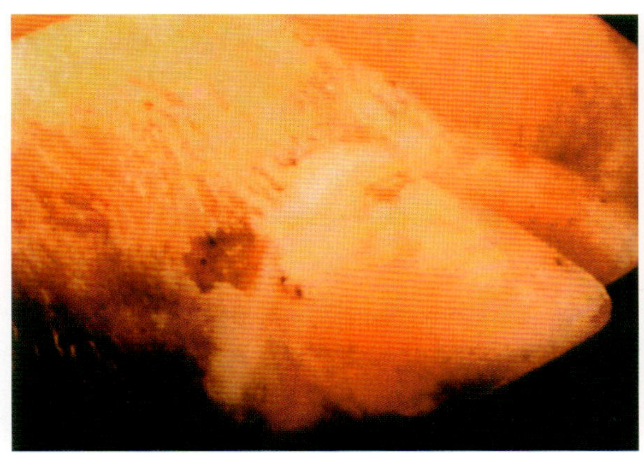
图1−116　蹄冠水疱呈长条状，一部分形成烂斑

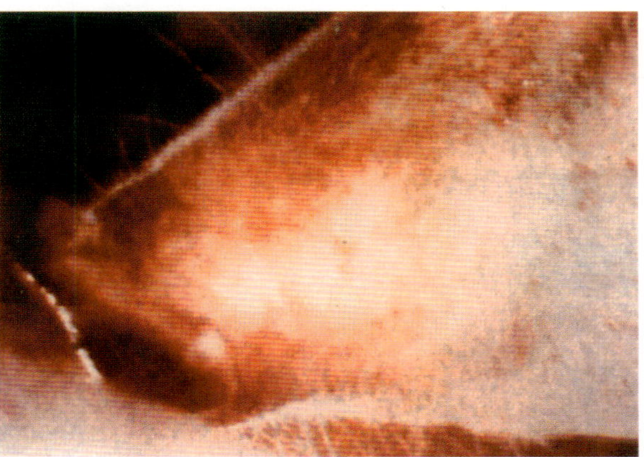
图1−117　鼻端发生的水疱

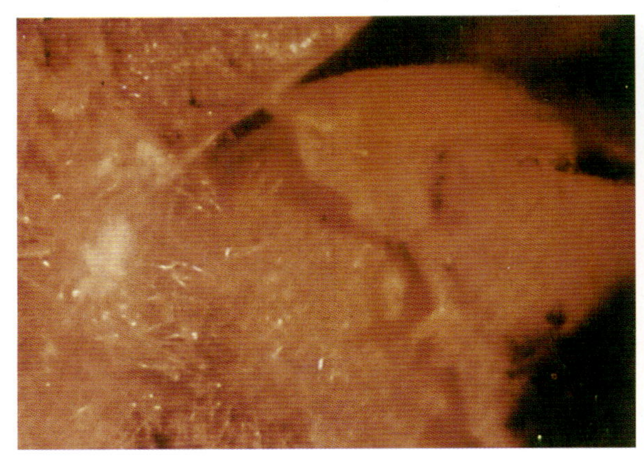

图1-118 蹄壳脱落和出现溃疡

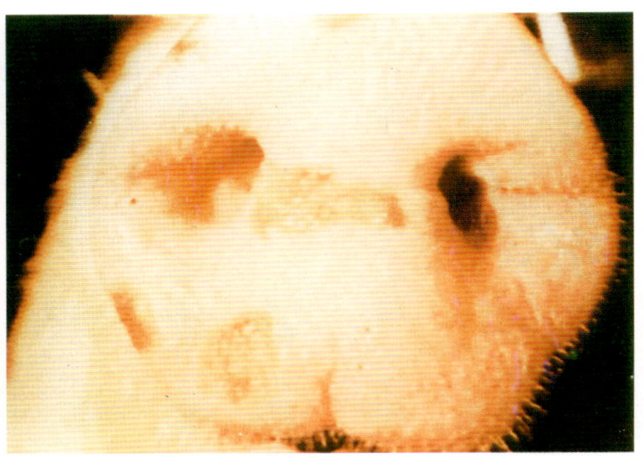

图1-119 鼻端在发生水疱后第5天出现溃疡

防制：用猪水疱病高免血清和康复血清进行被动免疫有良好效果，应用豚鼠化弱毒疫苗和细胞培养弱毒疫苗，对猪免疫，其保护率达80%以上，免疫期6个月以上。用水疱皮和仓鼠传代毒制成灭活苗有良好免疫效果，保护率为75%～100%。

十七、牛病毒性腹泻—黏膜病

牛病毒性腹泻—黏膜病简称牛病毒性腹泻或牛黏膜病。其特征是黏膜发炎、糜烂、坏死和腹泻。呈世界性分布，病原为牛病毒性腹泻病毒（BVDV），又名黏膜病病毒，是黄病毒科，瘟病毒属的成员。

图1-120 鼻腔流鼻液，流涎，有蹄叶炎或趾间糜烂坏死，导致跛行或站立不起

本病可感染黄牛、水牛、牦牛、绵羊、山羊、猪、鹿及小袋鼠，家兔可实验感染，绵羊多为隐性感染。康复牛可带毒6个月。主要通过消化道和呼吸道而感染，也可通过胎盘感染。

急性病牛突然发病，体温升高至40～42℃，病畜精神沉郁，厌食，鼻腔流鼻液，流涎，有些病牛有蹄叶炎或趾间糜烂坏死，导致跛行或站立不起来（图1-120）。鼻黏膜严重出血、糜烂（图1-121），门齿齿龈出血、糜烂（图1-122）。口腔黏膜出血、糜烂或溃疡（图1-123），舌面上皮糜烂，流涎增多，呼气恶臭。通常在口内损害之后常发生严重腹泻，开始水泻，以后带有黏液和血（图1-124）。有些病牛常有蹄叶炎及趾间皮肤糜烂坏死，从而导致跛行。母牛在妊娠期感染本病时常发生流产，或产下有先天性缺陷的犊牛。特征性损害是第四胃黏膜严重出血、水肿、糜烂和溃疡（图1-125）。最常见的缺陷是小脑发育不全，亦常见大脑充血，脊髓出血（图1-126）。患犊可能表现共济失调。

本病在目前尚无有效疗法。应用收敛剂和补液疗法

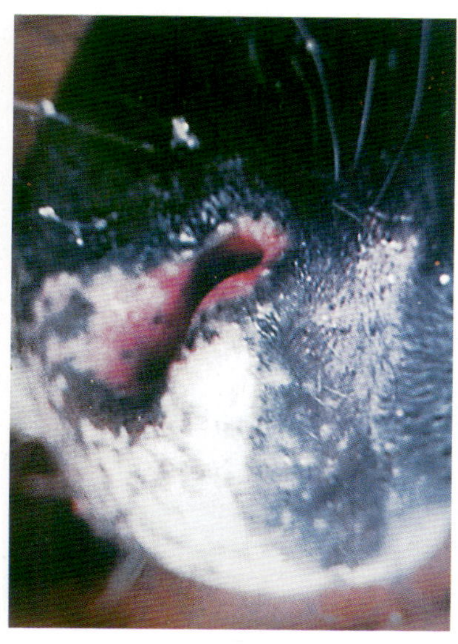
图 1－121　鼻黏膜严重出血

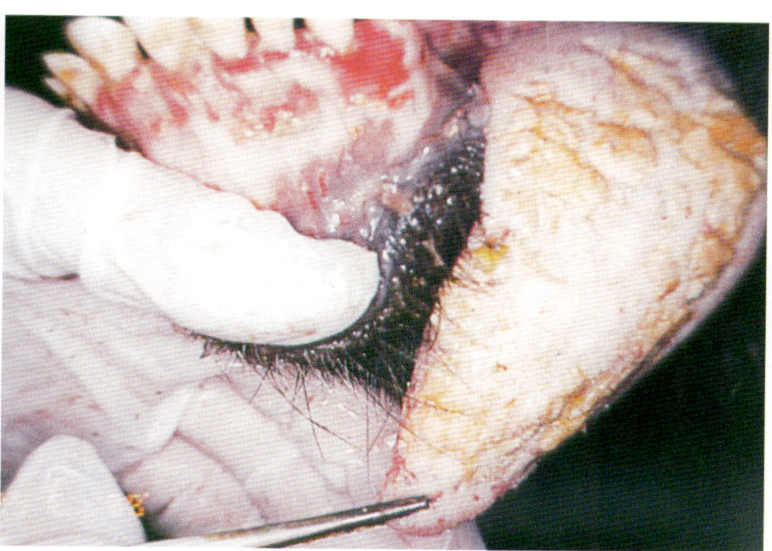
图 1－122　门齿齿龈出血、糜烂

图 1－123　口腔黏膜出血、糜烂或溃疡

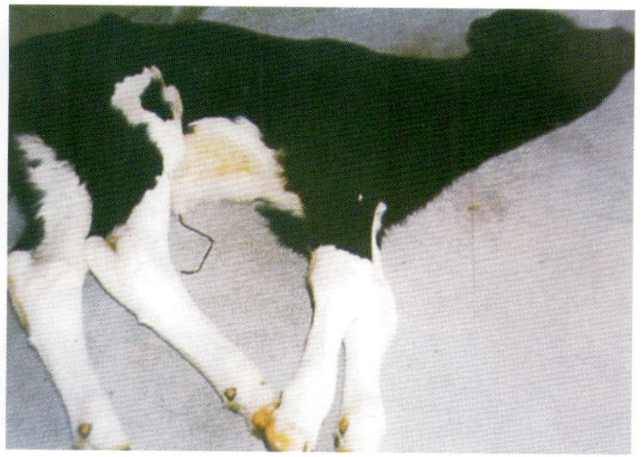
图 1－124　牛犊拉稀，失水消瘦，最后不能站立而虚脱死亡

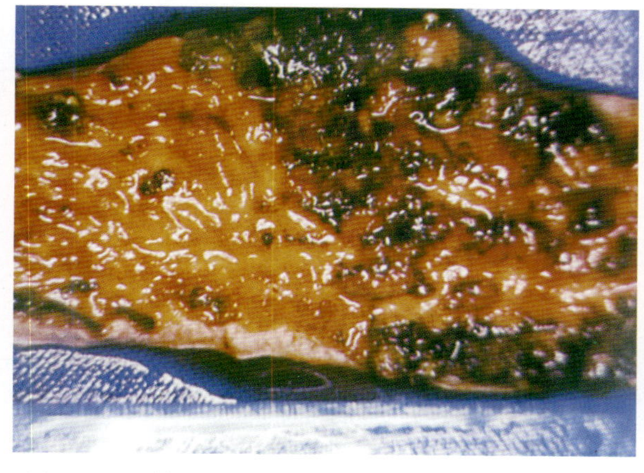
图 1－125　第四胃黏膜严重出血、水肿、糜烂和溃疡

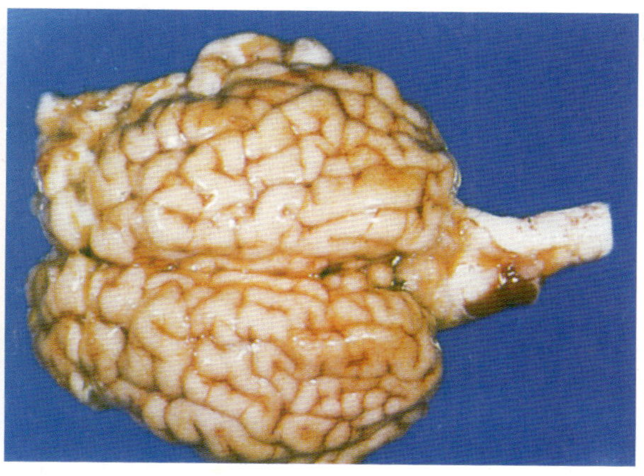
图 1－126　大脑充血，脊髓出血

可缩短恢复期，减少损失。用抗生素和磺胺类药物，可减少继发性细菌感染。近年来，猪对本病病毒的感染率日趋上升，不但增加了猪作为本病传染来源的重要性，而且由于本病病毒与猪瘟病毒在分类上同属于瘟病毒属，有共同的抗原关系，使猪瘟的防制工作变得复杂化，因此，在本病的防制计划中对猪的检疫也不容忽视。

十八、牛传染性鼻气管炎

牛传染性鼻气管炎是由牛传染性鼻气管炎病毒引起牛的一种急性、热性、接触性传染病。本病于1955年美国首次报道，1956年首次从病牛中分离出病毒，我国于1980年从新西兰进口奶牛中发现本病。本病病原为牛传染性鼻气管炎病毒，属于牛疱疹病毒Ⅰ型、疱疹病毒甲亚科，为双股DNA病毒，有囊膜。病牛和带毒牛为主要传染源，常通过空气经呼吸道传染，交配也可传染，从精液中可分离到病毒。病毒也可通过胎盘侵入胎儿引起流产。本病可表现多种类型，主要有：呼吸道型、生殖道感染型、眼炎型、流产型和脑膜脑炎型。

呼吸道型：通常于每年较冷的月份出现，病初发高热，体温升至39.5～42℃，病牛极度沉郁，拒食，有多量黏液脓性鼻漏，鼻黏膜高度充血，出现浅溃疡，鼻窦及鼻镜因组织高度发炎而称为“红鼻子”（图1－127），严重者鼻腔流出脓性分泌物，口流涎（图1－128）并危及气管、喉头（图1－129）和口腔（图1－130）。病牛有结膜炎、流泪（图1－131）。

生殖道感染型：由配种传染。潜伏期1～3d。可发生于母牛及公牛。病初发热，沉郁，无食欲。频尿，有痛感。阴户、阴道发炎、充血，阴户黏膜上出现小的白色病灶，可发展成脓疱及灰色坏死假膜（图1－132、图1－133）。公牛感染时潜伏期2～3d，沉郁，不食。生殖道黏膜充血，轻症1～2d后消退，继则恢复；严重的病例发热，包皮、阴茎上发生脓疱（图1－134）。公牛可不表现症状而带毒，从精液中可分离出病毒。

眼炎型：一般无明显全身反应，有时也可伴随呼吸型一同出现。主要症状是结膜角膜炎。表现结膜充血、水肿（图1－135），并可形成粒状灰色的坏死膜。角膜轻度混浊，但不出现溃疡。眼、鼻流浆液脓性分泌物，很少引起死亡。

流产型：一般认为是病毒经呼吸道感染后，从血液循环进入胎膜、胎儿所致。胎儿感染为急性过程，7～10d后以死亡告终，再经24～48h排出体外（图1－136）。流产胎儿肝、脾有局部坏死 （图1－137、图1－138）。

图1－127 病牛发热，鼻流出多量黏性分泌物

图1－128 鼻腔流出脓性分泌物，口流涎

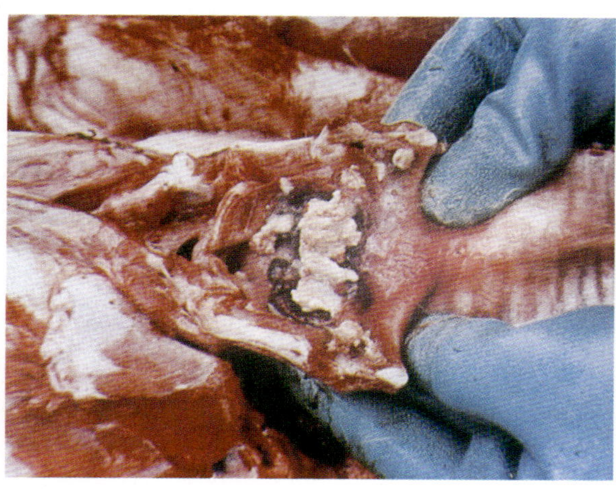

图 1-129　气管黏膜出血，喉头出血、有假膜

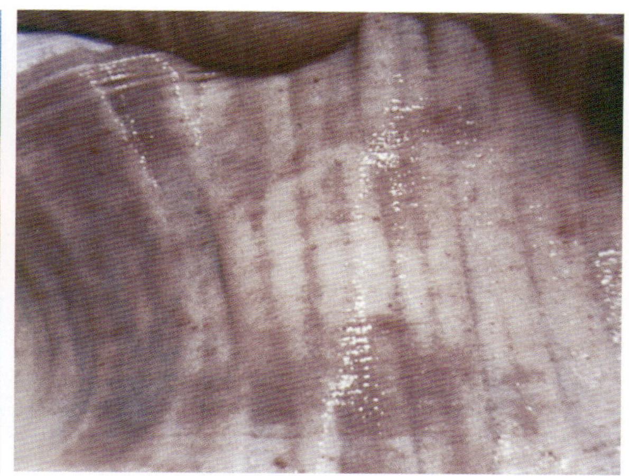

图1-130　口腔上腭出血

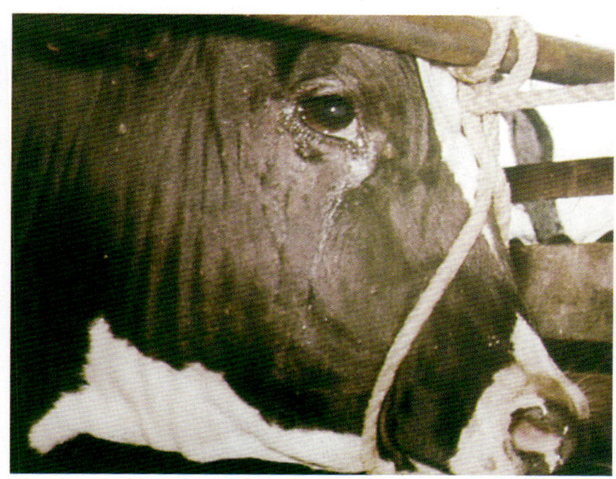

图 1-131　流泪，结膜炎，鼻黏膜充血、出血

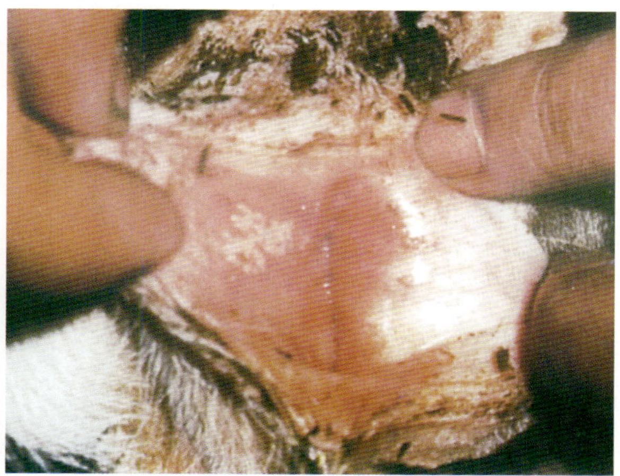

图 1-132　阴户黏膜出现严重充血，有溃疡

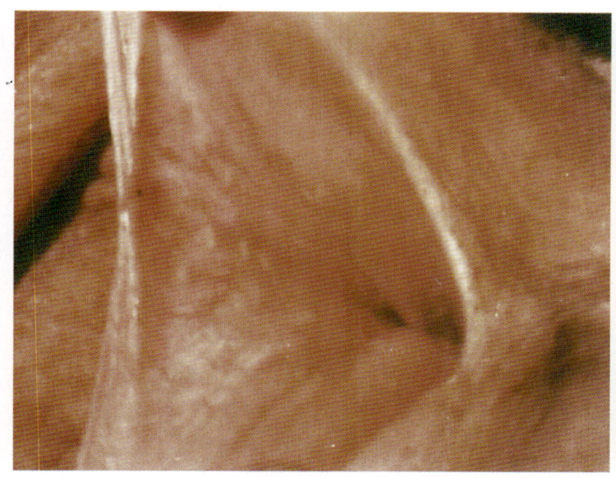

图 1-133　阴道黏膜上有许多散在的小脓疱

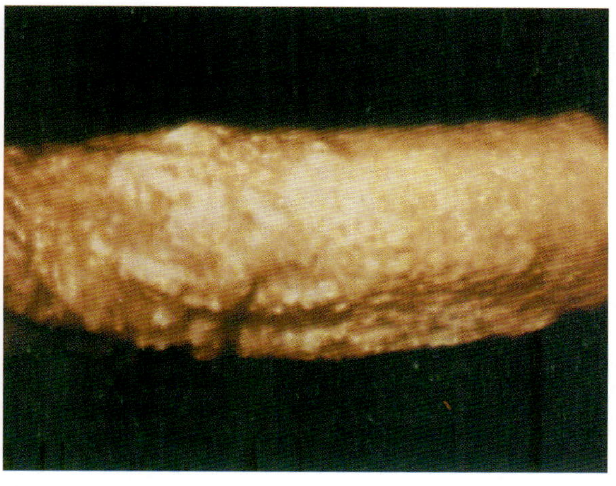

图 1-134　阴茎和包皮有炎症和脓疱

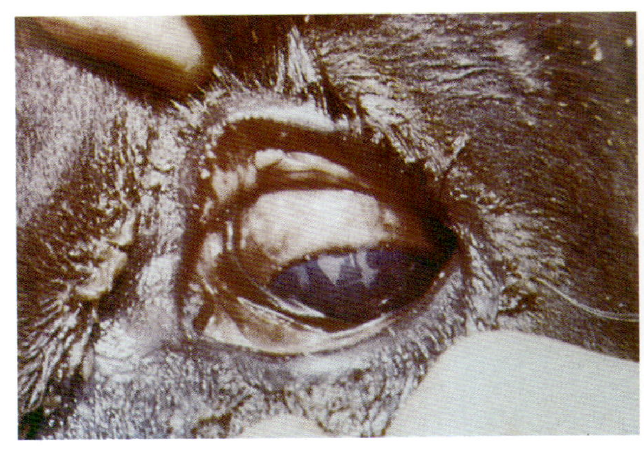

图 1－135　病牛眼睑浮肿，眼结膜充血，严重者有脓性分泌物

图 1－136　流产的胎儿全身出血

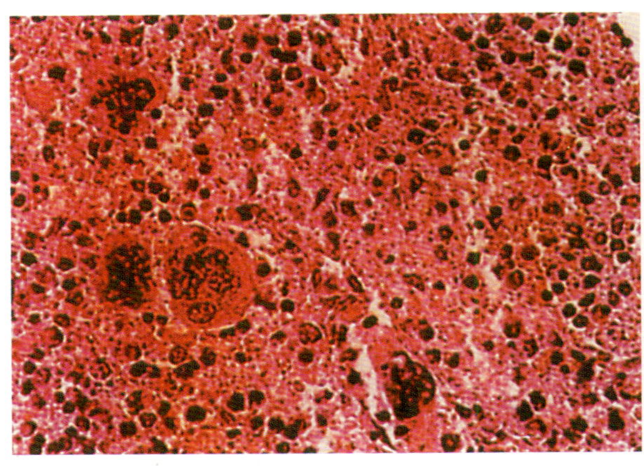

图 1－137　流产的胎儿脾细胞有淤血、出血和坏死，并见有巨核细胞

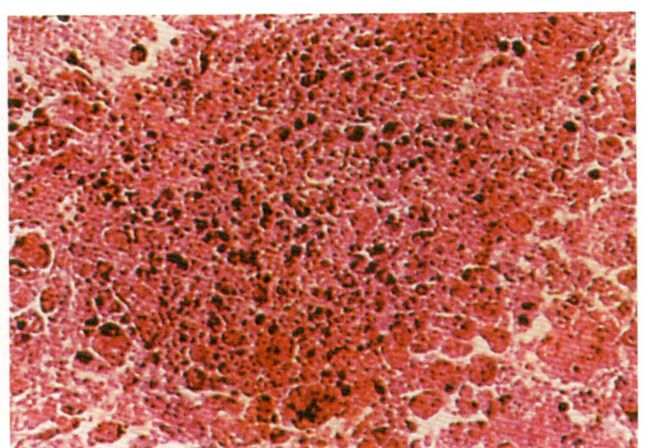

图 1－138　胎儿的肝细胞有坏死灶和崩解的肝细胞、红细胞和白细胞核碎屑

脑膜脑炎型：主要发生于犊牛。体温升高达40℃以上。病犊共济失调，角弓反张，磨牙，四肢划动，病程短促，多归于死亡。脑膜脑炎的病灶呈非化脓性脑炎变化。

防制本病最重要的措施是必须实行严格检疫。发生本病时应采取隔离、封锁、消毒等综合性措施。本病尚无特效疗法。关于本病的疫苗，目前有弱毒疫苗、灭活疫苗和亚单位苗（用囊膜糖蛋白制备）三类。因此，采用敏感的检测方法（如PCR技术）检出阳性牛并予以扑杀，可能是目前根除本病的唯一有效途径。

十九、牛白血病

牛白血病是牛的一种慢性肿瘤性疾病。目前本病分布几乎遍及全世界养牛的国家。本病病原为牛白血病病毒（BLV），属于反录病毒科，丁型反录病毒属。本病主要发生于成年牛、绵羊、瘤牛，水牛和水豚也能感染。病畜和带毒者是本病的传染源。健康牛群发病，往往是由引进了感染的牲畜，但一般要经过数年（平均4年）才出现肿瘤的病例。本病可由感染牛以水平传播方式传染给未感染牛。感染的母牛也可以垂直传播方式在分娩时将病毒经子宫传给胎儿，或在分娩后经初乳传给新生犊牛。在羊也证明了本病的子宫内传播。吸血昆虫在本病传播上具有重要作用。被污染的医疗器械（如注射器、针头），可以起到机械传播本病的作用。本病的发生似与遗传因素有关。

本病有亚临诊型和临诊型两种表现。亚临诊型无瘤的形成，其特点是淋巴细胞增生，可持续多年或终生对健康状况没有任何扰乱。临诊型病牛生长缓慢，体重减轻。体温一般正常。皮肤和下唇可形成肿瘤（图1－139、图1－140）。腮淋巴结或股前淋巴结常显著增大，触摸时可移动（图1－141）。如一侧肩前淋巴结增大，病牛的头颈可向对侧偏斜；眶后淋巴结增大可引起眼球突出（图1－142）。肿瘤还可见于肺、肠系膜淋巴结和胸腺（图1－143、图1－144、图1－145）。出现临诊症状的牛，通常均取死亡转归。在任何器官里均有瘤细胞浸润，破坏并代替许多正常细胞；并常见到核分裂现象（图1－146、图1－147）。

本病尚无特效疗法。防制本病应采取以严格检疫、淘汰阳性牛为主，包括定期消毒，驱除吸血昆虫，杜绝因手术、注射可能引起的交互传染等在内的综合性措施。无本病地区应严格防止引入病牛和带毒牛。

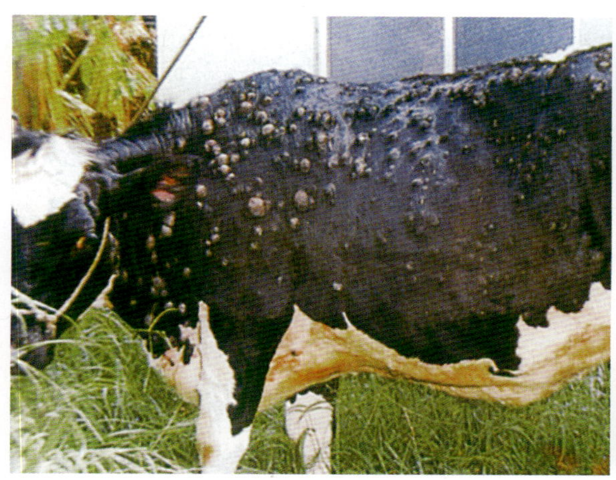

图1－139　全身皮肤有肿瘤块

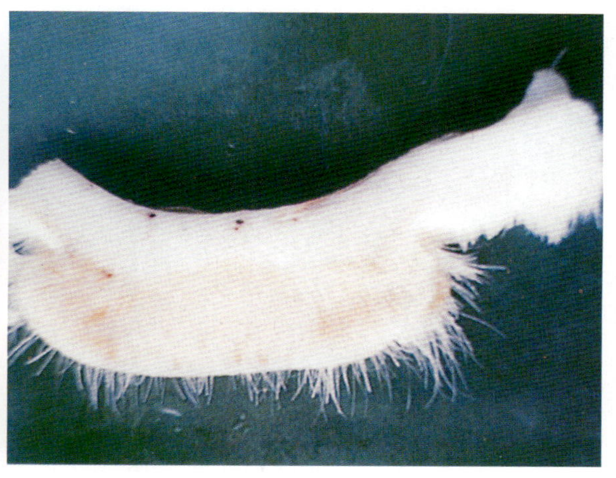

图1－140　下唇有肿瘤，影响牛的采食

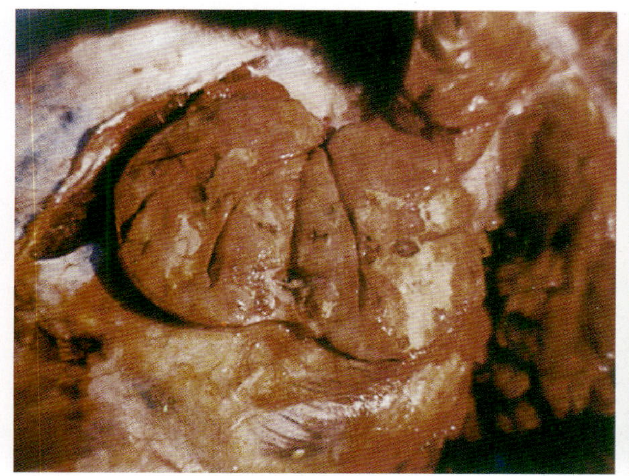

图1－141　淋巴结增大，多见于腮淋巴结、肩前淋巴结、股前淋巴结、乳房上和腰下淋巴结，被膜紧张，呈均匀灰色，柔软，切面突出

图1－142　眼受害后，眶后淋巴结增大，可导致眼球突出

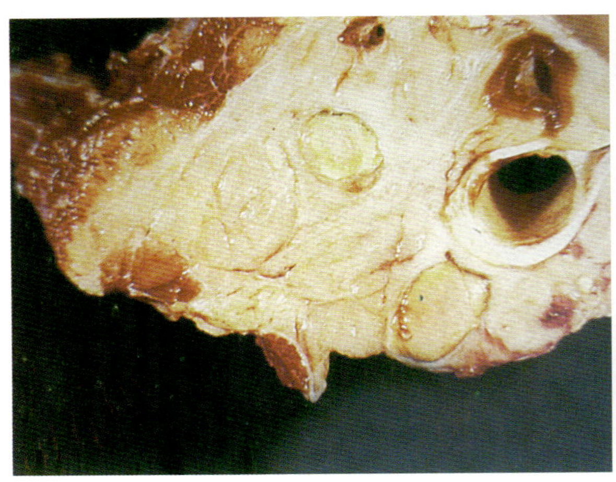

图1－143　肺淋巴结增大，如压迫，呼吸道则发生呼吸困难

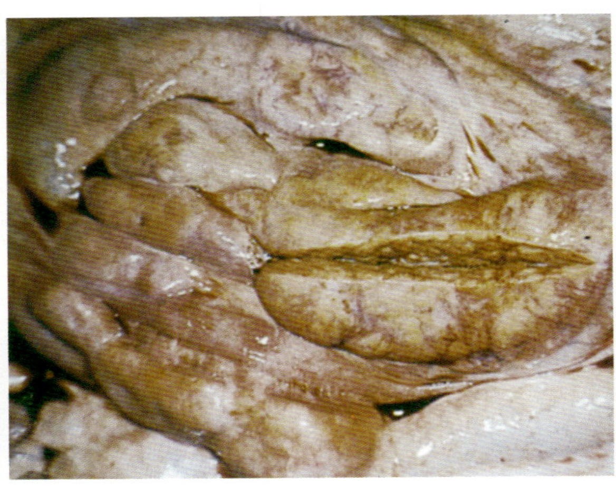

图1－144　腹淋巴结增大，表现消化不良及慢性肠臌气，可导致顽固性腹泻

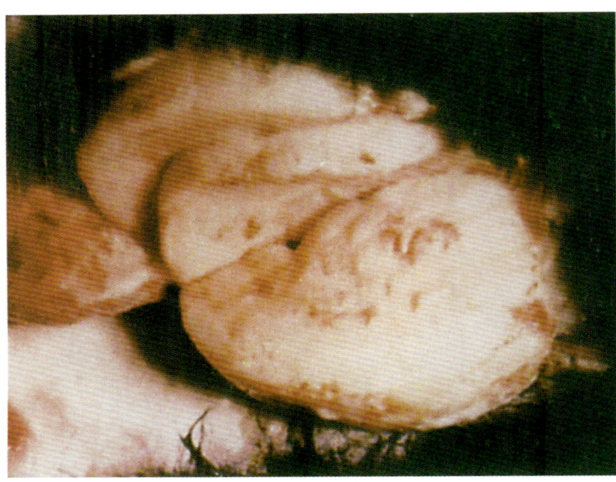

图1－145　胸腺淋巴瘤切面，淡黄色，均质

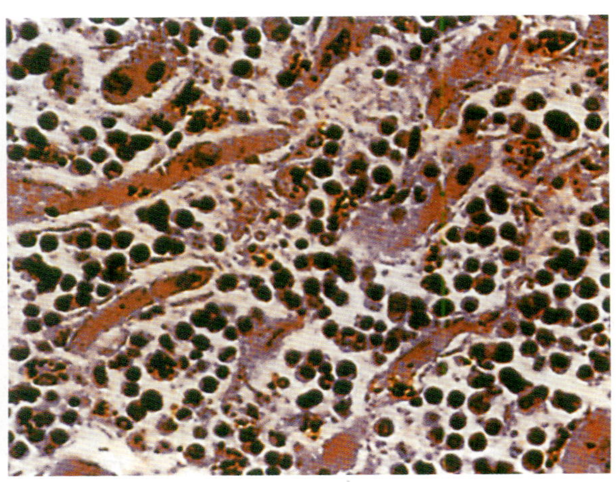

图1－146　肝组织结构破坏，在残留的肝细胞索之间聚集有许多核大、深染的成淋巴细胞

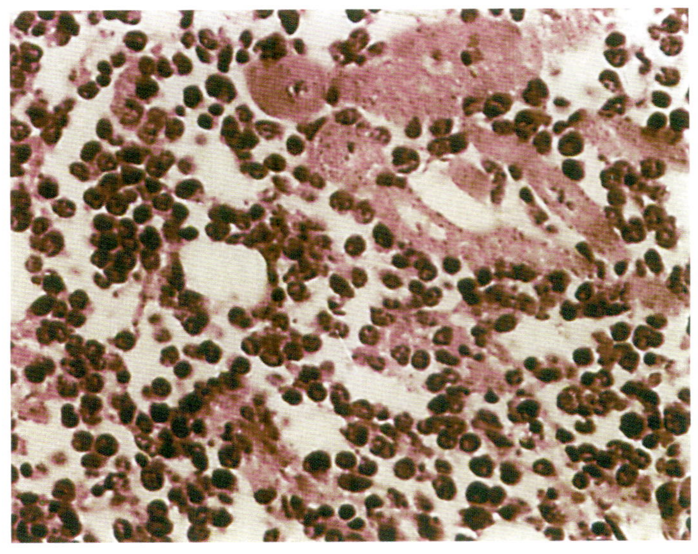

图1－147　心肌纤维被肿瘤样增生的淋巴细胞所取代，残留的肌纤维发生萎缩

二十、牛流行热

牛流行热又称三日热或暂时热，是由牛流行热病毒引起牛的一种急性热性传染病，其特征是高热，流泪，流涎，呼吸促迫，后躯僵硬，跛行，一般取良性经过。牛流行热病毒属弹状病毒科，暂时热病毒属的成员。成熟的病毒粒子长130～220nm、宽60～70nm，负链单股RNA，有囊膜（图1-148），除典型的子弹形病毒粒子外，还常见到T形粒子。本病主要侵害奶牛和黄牛，水牛较少感染。在野生动物中，南非大羚羊、猬羚可感染本病，并产生中和抗体，但无临诊症状。在自然条件下，绵羊、山羊、骆驼、鹿等均不感染。绵羊可人工感染并产生病毒血症，继则产生中和抗体。病牛是本病的主要传染源。吸血昆虫（蚊、蠓、蝇）是重要的传播媒介，疫情的存在与吸血昆虫的出没相一致。本病的发生具有明显的周期性和季节性。本病的传染力强，呈流行性或大流行性。本病广泛流行于非洲、亚洲及大洋洲。我国1976年才证实有本病并分离到病毒。

本病潜伏期3～7d。发病突然，体温升高达39.5～42.5℃，维持2～3d后，降至正常。在体温升高的同时，病牛流泪、畏光、眼结膜充血、眼睑水肿。呼吸促迫，患牛发出哼哼声，食欲废绝，咽喉区疼痛，反刍停止。多数病牛鼻腔炎性分泌物成线状，随后变为黏性鼻涕。口腔发炎、流涎，口角有泡沫（图1-149）。有的患牛四肢关节浮肿、僵硬、疼痛，病牛站立不动并出现跛行，最后因站立困难而倒卧（图1-150）。有的便秘或腹泻。妊娠母牛可发生流产、死胎，泌乳量下降或停止。多数病例为良性经过。

急性死亡的自然病例，可见有明显的肺间质气肿（图1-151），还有一些牛可有肺充血与肺水肿。肺气肿的肺高度膨隆，间质增宽，内有气泡，压迫肺呈捻发音。肺水肿病例胸腔积有多量暗紫红色液体，两侧肺肿胀，间质增宽，内有胶冻样浸润，肺切面流出大量暗紫红色液体（图1-152）。肺小叶间有淋巴细胞浸润（图1-153），气管内积有多量的泡沫状黏液。淋巴结充血、肿胀和出血。实质器官混浊、肿胀。真胃、小肠和盲肠呈卡他性炎症和渗出性出血。关节可出现关节滑膜炎（图1-154）。

本病尚无特效治疗药物。早发现、早隔离、早治疗，合理用药，护理得当，是治疗本病的重要原则。国外曾研制出弱毒疫苗和灭活疫苗。国内曾研制出鼠脑弱毒疫苗、结晶紫灭活苗、甲醛氢氧化铝灭活菌、β丙内酯灭活苗。近年来研制出病毒裂解疫苗，在国内部分省区使用，效果良好。

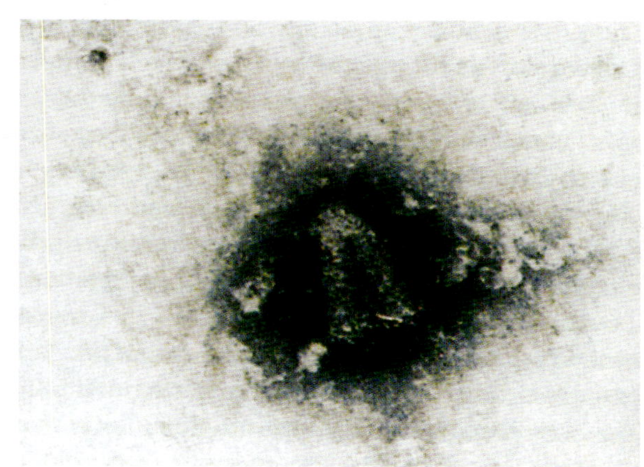

图1-148　牛流行热病毒粒子呈弹状

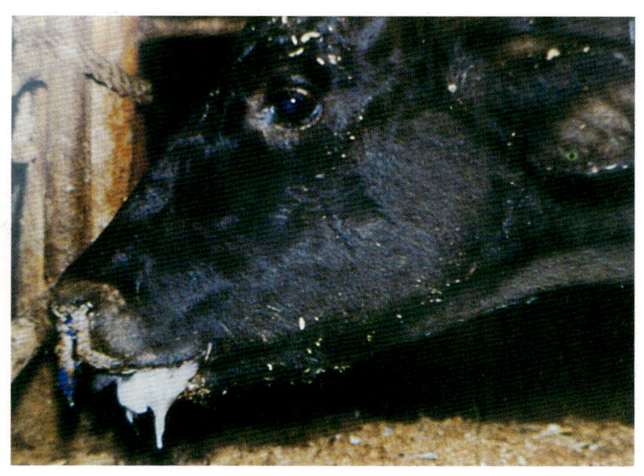

图1-149　病牛鼻腔有炎症，流出线状分泌物，口腔发炎，流涎、流泪，眼结膜炎，并有眼眵

图1－150　病牛体温升高，四肢关节浮肿、疼痛、站立不动、跛行，最后倒卧

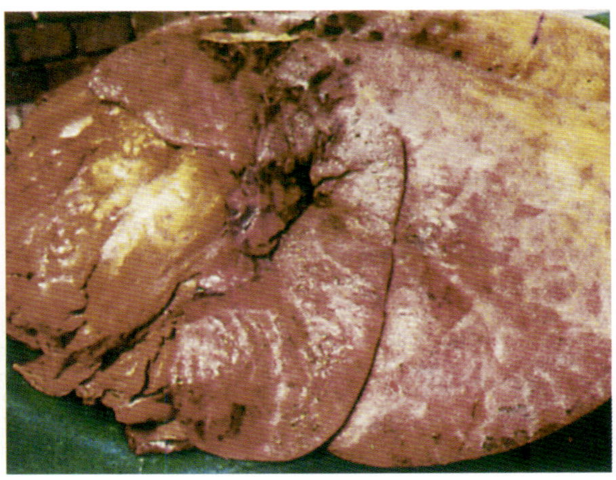

图1－151　肺气肿、充血和出血

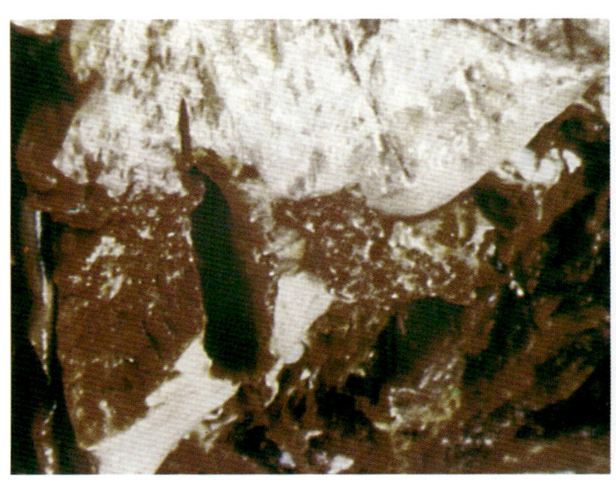

图1－152　肺切面流出大量暗紫红色液体，有纤维素性肺炎

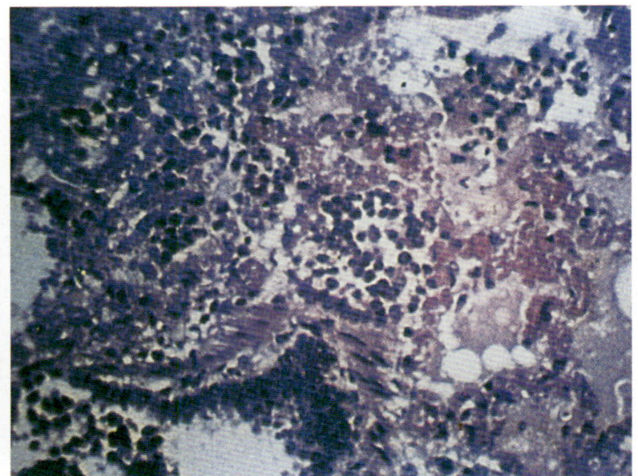

图1－153　肺小叶间有淋巴细胞浸润

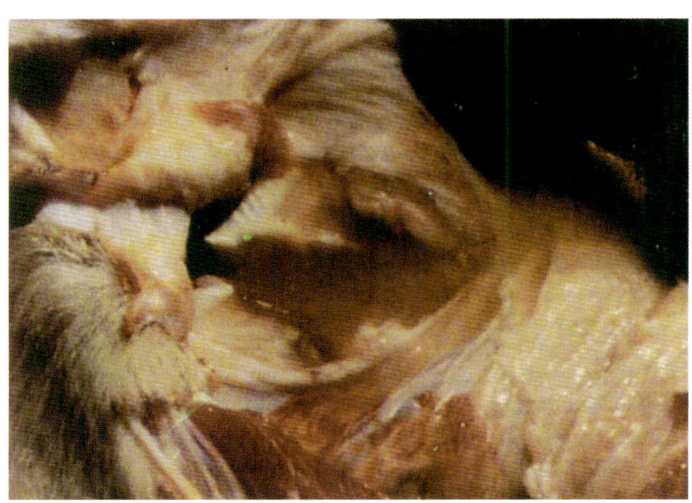

图1－154　浆液性纤维素性关节滑膜炎

二十一、赤羽病

赤羽病又称阿卡班病，以流产、早产、死胎、胎儿畸形、木乃伊胎、新生胎儿关节屈曲为特征，1961年在日本群马县赤羽村的伊蚊和库蚊体内分离出病毒，乃命名为赤羽病病毒，也称阿卡班病病毒，是布尼安病毒科、正布尼病毒属，辛波病毒群的成员之一，含单股RNA，有囊膜，表面有糖蛋白纤突。1990年证实我国存在本病。

怀孕的牛、绵羊和山羊对本病最易感，围产期的胎儿常受到感染。马、水牛、骆驼也可感染，人和猪的易感性较低。病毒主要由吸血昆虫传播，在澳大利亚是短跗库蠓，在日本是三带喙库蚊和骚扰伊蚊，有的国家从按蚊体内分离到病毒，因而本病具有明显的季节性。

感染本病的孕牛，一般不出现体温反应和临诊症状。特征性的表现是妊娠牛异常分娩。感染初期，胎龄越大的胎儿早产发生得越多。中期因体型异常如胎儿关节弯曲、脊柱弯曲等而发生难产（图1－155、图1－156、图1－157、图1－158）。后期多产出无生活能力的犊牛或瞎眼的犊牛。绵羊在怀孕1～2个月内感染本病毒后，可产生畸形羔羊，包括关节弯曲、脑积水和无脑症、大脑缺损、脑形成囊泡状空腔（图1－159）、躯干肌肉萎缩并变白（图1－160）。组织学变化，感染时间较短的流产胎儿呈非化脓性脑脊髓炎，大脑、脊髓血管周围有淋巴细胞样细胞浸润（图1－161）。

控制措施是加强进出口检疫，改善环境卫生，彻底消灭吸血昆虫及其孳生地，定期进行疫苗接种。日本和澳大利亚用HmLu－l细胞培养病毒制成灭活苗，在流行季节到来之前，给妊娠母牛和计划配种牛接种两次，免疫效果良好。在日本，已研制出弱毒苗，据说其效果优于灭活苗。

图1－155　流产或早产的新生胎儿四肢关节弯曲、变形

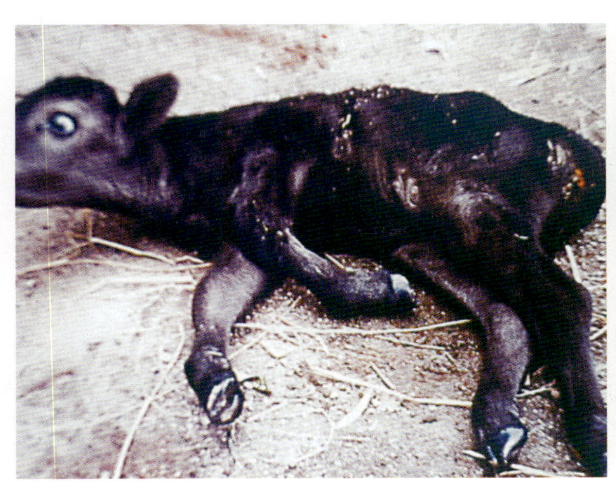

图1－156　新生胎儿腕关节、冠关节肿胀

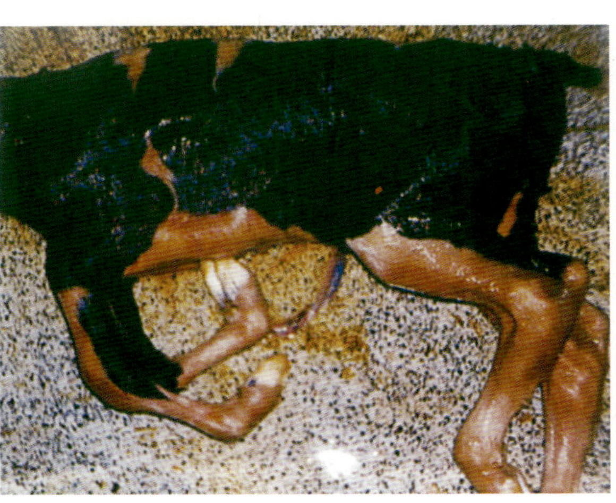

图1－157　死胎的胎儿关节弯曲、变形

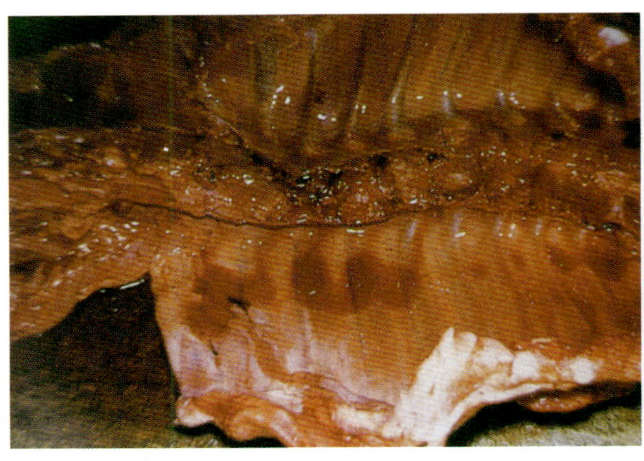
图1-158　胎儿脊柱变形、出血

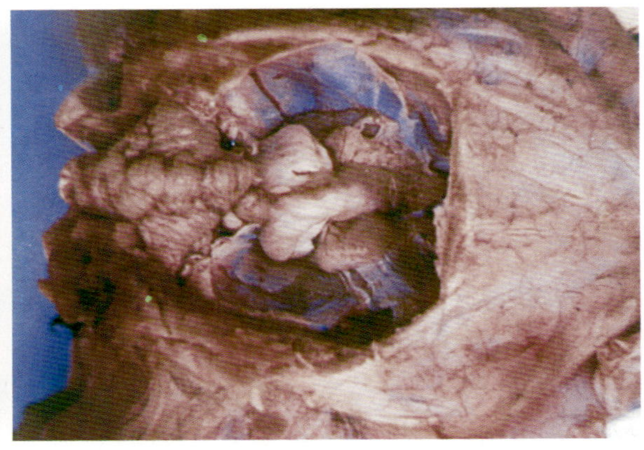
图1-159　大脑缺损，小脑充血、出血

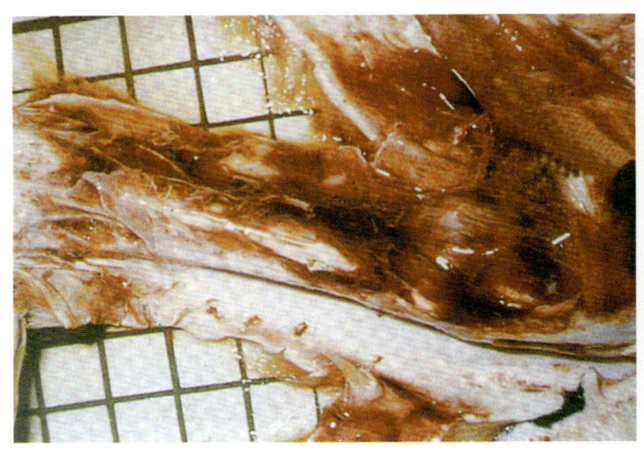
图1-160　躯干萎缩并变白

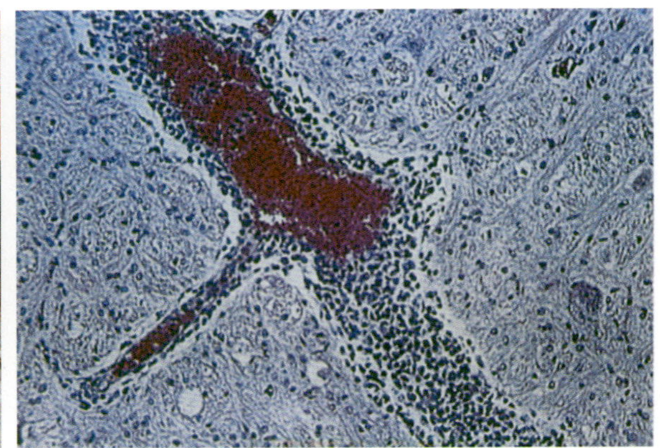
图1-161　非化脓性脑炎，血管周围有大量淋巴浸润，呈袖套状

二十二、牛副流行性感冒

牛流行性感冒简称牛副流感，又称运输热，是一种急性接触性传染病。本病的原发性病原为副流感病毒3型，系副黏病毒科、呼吸道病毒属的成员之一。与人的副流感3型病毒有相近的抗原关系。亚病毒对牛的致病力不强，单独用此病毒感染牛，只产生轻微的症状，甚至呈亚临诊反应，但在其他继发细菌（特别是多杀性巴氏杆菌或溶血性巴氏杆菌）以及外界诱因（特别是长途运输中受寒、饥饿、拥挤、气候恶劣等）的联合作用下，则可产生严重的呼吸道症状。因此，目前都认为牛副流感是病毒、细菌、诱因三者联合作用的结果。

在自然条件下，本病仅感染牛。病牛及带毒牛是传染源，易感牛因与排毒的牛接触通过空气飞沫，经呼吸道而感染，也可发生子宫内感染。本病常见于晚秋和冬季。病的潜伏期约2～5d。病牛体温升高可达41℃以上。鼻镜干燥，继而流黏液性、脓性鼻液（图1-162），眼大量流泪，有脓性结膜炎。呼吸快速，咳嗽，有时张口呼吸。孕畜可能流产。剖检病变主要见于呼吸道，上呼吸道黏膜卡他性炎，鼻腔和副鼻窦积聚大量黏液性、脓性渗出物。支气管黏膜肿胀、出血，管腔中有纤维素块。两侧肺前下部肺泡因充满纤维素而膨胀、硬实，病肺切面呈红灰色肝变，小叶间水肿、间质变宽、肺呈上皮化（图1－163、图1－164、图1－165）。胸腔积聚浆液纤维素性渗出液。胸膜表面有纤维素附着。支气管和纵隔淋巴结水肿、出血，心内外膜、胸膜、胃肠道黏膜有出血斑点。

国外用牛副流感病毒3型及巴氏杆菌制成的联合疫苗、血清等来预防本病。

图1－162　病牛体温升高，流鼻液，初为浆液性和黏液性鼻液，后为脓性鼻液

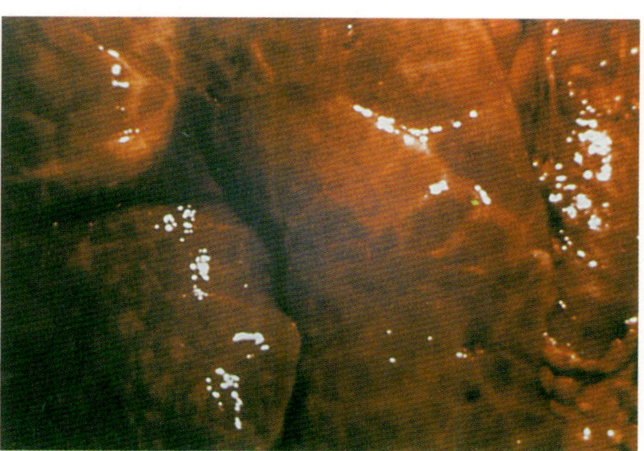

图1－163　肺呈间质性肺炎

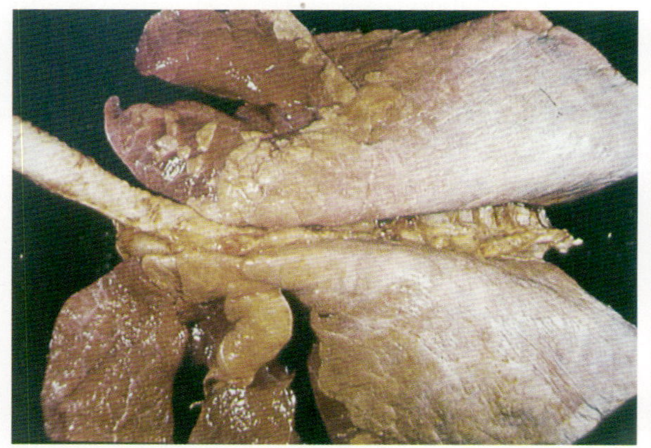

图1－164　肺常发生肝变，多见于心叶、尖叶，膈叶有些萎缩

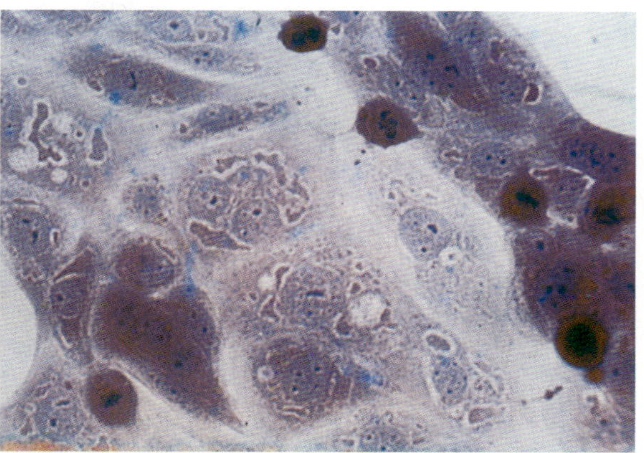

图1－165　肺呈上皮化，有包涵体和巨细胞形成

二十三、牛类蓝舌病

牛类蓝舌病又称为茨城病，其特征是高热，咽喉麻痹，关节疼痛性肿胀。本病除在日本最先发生流行外，以后在朝鲜半岛、美国、加拿大、印度尼西亚、澳大利亚、菲律宾也有发生。美国除牛以外，绵羊和鹿也可发生感染。本病病原为茨城病病毒，属于呼肠孤病毒科，环状病毒属。病毒粒子呈球形或圆形，含双股RNA，分10个节段，各节段重排易发生基因重组，无囊膜。

病牛和带毒牛是本病的主要传染源。在日本发生于8～11月间和北纬38°以南地区。本病的季节发生及地理分布与气候条件以及节肢动物的传递密切相关。本病毒是由库蠓传播的。1岁以下牛一般不发病。如取急性发热期病牛血液静脉接种易感牛，可发生与自然病例相似的疾病。

本病人工接种的潜伏期为3～5d。突然发热，体温升高40℃以上，持续2～3d，少数可达7～10d。发热时伴有精神沉郁，厌食，反刍停止，流泪，流泡沫样口涎，结膜充血、水肿（图1－166）。病情多轻微，2～3d完全恢复健康。部分牛在口腔、鼻黏膜、鼻镜和唇上发生糜烂或溃疡，易出血（图1－167）。病牛腿部常有疼痛性的关节肿胀。发病率一般为20%～30%，其中20%～30%的病牛呈咽喉麻痹，吞咽困难（图1－168）。病牛咽喉、舌也发生出血，横纹肌坏死（图1－169）。由于饮水逆出而呈明显的缺水，常发生吸入性肺炎。蹄冠部、乳房、外阴部可见浅的溃疡。另外，在肝脏也可发生出血和局灶性坏死以及网状内皮细胞的活化等。

本病尚无特效防治措施。补充水分和防止误咽是治疗的重点。在日本采用鸡胚化弱毒冻干疫苗来预防本病的发生。在无本病发生的国家和地区，重点是加强进口检疫，防止引入病牛和带毒牛。

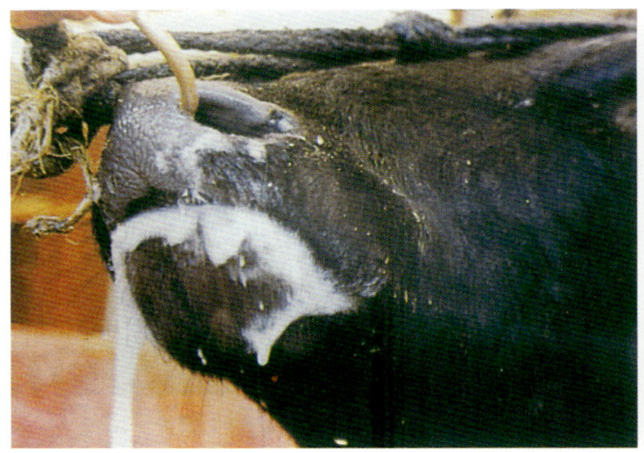

图1－166　病牛发热，流泪，流泡沫样口涎，眼结膜出血、水肿

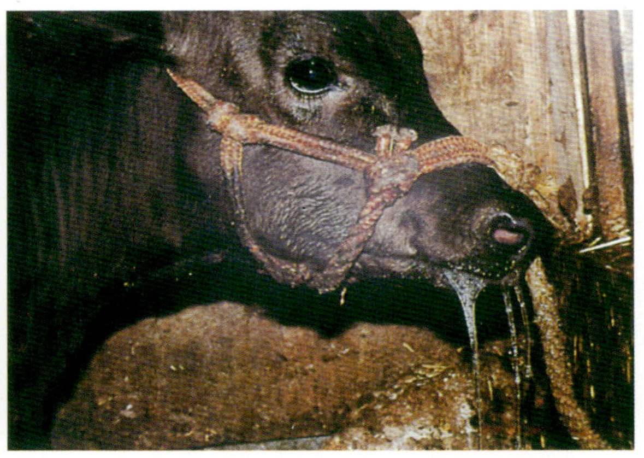

图1－167　流涎，部分病牛口腔、鼻黏膜发生糜烂或溃疡，易出血

图1－168　咽喉麻痹，吞咽困难，舌发硬变蓝色

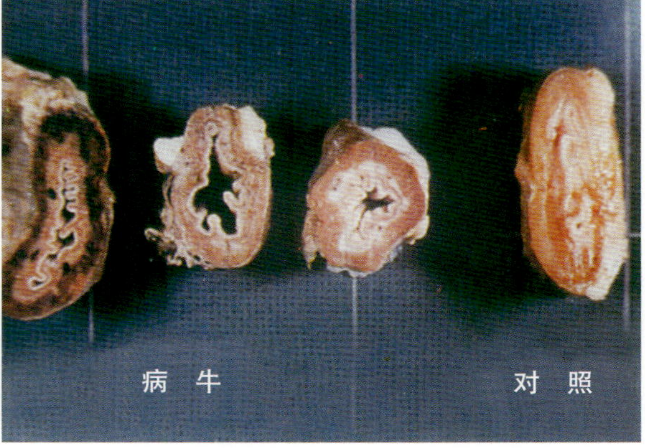

图1－169　舌有出血，横纹肌坏死

二十四、蓝舌病

蓝舌病是以昆虫为传播媒介的反刍动物的一种病毒性传染病。其特征是发热，消瘦，口、鼻和胃黏膜的溃疡性炎症。本病的分布很广。蓝舌病病毒属于呼肠孤病毒科、环状病毒属，病毒粒

子呈20面体对称（图1–170）。病毒的衣壳由32个大型壳粒组成。壳粒直径为8～11nm，呈中空的短圆柱状（图1–171、图1–172、图1–173）。

绵羊易感，牛和山羊的易感性较低。野生动物中鹿和羚羊易感，其中以鹿的易感性较高。病畜是本病的主要传染源，牛多为隐性感染，这些带毒动物也是传染源。本病主要通过库蠓传递。绵羊虱蝇也能机械传播本病。公牛感染后，其精液内带有病毒，可通过交配和人工授精传染给母牛。病毒也可通过胎盘感染胎儿。病的发生有严格的季节性。

潜伏期为3～8d。病初体温升高达40.5～41.5℃，稽留5～6d。表现厌食，委顿，落后于羊群。流涎，口唇水肿，面部、耳部皮肤充血（图1–174）。口腔黏膜充血，后发绀，呈青紫色（图1–175）。在发热几天后，口腔连同唇、齿龈、颊、舌黏膜糜烂（图1–176），致使吞咽困难。随着病的发展，在溃疡损伤部位渗出血液，唾液呈红色，口腔发臭。鼻流出炎性、黏性分泌物，鼻孔周围结痂（图1–177），引起呼吸困难和鼾声。有时蹄冠、蹄叶发生炎症（图1–178、图1–179），触之敏感，呈不同程度的跛行，甚至膝行或卧地不动。病羊消瘦、衰弱，有的便秘或腹泻，有时下痢带血，有时可继发细菌感染。

山羊的症状与绵羊相似，但一般比较轻微。牛通常缺乏症状。约有5%的病例可显示轻微症状，其临诊表现与绵羊相同。病变主要见于口腔、瘤胃、心、肌肉、皮肤和蹄部。口腔出现糜烂和深红色区，舌、齿龈、硬腭、颊黏膜和唇水肿。瘤胃有暗红色区，表面有空泡变性和坏死，食道及瓣胃黏膜坏死（图1–180）。真皮充血、出血和水肿。肌肉出血，肌纤维变性，有时肌间有浆

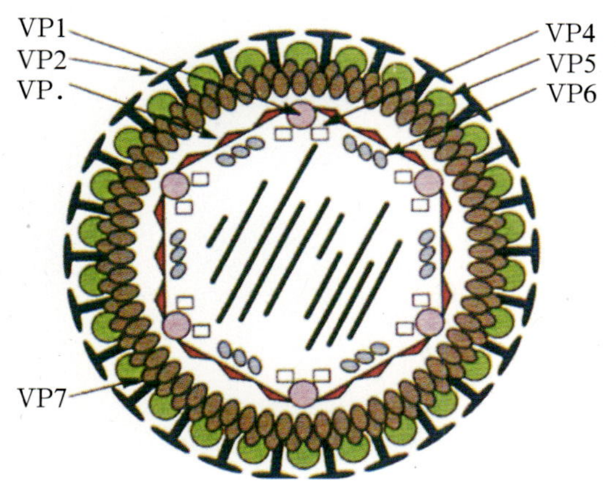

图1–170　蓝舌病病毒粒子模式

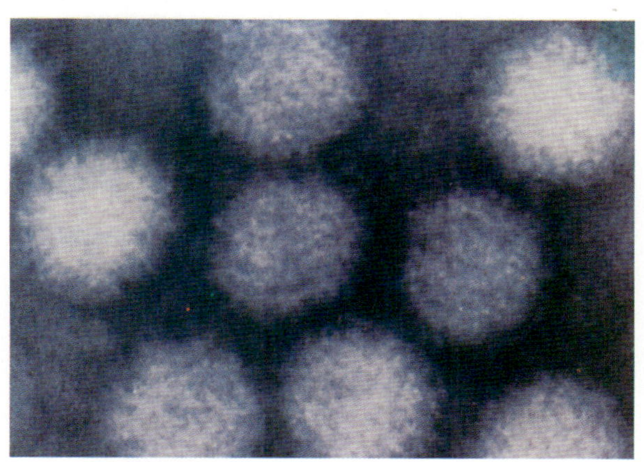
图1–171　蓝舌病病毒负染电镜中的形态

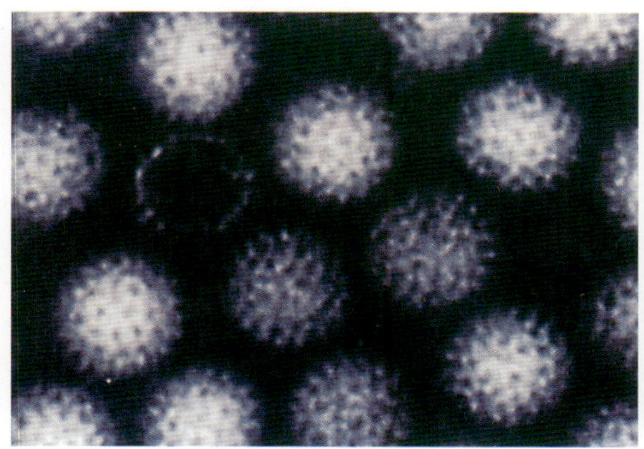
图1–172　病毒核心颗粒

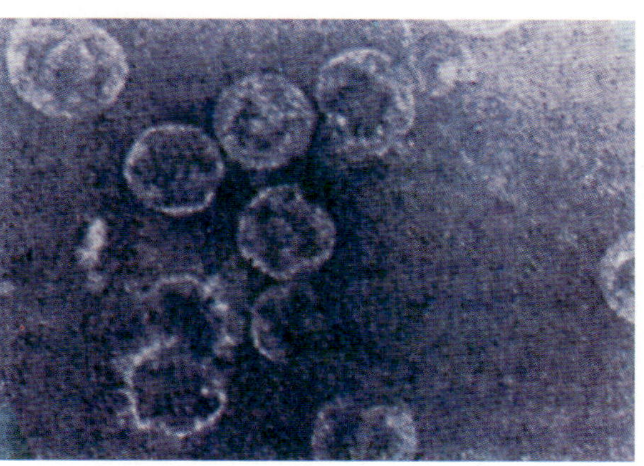
图1–173　病毒亚核心颗粒

液和胶冻样浸润。呼吸道、消化道和泌尿道黏膜及心肌、心内外膜均有小点出血，有的病例肺动脉内侧有出血（图1-181）。

防制措施包括对病畜精心护理，病畜或分出病毒的阳性畜应予以扑杀；血清学阳性畜，要定期复检，限制其流动，就地饲养使用，不能留作种用。严禁从有本病的国家和地区引进牛、羊。切实作好冷冻精液的管理工作。定期进行药浴、驱虫，控制和消灭本病的媒介昆虫（库蠓）。在流行地区可在每年发病季节前1个月接种疫苗；在新发病地区可用疫苗进行紧急接种。

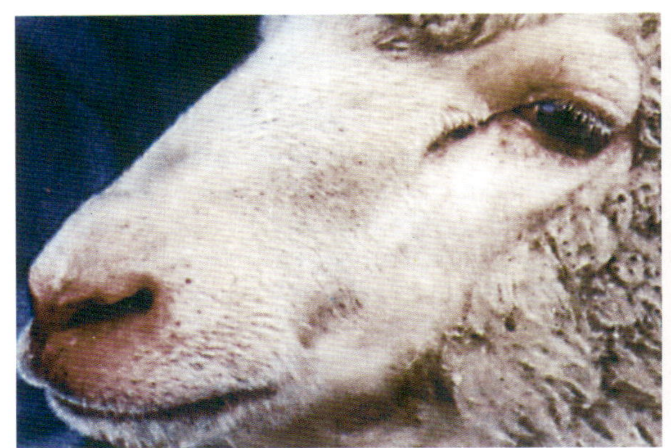

图1-174　面部无毛区皮肤充血

图1-175　口腔和舌部黏膜发绀

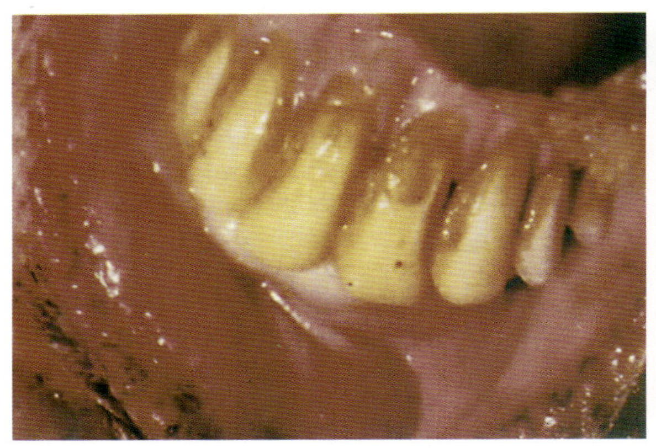

图1-176　齿龈和上唇黏膜的出血和糜烂

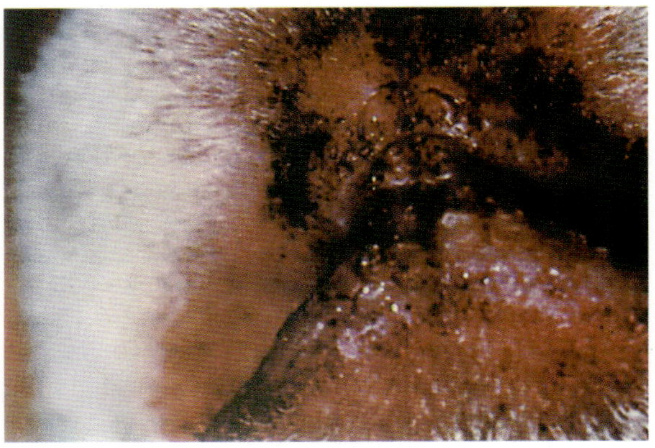

图1-177　吻突部和鼻周围充血、出血和糜烂

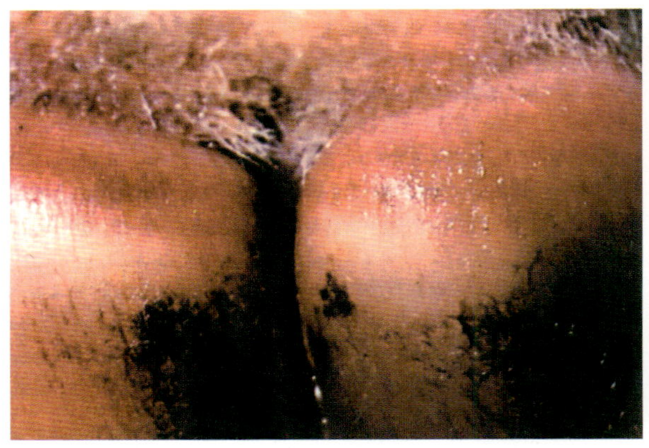

图1-178　急性蓝舌病：冠状带和邻近的蹄部充血和淤点形成

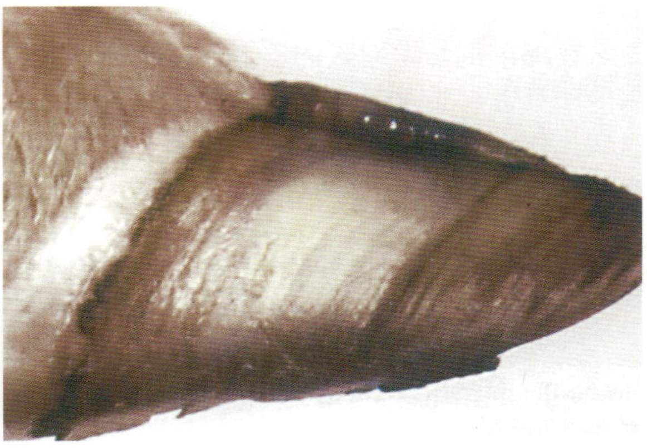

图1-179　康复动物的蹄壳破裂

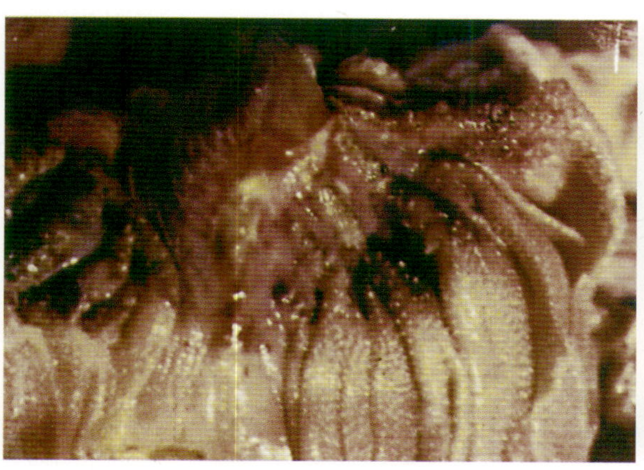

图 1-180　食道沟和部分瓣胃皱褶黏膜坏死

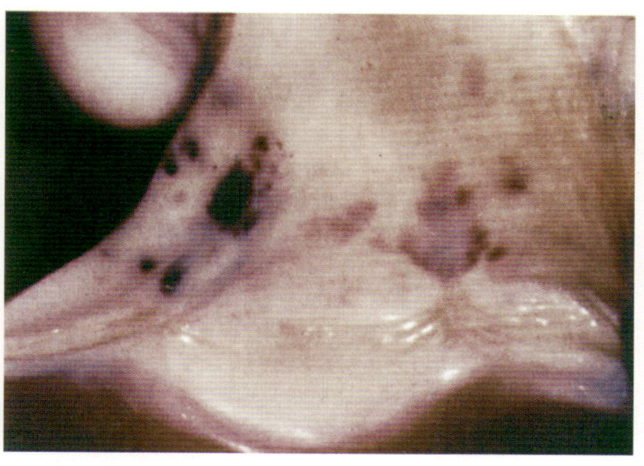

图1-181　从肺动脉内侧所见的出血

二十五、绵 羊 痘

绵羊痘是各种家畜痘病中危害最为严重的一种传染病，其特征是在皮肤和黏膜上发生特殊的丘疹和痘疹。病原为山羊痘病毒属的绵羊痘病毒。本病主要经呼吸道感染，也可通过损伤的皮肤或黏膜感染。饲养管理人员、护理用具、皮毛、饲料、垫草和外寄生虫等都可成为传播的媒介。不同品种、性别、年龄的绵羊都有易感性，以细毛羊最为易感，羔羊比成年羊易感。妊娠母羊易引起流产。本病多发生于冬末春初。

本病的潜伏期平均为6～8d，病羊体温升高达41～42℃，食欲减少，精神不振，结膜潮红，有浆液、黏液或脓性分泌物从鼻孔流出。呼吸和脉搏增速，经1～4d发痘。痘疹多发生于皮肤无毛或少毛部分，如眼周围、唇、鼻、乳房、外生殖器、四肢和尾内侧。开始为红斑，1～2d后形成丘疹，突出皮肤表面，随后丘疹逐渐扩大，变成灰白色或淡红色、半球状的隆起结节，结节最后变成脓疱和溃疡（图1-182、图1-183、图1-184）。在前胃或第四胃黏膜上，往往有大小不等的圆形或半球形坚实的结节，单个或融合存在，有的病例还形成糜烂或溃疡（图1-185）。咽、食道和支气管黏膜亦常有痘疹（图1-186）。在肺见有干酪样结节和卡他性肺炎区（图1-187）。此外，常见细菌性败血症变化，如肝脂肪变性、心肌变性、淋巴结急性肿胀等。病羊常死于继发感染。

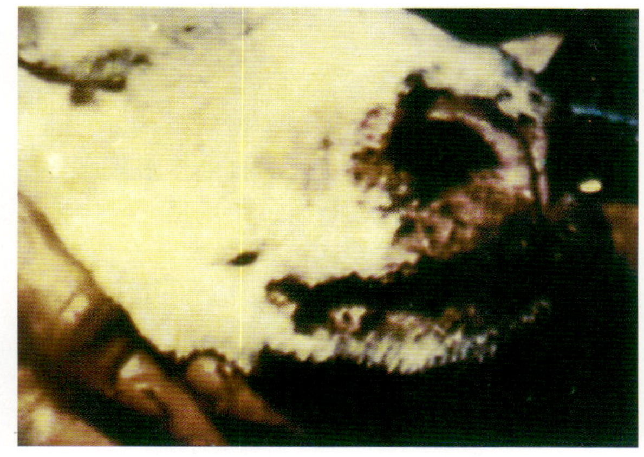

图1-182　在鼻孔和唇周围的痘疹

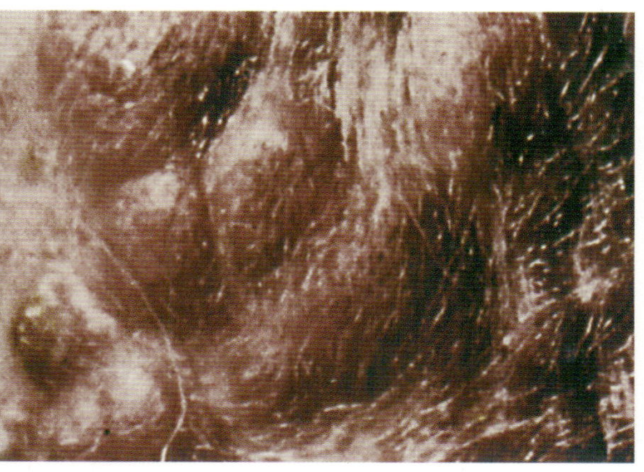

图1-183　皮肤上的红色丘疹

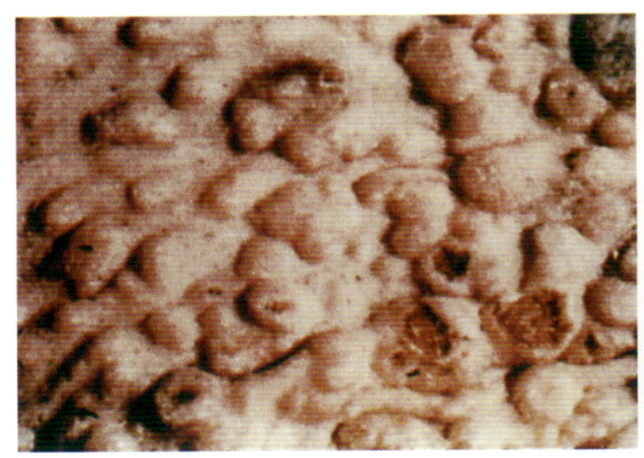
图1-184　皮肤上的脐状脓疱和溃疡

图1-185　形成结节：皱胃肌层上有圆形结节

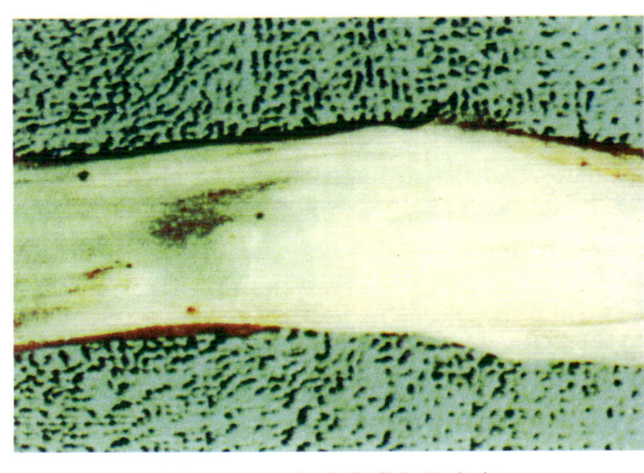
图1-186　食道黏膜上的病变

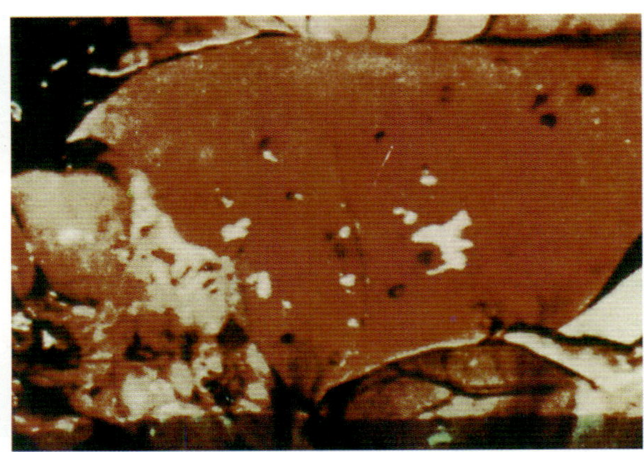
图1-187　肺表面上的病变

在绵羊痘常发地区的羊群，每年定期预防接种，在已发病的羊群立即隔离病羊，对尚未发病的羊只或邻近已受威胁的羊群均可用羊痘鸡胚化弱毒疫苗进行紧急接种，免疫期可持续1年。对病羊隔离、封锁和消毒。病死羊的尸体应深埋。本病尚无特效药，常采取对症治疗等综合性措施。

二十六、羊传染性脓疱

羊传染性脓疱俗称口疮，是由传染性脓疱病毒引起的一种急性接触性的人畜共患病。世界上几乎所有养羊的国家和地区都可发现本病。我国也有本病存在。本病病原属于痘病毒科、副痘病毒属，病毒颗粒具有特征的表面结构，即管状条索斜形交叉成线团样编织，其排列多很规则（图1-188），也有排列不规则的，呈多型性。

本病只危害绵羊和山羊，人、骆驼和猫也可感染，本病多发于秋季。病羊和带毒羊是传染源。感染途径主要是皮肤或黏膜的擦伤。人多因与病羊接触而感染。

在临诊上本病分为三型，也偶见有混合型。

唇型：这是一种最常见的病例。病羊首先在口角或上唇，有时在鼻镜上发生散在的小红斑点，很快即形成麻点大的小结节，继而成为水疱或脓疱，脓疱破溃后，成黄色或棕色的疣状硬痂（图1-189）在严重病例，患部继续发生丘疹、水疱、脓疱、痂垢，并互相融合，涉及整个口唇周围及颜面、眼睑和耳廓等部，形成大面积具有龟裂、易出血的污秽痂垢，痂垢下伴以肉芽组织增生，整个嘴唇肿大外翻、呈桑椹状突起，严重影响采食，病羊日趋衰弱而死（图1-190）。同时常有化脓菌和坏死杆菌等继发感染，引起深部组织的化脓和坏死。口腔及食道黏膜也常受害（图1-191、图1-192）。黏膜潮红增温，在唇内面、齿龈、颊部、舌、软腭及瘤胃黏膜上发生被红晕所围绕的灰白色水疱，继之变成脓疱和烂斑（图1-193）。有时甚至可见部分舌的坏死脱落。

蹄型：几乎仅侵害绵羊，多单独发生，偶有混合型。多数病畜仅一肢患病。常在蹄叉、蹄冠或系部皮肤上形成水疱或脓疱，破裂后形成由脓液覆盖的溃疡。

外阴型：此型少见。有黏性和脓性阴道分泌物，在疼痛肿胀的阴唇和附近的皮肤上有溃疡；乳房和乳头的皮肤上（多系病羔吃乳时传染）发生脓疱、烂斑和痂垢（图1-194）。本病首要的防制措施要保护黏膜、皮肤，勿使发生损伤，饲料和垫草应尽量拣出芒刺。不要从疫区引进羊只和购买畜产品。发病时立即隔离治疗，并彻底消毒用具和羊舍。在本病流行地区，可使用羊口疮弱毒疫苗进行免疫接种。

图1-188　病毒粒子表面有连续而规则的纤维排列，形如双螺旋

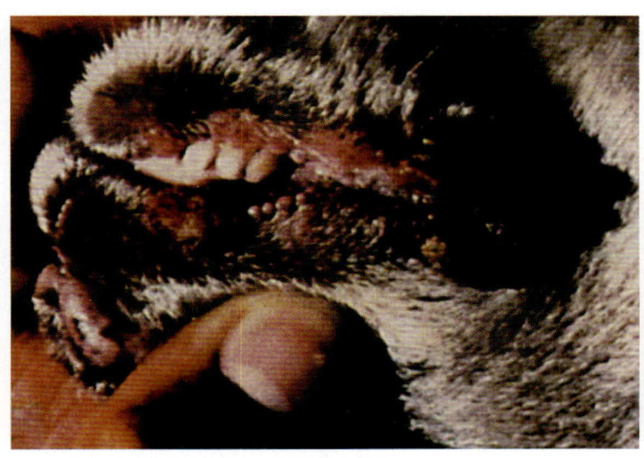

图1-189　嘴唇上的痘疱

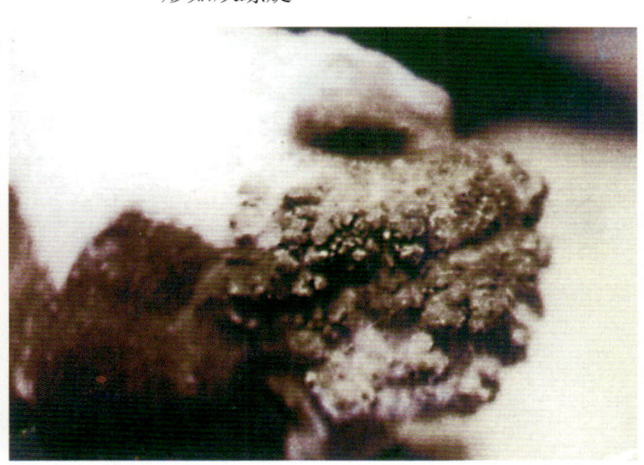

图1-190　嘴唇上呈桑椹状突起

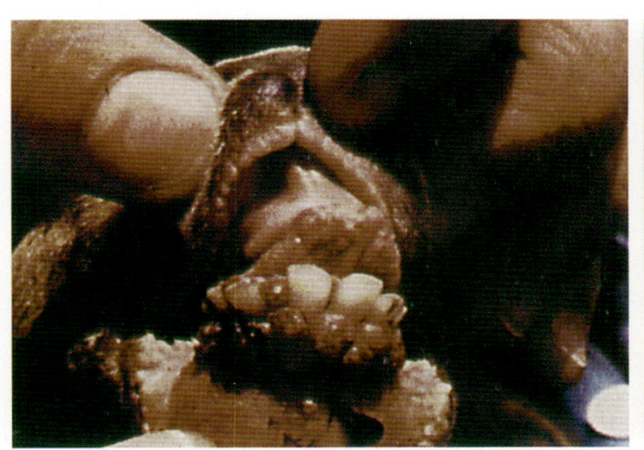

图1-191　门牙下痘疹

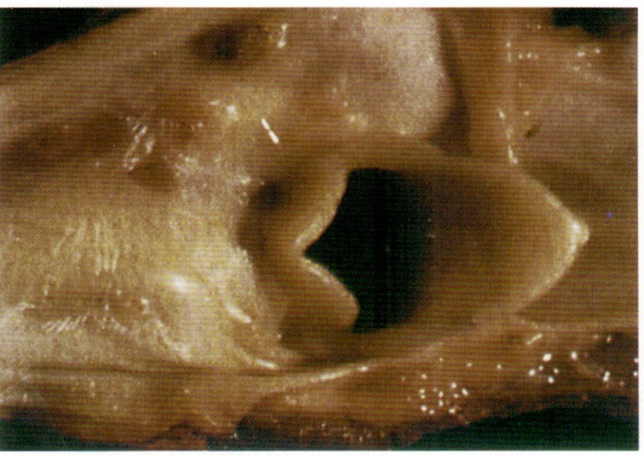

图1-192　食道黏膜痘疱破后形成烂斑

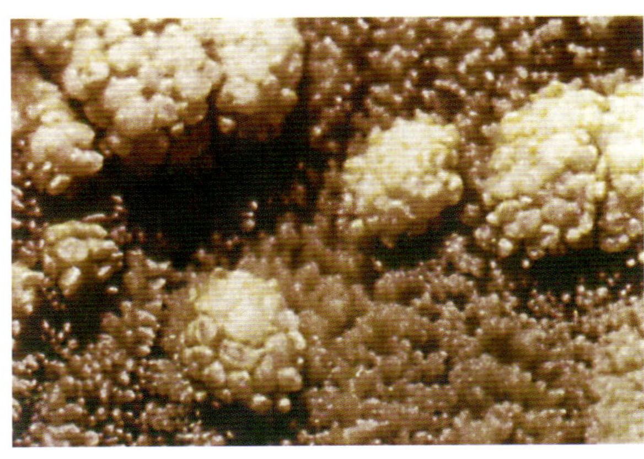

图1-193　瘤胃上的深脓疱

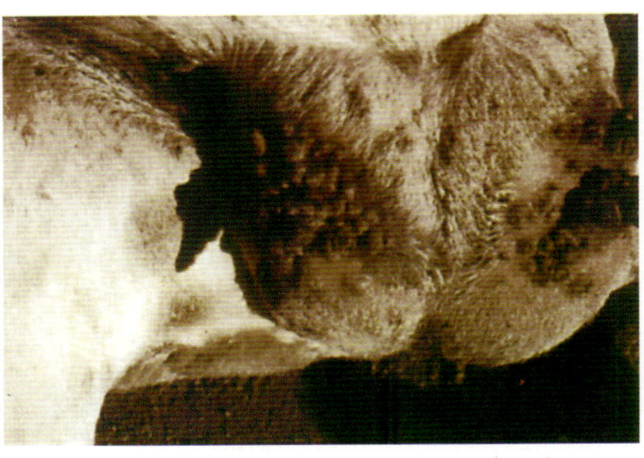

图1-194　母羊乳房和乳头上痘疹和痂垢

二十七、小反刍兽疫

小反刍兽疫又名伪牛瘟，是由小反刍兽疫病毒引起的一种急性接触性传染病。OIE将该病定成A类疾病。主要感染小反刍动物，以发热、口炎、腹泻、肺炎为特征。小反刍兽疫病毒属副黏病毒科麻疹病毒属。与牛瘟病毒有相似的物理、化学及免疫学特性。病毒呈多形性，通常为粗糙的球形。病毒颗粒较牛瘟病毒大，核衣壳为螺旋中空杆状并有特征性的亚单位，有囊膜（图1－195）。

小反刍兽疫主要感染山羊、绵羊、羚羊、美国白尾鹿等小反刍动物，山羊发病比较严重。牛、猪等可以感染，但通常为亚临诊经过。目前，主要流行于非洲西部、中部和亚洲的部分地区，2007年我国西藏的部分地区也有本病的发生和流行。主要通过直接和间接接触传染或呼吸道飞沫传染。传染源主要为患病动物和隐性感染动物，处于亚临诊的病羊尤为危险。病畜的分泌物和排泄物均含有病毒。

小反刍兽疫潜伏期为4～5天，最长21d。自然发病仅见于山羊和绵羊。山羊发病严重，绵羊也偶有严重病例发生。一些康复山羊的唇部形成口疮样病变。感染动物临诊症状与牛瘟病牛相似。急性型体温可上升至41℃，并持续3～5d。感染动物烦躁不安，背毛无光，口鼻干燥，食欲减退。流黏液脓性鼻漏，呼出恶臭气体。在发热的前4d，口腔黏膜充血，颊黏膜进行性广泛性损害、导致多涎（图1－196），随后出现坏死性病灶，开始口腔黏膜出现小的粗糙的红色浅表坏死病灶，感染部位包括下唇、下齿龈等处。严重病例可见坏死病灶波及齿龈、腭、颊部及其乳头、舌头等处（图1－197）。后期出现带血水样腹泻，严重脱水，消瘦（图1－198），随之体温下降。出现咳嗽、呼吸异常。发病率高达100%，在严重暴发时，死亡率为100%，在轻度发生时，死亡率不超过50%。幼年动物发病严重，发病率和死亡率都很高。尸体剖检病变与牛瘟病牛相似。患畜可见结膜炎、坏死性口炎等肉眼病变，严重病例可蔓延到硬腭及咽喉部（图1－199）。皱胃常出现病变，而瘤胃、网胃、瓣胃很少出现病变，病变部常出现有规则、有轮廓的糜烂，创面红色、出血。肠可见糜烂或出血，尤其在结肠直肠结合处呈特征性线状出血或斑马样条纹。肺炎，肺出血、坏死（图1－200）。淋巴结肿大，脾有坏死性病变。

严禁从存在本病的国家或地区引进相关动物。在发生本病的地区，可用牛瘟组织培养苗进行免疫接种，建立免疫带。一旦发生本病，应按《中华人民共和国动物防疫法》规定，采取紧急、强制性的控制和扑灭措施，扑杀患病和同群动物。对疫区及受威胁区的动物进行紧急预防接种。

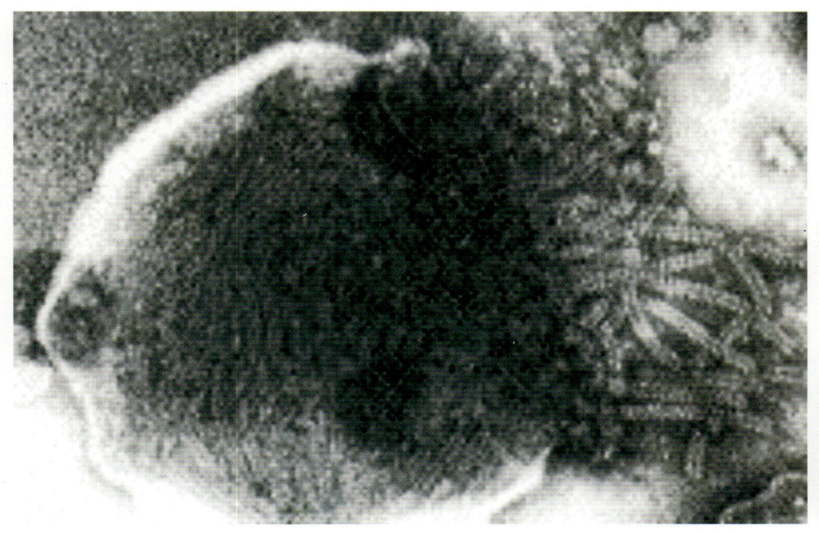

图1-195　小反刍兽疫病毒

图1-196　病羊鼻干燥、流涎

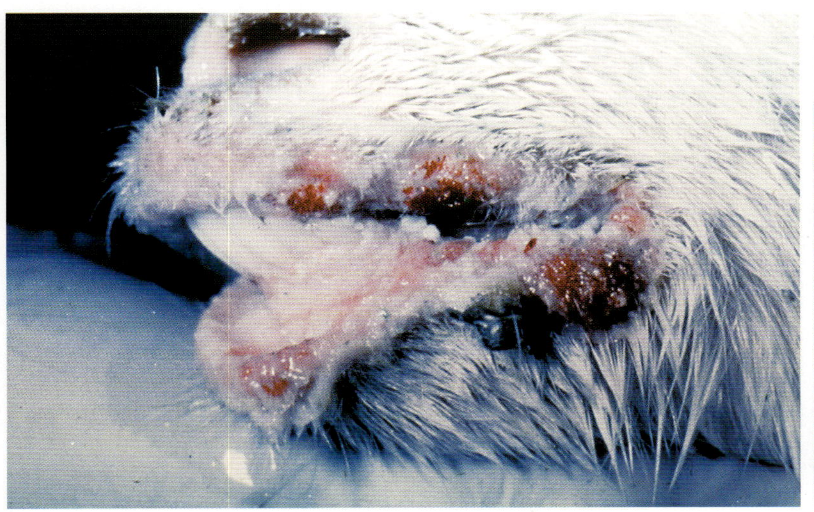

图1-197　病羊齿龈、腭、颊部坏死病灶
(Alfonso torres 博士提供)

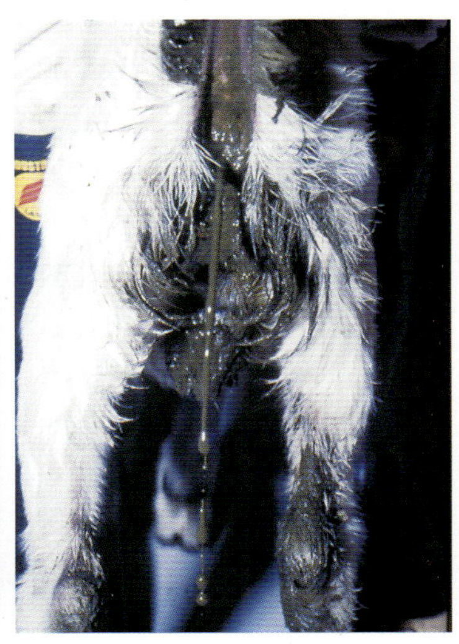

图1-198　病羊水样腹泻，严重脱水，消瘦

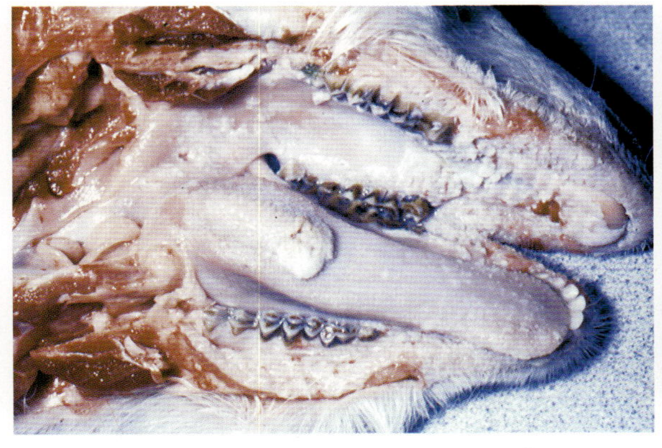

图1-199　病羊坏死性口炎，可蔓延到硬腭及咽喉部

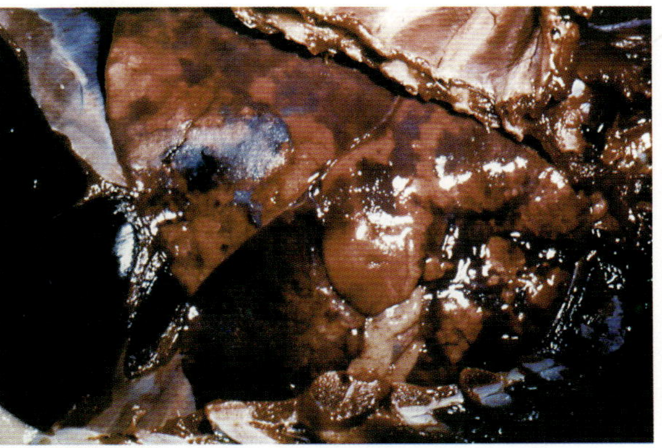

图1-200　病羊肺炎，肺出血、坏死

二十八、牛海绵状脑病（疯牛病）

牛海绵状脑病（BSE），又称疯牛病，是牛的一种渐进性、致死性的中枢神经系统疾病。其组织病理学特征是病牛脑灰质出现海绵状水肿和神经元空泡化，形成清晰的孔，使脑组织在显微镜下像海绵样，因此被称为海绵状脑病。临诊主要表现为精神失常，共济失调，感觉过敏，易惊厥，所以称为疯牛病。病原为一种朊病毒，即由细胞正常蛋白经变构后而获得致病性（PrP^{Sc}），确认与其来源于痒病羊的PrP^{Sc}是同一的。

BSE最早于1985年4月发生在英国，1986年确诊为一种新的牛病。种牛及带毒牛是本病传染源，动物主要用痒病羊和BSE病牛加工制成骨肉粉经消化道感染。病牛进入人的食物链可构成严重的公共卫生问题。除英国外，还有奥地利、比利时、捷克共和国、丹麦、芬兰、法国、德国、希腊、爱尔兰、意大利、日本等国发生过此病。

BSE大多发生在4～6岁的牛，潜伏期为2～8年，一般为4～5年。病牛在临诊上主要表现是精神、感觉、运动方面异常。精神状态异常：表现为烦躁不安，狂暴，磨牙，两耳一只前伸另一只向后或正常，嗜睡，频频添鼻和肋部，用头摩擦其他物体（图1－201）。病牛对触觉、声音高度敏感（图1－202）。表现运动失调（主要是后肢），病牛不愿通过门洞，不愿进入挤奶间，步态异常，倒卧（图1－203、图1－204）。上述症状是渐进发生的，最后出现体况衰弱，产奶量下降，反刍减少，倒地死亡。

组织病理学检查是诊断疯牛病等朊病毒病重要的内容之一。该项检查需要福尔马林保存的脑组织，溶解的脑组织不能用于这一试验。最主要的病变是延髓部位灰质神经纤维网出现中等数量的不连续的卵形和球形空泡（图1－205），神经元核内出现单个或多个空泡，神经细胞肿胀成气球状，细胞质变窄，空泡在脑干两侧呈对称性分布（图1－206）。

本病无炎症反应，无免疫应答，难于进行血清学诊断，主要依靠脑组织病理学检查和动物感染试验进行确诊。目前还没有BSE疫苗，也没有有效治疗药物。最好的预防措施就是对污染物和环境彻底消毒，不食用污染或潜在污染的饲料和食品，防止引入发病国家的牛、牛肉及制品、牛精液等。

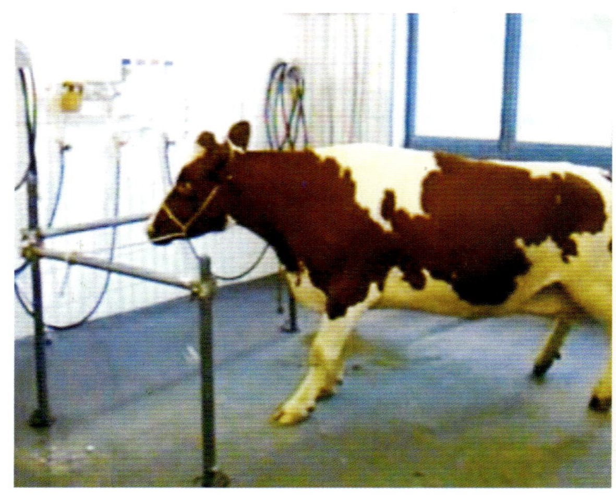

图1－201　病牛恐惧不安

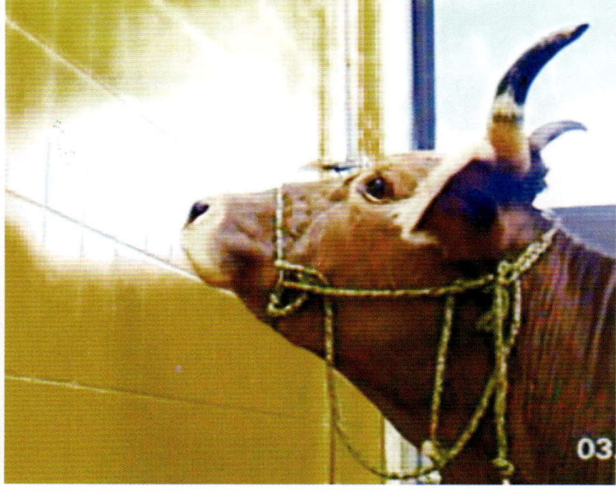

图1－202　病牛恐惧并十分警觉

图1-203　病牛共济失调

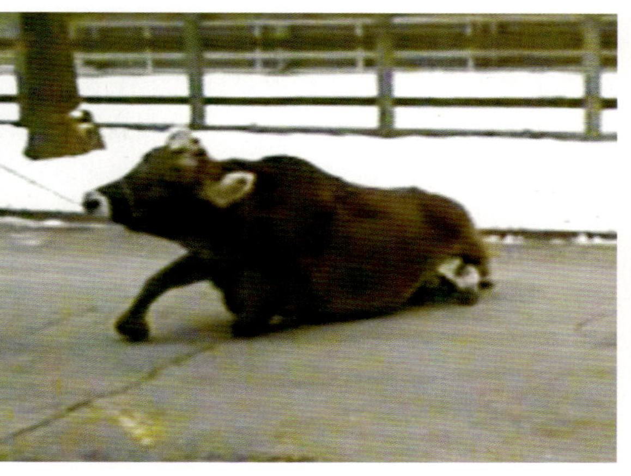
图1-204　病牛难以站立

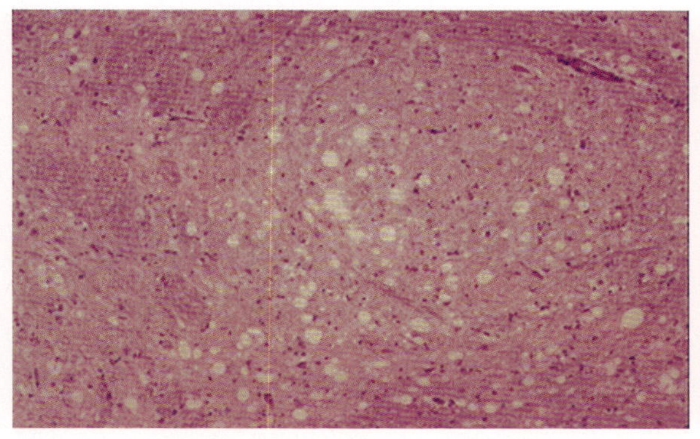
图1-205　延髓组织神经纤维网出现数量不等的空泡
(Dr M. KUBO NIAH提供)

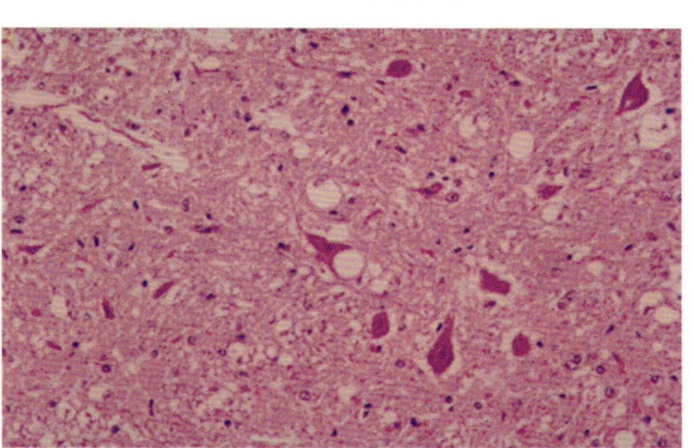
图1-206　神经元和神经纤维中的空泡，有小核的胶质细胞增生
(Dr M. KUBO NIAH提供)

二十九、牛疙瘩皮肤病

牛疙瘩皮肤病（LSD）又称牛结节疹、结节性皮炎，是由疙瘩皮肤病病毒引起牛的一种急性、亚急性或慢性传染病。本病1929年发现于赞比亚，随后传播于非洲东南部及世界其他地区，我国于1987年在河南发现本病，1989年分离到病毒。该病的主要临诊特征是病牛发热、消瘦，淋巴结肿大，皮肤水肿、局部形成坚硬的结节或溃疡。感染牛消瘦，奶产量下降，皮张价值大大降低。病原为痘病毒科，山羊痘病毒属成员之一，病毒可在鸡胚绒毛尿囊膜上增殖，并引起痘斑，不致死鸡胚。

各种品种的牛均易感。水牛、家兔、绵羊、山羊、长颈鹿和黑羚羊等也可能感染。患病牛是该病的主要传染源，病毒存在于病牛的皮肤结节、肌肉、血液、内脏、唾液、鼻腔分泌物及精液中，病牛恢复后常带毒3周以上。该病主要通过节肢动物进行机械性传播，也可能通过饮水、饲料或直接接触而传播，发病有一定的季节性。流行地区本病的发病率差异很大，即使在同一疫区的不同农场中发病率也不一样，通常为2%～20%，个别地区达80%以上；死亡率通常为10%～20%，有时达40%～75%。

自然感染的潜伏期2～5周，实验感染为4～12d，通常为7d。病牛体温升高可达40℃以上，呈稽留热型并持续7d左右。初期表现为鼻炎、结膜炎，进而表现眼和鼻流出黏脓性分泌物，并可发展成角膜炎。泌乳牛产奶量降低。体表皮肤出现硬实、圆形隆起、直径20～30mm或更大的结节，界限清楚，触摸有痛感，一般结节最先出现于头部、颈部、胸部、会阴、乳房和四肢，有时遍及全身，严重的病例在牙床和颊内面出现肉芽肿性病变。皮肤结节位于表皮和真皮，大小不等（图1-207），可聚集成不规则的肿块（图1-208），最后可能完全坏死（图1-209、图1-210），但硬固的皮肤病变可能持续存在几个月甚至几年。有时皮肤坏死形成硬痂，脱落后留下深洞。泌乳牛可发生乳房炎，妊娠母牛可能流产，公牛病后4～6周内不育，若发生睾丸炎则可出现永久性不育。剖检病变主要表现在消化道、呼吸道和泌尿生殖道等处黏膜，尤以口、鼻、咽、气管、支气管、肺部、皱胃、包皮、阴道、子宫壁等的病变明显。通常在结节附近还出现明显的炎症反应，皮下组织、黏膜下组织和结缔组织有浆液性、出血性渗出液，呈红色或黄色。真皮和皮下组织的血管和淋巴管形成栓塞，出现血管炎、血管周围炎和淋巴管炎，血管周围细胞聚集成套状。在上皮细胞、平滑肌细胞、皮腺细胞、浸润的巨噬细胞和淋巴细胞内可观察到圆形或卵圆形、嗜伊红染色的胞浆内包涵体。

在进口牛中一旦检出该病，全群牛退回或全群扑杀并销毁尸体。近年来应用本病的鸡胚化弱毒疫苗进行免疫接种，也具有良好的免疫保护作用，新生犊牛通过初乳获得保护力达6个月。

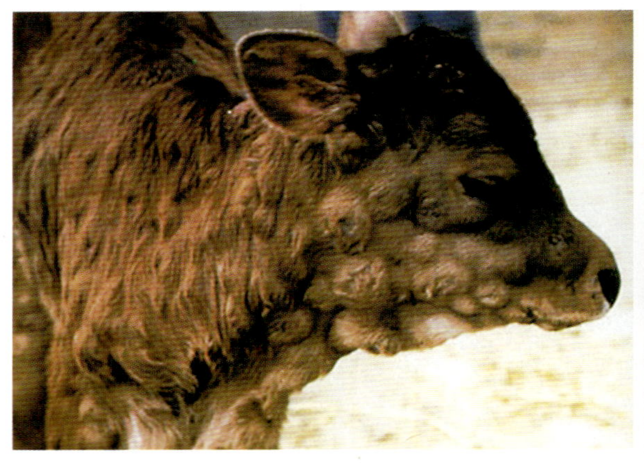

图1-207　全身出现大小不一的结节

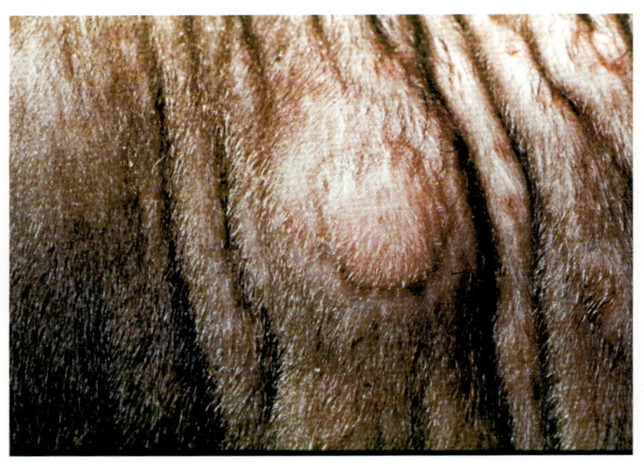

图1-208　早期结节可聚集成肿块

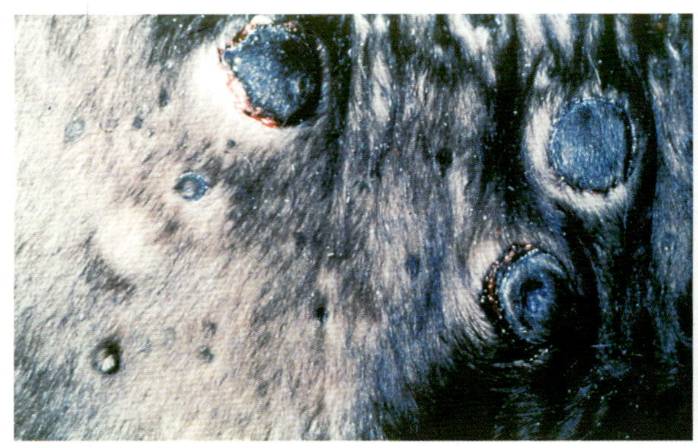

图1-209　晚期结节形成坏死（Alfonso torres博士提供）

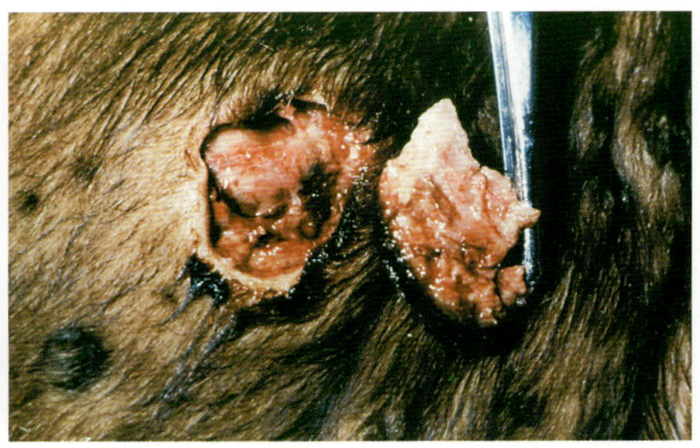

图1-210　晚期结节病变，留下洞孔

第二章

猪的传染病

一、猪水肿病

猪水肿病是由致病性大肠杆菌所产毒素引起小猪的一种肠毒血症。其特征为发病突然，眼睑水肿，胃壁和肠系膜显著水肿。发病率虽不是很高，但病死率很高。病原体为致病性大肠杆菌，有鞭毛，革兰氏阴性小杆菌。抗原结构复杂，有菌体抗原（O）、荚膜抗原（K）、鞭毛抗原（H），从而构成许多血清型，常见的有 O_2、O_8、O_{138}、O_{139}、O_{141}。大多数菌株能溶解绵羊红细胞。本病主要发生于断奶前后生长快的仔猪。

临诊表现仔猪突然发病，精神沉郁，四肢行走无力，步态摇摆不稳，共济失调，有时作转圈运动。静卧时表现肌肉震颤，四肢作游泳状划动，叫声嘶哑。前肢和后肢麻痹时，不能站立（图2–1）。体温不高，眼睑水肿（图2–2）。

剖检有特征性病变，见结肠袢系膜和小肠系膜水肿（图2–3、图2–4），心房冠状沟水肿（图2–5），胃壁水肿，常见于大弯和贲门部及胃底黏膜（图2–6）。

本病治疗可使用经药敏试验对分离的大肠杆菌菌株有抑制作用的抗生素和磺胺类药物，并辅以对症治疗。

控制本病重在预防。用针对本地（场）流行的大肠杆菌血清型制备的多价灭活苗接种小猪，15日龄小猪肌内注射1mL，也可用大肠杆菌 K_{88} 基因工程苗，987P基因工程苗，K_{88}、K_{99} 双价基因工程苗，以及 K_{88}、K_{99}、987P三价基因工程苗，均有一定的预防效果。

图2–1　病猪精神沉郁，四肢无力，共济失调，不时抽搐，不能站立

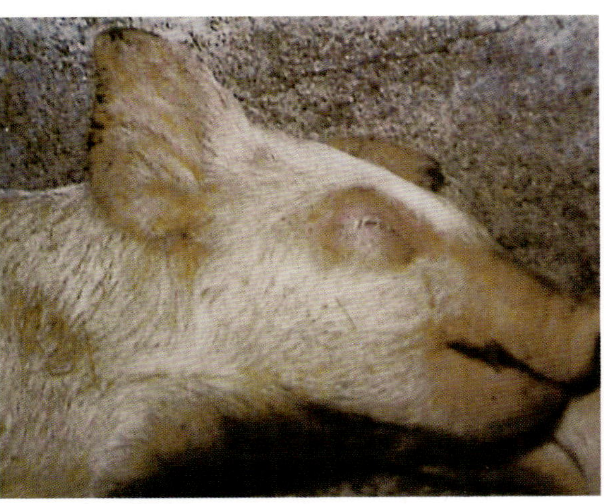

图2–2　病猪眼睑水肿

图2-3　结肠袢系膜水肿

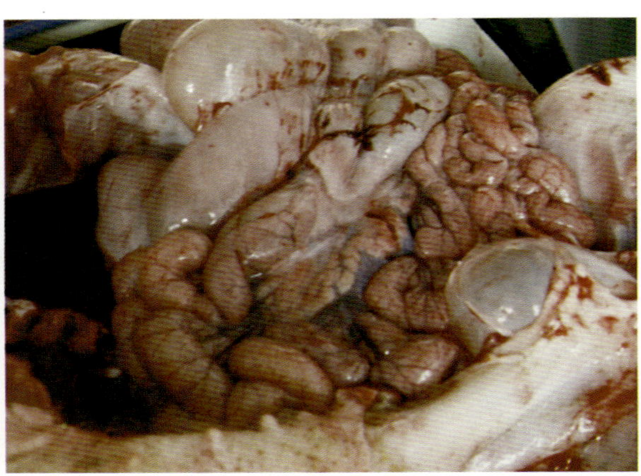
图2-4　小肠系膜水肿

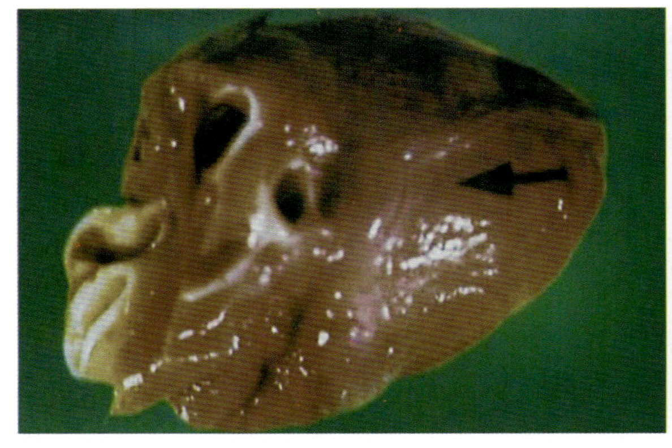
图2-5　心房冠状沟水肿

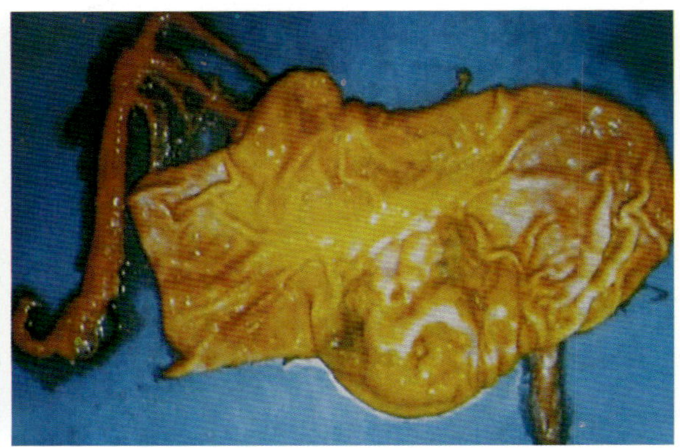
图2-6　胃黏膜水肿

二、猪副伤寒

猪副伤寒是由沙门氏菌引起的仔猪的一种传染病。临诊表现为慢性腹泻，有时发生卡他性肺炎。病原体为沙门氏菌，其血清型相当复杂，主要有猪霍乱沙门氏菌和Kunzendorf变型，猪伤寒沙门氏菌和Voldagsen变型，鼠伤寒沙门氏菌和肠炎沙门氏菌。革兰氏阴性小杆菌，有周鞭毛。本病常发生于6月龄以下小猪，1～4月龄仔猪发病最多。

病猪和带菌猪是主要传染源，经被污染的水源和饲料，通过消化道而传播，一年四季均可发生，但在多雨潮湿季节发病较多。根据临诊表现可将其分为急性型和慢性型。

急性型（败血型）：多见于断奶前后的仔猪，体温升高，精神不振，不食。后期腹泻，呼吸困难，耳根、后躯和腹下皮肤有紫红色斑点，病死率很高。

慢性型（结肠炎型）：最为常见。其症状与肠型猪瘟很相似。病猪寒战，喜钻草窝，堆叠一起。眼有黏性和脓性分泌物，上下眼睑常被黏着。初便秘后腹泻，粪便恶臭，很快消瘦（图2-7）。病程2～3周或更长，最后因衰竭死亡或成僵猪（图2-8）。病死率25%～50%。

剖检可见病猪肠道充满灰黑色粪便，盲肠、结肠和回肠肠壁增厚，肠管膨大（图2-9），黏膜上覆盖一层弥漫性、坏死性和麸皮样物质，形成弥漫性坏死（图2-10）。

预防本病应加强饲养管理和生物安全措施。饲料中添加抗生素时应注意地区抗药菌株的出现。目前国内有猪副伤寒菌苗，对仔猪进行免疫接种，或者应用本场（群）或当地分离的菌株，制成单价灭活苗，能收到良好的预防效果。

本病的治疗，可选用经药敏试验敏感的抗生素，如土霉素、氟苯尼考等，并辅以对症治疗。磺胺类药物也有疗效，可根据具体情况选择使用。无治疗价值者应尽早淘汰。

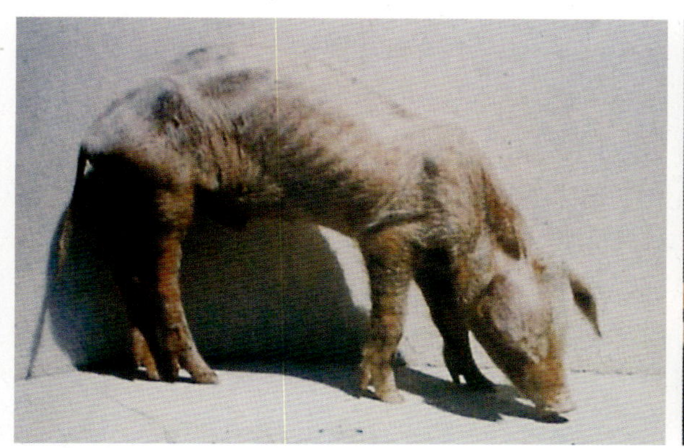

图 2–7　病猪腹泻、失水、消瘦

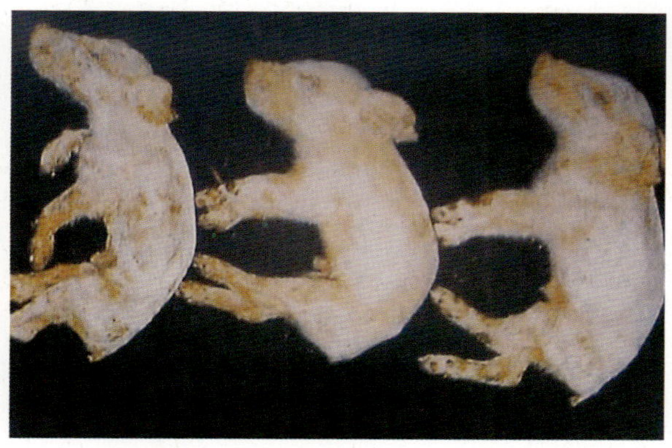

图 2–8　病猪生长受阻，往往成为僵猪

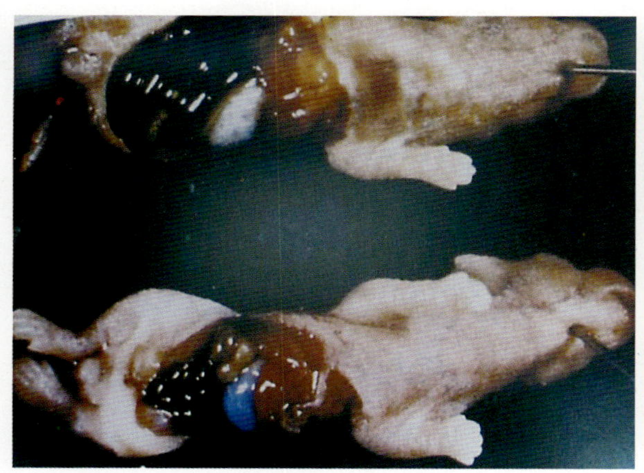

图 2–9　膨大的肠管（上）及正常的肠管（下）

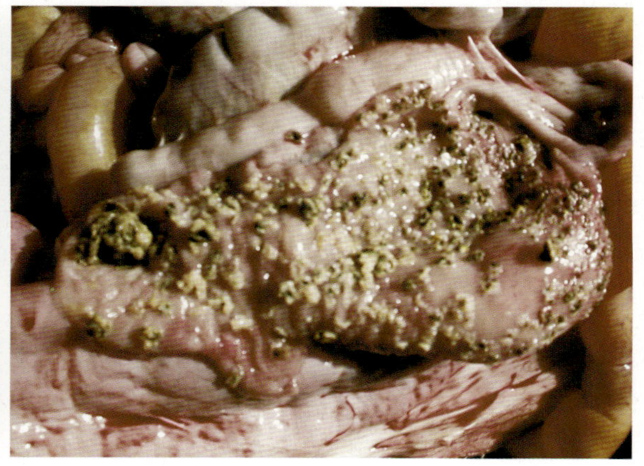

图 2–10　主要病变在盲肠、结肠和回肠，见肠壁增厚，发生坏死形成溃疡，并发展为弥漫性坏死

三、猪肺疫

猪肺疫（猪巴氏杆菌病）是由多杀性巴氏杆菌引起的一种传染病。急性病例以败血症和出血性炎症为特征。病原体为多杀性巴氏杆菌，是一种两端钝圆、中央微凸的革兰氏阴性短杆菌（图 2–11）。在病料组织涂片中，经姬姆萨或瑞氏染色镜检时，见菌体两端着色深，中央着色浅，呈两极浓染的特征。新分离的细菌具有荚膜。病猪和带菌者是主要传染源。一年四季都可发生，在气候变化、热冷交替、长途运输时发病较多，一般呈散发性，有的呈地方流行性。根据临诊表现，本病可分为以下三型。

最急性型：多见于流行初期，呈败血症，常突然死亡，晚上食欲还正常，次日早晨死于栏内。

发展缓慢的病猪见呼吸困难（图 2–12），咽喉部肿胀，食欲废绝，临死前在耳、颈和下腹部等处皮肤发紫，有时有出血斑，最后因窒息而死。

急性型：主要呈纤维素性胸膜肺炎，是较常见的一种病型。临诊表现为呼吸道症状，病后期皮肤有紫斑或小出血点。病猪极度消瘦及生长不良（图 2–13）。

慢性型：多见于流行后期，表现为慢性肺炎和胃肠炎，持续咳嗽和呼吸困难，最后腹泻、衰竭死亡。

本病特征性的病变是纤维素性胸膜肺炎（图 2–14、图 2–15），早期肺有不同程度的肝变区，以红色肝变为主（图 2–16），周围常有水肿或气肿。发病猪常并发链球菌性肺脓肿（图 2–17）。病的后期在肺肝变区内有坏死灶，切面呈大理石外观（图 2–18）。

防制本病应注意饲养管理，消除可能降低机体抗病力的因素。每年用猪肺疫弱毒菌苗定期进行预防接种可获得良好免疫效果。也可针对当地常见的血清群选用相同血清群菌株制成的疫苗进行预防接种。

发生本病时，可用疫苗进行紧急接种。发病初期可用高免血清治疗。用青霉素、链霉素、四环素族抗生素或磺胺类药物也有一定疗效。如将抗生素和高免血清联用，则疗效更佳。

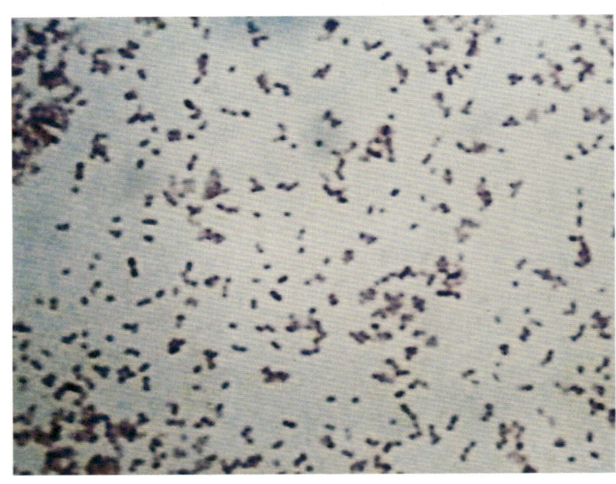

图2–11　光学显微镜下多杀性巴氏杆菌的形态

图2–12　发病猪临诊可见明显咳嗽及呼吸急促

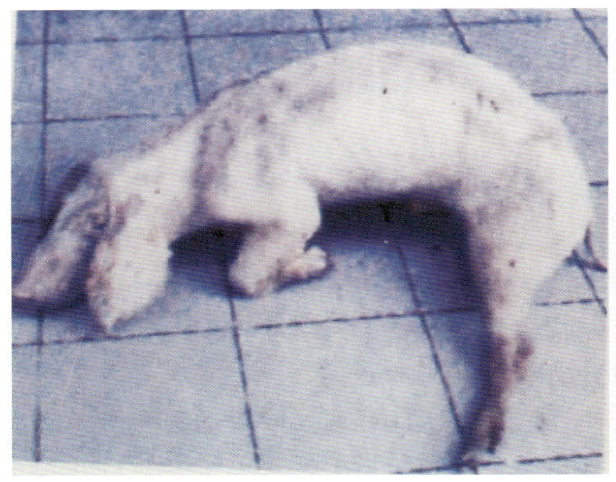

图2–13　重病猪于发病后期呈现极度消瘦及生长不良

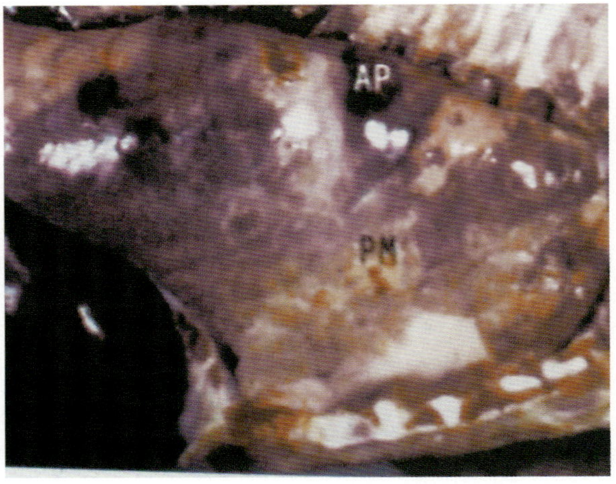

图 2–14　发病后期除有猪肺疫的肺炎病变外，亦常见并发胸膜肺炎

图 2-15 经剖检后肉眼病变可见整个心叶、尖叶及膈叶前端有广泛性肺炎

图 2-16 早期病变有不同程度的红色肝变区

图 2-17 病猪往往易并发链球菌性肺脓肿，于病变区切面可见大小不一的脓肿

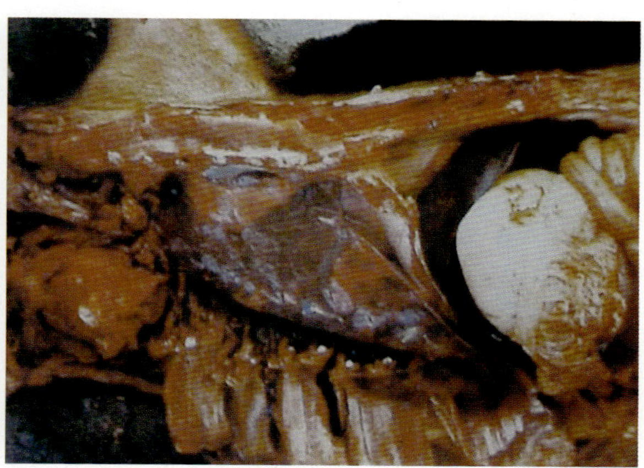

图 2-18 病的后期，在肺肝变区内有坏死灶，切面呈大理石外观

四、猪 丹 毒

猪丹毒是由猪丹毒杆菌引起的一种急性、热性传染病。其特征是急性败血型和亚急性疹块型，也有表现为慢性多发性关节炎或心内膜炎。病原体为猪丹毒丝菌，通称丹毒杆菌，是一种纤细的小杆菌（图 2-19），革兰氏阳性，不运动，不产生芽孢，无荚膜。在感染动物的组织触片或血片中，呈单在、成对或小丛状。从心脏瓣膜疣状物中分离的本菌常呈不分支的长丝，也有呈中等长度的链状。本病主要发生于猪，以架子猪最易感，人也可以感染本病。一年四季都有发生，有些地区以炎热夏季多发病，也有的地区在冬春季节造成流行，常为散发性或地方流行性，有时也发生暴发性流行。

本病根据临诊症状分为急性败血型、亚急性疹块型和慢性型。

急性败血型：病猪体温升高达 42℃，稽留。结膜充血，黏膜发绀，皮肤潮红（图 2-20）。胃底部和幽门部黏膜严重出血（图 2-21）。

亚急性疹块型：特征是在胸、腹、背、肩四肢等部的皮肤表面出现红色疹块，呈方块形、菱形，偶呈圆形，稍突起于皮肤表面（图 2-22、图 2-23）。体温升高至 41℃以上。

慢性型：呈多发性关节炎（或增生性关节炎），常见关节肿大，不愿站立，出现跛行，有时呈犬坐姿势（图2-24）。关节囊关节液增多（图2-25）。心脏见有溃疡性或疣状赘生性心内膜炎，像菜花样，多见于二尖瓣（图2-26、图2-27）。脾脏明显肿大，肾脏有散在的出血点（图2-28）。

防制本病最有效的办法是每年按计划进行预防接种。常用的疫苗有：弱毒菌苗GT（10）及GC42、灭活苗、猪丹毒氢氧化铝甲醛菌苗、猪瘟—猪丹毒二联弱毒苗及猪瘟—猪丹毒—猪肺疫三联弱毒苗。

治疗常用青霉素，有良好的疗效。当用青霉素无效时，可改用四环素或红霉素。

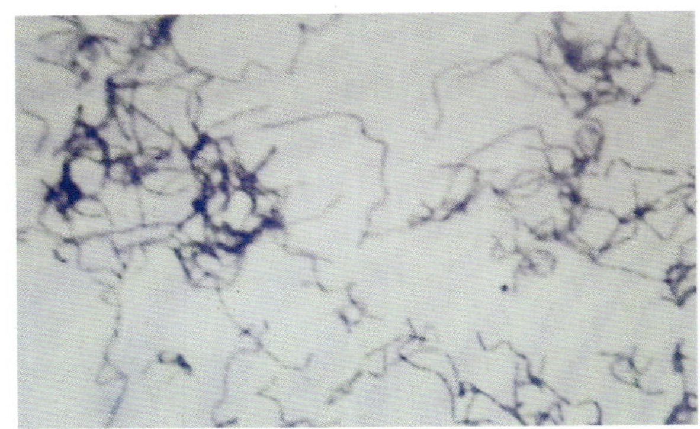

图2-19　猪丹毒杆菌形态，为纤细的小杆菌

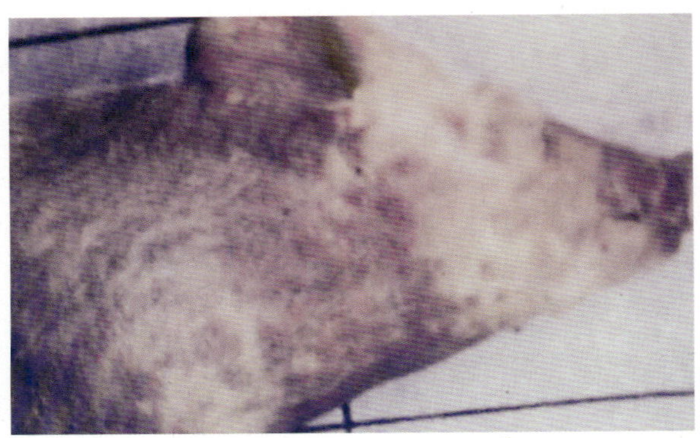

图2-20　主要发生于育肥猪，急性发病猪临诊呈现全身潮红

图2-21　胃黏膜出血性炎症，在胃底和幽门部严重出血

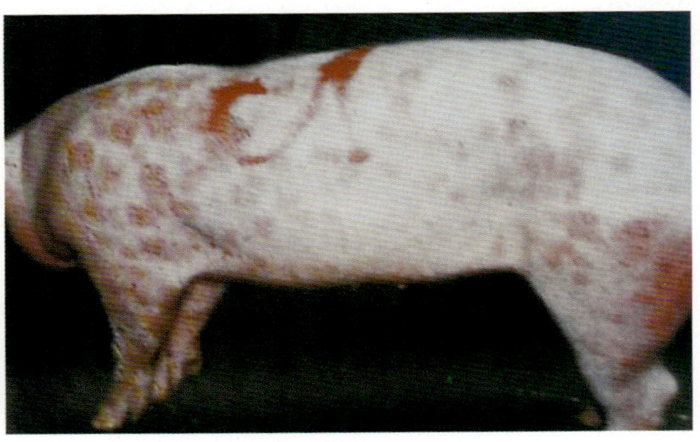

图2-22　皮肤上呈菱形、方形红色疹块，稍凸起

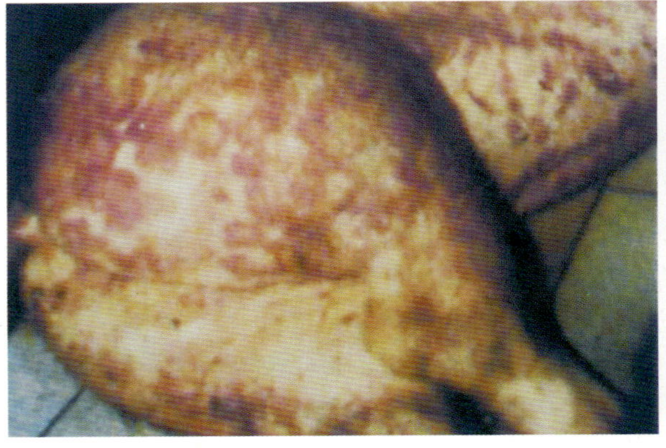

图2-23　亚急性和慢性型病猪，皮肤常可见红紫色如菱形斑之梗塞

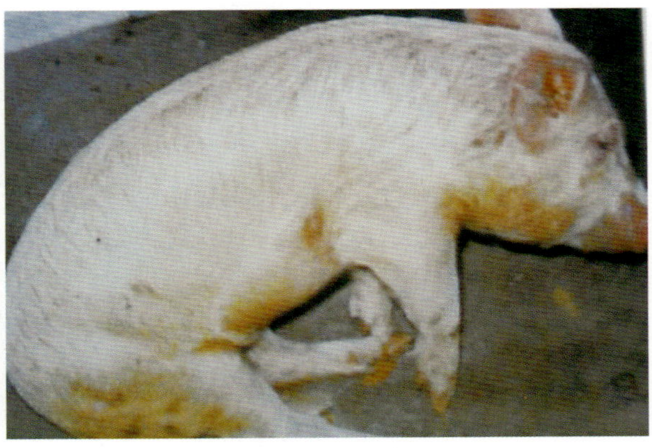

图2-24　慢性型猪丹毒呈多发性关节炎，受害关节肿胀，不能站立，呈犬坐姿势

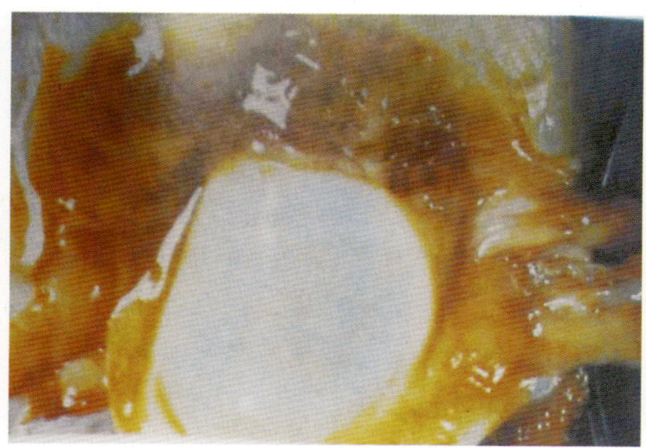

图2-25　慢性猪丹毒，关节囊关节液增多

图2-26　慢性猪丹毒，心脏内膜呈疣状赘生物，像菜花样，多见于二尖瓣

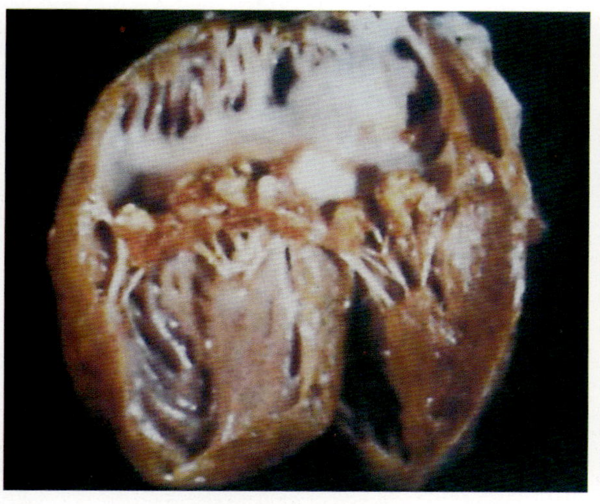

图2-27　慢性感染发病猪常发生瓣膜性心内膜炎，于二尖瓣处可见大小不一的黄色疣状物附着

图2-28　猪丹毒病例可见脾明显肿大，肾脏有散在的出血点

五、猪梭菌性肠炎

猪梭菌性肠炎又称仔猪传染性坏死性肠炎，俗称仔猪红痢，以血性下痢、病程短、病死率高、小肠后段的弥漫性出血或坏死性变化为特性。病原体为C型或A型产气荚膜梭菌，亦称魏氏梭菌，革兰氏阳性，是有荚膜不运动的厌氧大杆菌（图2-29），能形成荚膜和芽孢。本菌可产生α和β毒素，可引起仔猪肠毒血症、坏死性肠炎。本病主要发生于1周龄以内的仔猪。

按病的经过可分为最急性型、急性型、亚急性型和慢性型。

最急性型：仔猪出生后，1d内就可发病，身体虚弱，出血性腹泻（血痢），后躯沾满血样稀粪（图2-30），1～2d死亡。

急性型：此病型最常见。病猪排出含有灰色组织碎片的红褐色稀粪，很快消瘦和虚弱，一般在第三天死亡。

亚急性型：病猪呈持续性腹泻，病初排出黄色软粪，以后变成液状，内含坏死组织碎片，病猪极度消瘦和脱水，一般5～7d死亡。

慢性型：病猪在发病1周后呈现间隙性或持续性腹泻，粪便呈黄灰色糊状。病猪逐渐消瘦，生长停滞，数周后终于死亡或淘汰。

眼观病变见于空肠，空肠呈暗红色（图2–31），黏膜呈黄色或灰色坏死（图2–32），肠腔充满含血的液体，空肠黏膜充血和出血，黏膜坏死，肠腔内有坏死组织碎片（图2–33）。肠道浆膜潮红，回肠充满气体（图2–34）。组织学变化：肠黏膜下层和肌层有炎性细胞浸润（图2–35）。

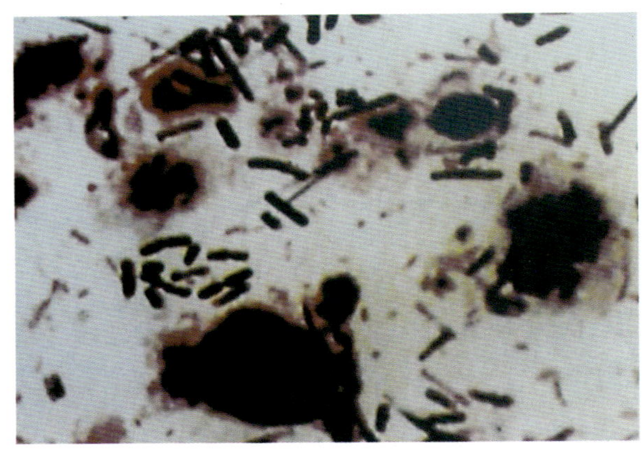

图2–29 魏氏梭菌粪便样品涂片，可见单一的大杆状细菌

由于发病迅速，病程短，紧急预防可用抗生素让刚出生仔猪立即口服，每日2～3次。预防本病最有效的办法是给怀孕母猪注射C型或A型魏氏梭菌氢氧化铝菌苗和仔猪红痢干粉菌苗，使母猪免疫，仔猪出生后吸吮母猪初乳可获得被动免疫。仔猪出生后注射抗猪红痢血清，可获得充分保护。

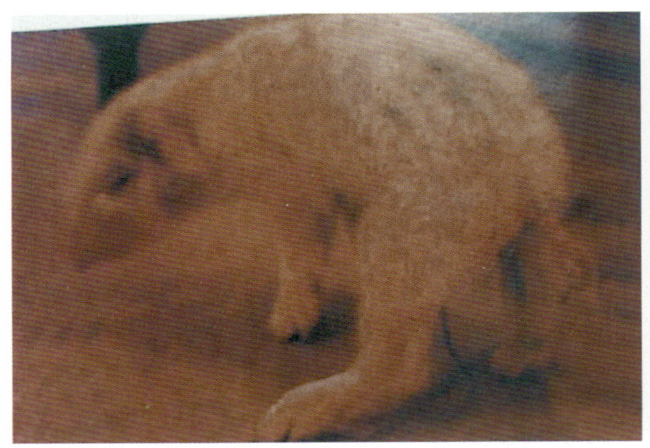

图2–30 病猪虚弱、血痢，后躯沾满带血稀粪

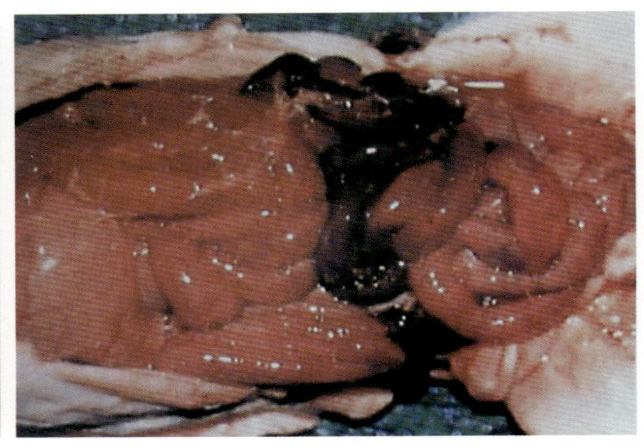

图2–31 病死猪小肠出血，浆膜呈红色

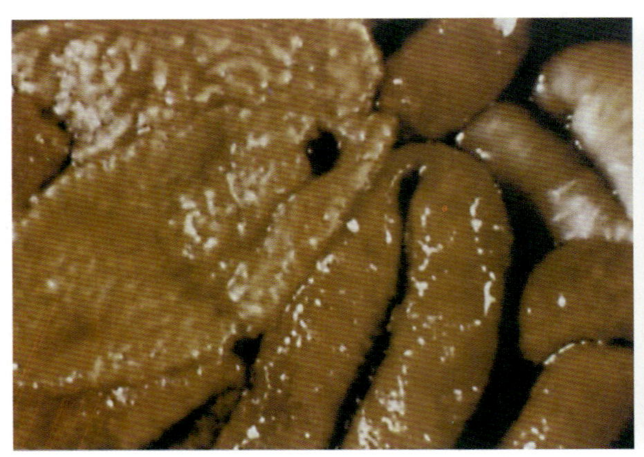

图2–32 肠黏膜坏死

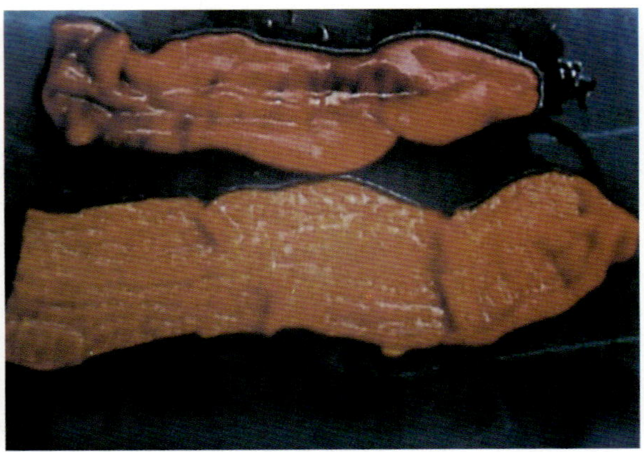

图2–33 空肠黏膜不同程度地充血、出血，呈暗红色，内容物含有血液，有的黏膜坏死

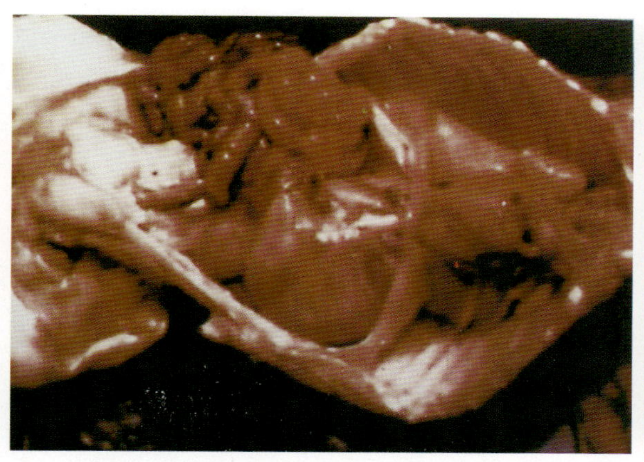

图2-34 肠道浆膜潮红，回肠充满气体

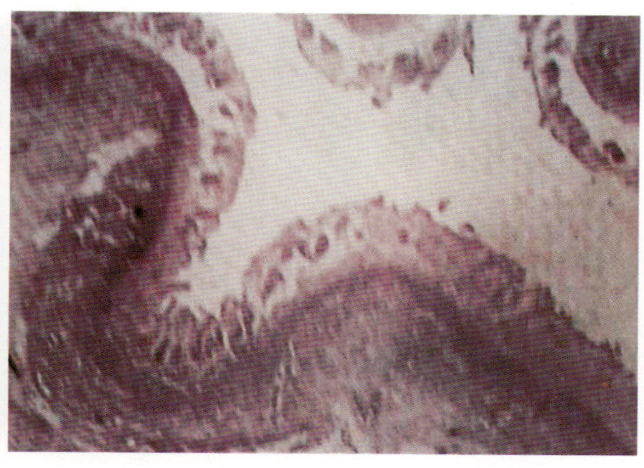

图2-35 小肠黏膜上皮细胞有炎性细胞浸润

六、猪痢疾

猪痢疾曾称为血痢、黏液出血性下痢或弧菌性痢疾，是猪的一种肠道传染病。其特征为大肠黏膜发生卡他性出血性炎症，有的发展为纤维素性坏死性炎症，临诊表现为黏液性或黏液出血性下痢。病原体为猪痢疾短螺旋体，革兰氏染色阴性，苯胺染料或姬姆萨染液着色良好，有4～6个弯曲，两端尖锐（图2-36），能自由运动。新鲜病料在暗视野显微镜下，可见活泼的蛇行运动。本菌为严格厌氧菌，在鲜血琼脂上可见明显的β型溶血，溶血区（图2-37）内不见菌落，有时可见云雾状生长或针尖状透明菌落。各种年龄和不同品种的猪均对本病易感，以7～12周龄的猪发生较多。病猪或带菌猪从粪便排出大量菌体，污染饲料、水源和环境，经消化道传播。

最急性病例往往突然死亡，随后出现病猪，病初精神稍差，食欲减少，粪便变软，表面附有条状黏液。以后迅速腹泻、下痢，1～2d间粪便充满血液和黏液（图2-38）。在出现下痢的同时有腹痛。随着病程的发展，粪便恶臭带有血液、黏液和坏死上皮组织碎片。病猪迅速消瘦，最后死亡。亚急性和慢性病例病情较轻。下痢、黏液及坏死组织碎片较多，血液较少，病期较长。进行性消瘦，生长迟滞。

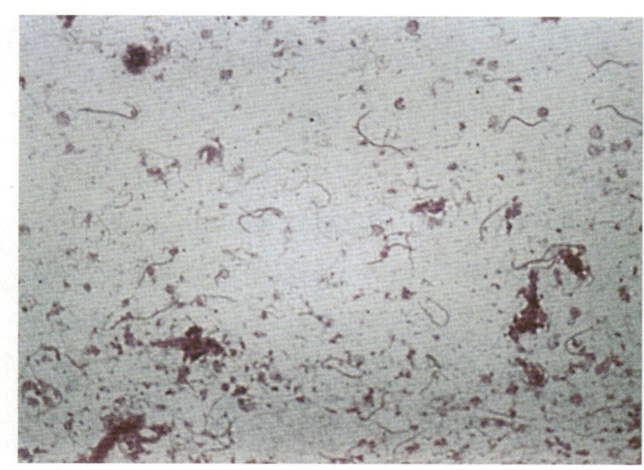

图2-36 蛇形螺旋体的形态，菌体多为4～6个疏螺弯曲

图2-37 猪痢疾短螺旋体在血琼脂培养基上产生的溶血区

病变局限于大肠、回盲结合处。大肠黏膜肿胀，严重出血（图2−39），并覆盖着黏液和带血块的纤维素。大肠内容物软至稀薄，并混有黏液、血液和组织碎片。严重病例，大肠黏膜表面坏死，形成假膜，外观呈麸皮样（图2−40）。组织学变化：黏膜上皮与固有层分离而发生局灶性坏死（图2−41）。

防制本病主要采取综合措施。严禁从疫区引进猪。猪场实行全进全出饲养制。发病猪场最好全群淘汰。药物防治可先用痢菌净、新霉素、林可霉素、泰乐菌素、泰妙菌素、杆菌肽等药物。

图2−38　病猪排出带血的稀粪

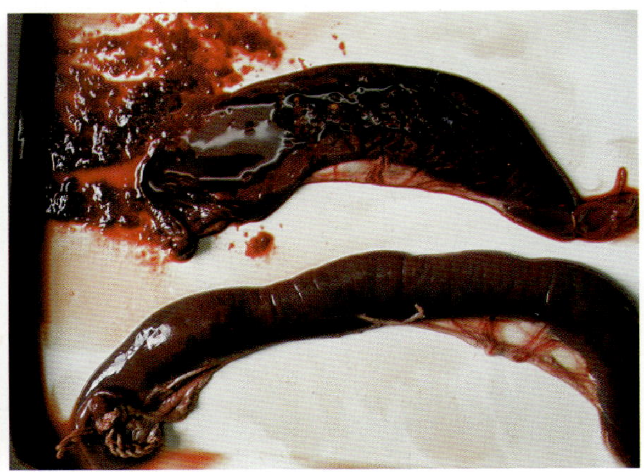

图2−39　病变局限于大肠，黏膜肿胀，严重出血，内容物似番茄酱

图2−40　大肠黏膜表层坏死，形成假膜，外观呈麸皮样

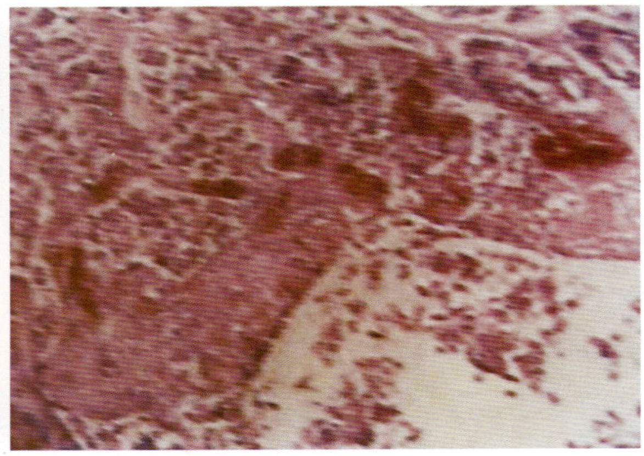

图2−41　坏死性结肠炎，显微镜下见黏膜浅层呈局灶状坏死，并有猪痢疾短螺旋体

七、猪支原体肺炎

猪支原体肺炎又称猪地方流行性肺炎，俗称猪气喘病，是猪的一种慢性呼吸道传染病。临诊主要表现为咳嗽、气喘和呼吸困难。特征性病理变化是肺的尖叶、心叶、中间叶和膈叶前缘呈两侧肉变或虾肉样实变。本病仅发生于猪，广泛分布于世界各地，患猪长期生长发育不良，饲料转化率低。哺乳猪和幼猪易感性高，本地土猪最易感，发病率和死亡率较高。母猪和成年猪多呈慢性和隐性感染。病猪和带菌猪是本病的传染源。猪场首次发生本病常呈暴发性流行，症状重，病

死率高。在老疫区猪场多为慢性症状，病死率低。

病原体为猪肺炎支原体，又称猪肺炎霉形体，是支原体科支原体属成员。因无细胞壁，故呈多形态，有环状、球状、点状、杆状和两极状。本菌革兰氏染色阴性，但着色不佳，姬姆萨或瑞氏染色良好。能在无细胞人工培养基上生长，生长条件要求较严格。在固体培养基上生长的菌落，用低倍显微镜下观察呈煎荷包蛋状。

急性型：主要见于新疫区和新感染的猪群，病初精神不振，头下垂，站立一隅或趴伏在地，呼吸次数剧增，每分钟达60～120次(图2-42)。病猪呼吸困难，严重者张口喘气，似拉风箱，有明显腹式呼吸。咳嗽次数少而低沉，有时也会发生痉挛性阵咳。

图2-42　病猪临诊症状：初期以干咳为主，而后逐渐消瘦，然后继发感染，死淘率加大

慢性型：多由急性转来，有些病猪开始就取慢性经过，常见于老疫区的架子猪、育肥猪和后备母猪。主要临诊症状为咳嗽，严重时呈连续的痉挛性咳嗽。病期长的病猪，消瘦而衰弱，生长发育停滞。病程可拖延2～3个月，甚至长达半年以上。

隐性型：可由急性或慢性转变而成。用X线检查或剖解时可发现肺炎病理变化。如加强饲养管理，则肺炎病理变化可逐步吸收消退而康复。反之，若饲养管理恶劣，则病情恶化而出现急性或慢性临诊症状，甚至引起死亡。

主要病变仅见于肺、肺门淋巴结和纵隔淋巴结。肺炎病变以心叶、尖叶和膈叶两侧对称性发生炎症为特征（图2-43）。早期病变发生在心叶，颜色多为淡红色或灰红色半透明状“肉变”的实变区（图2-44、图2-45）。中后期病变，病变部颜色转为浅红色、灰白色或灰红色，半透明状态的程度减轻，俗称胰变或虾肉样变（图2-46）。继发感染细菌时，导致大叶性肺炎病变（图2-47）。病灶周围的肺组织有局灶性肺气肿（图2-48）。组织学变化，小支气管周围的肺泡扩大，周围有大量淋巴细胞和浆细胞浸润（图2-49）。肺泡腔扩张，内充满浆液性渗出物，杂有单核细胞、中性粒细胞、淋巴细胞（图2-50）。

X线检查对本病的诊断有重要价值，隐性或可疑患猪只要X线透视阳性即可作出诊断。但商业化的ELISA抗体检测试剂盒被认为是目前敏感、特异的诊断方法。

目前国内已有商品化的乳兔减毒苗和细胞培养弱毒苗，如中国兽医药品监察所研制成的猪气喘病乳兔化弱毒冻干苗和江苏省农业科学院畜牧兽医研究所研制的168株弱毒菌苗，免疫猪后有一定的保护率。国外多为灭活苗，分别由辉瑞、宝灵曼、富道、英特威、苏威和仙灵葆雅公司生产。但弱毒苗和灭活苗的免疫保护力均有限，预防或消灭猪气喘病主要在于坚持采取综合性防制措施，如在疫区以康复母猪培育无病的后代，建立健康猪群。治疗时，用土霉素碱配合卡那霉素注射，效果较好。另外，林可霉素、泰乐菌素、泰妙灵和磺胺嘧啶、壮观霉素等药物对治疗猪气喘病有一定疗效。

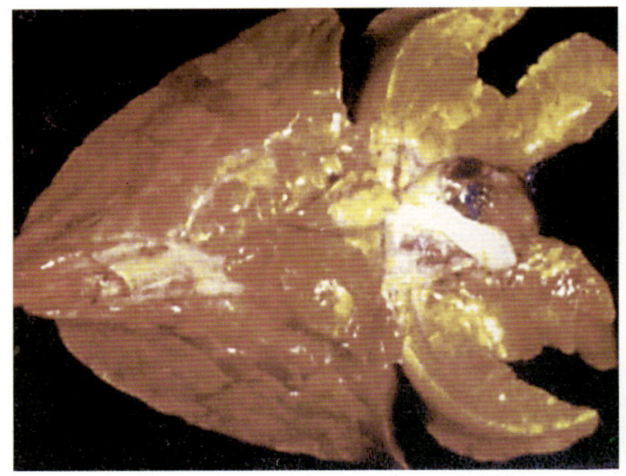

图2-43　发病猪的肺炎病变特征：见心叶、尖叶和膈叶两侧对称性发生炎症

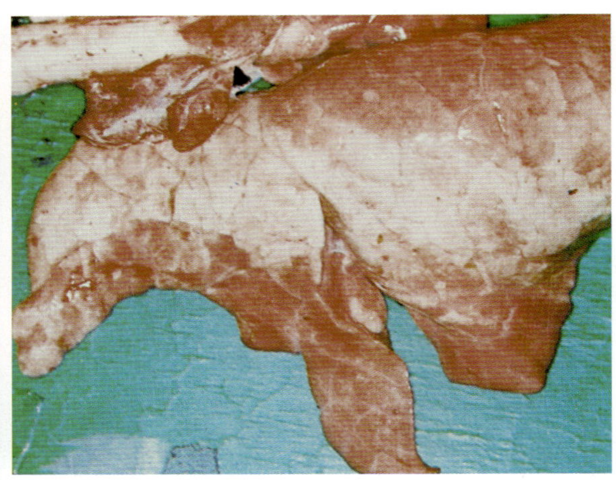

图2-44　肺早期病变：在尖叶、心叶有实变区

图2-45　发病初期猪，经剖检可见：肺心叶、尖叶和膈叶的前端有“鱼肉样”的肺炎病变

图2-46　中后期病变：肺的心叶、尖叶、中间叶呈深紫红色实变

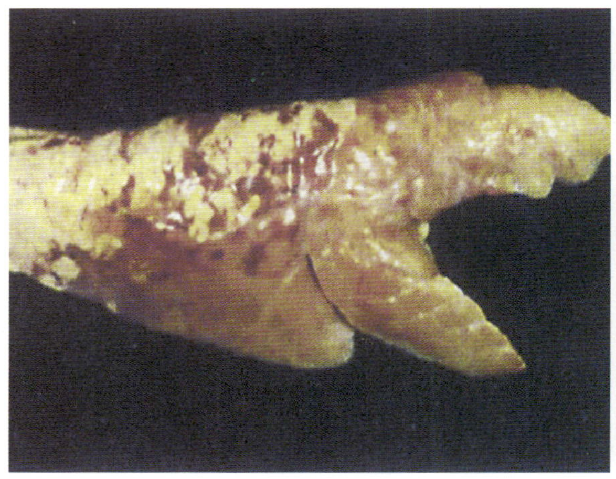

图2-47　重病猪易并发猪肺疫感染，导致整个心叶、尖叶和膈叶发生大区域性肺炎病变

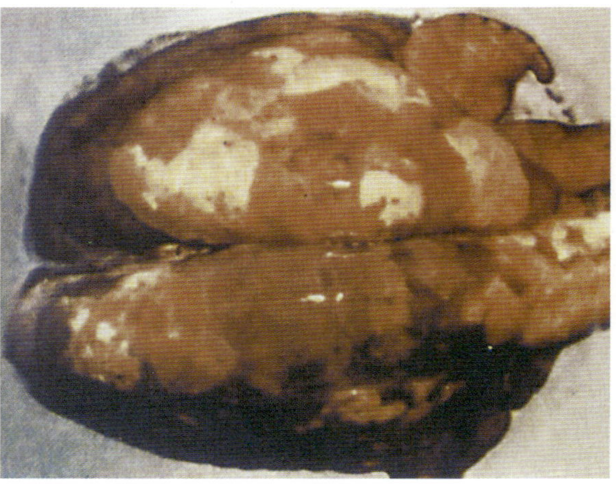

图2-48　大面积肺炎及气肿

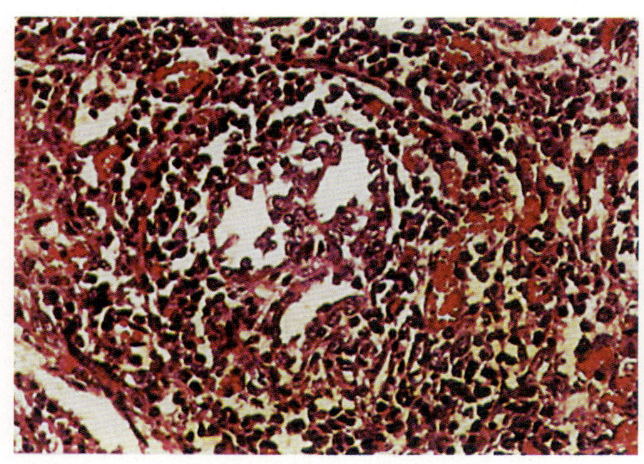

图 2–49　细支气管周围有大量淋巴细胞和浆细胞浸润

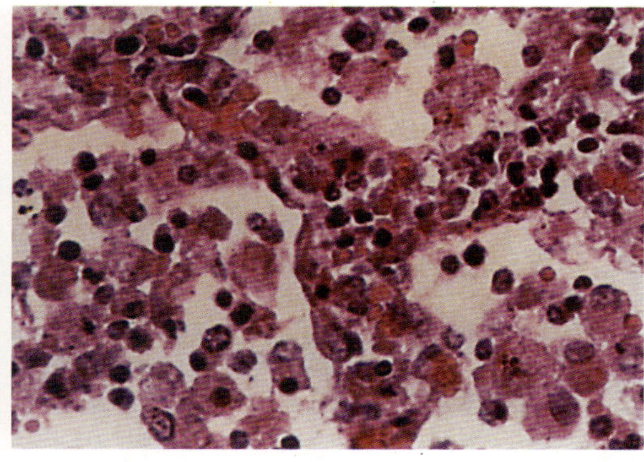

图 2–50　肺泡腔含有多量巨嗜细胞、中性粒细胞和淋巴细胞

八、猪接触传染性胸膜肺炎

猪接触传染性胸膜肺炎是猪的一种呼吸道传染病，引起猪急性纤维素性胸膜肺炎或慢性局灶性坏死性肺炎。急性者病死率高，慢性者常能耐过。我国近年来由于引种频繁，该病也随之侵入，其发生和流行日趋严重，已有多个省市报道了此病。

病原体为胸膜肺炎放线杆菌，属于巴氏杆菌科放线杆菌属，是一种革兰氏阴性小球杆菌，有荚膜和菌毛，不形成芽孢，能产生毒素，在新鲜病料中呈两极染色，人工培养 24～96h 可见到丝状菌。本菌为兼性厌氧，在 10%CO_2 条件下，可长成黏液状菌落。在血琼脂培养基上可产生 β 溶血。目前已鉴定的有 15 个血清型，各血清型具有特异性。根据 NA 的依赖性可把 15 个血清型分为两个生物型。各年龄猪均可感染，通常以 2～5 月龄、体重在 30～60kg 的猪多发。急性感染幸存者成为带菌者，病菌主要位于坏死的肺部病变和扁桃体中。本病主要经气源感染，通过短距离飞沫使疾病传播。

最急性型：开始有一头或几头猪突然病得很重，体温升高，精神沉郁，食欲废绝，有短期的下痢和呕吐，病猪卧于地上（图 2–51）。初无显著呼吸症状，但心跳加快，心脏和循环发生障碍，鼻、耳、腿、体侧皮肤发绀（图 2–52）。最后阶段，严重呼吸困难，张口呼吸，呈犬坐势。临死前从口、鼻中流出大量带血色的泡沫液体。

急性型：体温升高，精神沉郁，拒绝采食。呼吸困难，咳嗽，严重时张口呼吸。

亚急性和慢性型：发生在急性症状消失之后。不发热，食欲不振，有程度不等的间歇性咳嗽，增重减少。怀孕母猪可引起流产。

主要病变为肺炎和胸膜炎。肺炎区色深而质地坚实，呈纤维素性出血性（图 2–53）和坏死性支气管肺炎。肺部有灰白色化脓灶（图 2–54），切面可见坏死病灶（图 2–55）。肺表面充血、出血，表面可见斑驳状（图 2–56），肺脏肺小叶间质增宽，切面有胶冻状渗出物（图 2–57）。组织学变化可见局灶性广泛性坏死，在坏死区周围发生巨噬细胞浸润和显著纤维化（图 2–58）。

早期用抗生素治疗有效，可减少死亡。该菌对青霉素、氨苄青霉素、头孢噻呋、替米考星、氟甲砜霉素、先锋霉素、沙星类药物、阿莫西林、丁胺卡那、庆大霉素、卡那霉素、复方新诺明（SMZ+TMP）等都有一定敏感性，一般肌肉或皮下注射，需大剂量重复给药，但容易产生耐药

图 2-51　病猪精神沉郁，卧地不起

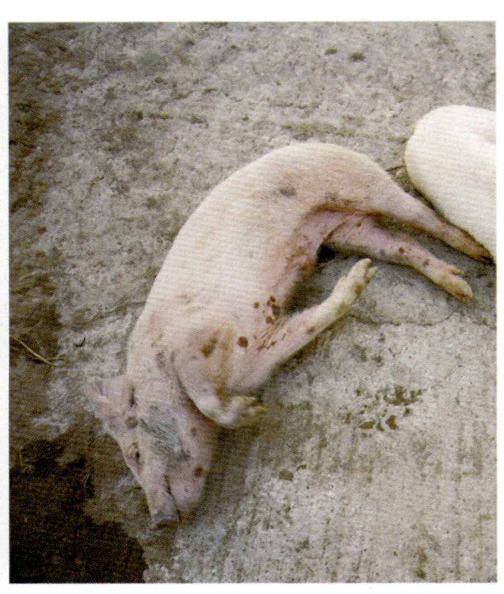

图 2-52　病猪耳及四肢皮肤呈现蓝紫色

图 2-53　纤维素性出血性肺炎

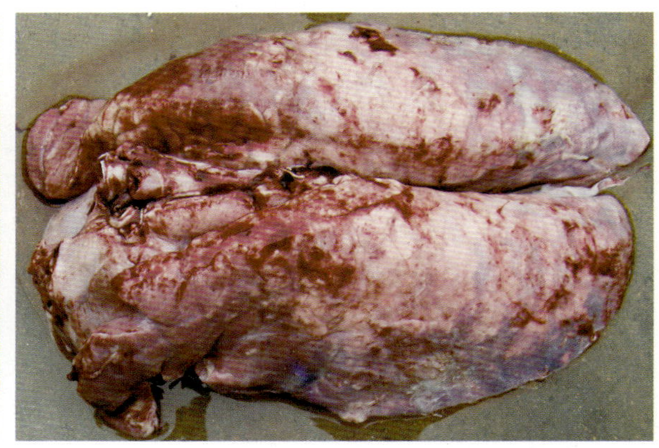

图 2-54　肺部有灰白色化脓灶

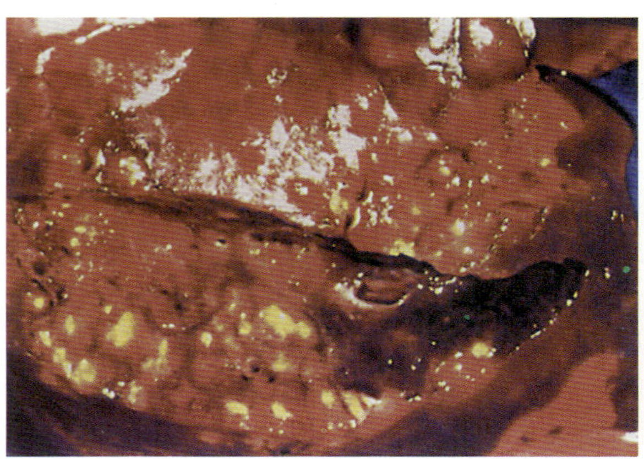

图 2-55　肺脏切面可见坏死病灶

图2-56　病猪因急性肺炎导致肺脏表面充血、出血等而呈斑驳状

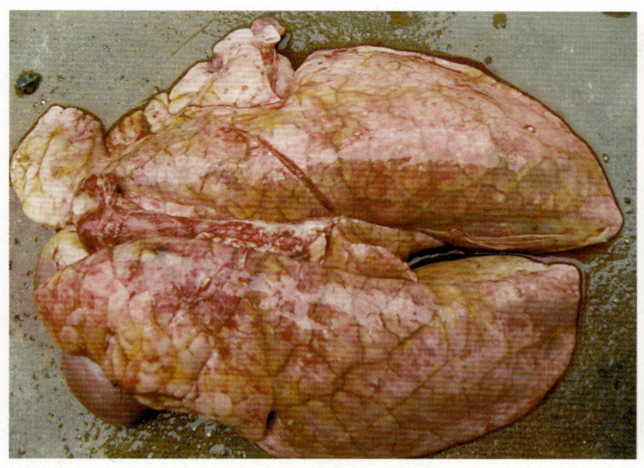

图2-57　肺脏肺小叶间质增宽，切面有胶冻状渗出物

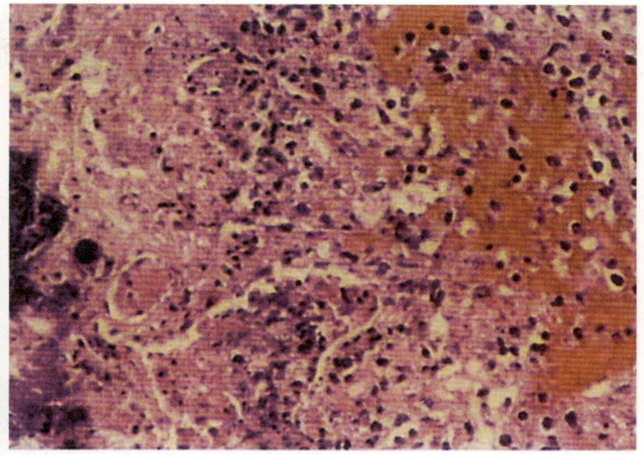

图2-58　除了局灶性广泛坏死外，可见局部出血、细胞浸润和浆液性纤维素性分泌物

性。受威胁的未发病猪可在饲料中添加土霉素，作预防性给药。防制本病有效的方法，对无病场应防止引进带菌猪，在引进前应用血清学试验进行检疫。对感染猪场逐头猪进行血清学检查，清除血清学阳性带菌猪，并结合药物防治的方法来控制本病。从当地分离的菌株，制备灭活苗，对母猪和2～3月龄猪进行免疫接种，能有效控制胸膜肺炎的发生。此外，对无病场应防止引进带菌猪，在引进前应用血清学试验进行检疫。

九、猪传染性萎缩性鼻炎

猪传染性萎缩性鼻炎（AR），又称慢性萎缩性鼻炎或萎缩性鼻炎，是由支气管败血波氏杆菌（Bb）和产毒素多杀性巴氏杆菌（T^+Pm）引起的猪的一种慢性接触性呼吸道传染病。它以鼻炎、鼻中隔扭曲、鼻甲骨萎缩和病猪生长迟缓为特征，临诊表现为打喷嚏、鼻塞、流鼻涕、鼻出血、颜面部变形或歪斜，常见于2～5月龄猪。目前已将这种疾病归类于两种表现形式：非进行性萎缩性鼻炎（NPAR）和进行性萎缩性鼻炎（PAR）。

Bb感染的猪能引起鼻甲骨的损伤，但上市前鼻甲骨又能得到再生，现将其称为非进行性萎缩性鼻炎。相反，用Bb和T^+Pm或仅T^+Pm就可导致猪鼻甲骨产生不可逆转的损伤，而且T^+Pm一般只能从患有严重AR的病猪分离到，现将这种严重的萎缩性鼻炎的表现形式称为进行性萎缩性鼻炎。但除病原因子外，环境及应激因素等也有助于AR发生。任何一种营养成分缺乏，不同日龄的猪混合饲养，拥挤、过冷、过热、空气污浊、通风不良、长期饲喂粉料等饲养方式，甚至遗传因素等均能促进AR的发生。

本病对各种年龄猪都可感染，但仔猪对本病最易感，发病率随着年龄增长而下降。1月龄内仔猪感染，常在数周后发生鼻炎，而后一侧鼻甲骨萎缩。传染方式经飞沫传播，带菌母猪通过接触，经呼吸道传播给仔猪。病猪表现鼻炎，出现喷嚏、流涕和吸气困难。鼻泪管阻塞，泪液流出眼外，在眼内眦下皮肤上形成弯月形的湿润区（图2-59）。继鼻炎后出现鼻甲骨萎缩，致使鼻腔和面部变形，是本病特征性症状（图2-60）。如两侧鼻甲骨病损相同时，外观鼻短缩，头部轮廓变形。若一侧萎缩严重，则使鼻弯向同一侧，患部鼻孔出血（图2-61）。临诊上发生渐进性萎缩病变，使猪吻变短或歪鼻。沿两侧第一、第二臼齿间的联线锯成横断面，观察鼻甲骨形状和变化，最常见病变是鼻甲骨下卷曲不同程度萎缩，严重者上下卷曲都发生萎缩（图 2-62）。

免疫接种防制本病有效，现有三种疫苗：① Bb（Ⅰ相菌）灭活油剂苗；② Bb+T⁺Pm 灭活油剂二联苗；③ Bb+T⁺Pm 毒素灭活油剂苗。后两种疫苗效果较好。可于母猪产前 2 个月及 1 个月分别接种，以提高母源抗体滴度，保护初生仔猪几周内不感染。也可给 1～2 周龄仔猪进行免疫，间隔 2 周后进行二免。

药物防治：控制仔母链传染，在母猪妊娠最后 1 个月内给予预防性药物。乳猪在出生 3 周内，最好选用敏感的抗生素注射或鼻内喷雾，直到断乳为止。育成猪也可用磺胺类药物或抗生素防治，育肥猪宰前应停药。改善饲养管理，对有病猪场，实行严格检疫。

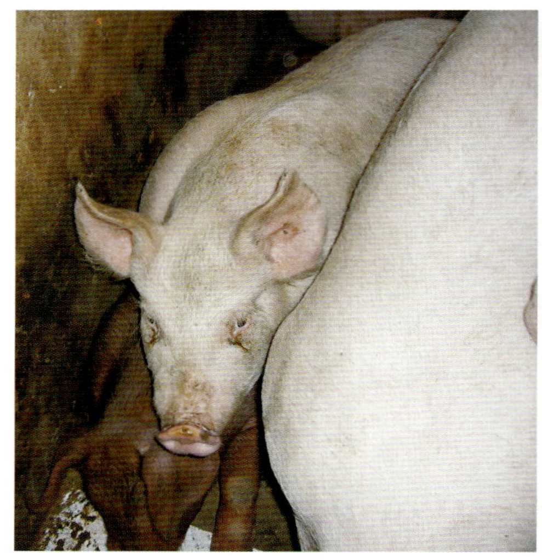

图2-59　鼻歪，鼻背部皮肤皱褶，眼角上有泪痕

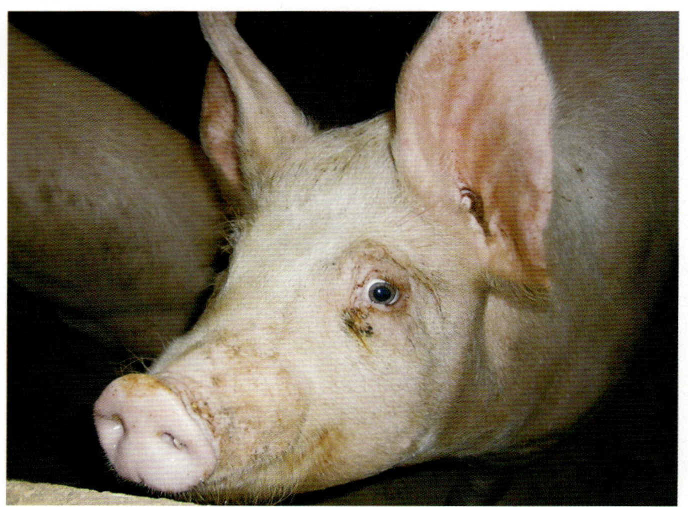

图 2-60　病猪鼻梁变形，鼻吻变短

图 2-61　受害病猪鼻甲骨一侧鼻孔出血

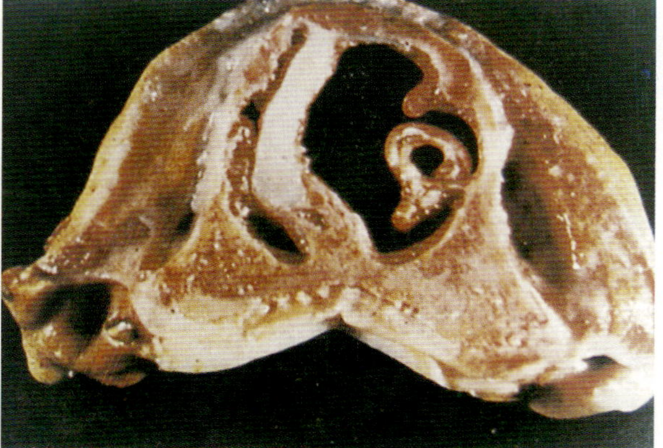

图 2-62　受害鼻甲骨上下卷曲不同程度的萎缩

十、猪链球菌病

猪链球菌病是一种人畜共患的急性、热性传染病，是由 C、D、E 及 L 群链球菌引起的猪的多种疾病的总称。临床上主要表现为急性出血性败血症、心内膜炎、脑膜炎、关节炎、哺乳仔猪下

痢和孕猪流产等。猪链球菌病可以通过伤口、消化道等途径传染给人，具有重要的公共卫生意义。1998—1999年夏季在我国江苏部分地区和2005年夏季在四川资阳地区的猪群暴发流行并导致特定人群致死的疫病是由猪链球菌2型所引起的。

病原属于链球菌属。本菌呈圆形或卵圆形，常排列成链，链的长短不一，也可单个或成双存在。革兰氏染色阳性（图2-63）。在加有血液、血清的培养基中生长良好，在菌落周围形成α型（草绿色溶血）或β型（完全溶血）溶血环，前者称草绿色链球菌，致病力较低，后者称溶血性链球菌，致病力强。到1995年，已鉴定出35个荚膜血清型（1至34型及1/2型）。多数菌株来源于病猪。

患病和病死动物是主要传染源，带菌动物也是传染源。仔猪、架子猪和怀孕母猪发病率较高，以5～11月份发病较多，常为地方流行性，多呈败血型，短期内波及全群。仔猪多是由母猪传染而引起。主要经呼吸道和受损的皮肤及黏膜感染。

急性败血型：以出血性败血症病变和浆膜炎为主。皮肤有紫斑，黏膜浆膜出血。一部分病猪出现多发性关节炎，跛行或不能站立。有的病猪出现共济失调等神经症状（图2-64）。肺充血、肿胀。病期长者可见仔猪和断奶小猪，表现神经症状，四肢共济失调，磨牙，卧地，继而后肢麻痹。脑膜充血、出血（图2-65），严重者溢血。

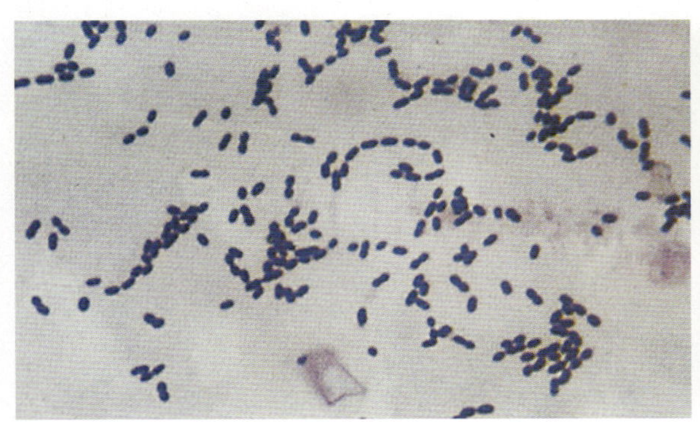

图2-63 链球菌的形态，革兰氏阳性

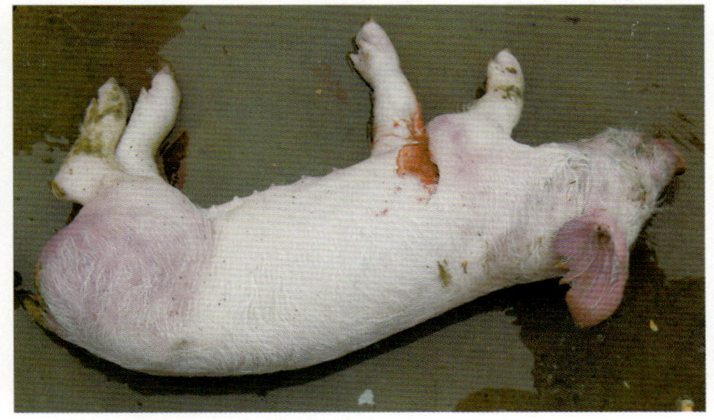

图2-64 病猪生前精神沉郁，有的病猪出现共济失调，昏睡，全身皮肤广泛充血、潮红

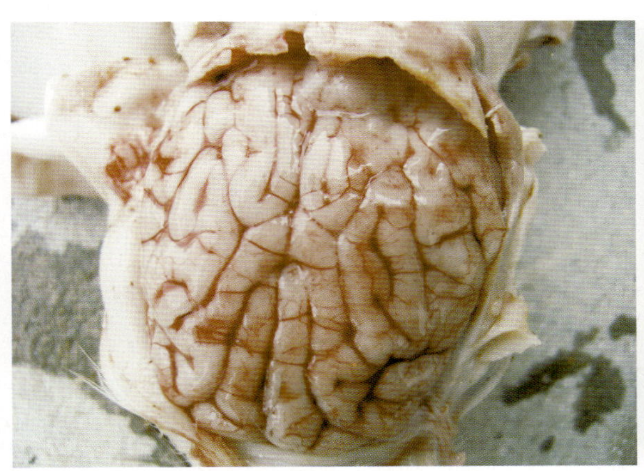

图2-65 脑膜充血、出血

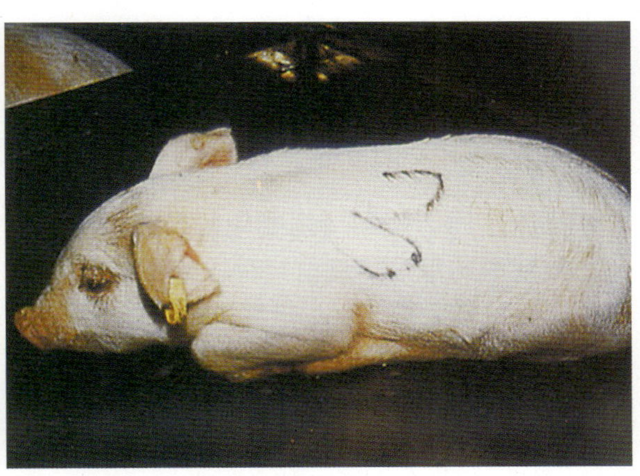

图2-66 病猪关节肿胀、疼痛，有跛行，甚至不能站立

关节炎型：一肢或几肢关节肿大，疼痛，有跛行，甚至不能站立（图2-66）。关节囊内有黄色胶样液体（图2-67）或纤维素性脓性物质。有心内膜炎时，见纤维素性心外膜炎，左心室瓣膜增厚，表面粗糙，心瓣上有菜花样赘生物（图2-68）。

应用C群弱毒疫苗和当地分离的菌株制备油乳剂灭活苗对猪进行免疫接种，对预防和控制本病传播效果显著。加强管理，也是预防本病的主要措施。平时应建立和健全消毒隔离制度。保持圈舍清洁、干燥及通风，经常清除粪便，定期更换褥草，保持地面清洁。引进猪时须经检疫和隔离观察，确诊健康时方能混群饲养。当发现本病疫情时，应立即采取紧急防制措施，可选用敏感抗生素进行治疗，有良好效果。

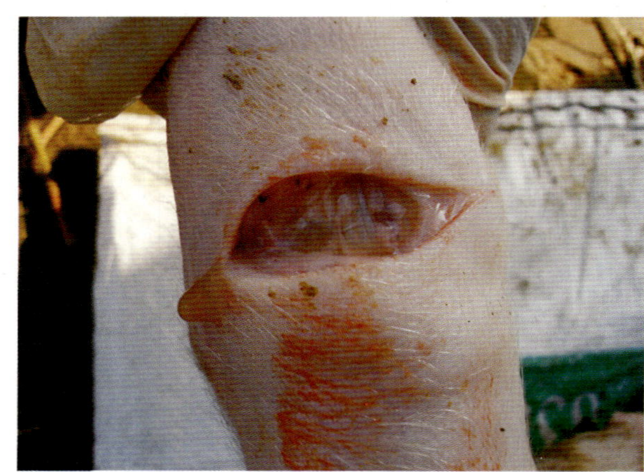
图2-67　关节液增多，关节肿大

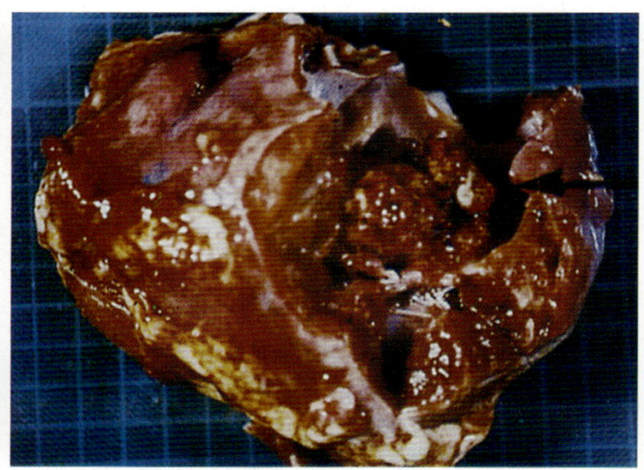
图2-68　纤维素性心内膜炎，心瓣上有菜花样赘生物

十一、副猪嗜血杆菌病

本病又称为革拉斯病，是由副猪嗜血杆菌引起猪的一种新的细菌性传染病，以多发性浆膜炎和关节炎为特征，主要表现为发热、咳嗽、呼吸困难、消瘦、跛行、共济失调和被毛粗乱、胸膜炎、肺炎、心包炎、腹膜炎、关节炎和脑膜炎等。也可引起母猪流产、公猪慢性跛行。该病目前呈世界性分布，也已经造成严重经济损失。

副猪嗜血杆菌为革兰氏染色阴性，有荚膜，具有多种不同的形态（图2-69）。该菌生长时严格需要烟酰胺腺嘌呤二核苷酸（NAD或V因子）。流行菌株在TSB平板的菌落呈针尖大小、灰白色、透明（图2-70）。本菌至少有15种血清型，另有大量分离株血清型不可定型。不同分离菌株致病力差异较大。14～120日龄的猪均易感，但常见于5～8周龄的猪发病。发病率10%～15%，严重时死亡率可达50%。

本病临诊症状取决于炎性损伤的部位，在高度健康的猪群，接触病原后发病很快。临诊症状主要表现发热、食欲不振、厌食、反应迟钝、呼吸困难、咳嗽、疼痛（尖叫）、关节肿胀、跛行、颤抖、共济失调、可视黏膜发绀、侧卧，消瘦和被毛凌乱，随之可能死亡（图2-71）。急性感染后可能留下后遗症，即母猪流产、公猪慢性跛行。肉眼病变主要是全身性浆液性、化脓性、纤维素性炎症，包括心、肺、肝等内脏器官、腹膜、心包膜、胸膜及其关节表面等，尤其是腕关节和跗关节，出现浆液性和化脓性纤维蛋白渗出物（图2-72、图2-73、图2-74、图2-75）。本菌也可能引起急性败血症，在不出现典型的浆膜炎时就呈现发绀、皮下水肿和肺水肿，乃至死亡。诊断本病时应注意与链球菌、巴氏杆菌、胸膜肺炎放线杆菌、猪丹毒丝菌、猪霍乱沙门氏菌、支原体多发性浆膜炎和关节炎等相区别，本病确诊有赖于细菌学检查。

本菌对青霉素、氨苄西林、氟喹诺酮类、头孢菌素、庆大霉素和增效磺胺类药物敏感，但对红霉素、氨基苷类、壮观霉素和林可霉素有抗药性。口服药物治疗对严重的副猪嗜血杆菌病暴发可能无效。近年来，本菌抗药性日渐增强。疫苗的使用是预防副猪嗜血杆菌病的最为有效的方法之一，但不同血清型菌株之间的交叉保护率很低。从当地分离的菌株制备灭活苗，可有效控制副猪嗜血杆菌病的发生。平时应当加强饲养管理，以减少或消除其他呼吸道病原，如提前断奶，减少猪群流动，杜绝猪生产各阶段的混养状况等。

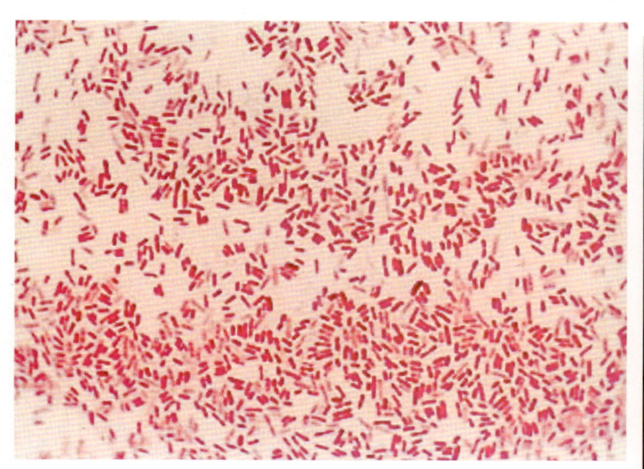

图 2-69　副猪嗜血杆菌形态：革兰氏染色阴性，有荚膜，球杆状、细长菌体

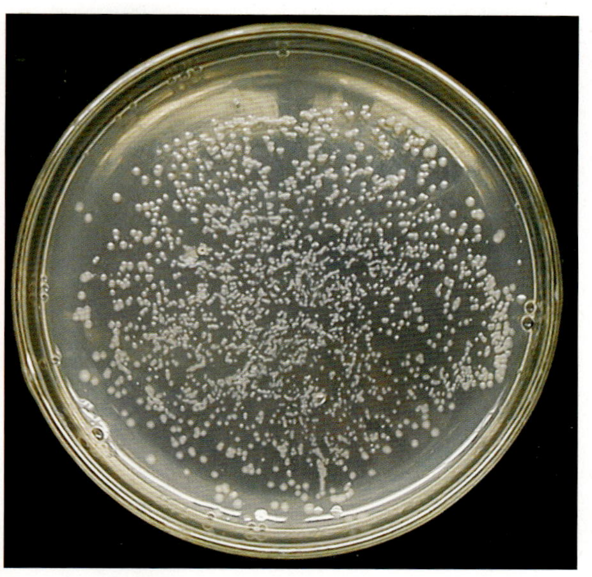

图2-70　细菌在TSB平板的菌落呈针尖大小、灰白色、透明

图 2-71　42 日龄仔猪出现呼吸道症状，关节肿大

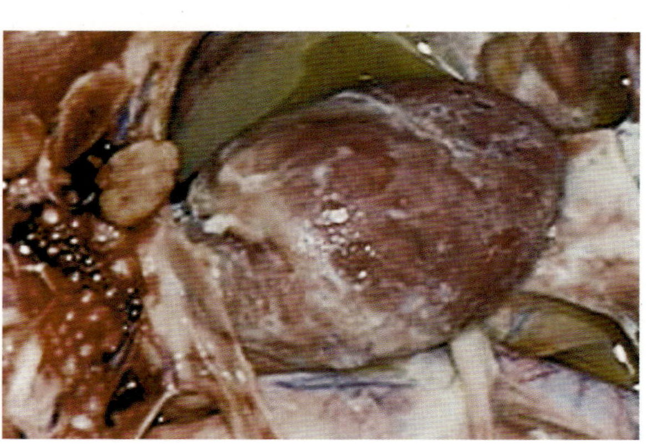

图2-72　心包积液，心脏周围出现纤维素性炎症

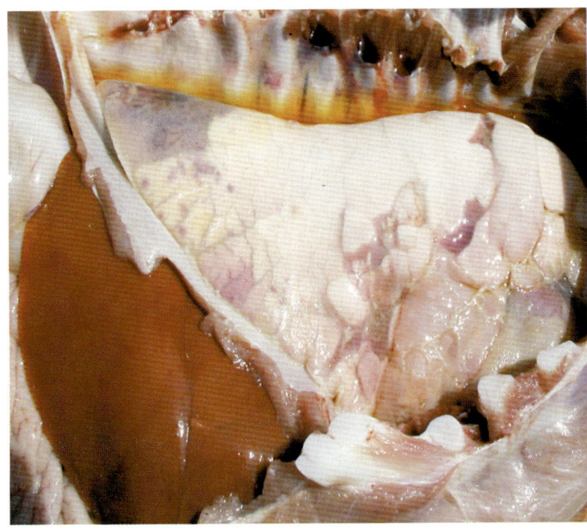
图 2-73　胸腔积液，肺脏出现纤维素性炎症

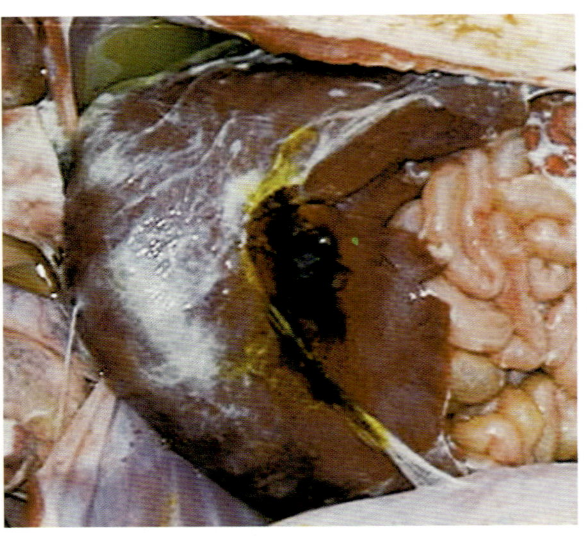
图 2-74　肝脏周围出现化脓性炎症

图2-75　腹腔出现化脓性炎症

十二、猪增生性肠炎

猪增生性肠炎（PPE），又称猪增生性肠病、增生性出血性肠炎、猪回肠炎、坏死性肠炎等，是由专性胞内劳森氏菌引起猪的接触性传染病，以回肠和结肠隐窝内未成熟的肠细胞发生根瘤样增生为特征。该病于 1931 年首次报道，目前分布于世界各主要养猪国家，猪场感染率为 20%～40%。目前，我国尚无该病系统研究报道。

病原为胞内劳森氏菌，革兰氏染色阴性，多呈弯曲形、逗点形、S 形或直的杆菌，专性细胞内寄生，其分类地位尚未确定。主要侵害猪，6～16 周龄生长育肥猪最易感，发病率为 5%～25%，偶尔高达 40%，病死率一般为 1%～10%，有时达 40%～50%。感染猪的粪便带有坏死脱落的肠壁细胞，其中含有大量细菌。传播途径主要为消化道感染，天气突变、长途运输、饲养密度过大等应激因素均可促进本病的发生。

临诊症状分为急性型、慢性型与亚临诊型。急性型：发病年龄多为 4～12 周龄，严重腹泻，出现沥青样黑色粪便，后期粪便转为黄色稀粪或血样粪便，并发生突然死亡（图2－76A）。慢性型：多发于6～12周龄的生长猪，主要表现为精神沉郁，食欲减退或废绝，出现间歇性下痢，粪便变软、变稀而呈糊状或水样，颜色较深，有时混有血液或坏死组织屑片（图2－76B）。病猪生长发育受阻，消瘦，背毛粗乱，弓背弯腰，有的站立不稳，病程长者可出现皮肤苍白，有的母猪出现发情延后现象，发病率10%～15%。亚临诊型感染猪无明显的临诊症状，或可能发生轻微下痢，生长速度和饲料利用率明显下降。

特征性病理变化为：回肠、结肠及盲肠的肠管涨满，外径变粗，切开肠腔可见肠黏膜增厚（图2－77 ）。回肠腔内充血或出血并充满黏液和胆汁，有时可见血凝块（图2－78）。肠系膜水肿，肠系膜淋巴结肿大，颜色变浅，切面多汁（图2－79A）。急性病例可见肠黏膜出血，有的出现坏死并发生溃疡，肠黏膜部分或全部脱落（图2－79B）。组织学观察可见肠黏膜上皮细胞增生，其上排列不成熟的柱状上皮细胞，并充满炎性细胞（图2－80）。派伊氏小体经常发生过度生长和增生，其内或周围可见有许多弯曲杆菌样细菌生长，电镜观察可见大量的胞内劳森菌位于感染的上皮细胞胞浆末端（图2－81）。

预防本病主要采取综合防制措施，包括饲养管理、生物安全及抗生素治疗等。实行全进全出制，有条件的猪场可考虑实行多地饲养，早期隔离断奶等。严格消毒，加强灭鼠，搞好粪便管理。尤其哺乳期间应尽量减少仔猪接触母猪粪便的机会。尽量减少应激反应，转栏、换料前给予适当

图2－76　急性病例严重腹泻，出现血样粪便（A）；慢性病例腹泻，粪便呈水泥样稀变（B）

图2－77　回肠肠管涨满，外径变粗，切开肠腔可见肠黏膜增厚，腔内充血或出血

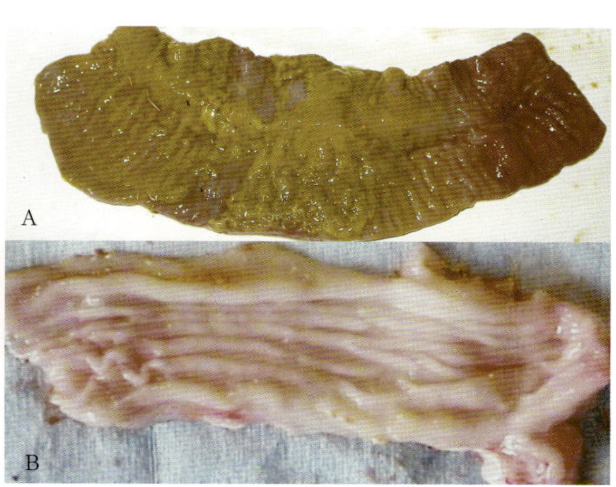

图2－78　回肠出现黏膜增厚、坏死、出血(A)；黏膜正常（B）

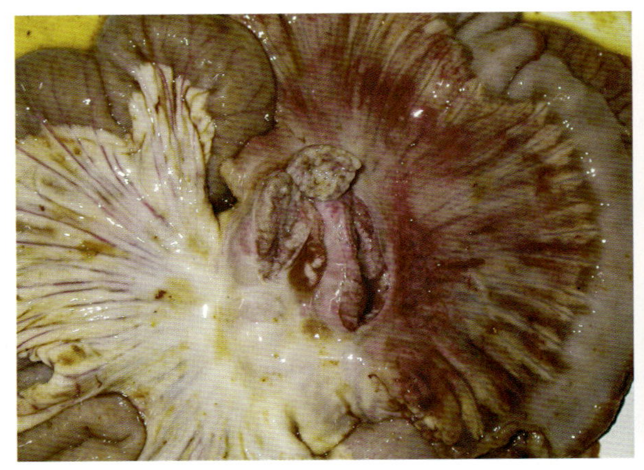

图 2-79A 肠系膜水肿、出血，肠系膜淋巴结肿大，切面多汁

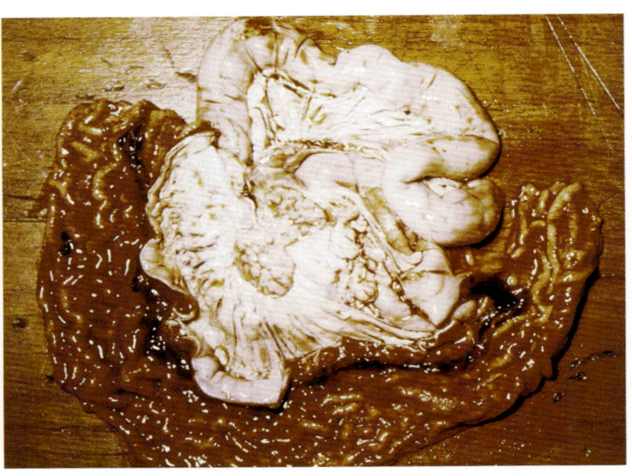

图 2-79B 回肠、结肠甚至盲肠黏膜明显出血

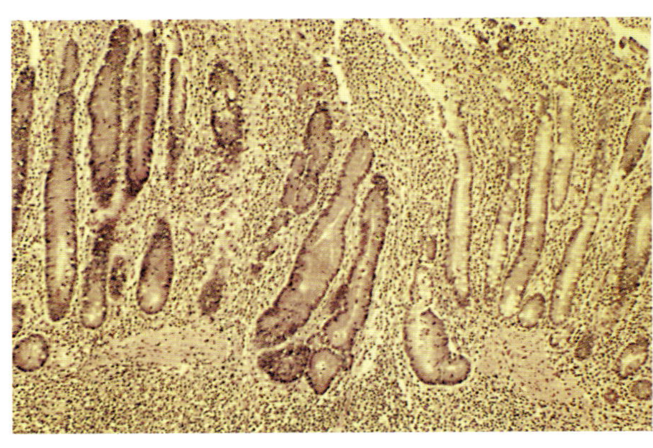

图 2-80 肠道组织学观察：可见肠黏膜上皮细胞增生，其上排列不成熟的柱状上皮细胞

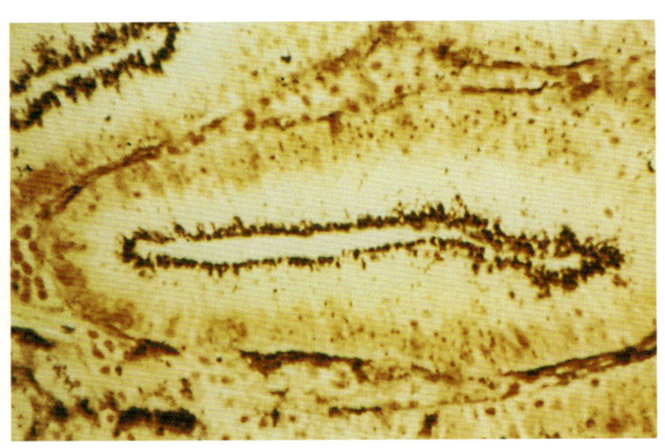

图2-81 电镜观察可见大量的胞内劳森菌位于感染的上皮细胞胞浆末端（黑色部分为细胞内劳森菌，银染）

的药物可较好地预防本病。药物防制有一定效果。目前常用的有红霉素、青霉素、林可霉素＋壮观霉素、硫黏菌素、威里霉素、盐酸万尼菌素、泰妙菌素、泰农（Tylan）等。国外已研制出商品化猪增生性肠炎疫苗。

十三、猪　瘟

猪瘟是一种急性、热性和高度接触传染的病毒性传染病。其特征为发病急，高热稽留和微血管壁变性、引起全身泛发性小点出血、脾梗死。急性猪瘟由强毒引起，发病率和死亡率高；而弱毒感染不表现临诊症状则可能不被觉察。世界动物卫生组织（OIE）将本病列入A类法定的传染病，并规定为国际重点检疫对象。

病原体是黄病毒科瘟病毒属猪瘟病毒，和同属的牛病毒性腹泻病毒（BVDV）的基因组序列有高度同源性，抗原关系密切，既有血清学交叉反应，又有交叉保护作用。猪是本病唯一的自然宿主，不同品种、年龄和性别的猪均可感染。本病最主要的传染源是病猪和带毒猪。易感猪与病猪的直接接触是病毒传播的主要方式。感染猪在发病前即可从口、鼻及泪腺分泌物、尿和粪中排毒，并延续整个病程。

根据临诊特征，猪瘟可分为急性、慢性和迟发性3种类型。无论哪种类型，其发病率、病死率都在90%以上。急性型猪瘟由HCV强毒引起，呈败血症症状。病猪体温升高至41℃左右，表现呆滞，被驱赶时站立一旁，呈弓背或怕冷状，常堆叠在一起（图2–82）。同时食欲减少，进而停食。病猪有眼结膜炎，两眼有多量黏液或脓性分泌物使眼睑粘连（图2–83）。鼻腔流黏液或脓液。初病猪便秘，随后腹泻，有时粪便带血，有的发生呕吐（图2–84、图2–85）。随着病的发展，病猪出现步态不稳等衰弱症状（图2–86），随后通常发生后肢麻痹，起立困难（图2–87），甚至出现神经症状，共济失调（图2–88）。病初皮肤充血，到病的后期变为紫绀或出血，以腹下、鼻端、耳根和四肢内侧等部位常见（图2–89、图2–90）。在疾病的后期常因细菌的继发感染而引起并发症。慢性型和迟发型猪瘟是目前我国猪场常发的类型，由低毒力毒株感染所致。慢性猪瘟的临诊表现是病情时轻时重，食欲时有时无，精神时好时坏，体温时高时低，便秘腹泻交替出现，病猪生长迟缓，发育不良，常有皮肤损害。而迟发型猪瘟会形成病毒持续性感染，不产生中和抗体，形成免疫耐受。妊娠猪先天性HCV感染可没有临诊症状，但通过胎盘传染导致流产、木乃伊胎、畸形、死产、产出有颤抖症状的弱仔或外表健康的感染仔猪。

图2–82　发病猪因寒战怕冷而重叠拥挤成推，并呈现沉郁、消瘦、先便秘后下痢等症状

近年我国出现一些“温和型猪瘟”（非典型猪瘟）或“无名高热”病猪，临诊症状较轻，体温一般在40～41℃左右。有的病猪耳、尾、四肢末端皮肤坏死、发育停滞，到后期站立不稳、后肢瘫痪，部分跗关节肿大等，经血清学试验和病原特性分析证明仍与石门系猪瘟强毒为同一血清型。

本病的肉眼病变以出血为主。淋巴结和肾脏是病变出现频率最高的部位。淋巴结水肿、出血，呈大理石样或红白色外观（图2–91）。肾脏色泽较淡，有针尖状出血斑（图2–92），出血部位以皮质表面最常见（图2–93）。除肾脏和淋巴结以外，全身浆膜、黏膜、喉头和咽部、心、肺、胆囊以及脑部均可出现大小不等，多少不一的出血点或出血斑（图2–94、图2–95、图2–96）。

脾脏的梗死是猪瘟最有诊断意义的病变，脾脏不肿大，边缘有出血性梗死，稍高于周围表面，呈紫黑色（图2–97）。扁桃体出现脓疱，并且严重出血，发生梗死（图2–98）。膀胱常有大小不一的出血点（图2–99）。慢性猪瘟的出血和梗死变化较不明显，在回肠末端、盲肠和结肠常有特征性的坏死和溃疡变化，呈纽扣状，黑褐色，中央低陷（图2–100）。

控制本病常采用疫苗接种，或疫苗接种辅之以扑灭政策。2008年开始国家免费发放猪瘟淋脾苗，对猪群进行猪瘟强制性免疫。疫苗接种应制订行之有效的免疫程序，即在猪群免疫之前，应对猪群进行抗体水平检测。母源抗体干扰可用提高疫苗免疫剂量的方法来控制，现在主要采取哺乳前免疫措施，即仔猪出生后立即接种兔化弱毒疫苗，2h后再让小猪吃初乳。在已发生猪瘟的猪群或地区，对假定未感染猪群进行疫苗紧急接种，可使大部分猪获得保护，对正常和尚未出现症状的猪进行紧急接种，常可控制疫情，对疫区周围的猪群进行逐头免疫，形成安全带，以防止猪瘟蔓延，但注意针头消毒，以防人为传播。发病早期也可以应用猪瘟高免血清治疗，有良好效果。

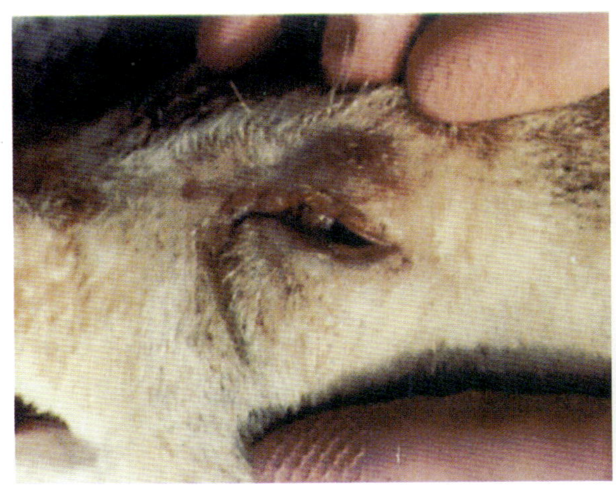
图2-83　发病猪初期呈现眼睑肿大和眼结膜潮红发炎并分泌液增多

图2-84　病猪群的典型表现，由于腹泻，使体表污脏不堪，精神沉郁，共济失调，后肢麻痹

图2-85　猪感染猪瘟引起的腹泻

图2-86　感染了猪瘟的猪常虚弱、蹒跚，常呈犬坐姿势

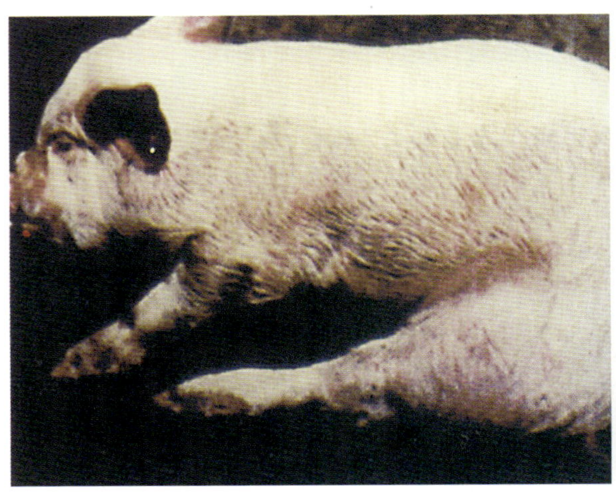
图2-87　全身皮肤呈紫红色，衰弱，后躯麻痹，起立困难

图2-88　部分病猪神经症状、共济失调

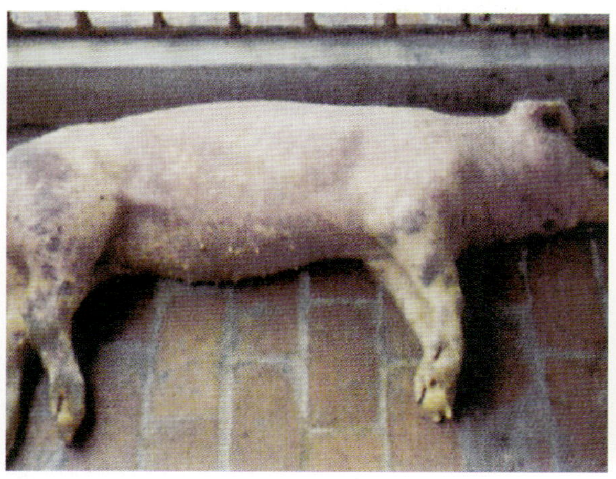

图2-89 急性死亡猪只全身皮肤散发出血点（斑），尤以耳翼、四肢末端、腹部及臀部最明显

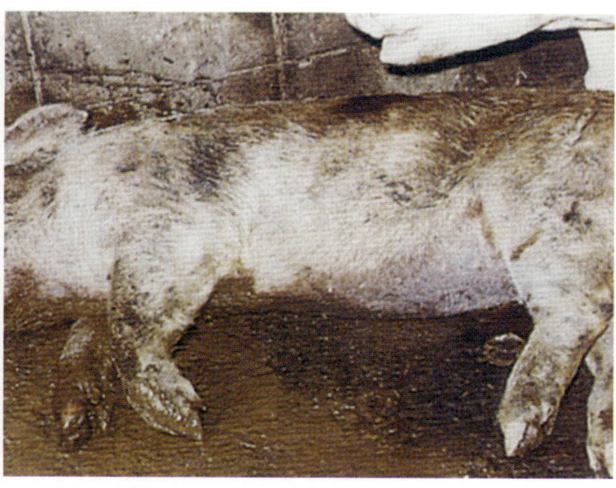

图2-90 后期病猪，显示腹泻，腹部等处皮肤发绀

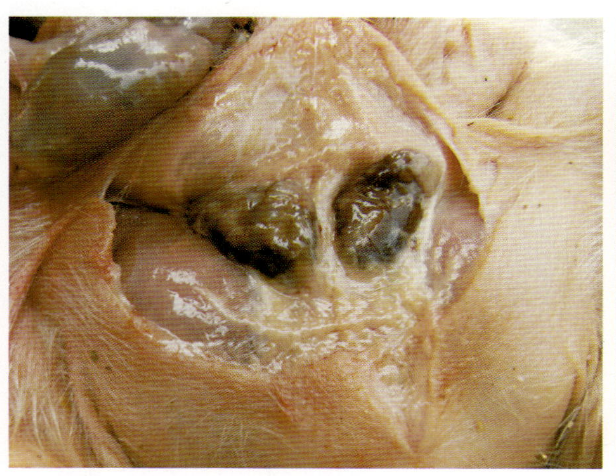

图2-91 腹股沟淋巴结出血、肿大，呈大理石外观

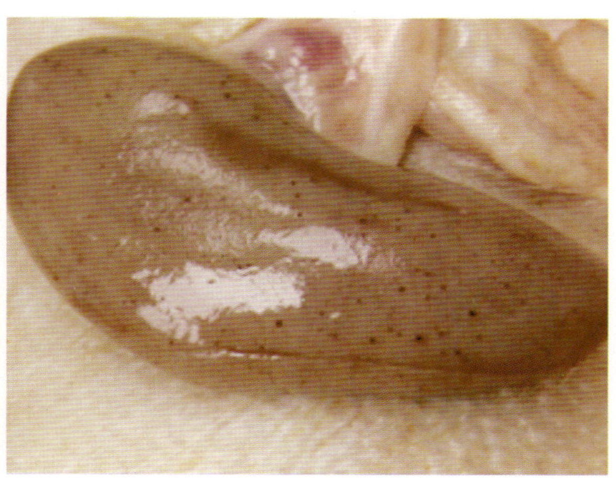

图2-92 肾脏出血

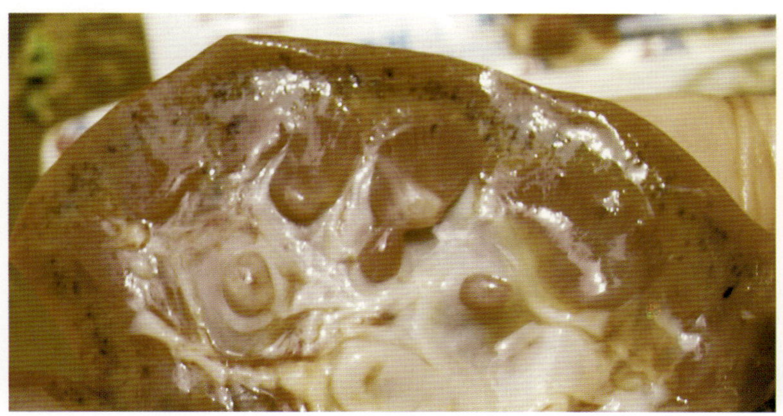

图2-93 肾脏皮质点状出血

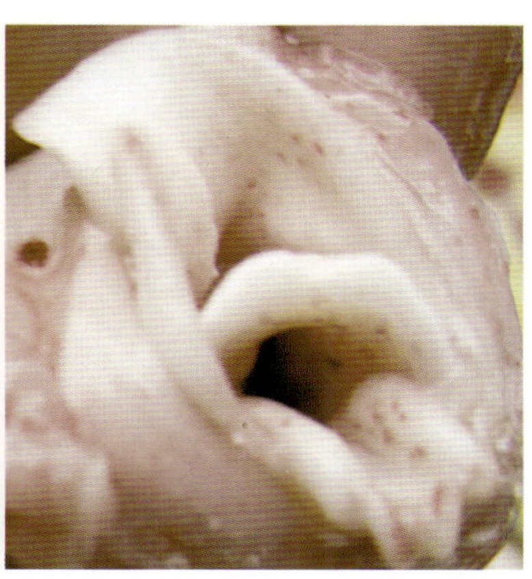

图2-94 喉头、咽部黏膜出血

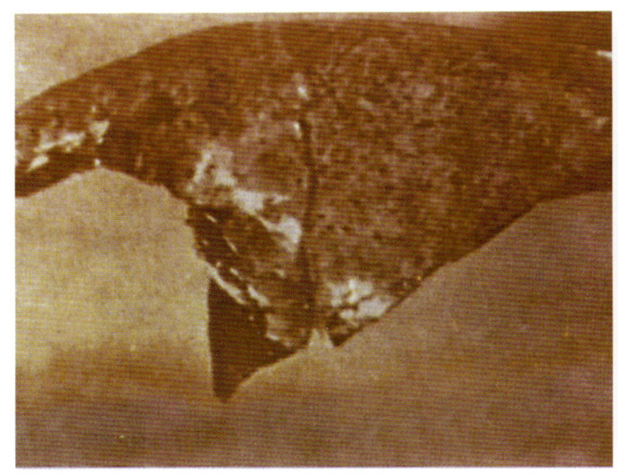
图2−95　肺脏有点状出血

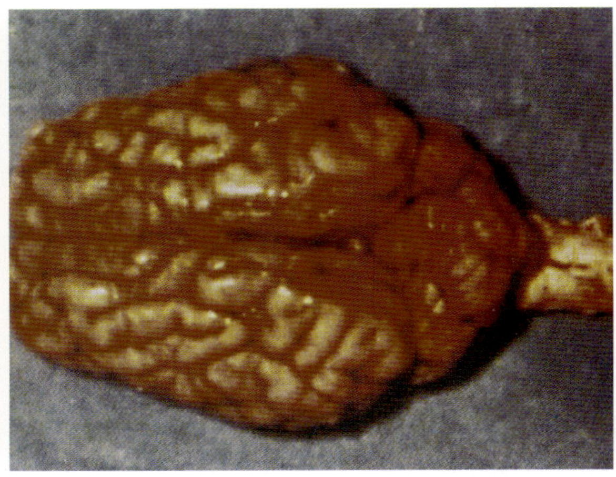
图2−96　脑部充血、出血

图2−97　脾脏出血性梗死

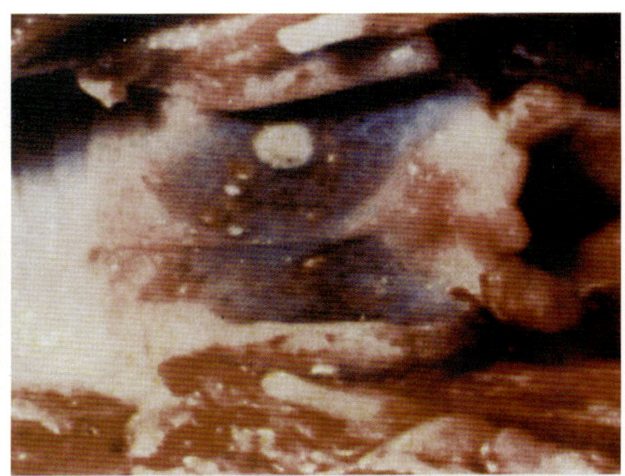
图2−98　扁桃体出现脓疱，并且严重出血

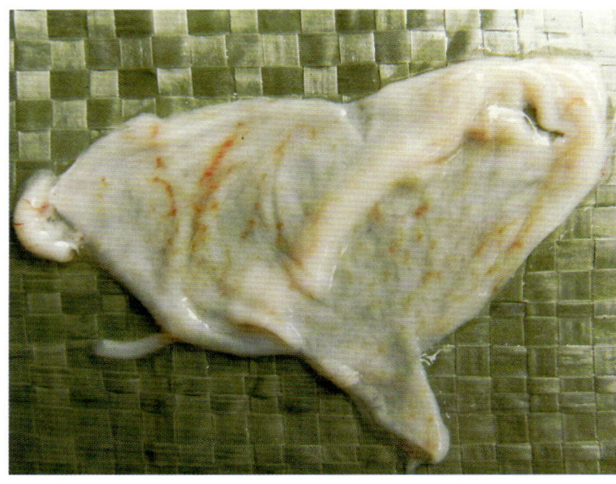
图2−99　膀胱黏膜出血

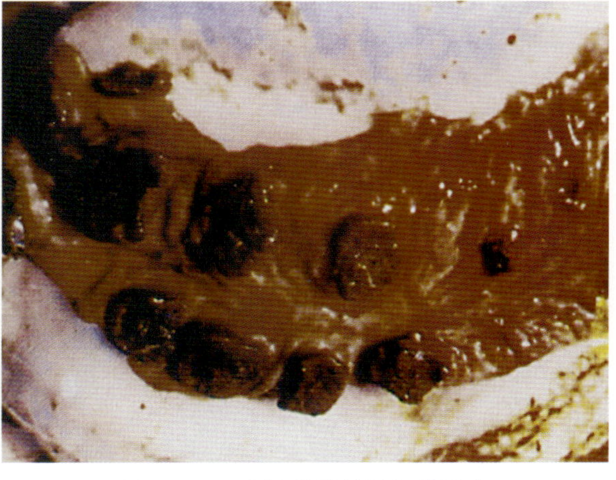
图2−100　大肠黏膜的纽扣状溃疡

十四、非洲猪瘟

非洲猪瘟是由非洲猪瘟病毒（ASFV）引起的猪的急性烈性传染病。猪是对本病自然感染的唯一动物。其临诊症状从急性、亚急性到慢性不等，以高热、皮肤发绀、全身内脏器官广泛出血、呼吸障碍和神经症状为主要特征，发病率和死亡率几乎达100%。临诊上非洲猪瘟与猪的很多出血性疾病相似，尤其与猪瘟很难区分。本病于1921年在肯尼亚首次发现，截止目前曾在非洲、欧洲和美洲等数十个国家流行，多数被及时扑灭。现今流行于撒丁岛及邻近撒哈拉沙漠的部分非洲国家。我国尚无本病。

病原体属于非洲猪瘟病毒科。带囊膜的双股DNA病毒，病毒对温度和酸的抵抗力很强，室温干燥或冰冻数年仍存活。对高热敏感，在60℃经30min即死亡。对许多脂溶剂和常用消毒剂敏感。

本病仅发生于猪和野猪。病猪体液、各组织器官、各种分泌物、排泄物均含大量感染性病毒。ASF病毒是虫媒病毒中唯一的一个DNA病毒，猪虱、隐咀蜱、钝缘蜱等软蜱是主要的传播媒介，其中软蜱也是非洲猪瘟病毒的贮藏宿主。病毒在软蜱和猪之间形成循环感染，使ASF在非洲很难消灭。

根据病毒的毒力和感染途径不同，ASF可表现为最急性、急性、亚急性和慢性四种类型。最急性型往往未见到明显临诊症状即倒地死亡。在流行开始多为急性，体温升高至41℃左右，稽留4d，当体温下降或死前1～2d病猪才出现临诊症状，如精神沉郁，厌食，呼吸加快，腹泻，粪便带血（图2–101），行走时身躯无力。鼻孔出血（图2–102），耳、背部等处的皮肤出血发绀（图2– 103）。心包膜和心肌上可见弥漫性出血点（图2– 104）。肺部严重水肿，有实变（图2–105、图2– 106）。胃淋巴结体积增大，颜色加深，切面可见严重出血和充血（图2–107）。胃底部充血、出血（图2–108）。肾脏表面有出血点和出血斑，皮质区和淋巴结出血严重（图2–109、图2–110）。膀胱黏膜严重出血（图2–111）。小肠上有出血斑点（图2–112）。

在非洲以外经常流行本病的地区，更常见的是以呼吸道疾病、流产和低死亡率为特征的亚急性或慢性病例。病变与急性型相似，但较轻微，其特征是淋巴结和肾脏出血（图2–113），脾脏肿大（图2–114、图2–115）、出血。慢性型则以呼吸道、消化道、淋巴结和脾脏的眼观和组织学病变为特征，见胃贲门部覆盖一层纤维素性组织，并有出血斑，淋巴结副囊窦部有网状细胞增生，脾脏施韦格尔塞德尔鞘坏死（图2–116、图2–117、图2–118），包括纤维素性心包炎和胸膜肺炎（图2–119）、胸膜和肺炎粘连、肺有实变区（图2–120）等。

猪瘟和非洲猪瘟在临诊症状及病理变化方面十分相似，不易鉴别。因此，必须依靠实验室诊断才能确珍。一般采用动物接种试验，取高热期病猪的血液、脾、淋巴结。血液加抗凝剂，组织做成1∶10悬液，每毫升加青霉素、链霉素各100 IU，在室温作用60min后，接种猪瘟免疫猪和易感猪，每头皮下注射10mL。如两组猪都在1周内发病，则为非洲猪瘟；仅易感猪发病，猪瘟免疫猪不发病，则为猪瘟。也可用直接免疫荧光抗体（DIF），用于检查非洲猪瘟病死猪的脾、肾、淋巴结等组织的压片和冰冻切片中的非洲猪瘟病毒抗原（图2–121）。

目前尚无有效的疫苗用于预防ASF，所以对发病猪和疑似病猪应迅速彻底扑杀。在国际机场和港口，从飞机和船运来的被污染的食物废料均应焚毁。此外，加强兽医卫生措施是有效防制本病的主要方法，未发生本病的地区，应加强检疫工作，防止本病的传入。

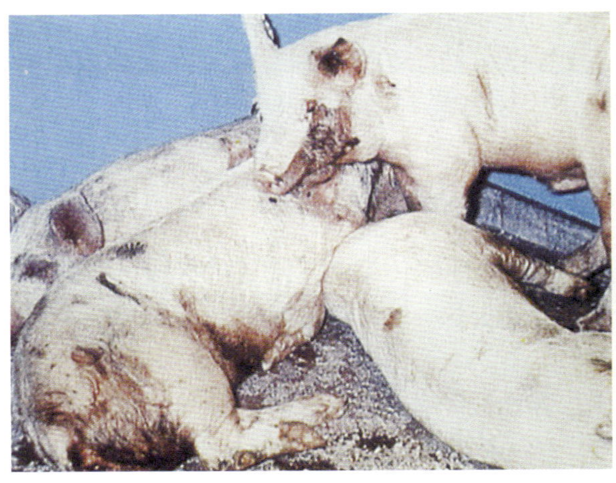

图2—101　病猪精神沉郁，皮肤发绀，腹泻，粪便带血

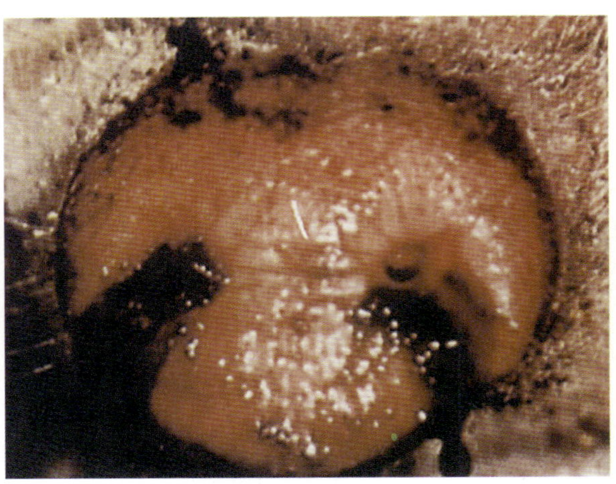

图2—102　鼻孔出血

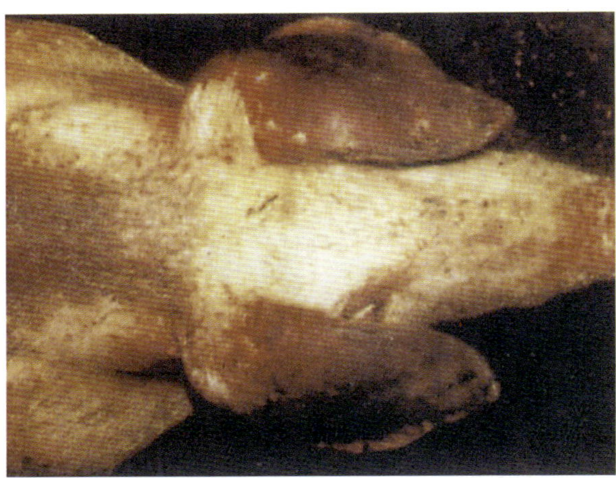

图2—103　耳背部严重淤血

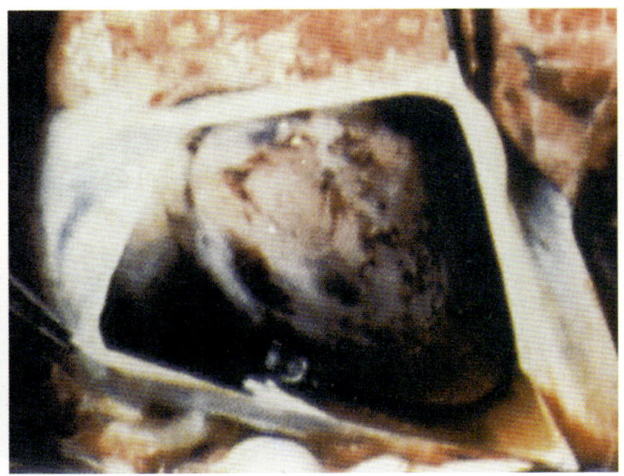

图2—104　心包膜和心肌上可见弥散性出血点

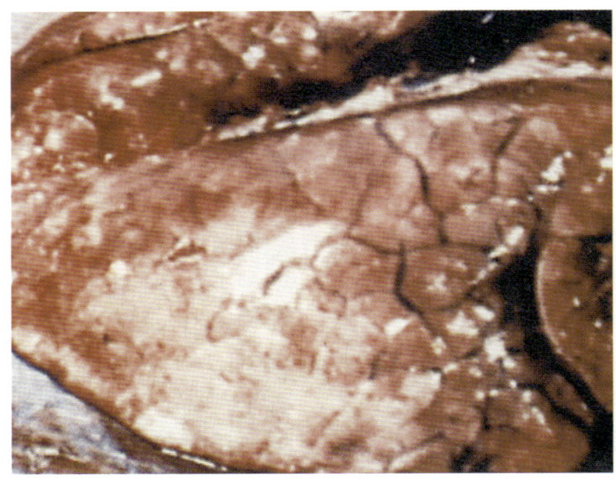

图2—105　肺部严重出血

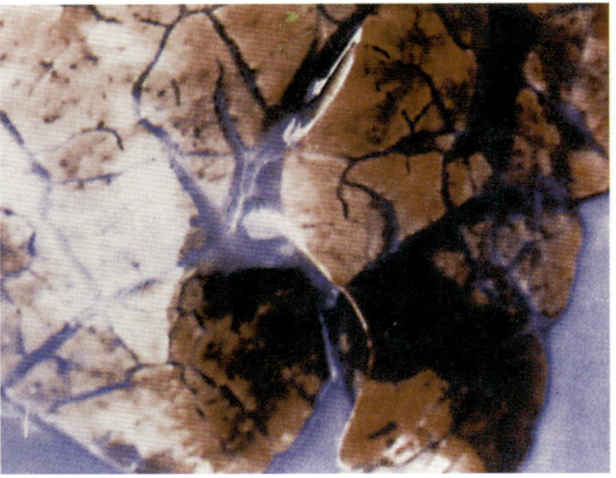

图2—106　急性非洲猪瘟：肺的小叶间严重水肿，有实变区

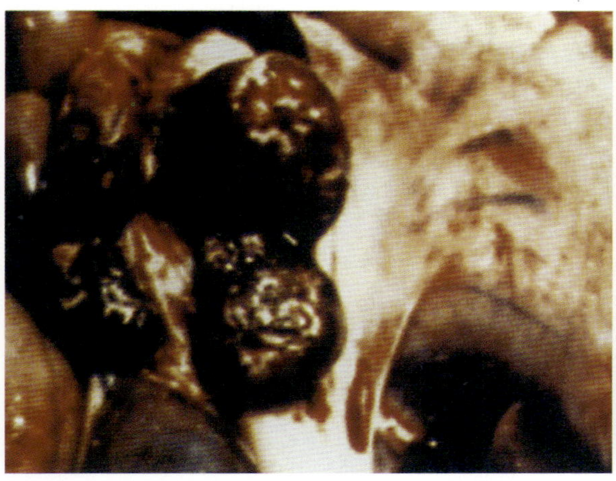

图 2-107　急性非洲猪瘟：胃淋巴结的切面可见体积增大，颜色变深

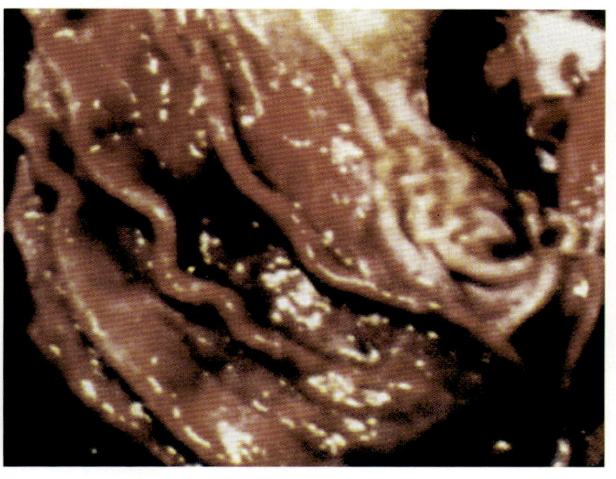

图 2-108　急性非洲猪瘟：胃底部充血、出血

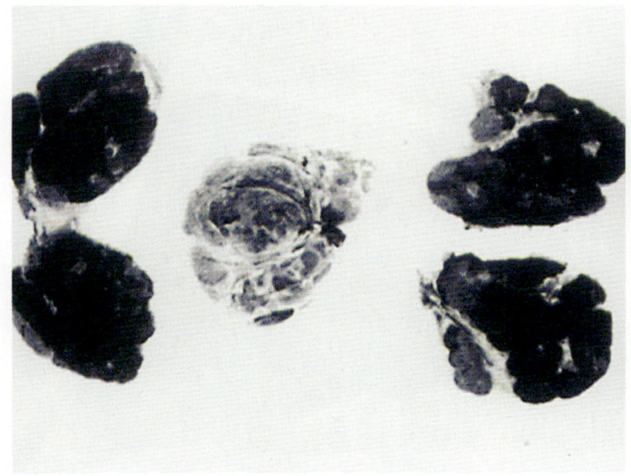

图 2-109　急性非洲猪瘟：从淋巴结的横切面可见严重充血和出血

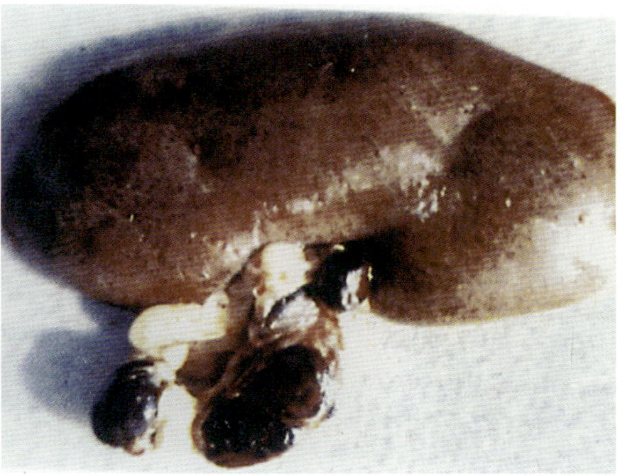

图 2-110　急性非洲猪瘟：肾脏的皮质区有淤斑，肾脏淋巴结严重出血

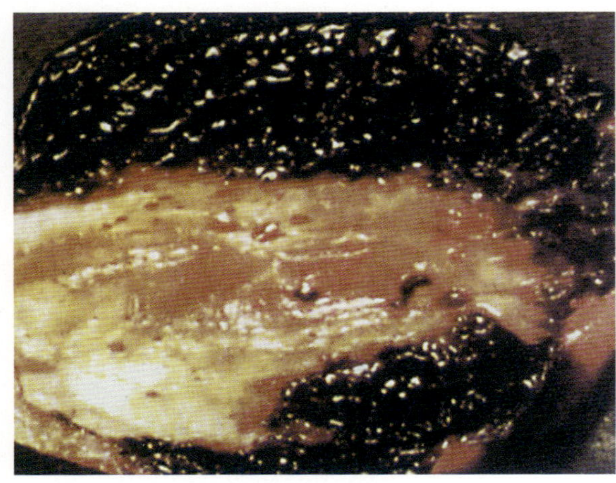

图 2-111　膀胱黏膜严重出血

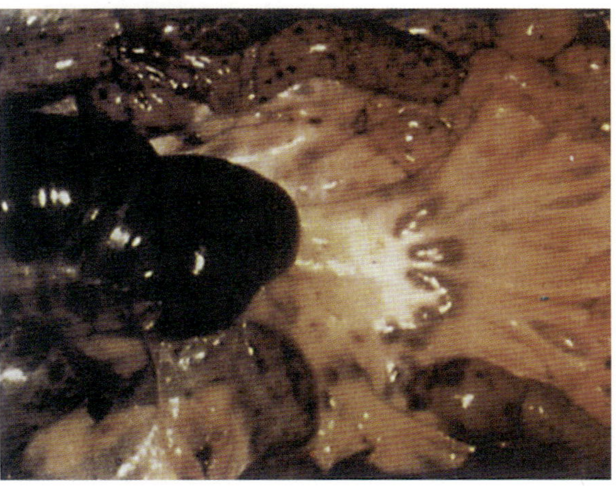

图2-112　小肠的出血斑点

图 2−113　肾脏的严重出血斑点

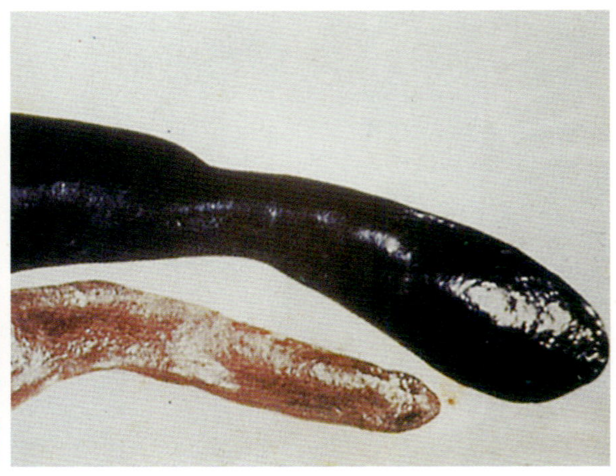

图 2−114　肿大的脾脏（图上侧）和正常的脾脏（图下侧）

图 2−115　感染猪的褐色而肿大的脾脏

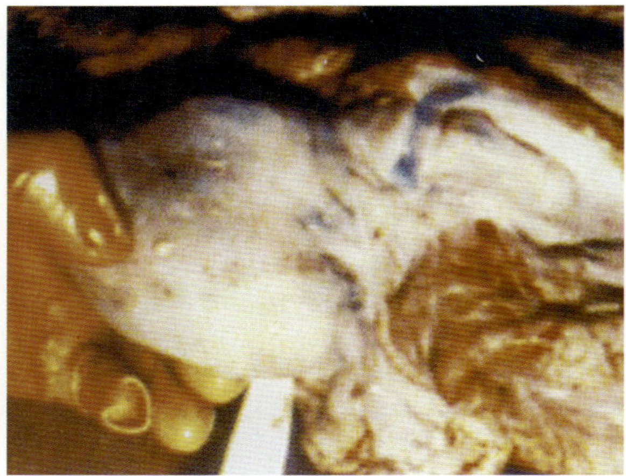

图 2−116　慢性非洲猪瘟：贲门上部覆盖一层纤维组织，并有出血斑点

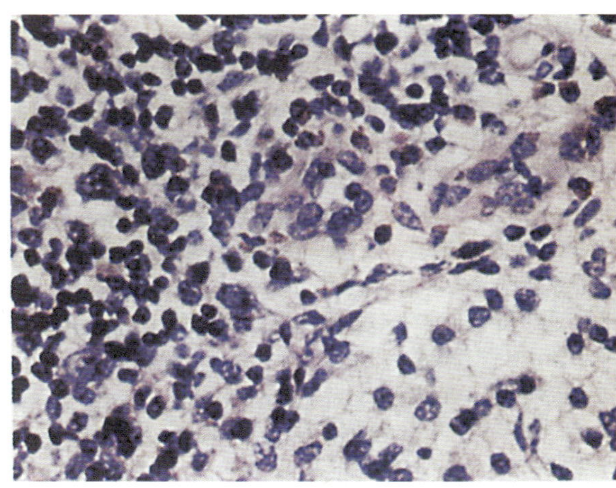

图 2−117　慢性非洲猪瘟：淋巴结的副窦囊部的网状细胞增生

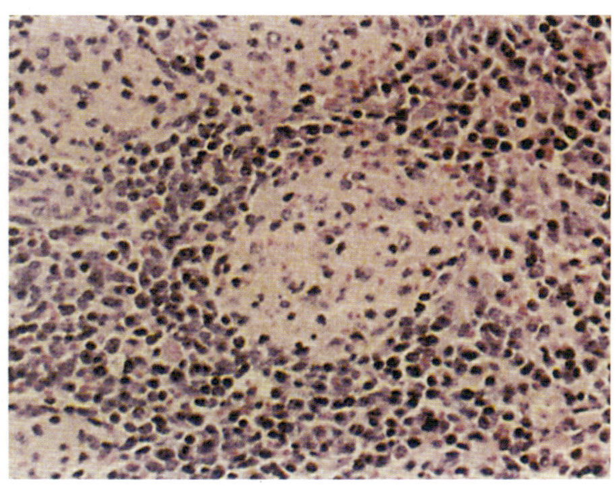

图2−118　慢性非洲猪瘟：脾脏的施韦格尔塞德尔鞘坏死

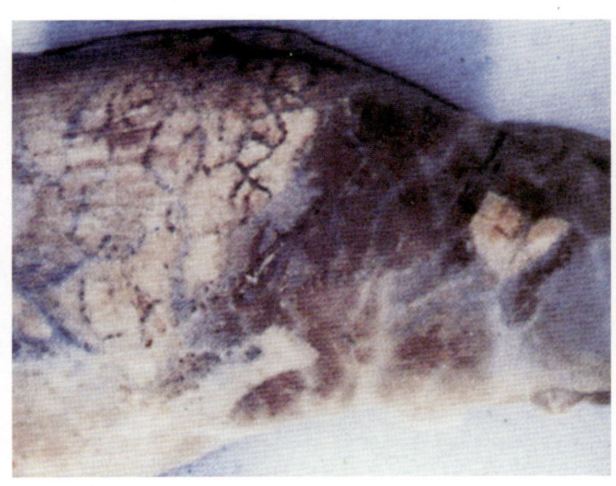

图 2-119　慢性非洲猪瘟：胸膜肺炎

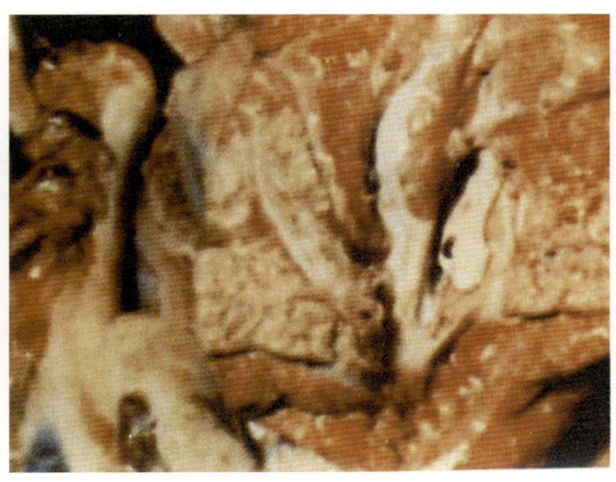

图 2-120　慢性非洲猪瘟：肺的实变区

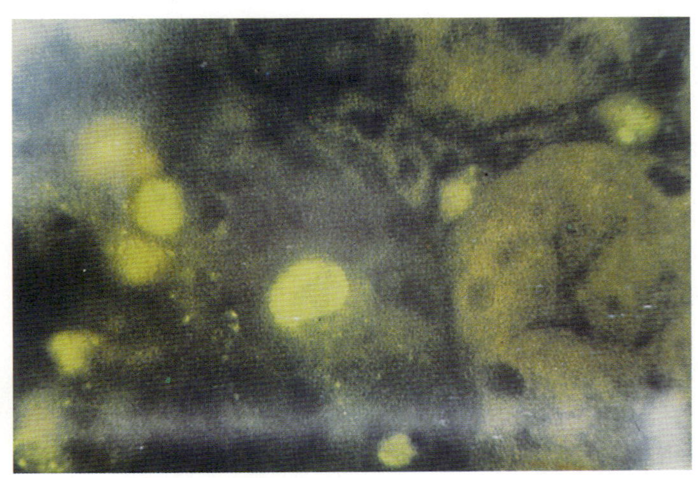

图 2-121　荧光抗体检查肾脏中的病毒抗原

十五、猪伪狂犬病

猪伪狂犬病是由伪狂犬病病毒引起的一种急性传染病。其临诊特征为体温升高，新生仔猪表现神经症状，还可侵害消化系统。成年猪常为隐性感染，妊娠母猪感染后可引起流产、死胎及呼吸症状，无奇痒。本病也可以发生于其他家畜和野生动物。伪狂犬病病毒属于疱疹病毒甲亚科，猪疱疹病毒 I 型。病毒能在鸡胚上繁殖及多种动物细胞上生长繁殖，产生核内包涵体。

新生仔猪及 20 周龄以内的仔猪感染后的病情较严重，常突然发病，病初发热，呕吐、下痢、厌食，精神不振、生长不良及消瘦（图 2-122），眼睑充血、肿胀，眼球上翻、应激敏感（图 2-123），呼吸促迫，间有呕吐和腹泻。神经症状为本病的特征，初期呈兴奋状态，后期倒地不起，肌肉痉挛，四肢呈划水状（图 2-124），最后麻痹，病死率很高。3～5 月龄仔猪症状较轻，少数出现神经症状和高热，并可引起死亡。成年猪大多为隐性感染，或呈一过性发热，表现呼吸症状，常可 1 周后康复。妊娠母猪发生流产，或产出木乃伊、死胎（图 2-125）和弱仔。流产前母猪体温升高，停止进食。公猪发生睾丸炎。

剖检的肉眼病变主要在肝、脾、肺、肾、扁桃体和脑等脏器。扁桃体和咽喉头发生明显坏死（图2−126），肝脏有多发性的坏死灶（图2−127），表面有散在白色坏死点（图2−128）。肾上腺皮质及髓质部可见散发性的坏死点（图2−129），此为本病的特征性病变。肾脏表面有散在的出血点或淤斑（图2−130）。肺水肿、有小叶间质性肺炎，胃黏膜有卡他性炎症、胃底黏膜出血。脑的组织学变化为弥漫性非化脓性脑膜脑炎。实验室诊断可用荧光抗体技术检测本病病毒抗原（图2−131）。

防制本病尚无有效药物，紧急情况下用高免血清治疗，可降低死亡率。消灭鼠类对预防本病有重要意义。对猪群进行严格检疫，培育健康幼猪，建立无病猪群。预防本病常用的疫苗有弱毒苗、弱毒灭活苗、野毒灭活苗及基因缺失苗，但靠疫苗接种不能消灭本病。一般无本病猪场禁用疫苗。

图2−122　病猪在临诊上呈现精神萎靡，背毛粗糙，生长不良及消瘦，严重者有明显的呼吸症状

图2−123　病猪神经紧张，眼发直

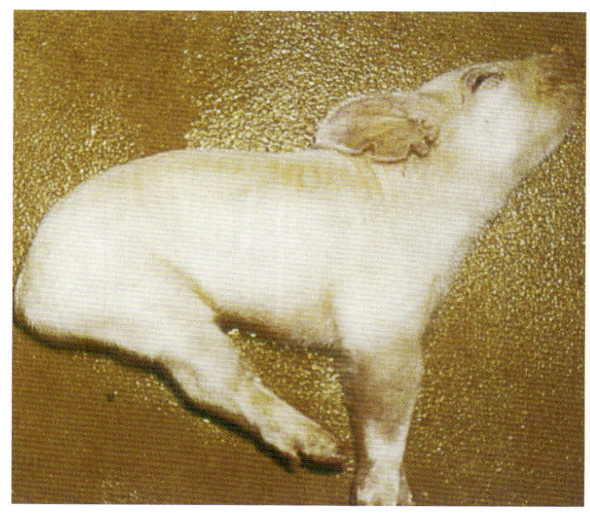

图2−124　病猪的神经症状，四肢呈划水状

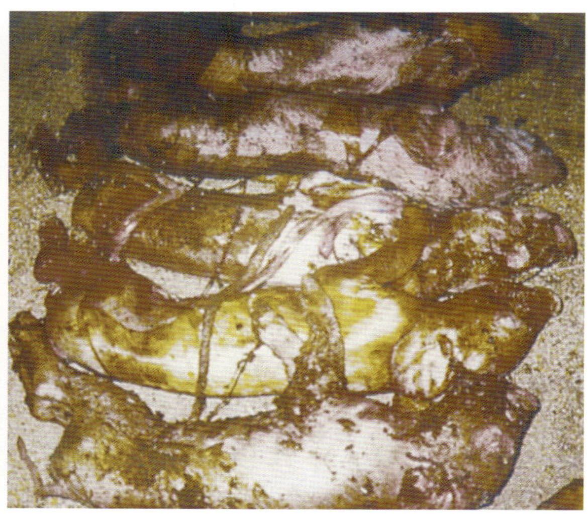

图2−125　母猪常见流产和死胎

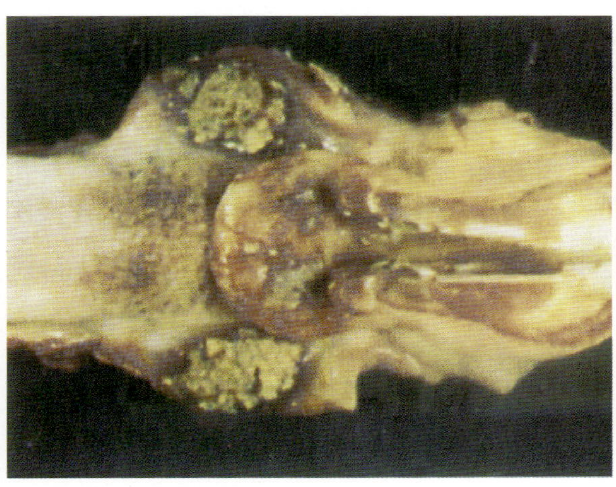

图2-126 重病猪经剖检后于扁桃体及咽喉头发生明显坏死

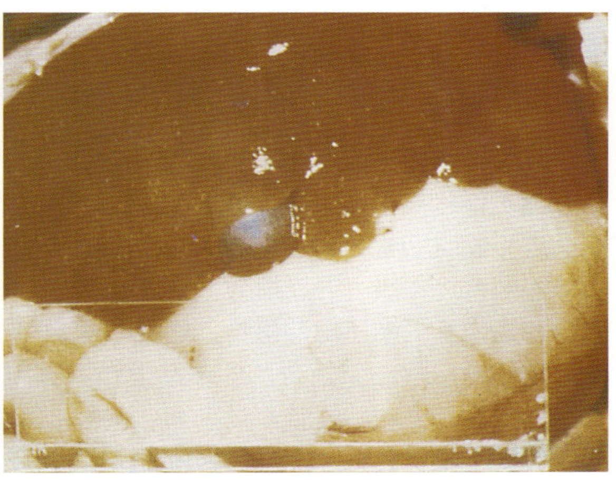

图2-127 肝脏的多发性坏死灶

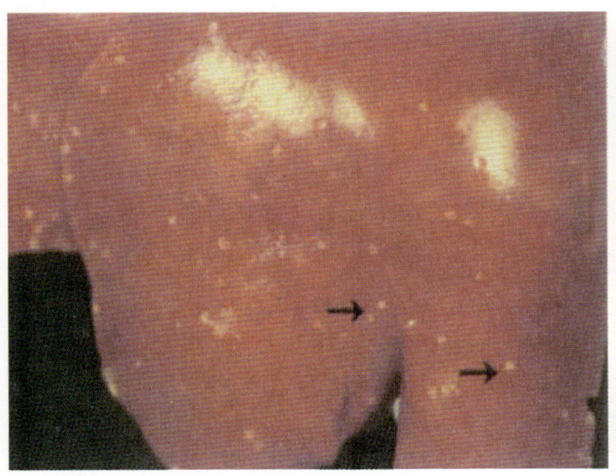

图2-128 肝脏表面亦可见散在的坏死点图

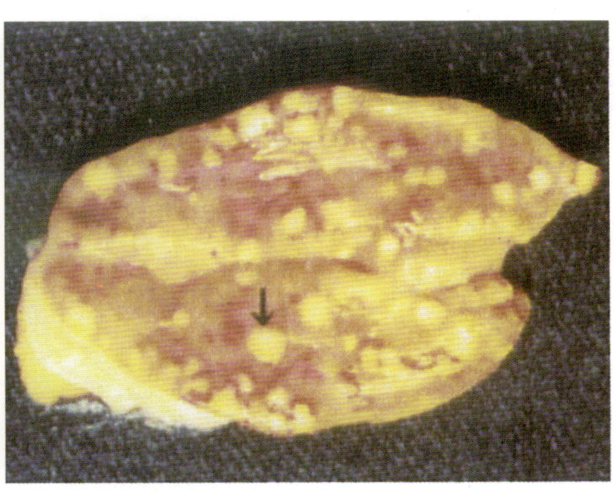

图2-129 切开肾上腺于皮质及髓质部可见散发性的坏死点，此为本病的特征性病变

图2-130 肾脏的淤斑

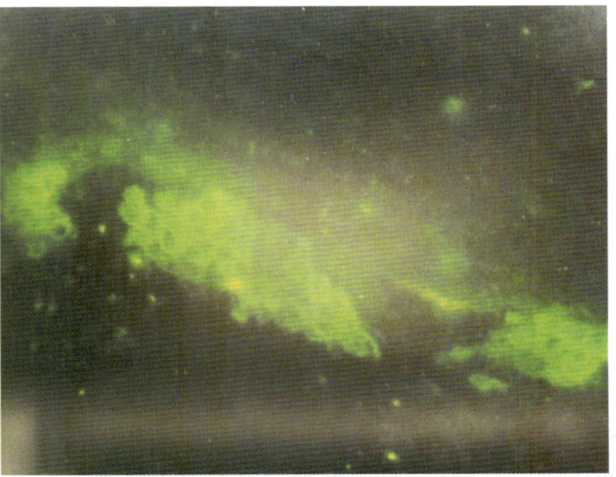

图2-131 扁桃体冰冻切片，以荧光抗体检测的伪狂犬病病毒抗原

十六、流行性乙型脑炎

流行性乙型脑炎又称日本乙型脑炎，是由流行性乙型脑炎病毒引起的一种急性人畜共患传染病。乙型脑炎病毒属于黄病毒属，病毒粒子呈球形，有囊膜，囊膜上具有含糖蛋白的表面突起，能凝集鸡、鸭和绵羊的红细胞。家畜中，马发病出现脑炎症状，猪表现流产、死胎和睾丸炎，其他家畜和家禽大多呈隐性感染。蚊虫是病毒的贮存宿主，是本病的传播媒介。本病的流行有明显的季节性。

猪常突然发病，体温升高达40～41℃，呈稽留热。病猪精神沉郁、嗜睡。食欲减退，饮欲增加。粪便干燥呈球状，表面常附有灰白色黏液，尿呈深黄色。个别表现明显的神经症状。妊娠母猪主要症状为流产或早产，胎儿多为死胎，大小不等，或为木乃伊胎（图2–132）。流产后症状减轻，体温、食欲恢复正常。在预产期不见腹部和乳房膨大，亦不见泌乳。流产或早产胎儿常见脑水肿（图2–133），有的死产胎儿脑缺损（图2–134），腹水增多以及皮下血样浸润。也有的母猪产下前肢异常的仔猪（图2–135）。组织学变化：特征是脑组织内的血管周围细胞浸润呈管套（图2–136）；大脑皮质内可见液化坏死灶，坏死的脑组织呈疏松网样结构，毛细血管形成透明血栓（图2–137）。

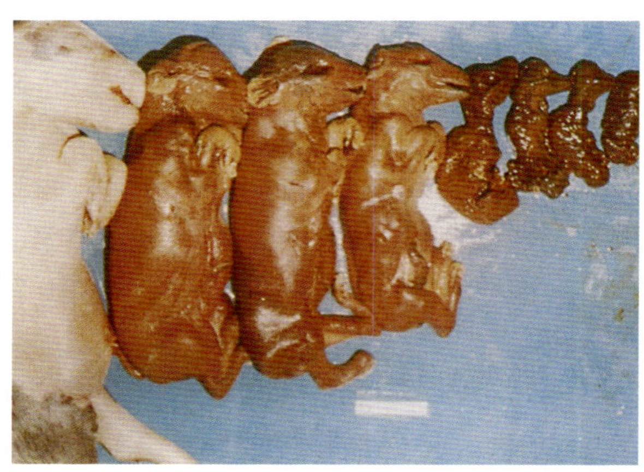

图2–132　病猪产出死胎、木乃伊胎，可见在同窝胎猪中不同期间死亡的胎儿

公猪除有上述一般症状外，突出表现是在发热后发生睾丸炎（图2–138）。一侧或两侧睾丸明显肿大，多为一侧性，但也有两侧同时肿胀的，肿胀程度不等。病猪精神、食欲没有多大变化，一般转归为良好。

预防流行性乙型脑炎，应用乙型脑炎弱毒疫苗，在每年蚊虫出现前1个月（每年4月），对猪进行免疫接种，能有效控制本病的发生，并配合消灭传播媒介和宿主动物的管理等措施。本病无特效疗法，应积极采取对症疗法。

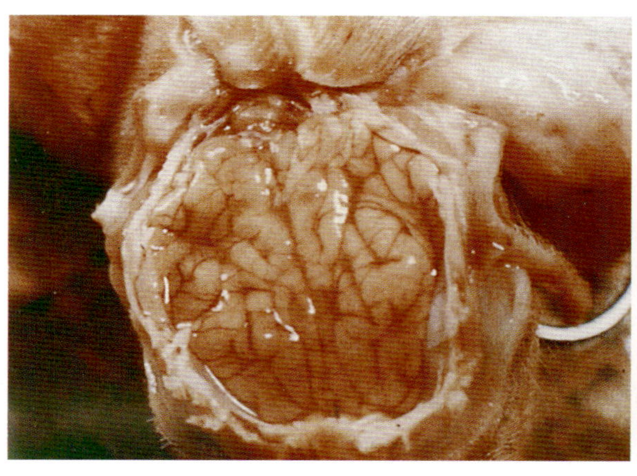

图2–133　死产胎儿的脑内积水

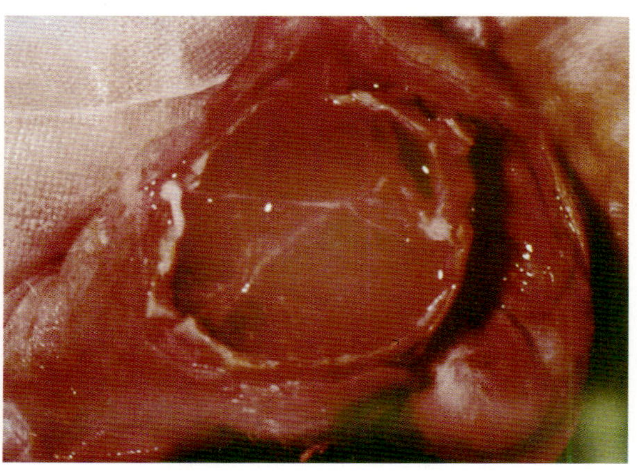

图2–134　死产胎儿的脑缺损

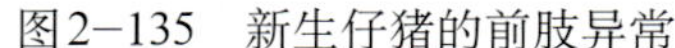

图2－135　新生仔猪的前肢异常

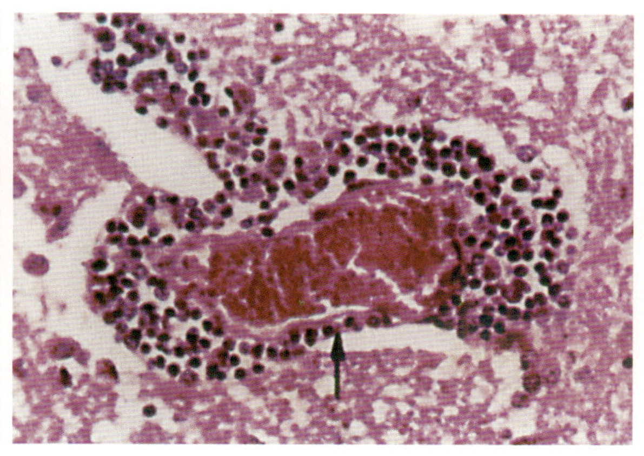

图2－136　脑组织内的血管周围细胞浸润，呈管套现象

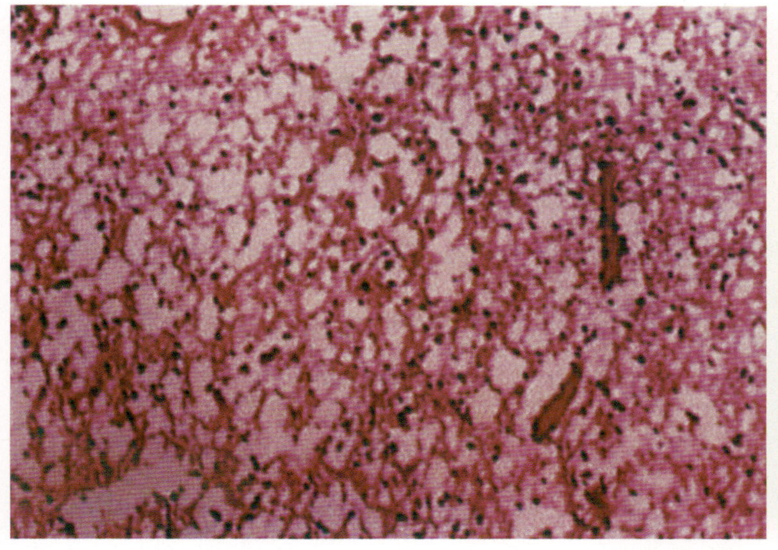

图2－137　大脑皮质内的液化坏死灶，坏死的脑组织呈疏松网样结构，坏死灶内的毛细血管形成透明血栓

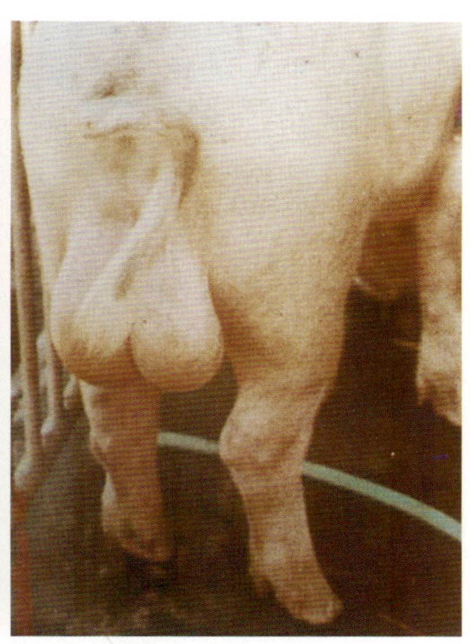

图2－138　患病公猪的睾丸肿大

十七、猪细小病毒感染

猪细小病毒可引起猪的繁殖障碍性疾病，其特征为感染母猪，特别是初产母猪产出死胎、畸形胎、木乃伊胎、流产及病弱仔猪，母猪本身无明显临诊症状。本病于1967年在英国报道，其后欧洲、美洲、亚洲及大洋洲很多国家均有本病的报道，现已遍布全世界。我国在上海、北京和江苏等地也相继分离到猪细小病毒。病原体细小病毒属细小病毒科、细小病毒属。病毒粒子呈圆形或六角形，无囊膜，单股DNA（图2－139），能凝集人、猴、豚鼠、小鼠及鸡的红细胞。

猪是已知的唯一易感动物，不同年龄、性别的家猪和野猪都可感染。传染源主要是带毒的母猪和公猪。病毒可通过胎盘传给胎儿，感染母猪所产死胎、活胎、仔猪及子宫分泌物中均含有高滴度的病毒。在本病发生后，猪场可能连续不断出现母猪繁殖障碍。母猪怀孕早期感染时，其胚胎、胎猪死亡率可达80%～100%。

仔猪和母猪的急性感染通常都表现为亚临诊病例，但在其体内很多组织器官（尤其是淋巴组织）中均可发现有病毒存在。母猪不同孕期感染，可分别造成死胎、木乃伊胎、流产等不同症状（图2－140）。在怀孕30～50d之间感染时，主要是产木乃伊胎。怀孕50～60d感染时多出现死产。怀孕70d感染的母猪则常不出现流产临诊症状。在怀孕期70d后，大多数胎儿能对病毒感染产生免疫应答而存活，但这些仔猪常带有抗体和病毒。本病还可引起母猪产仔瘦小、弱仔，发情不正常，屡配不孕以及早产或预产期推迟等临诊症状。对公猪的受精率或性欲没有明显影响。

眼观病变为母猪子宫内膜有轻微炎症，胎盘有部分钙化，胎儿在子宫有被溶解、吸收的现象（图2－141）。感染胎儿还可见充血、水肿、出血、体腔积液、脱水（木乃伊化）及坏死等病变。在大脑灰质、白质和软脑膜有以增生的外膜细胞、组织细胞和浆细胞形成的管套为特征的脑膜脑炎变化。

防制本病尚无特效的治疗方法。主要采取的措施是加强检疫，控制带毒猪传入猪场。一旦发病，应将发病母猪、仔猪隔离或淘汰。对猪场环境、用具严密消毒，并用血清学方法对全群猪进行检查，对阳性猪应采取隔离或淘汰。免疫接种目前是预防本病的主要措施，常用弱毒疫苗或者灭活疫苗对初产母猪在配种前进行两次疫苗接种，每次间隔2～3周，免疫期可达4个月以上。我国已研制出灭活疫苗，在母猪配种前1～2个月左右免疫一次，便可预防本病发生。另外，鉴于国外试验证明细小病毒野毒感染可以促进圆环病毒或者蓝耳病毒在宿主细胞的繁殖，因此，目前国内许多猪场均在经产母猪产后2～3周免疫接种细小病毒疫苗。

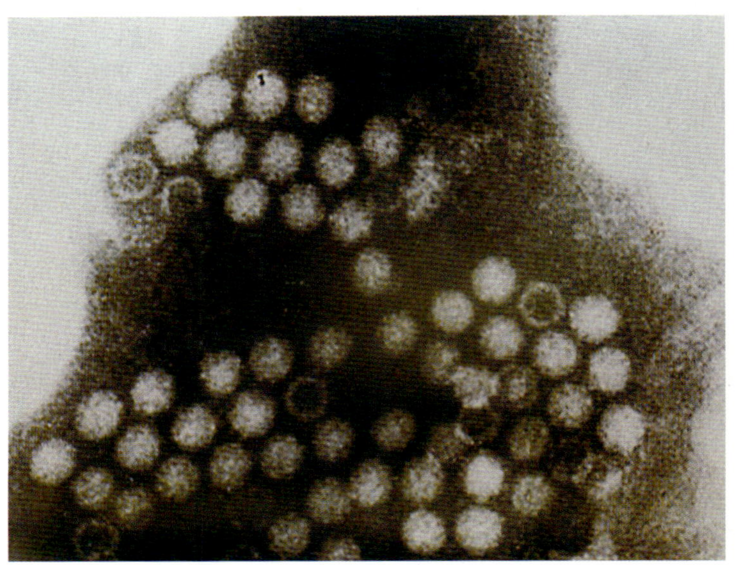

图2－139　细小病毒形态为圆形，无囊膜，能凝集人、豚鼠、小鼠和鸡的红细胞

图2－140　在同一窝中所见不同孕期死亡的异常胎儿

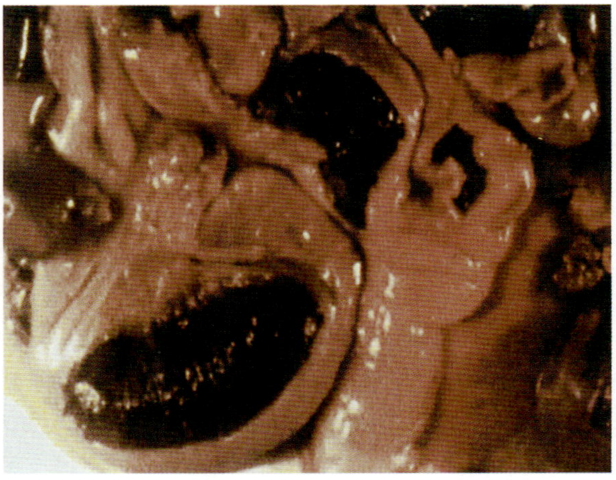

图2－141　胎儿在子宫有被溶解吸收的现象

十八、猪繁殖与呼吸综合征

本病又称猪蓝耳病，是由猪繁殖与呼吸综合征病毒（PRRSV）引起的猪的一种繁殖障碍和呼吸道的传染病。其特征为厌食、发热、怀孕后期发生流产、死胎和木乃伊胎；仔猪发生呼吸道症状和死亡。PRRSV属于动脉炎病毒科成员，有囊膜，基因组为单股RNA，有6种结构蛋白和多种非结构蛋白。不同分离病毒株的毒力有很大差异。目前，我国流行的高致病性PRRSV在NSP2非结构蛋白上存在基因缺失，属于美州型（即血清2型），已引起严重经济损失。

本病主要侵害繁殖母猪和仔猪，而肥育猪发病温和。病猪和带毒猪是本病的主要传染源。感染母猪有明显排毒，如鼻分泌物、粪便、尿均含有病毒。耐过猪可长期带毒并不断向体外排毒。本病传播迅速，主要经呼吸道感染，因此，当健康猪与病猪接触，如同圈饲养、频繁调运、高度集中更容易导致本病发生和流行。本病也可垂直传播。猪场卫生条件差，气候恶劣、饲养密度大，可促进本病的流行。

根据病的严重程度和病程不同，临诊表现不尽相同。母猪病初精神倦怠、厌食、发热。妊娠后期发生早产、流产、死胎、木乃伊胎及弱仔（图2－142）。怀孕母猪出现返情现象，或出现母猪不育或产奶量下降，少数猪耳部发紫，皮下出现一过性血斑。有的母猪出现肢体麻痹性神经症状。仔猪以2～28日龄感染后症状明显，死亡率高达80%，早产仔猪在出生后当时或几天内死亡，大多数出生仔猪表现呼吸困难（图2－143），后肢麻痹、共济失调、打喷嚏，有的仔猪耳紫和躯体末端皮肤发绀（图2－144），嗜睡，结膜炎（图2－145）。育成猪双眼肿胀、结膜炎和腹泻，并出现肺炎，有时引起死亡。公猪感染后表现咳嗽、喷嚏、精神沉郁、食欲不振、呼吸急促和运动障碍、性欲减弱、精液质量下降。

本病毒单独感染时，病理变化不明显，主要表现为肺弥漫性间质性肺炎，肺脏充血、淤血、呈深红色，肺小叶间质增宽，肺小叶明显，质地坚硬（图2－146）。部分肺脏出现卡他性肺炎，气管黏液增多（图2－147）。腹膜、肾周围脂肪、肠系膜淋巴结、皮下脂肪和肌肉发生水肿、肺水肿。但是，本病毒与其他病原混合感染时，可以产生多种明显病理变化（图2－148）。特征性组织病理变化为肺脏出现明显间质性肺炎，肺泡壁增厚、巨噬细胞和淋巴细胞浸润（图2－149）。

高致病性猪繁殖与呼吸综合征传播速度快，可引起不同日龄猪短期内同时发病和死亡，临诊症状和病理变化更为严重。母猪表现发热，不吃，皮肤发红，流产；成年猪高热不退、皮肤发红，喘气、呼吸困难，仔猪耳朵发紫，眼结膜炎，鼻腔流出脓性分泌物（图2－150、图2－151、图2－152、图2－153、图2－154）。部分患猪出现呕吐、软腿，个别甚至出现四肢呈游泳状的神经症状（图2－155）。肺脏的病变呈多样化，大多数病例表现间质性肺炎、间质增宽和局灶性实变（图2－156）。部分病猪可能出现淋巴结肿大和出血，肾脏可见少量出血点，肝脏发黄，胆囊充盈（图2－157），肠道浆膜和黏膜出血（图2－158），脑膜水肿、出血（图2－159），所以很容易与猪瘟混淆。继发细菌性感染后常有纤维素性胸膜肺炎、胸腔积液以及与胸壁粘连等病变（图2－160）。

诊断本病时应结合流行病学和临诊症状及病理变化，尤其是母猪生产性能、吃乳仔猪健康状况，进行综合判断，并应注意和其他相关疾病进行鉴别诊断。确诊需要做实验室病原学诊断，包括病毒分离鉴定、间接荧光抗体试验、中和试验，RT－PCR、免疫组织化学方法等。

本病防制主要采取综合防制措施，包括消除病猪、带毒猪，彻底消毒，切断传播途径。注意清除感染的母猪、断奶猪，保持保育室无PRRSV猪，减少病毒传染；此外，应加强进口猪的检疫和本病监测，以防本病的扩散。接种疫苗是预防本病的重要措施之一。目前国内外已研制成功活疫苗和灭活苗，一般认为活疫苗效果较佳，受污染猪场可以使用。一旦发生本病，应根据发病的严重程度，病猪或健康猪进行分栏、隔离，限制人员流动，严格猪舍、场地及用具的消毒工作；对病死猪及污物进行无害化处理；及时淘汰病猪。本病确诊后，可以选择适合当地流行病毒株的PRRSV活疫苗，进行紧急免疫接种。目前，临诊上尚没有针对PRRS的特异性药物，主要是通过改善营养与免疫调控的方法，提高猪的抗病力；同时，通过对症治疗、纠正猪体酸碱中毒、控制其他细菌继发感染，可减少其他疾病发生。

图2-142　母猪妊娠后期发生早产、流产、死胎和弱仔

图2-143　病猪呼吸困难，张口呼吸

图2-144　病猪耳紫和躯体末端皮肤发绀，呼吸困难

图2-145　断奶后病仔猪眼结膜炎

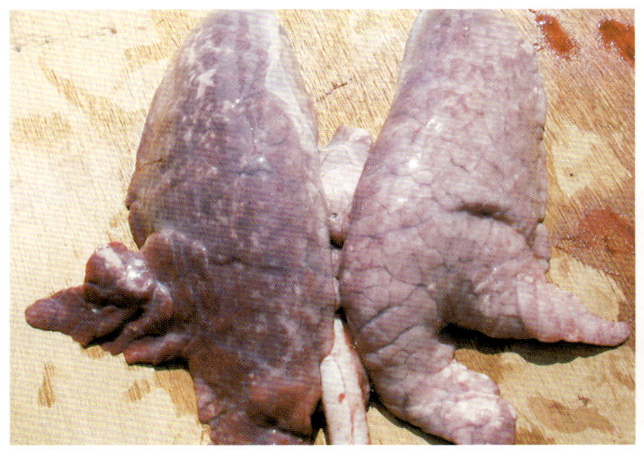

图2-146　肺脏充血、淤血，深红色，肺小叶间质增宽，肺小叶明显，质地坚硬

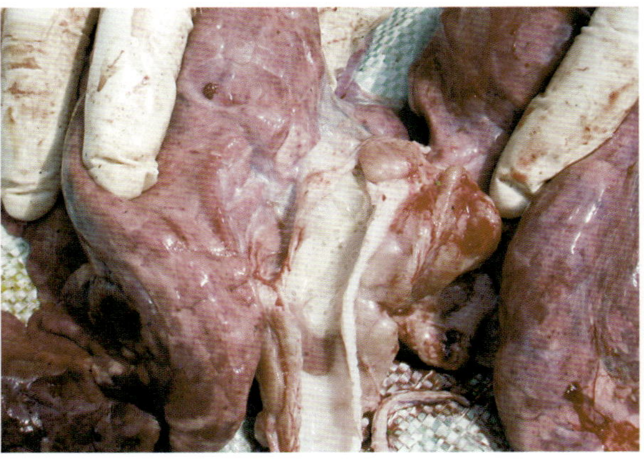

图2-147　肺脏器官内有大量黏液

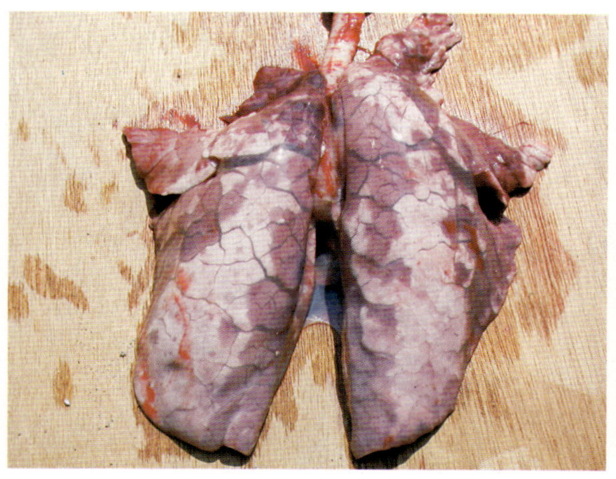

图2-148　本病毒与其他病原混合感染时，可能出现多种明显病理变化，如胶冻样渗出

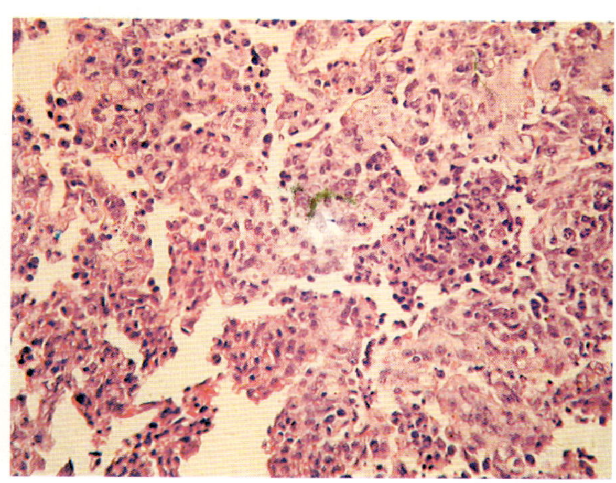

图 2-149　肺脏组织病理变化：间质性肺炎，肺泡壁增厚、巨噬细胞和淋巴细胞浸润

图 2-150　高致病性猪蓝耳病：120 日龄猪高度呼吸困难，张口呼吸

图 2-151　高致病性猪蓝耳病：90 日龄病猪精神沉郁，皮肤发红，嗜睡

图2-152　高致病性猪蓝耳病：病猪精神沉郁，耳朵发紫

图 2-153　高致病性猪蓝耳病：60 日龄病猪眼结膜炎，流脓性分泌物

图2−154　高致病性猪蓝耳病：断奶后仔猪鼻腔流出脓性分泌物

图2−155　高致病性猪蓝耳病：断奶后仔猪出现神经症状

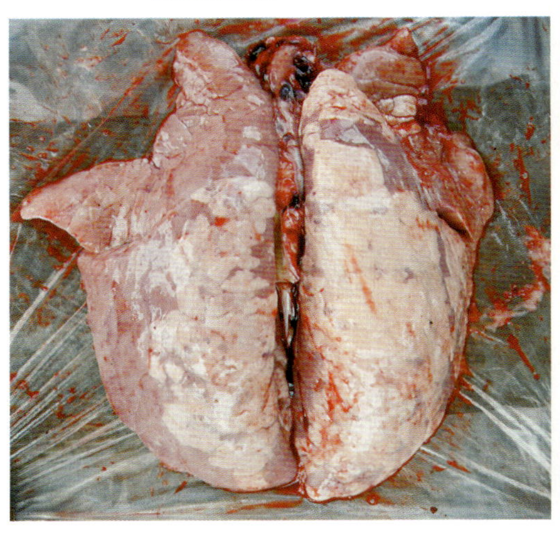
图2−156　高致病性猪蓝耳病：猪肺脏出现弥漫性局灶状实变

图2−157　高致病性猪蓝耳病：患病猪肝脏发黄，胆囊充盈

图2−158　高致病性猪蓝耳病：患病猪肠道浆膜和黏膜出血

图2−159　高致病性猪蓝耳病：脑膜出现明显水肿和出血

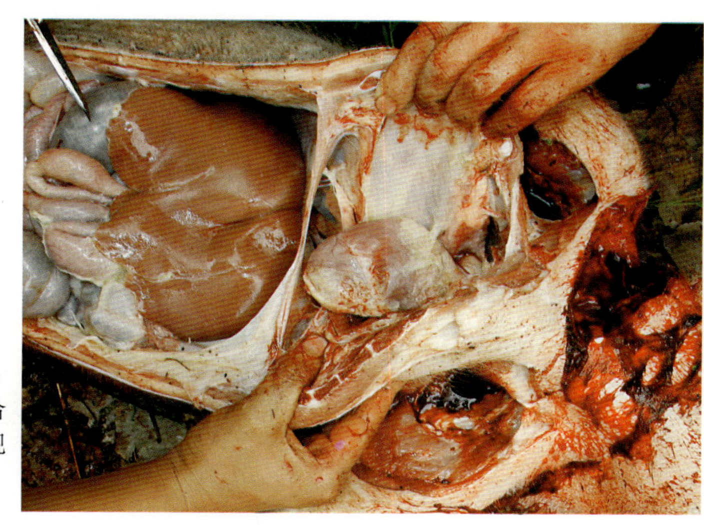
图2–160　高致病性猪蓝耳病：与副猪嗜血杆菌混合感染，内脏浆膜出现化脓性炎症

十九、猪圆环病毒病

猪圆环病毒病是由猪圆环病毒2型（PCV2）引起的猪的一种新的传染病，其临诊表现多种多样，主要特征为体质下降、生长发育不良、消瘦、贫血、黄疸、呼吸困难、渗出性皮炎、肾炎、腹泻、母猪繁殖障碍。本病还可以导致猪群产生严重的免疫抑制，从而容易导致继发和并发其他传染病，或加重其他传染病的临诊表现和病理过程。目前，该病在包括我国在内的世界上许多国家和地区都有流行，已给世界养猪业造成严重的经济损失。

猪圆环病毒属于圆环病毒科成员，呈二十面体对称、无囊膜。病毒粒子直径为17nm，是迄今发现的一种最小的动物病毒（图2–161）。PCV有两种血清型，PCV1无致病性，PCV2具有致病性，对外界的抵抗力较强。各种年龄猪均可感染，但6～12周龄猪最多见。感染猪可以通过鼻液和粪便排毒，经口腔、呼吸道途径传播，也可经胎盘垂直传播，引起繁殖障碍。PCV2是致病的必要因素，必须在其他因素参与下才能导致明显的临诊症状。本病在临诊上有以下6种表现，其发病率、致死率和死亡率随饲养条件、暴发的阶段不同而不同。

1.断奶仔猪多系统衰弱综合征（PMWS）　PMWS主要侵害6～12周龄仔猪，引起淋巴系统疾病、渐进性消瘦、呼吸道症状及黄疸，造成患猪免疫机能下降、生产性能降低，变成僵猪（图2–162）。该病一般于断奶后2～3天或1周开始发病，发病率和死亡率取决于猪场和猪舍条件，一般分别在4%～30%和50%～90%，但常常由于并发或继发细菌或其他病毒感染而使死亡率大大增加（图2–163）。病死猪的剖检病理变化特征性病变为：胸腔积液，心脏苍白，肺脏水肿，间质增宽，质度坚硬或似橡皮，有大小不等的散在褐色实变区（图2–164）。全身淋巴结，特别是腹股沟、纵隔、肺门和肠系膜以及颌下淋巴结显著肿大，切面呈灰白色（图2–165、图2–166）。肾脏肿胀、有灰白色坏死灶，皮质与髓质交界处出血（图2–167）。部分病猪脾脏、肝脏轻度肿胀。有的可见胃的食管部黏膜水肿和非出血性溃疡，肠道尤其是回肠和结肠段肠壁变薄，肠管内液体充盈。继发细菌感染的病例可出现相应疾病的病理变化，如继发副猪嗜血杆菌，可见胸膜炎、心包炎、腹膜炎和关节炎（图2–168）。组织学病变广泛分布于全身各器官、组织，主要表现在淋巴结、扁桃体、集合淋巴小结、胸腺和脾脏等淋巴组织器官，以淋巴细胞缺失、单核巨噬细胞浸润、形成合胞体性多核巨细胞及细胞质内包涵体为特征（图2－169）。肺部明显多灶性闭塞性支气管肺炎，肺细胞增生明显，含有大量炎性细胞和巨噬细胞，并含有大量PCV2（图2－170）。肾脏有轻度乃至严重的多灶性间质性肾炎，主要在皮质部发生淋巴细胞、组织细胞浸润，少数病例有肾盂炎、急性渗出性肾小球肾炎。心脏有多种炎性细胞浸润为特征的轻度乃至中度的多灶性心肌炎。其他组织都有程度不同的损伤病变。

2．猪皮炎和肾病综合征（PDNS） 通常发生在8～18周龄的猪，发病率为0.15%～2%，有时候达到7%。临诊症状为皮肤发生圆形或不规则的隆起，呈红色或紫色，在会阴部和四肢最明显，这些斑块有时会相互融合（图2－171）。严重时，病猪表现皮下水肿，食欲丧失，体温升高，疹块更为明显，中央形成黑色病灶，在极少情况下皮肤病变会消失，可以出现死亡（图2－172）。病理组织学变化为出血性坏死性皮炎和动脉炎以及渗出性肾小球性肾炎和间质性肾炎，并因此出现胸水和心包积液。

3．猪呼吸道复合体病（PRDC） 主要危害6～14周龄育成猪和16～22周龄育肥猪，主要表现为生长缓慢，厌食，精神沉郁，咳嗽和呼吸困难。6～14周龄猪发病率可达2%～30%之间，死亡率在4%～10%之间。眼观病变为弥漫性间质性肺炎，颜色灰红色。混合感染病原有PCV2、PRRSV、流感病毒、肺炎衣原体、胸膜肺炎和多杀性巴氏杆菌等（图2－173）。

4．PCV2相关性繁殖障碍 PCV2感染可以造成繁殖障碍，导致母猪返情率增加、产木乃伊胎、流产以及死产和产弱仔等。流产胎儿出现大面积心肌变性坏死，伴有水肿和轻度的纤维化，还有中度的淋巴细胞和巨噬细胞浸润，并含有PCV2（图2－174）。

5．PCV2相关性肠炎 主要发生于40～70日龄的猪，发病率10%～20%，死亡率50%～60%，主要表现为腹泻，开始拉黄色粪便，后来拉黑色粪便，生长迟缓。用抗生素治疗都无效。病理组织学变化：在大肠和小肠的淋巴集结中淋巴细胞缺失，出现上皮细胞和多核巨细胞浸润和胞质包涵体，并含有PCV2（图2－175）。

6．PCV2相关性先天性震颤 严重程度随时间下降，通常到四周龄自愈。因不能哺乳，感染猪的死亡率可高达50%。

由于有多种因素影响该病发生，正确诊断必须依据临床表现、病理变化和病毒检测。免疫组织化学和免疫荧光方法，可以检测肺或淋巴结组织中PCV2抗原。或用PCR方法和核酸探针方法，检测PCV2核酸。

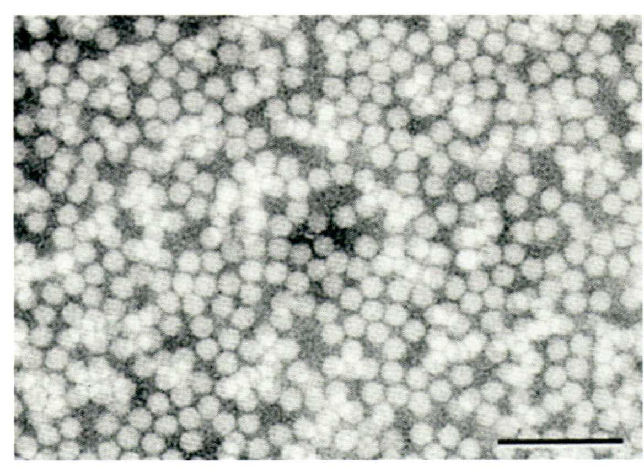

图2－161 PCV2病毒粒子形态

图2－162 仔猪感染PCV2，生长速度减慢，消瘦，变成僵猪

图 2-163　42 日龄猪 PCV2 和细小病毒混合感染出现 PMWS

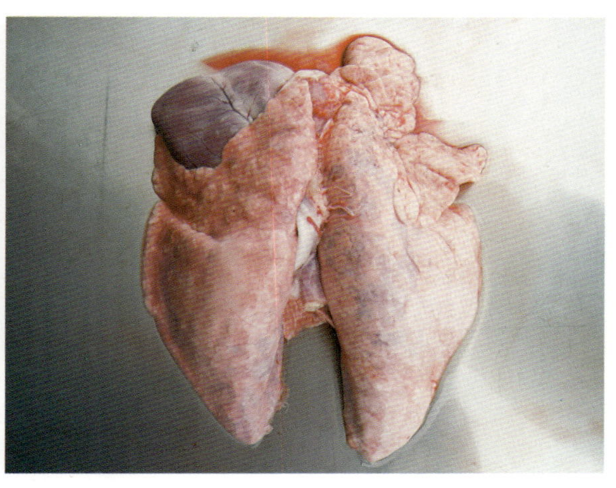
图 2-164　肺脏质度坚硬或似橡皮，其上散在有大小不等的褐色实变区

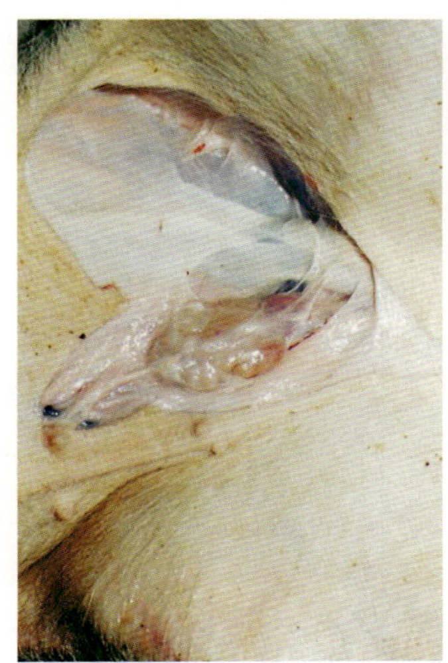
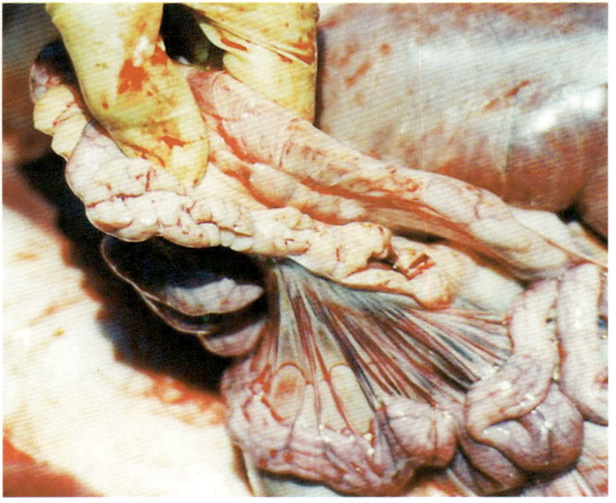
图 2-165　淋巴结水肿（腹股沟淋巴结 A、肠系膜淋巴结 B）

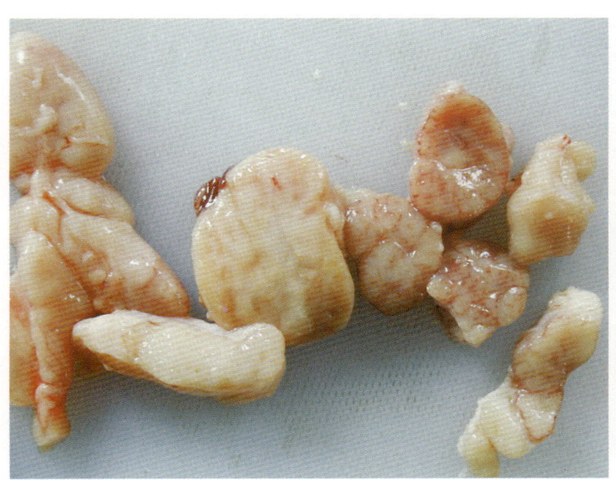
图2-166　淋巴结横切面呈灰白色

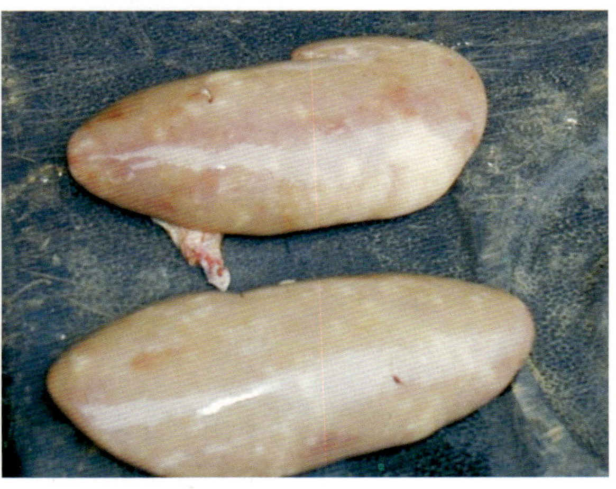
图2-167　病猪肾脏表面出现灰白色点状坏死

图 2-168　PCV2 与副猪嗜血杆菌、多杀性巴氏杆菌混合感染后，出现明显的纤维性炎和局灶样坏死

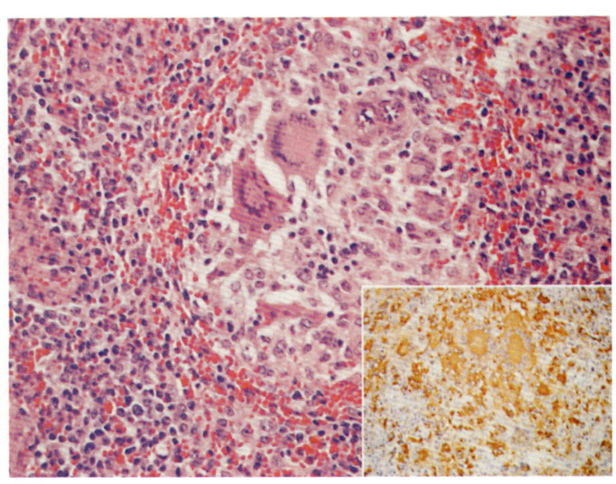

图 2-169　淋巴细胞缺失，出现多核巨细胞；免疫组化检测PCV2 抗原阳性细胞为棕黄色（右下图）

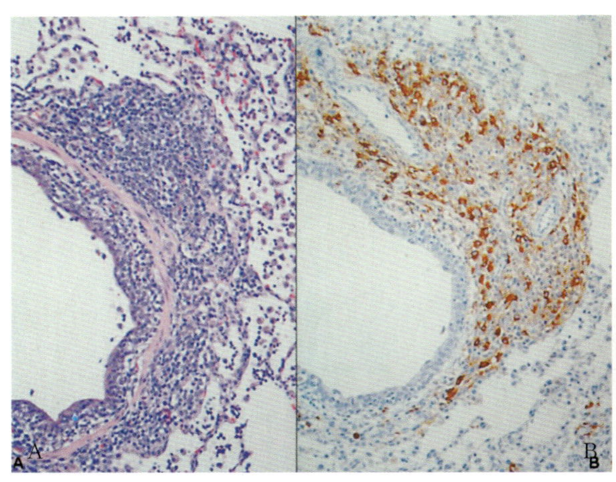

图2-170　病猪肺脏出现明显的炎性细胞和轻度坏死性支气管肺炎（A）；免疫组化染色，巨噬细胞样细胞内含有 PCV2 抗原（B）

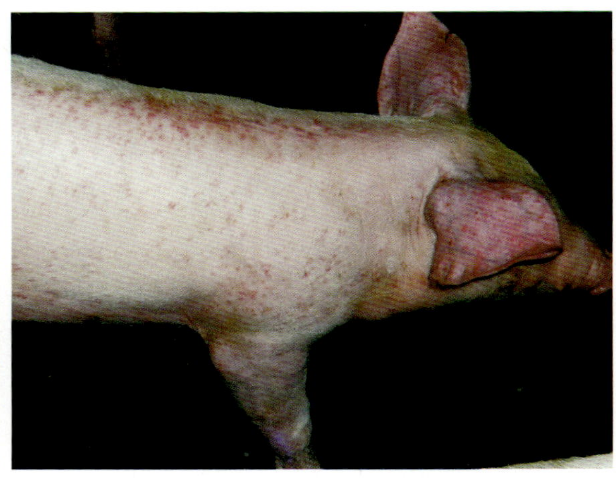

图 2-171　10 周龄 PDNS 患猪：全身皮肤出现疹块，呈圆形或不规则的隆起，红色或紫色

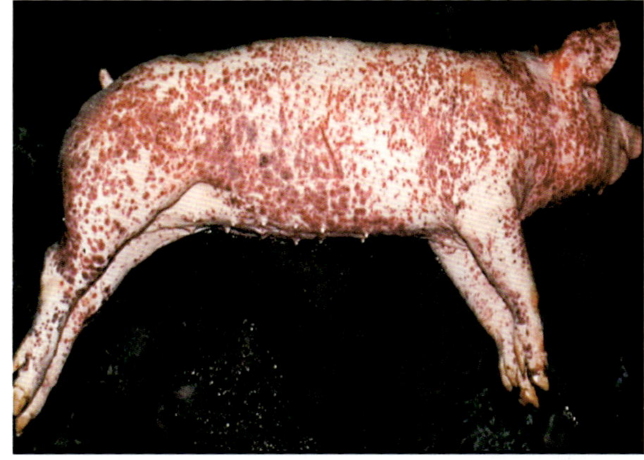

图 2-172　12 周龄 PDNS 患猪：全身皮肤出现严重疹块，周围呈红色或紫色，中央形成黑色病灶

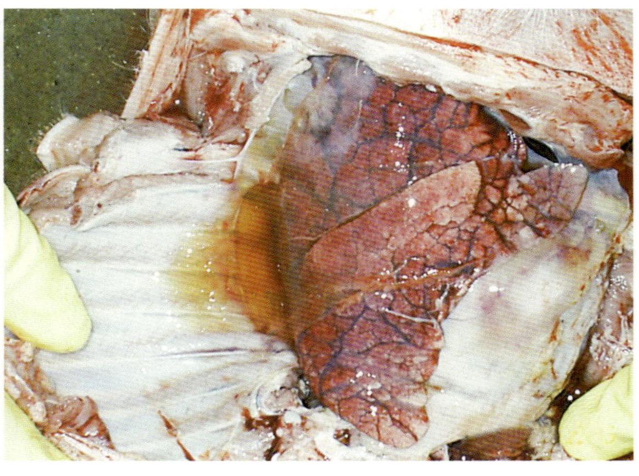

图 2-173　PCV2 感染相关的 PRDC：胸腔积水，肺脏有胶冻状渗出

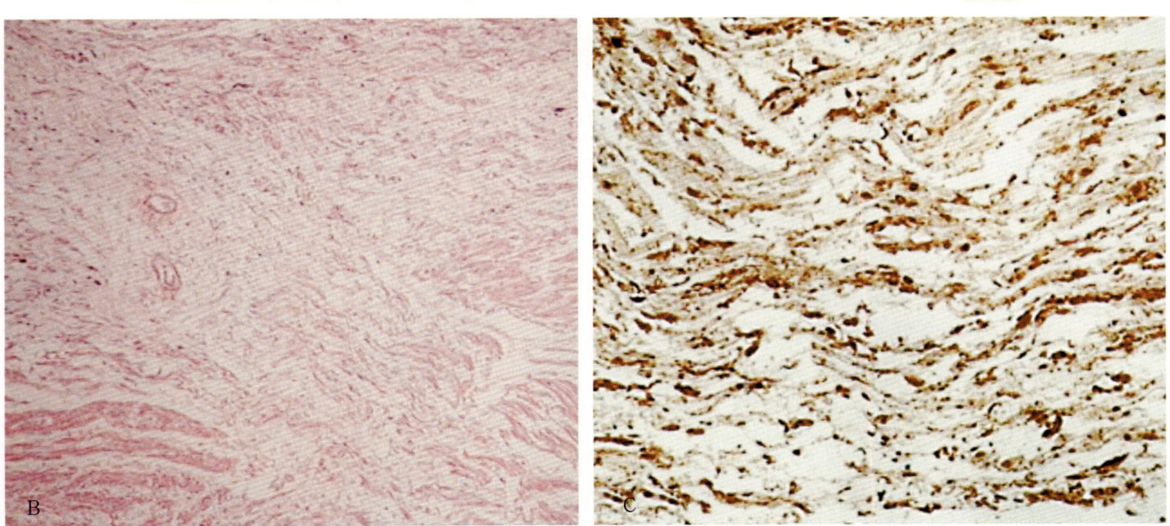

图 2−174　PCV2 相关性繁殖障碍：母猪怀孕不同阶段出现死胎、木乃伊胎、胎儿浸软等（A）；流产胎儿出现心肌变性、坏死，伴有少量炎性细胞（B）；免疫组织化学染色显示，有大量 PCV2 抗原阳性的巨噬细胞样细胞浸润（C）

图 2−175　PCV2 相关性肠炎：保育后期猪拉黑色粪便（A）；肠道黏膜出血，肠系膜淋巴结明显肿大（B）；肠道免疫组织化学染色显示，固有层淋巴集结中有大量含有PCV2抗原阳性的淋巴细胞和巨噬细胞样细胞（C）

本病防制主要依靠综合性措施。第一，改进完善猪场传统的饲养管理，尽可能采用分段同步生产、两点式或三点式饲养方式，同时确保饲料具有良好的品质；第二，有效的环境卫生和消毒措施；第三，对共同感染的病原体作适当的主动免疫和被动免疫有明显的效果，根据不同的可能病原和不同的疫苗对母猪实施合理的免疫程序；第四，选择性的预防性投药和治疗，也有助于控制细菌混合感染或继发感染；第五，国外采用灭活疫苗和亚单位疫苗有较好的预防效果。

二十、猪传染性胃肠炎

猪传染性胃肠炎是由猪传染性胃肠炎病毒引起猪的一种高度接触传染性肠道疾病，以发热、呕吐、严重腹泻、脱水和2周龄以内仔猪高死亡率为特征。该病可发生于各种年龄的猪，但对仔猪的影响最为严重，10日龄以内的仔猪死亡率高达100%。该病的发生具有明显的季节性，以冬春寒冷季节较为严重。

我国于1956年在广东省发现本病。目前该病广泛存在于许多养猪国家和地区，造成严重的经济损失。

本病病原体属于冠状病毒科、冠状病毒属，有囊膜，形态多样，呈圆形、椭圆形和多边形，表面有一层棒状纤突具有一个血清型，与流行性腹泻病毒无抗原相关性。

本病只侵害猪，病猪和带毒猪是主要的传染源，其他动物经口服感染病毒均不发病。潜伏期很短，传播迅速，数日内可蔓延全群。仔猪突然发病，首先出现呕吐（图2-176），继而发生频繁水样腹泻（图2-177、图2-178），粪便黄色、绿色或白色，常夹有未消化的凝乳块。病仔猪因下痢寒战，常相互拥挤于母猪背上（图2-179）。病猪极度口渴，明显脱水（图2-180），体重迅速减轻，日龄越小、病程越短、病死率越高。某些哺乳母猪与仔猪密切接触，反复感染，症状较重，体温升高，呕吐和腹泻，泌乳减少或停止，使哺乳仔猪的死亡率增加（图2-181），死亡仔猪尸体脱水明显（图2-182）。随着年龄的增长，临诊症状减轻，多数能自然康复，但可长期带毒。如果与猪呼吸道冠状病毒（PRCV）混合感染，则会使病情恶化。

剖检眼观变化可见胃内充满凝乳块，胃底黏膜充血、出血。肠内充满白色至黄绿色液体，肠壁菲薄（图2-183）而缺乏弹性，肠管扩张呈半透明状（图2-184），肠系膜充血，淋巴结肿胀，淋巴管没有乳糜。组织学变化，小肠黏膜绒毛变短和萎缩（图2-185、图2-186、图2-187）。肠上皮变性明显，上皮细胞不是柱形而是扁平至方形的未成熟细胞（图2-188）。直接用免疫荧光技术检测病料中的本病毒抗原（图2-189）是可靠的特异性诊断方法。

由于本病病毒和猪流行性腹泻病毒（PEDV）、猪轮状病毒（RV）是引起猪病毒性腹泻最主要的三种病毒，临诊症状都是以腹泻为主，很难区分，因此，要鉴别诊断。防制本病平时注意不从疫区或病猪场引进猪只，以免传入本病。本病目前尚无特效治疗药物，以对症疗法可以减轻失水、酸中毒和防止并发细菌感染。目前，国内外已培育出弱毒疫苗，妊娠母猪在产前45d和15d经两次免疫接种，出生仔猪从母乳中获得保护性抗体。受威胁区猪群的仔猪，1～2日龄即可口服免疫，可产生较好的保护。

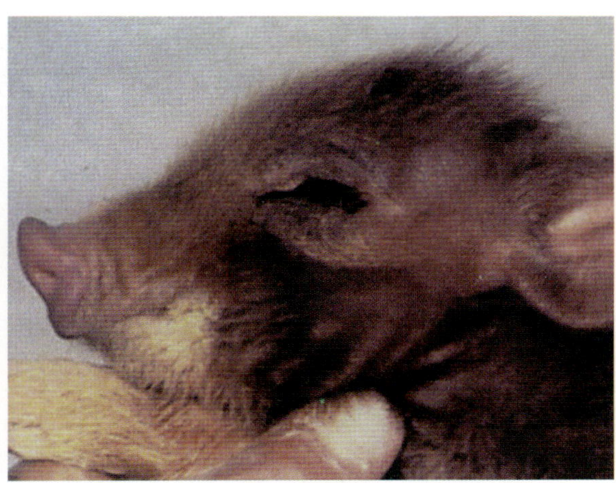

图 2–176　仔猪呕吐

图 2–177　病猪粥样或水样下痢

图 2–178　病猪严重腹泻

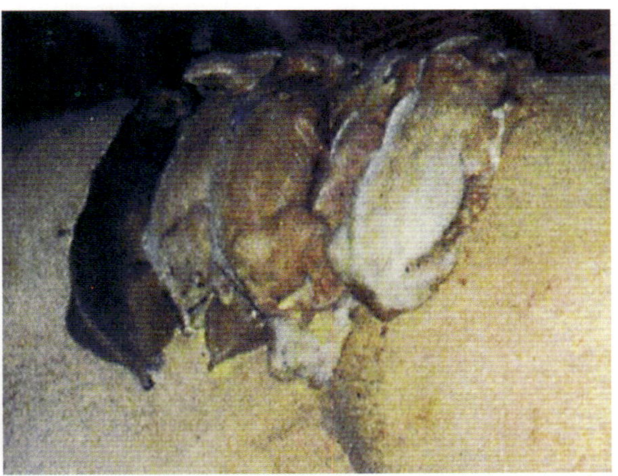

图 2–179　病仔猪因下痢寒战而互相拥挤于母猪背上，此为本病的特征性临诊症状

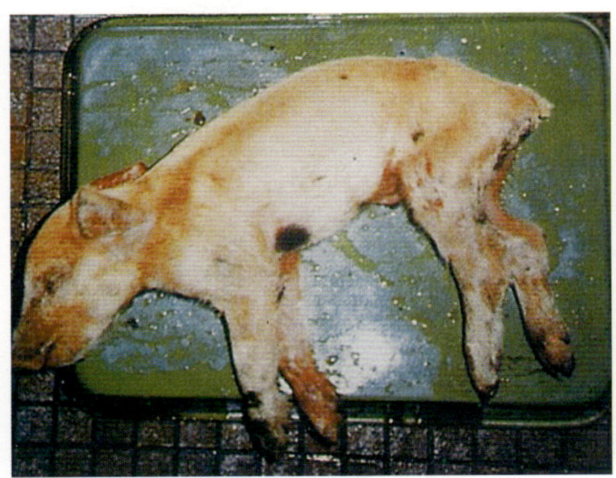

图 2–180　病猪由于腹泻引起明显脱水

图 2–181　母猪发病后泌乳减少或停止，使哺乳仔猪的死亡率增加

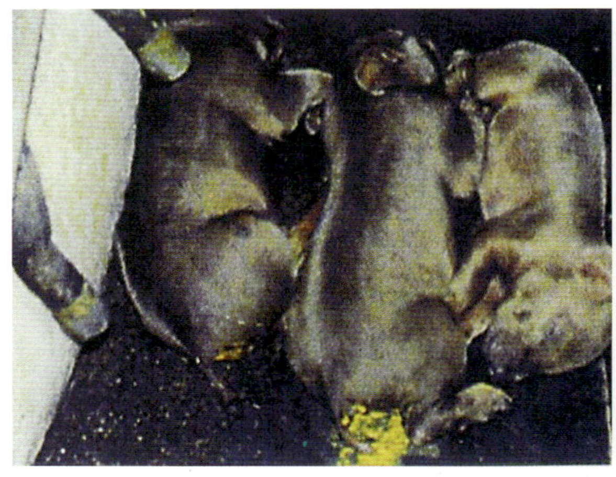

图2-182　感染仔猪临诊上呈现严重水样下痢，最后因脱水死亡

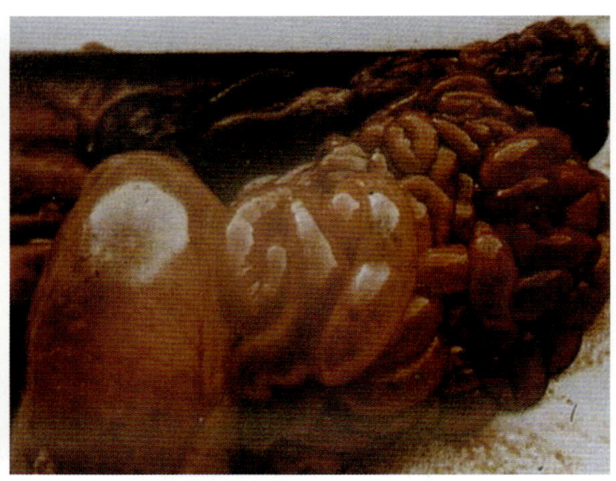

图2-183　小肠壁菲薄

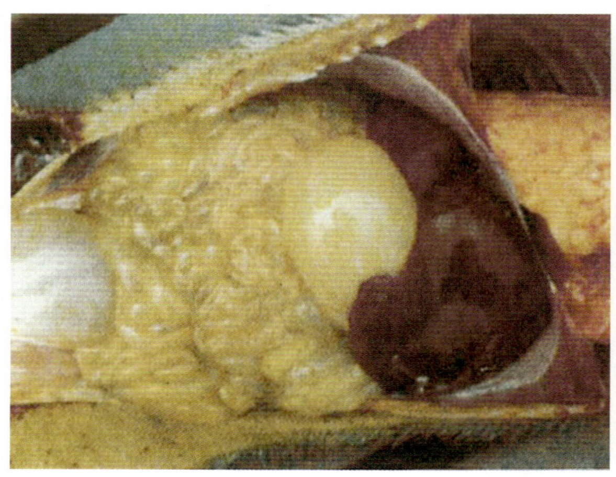

图2-184　病死猪经病理剖检可见小肠肠壁变薄呈半透明状，此为特征性肉眼病变

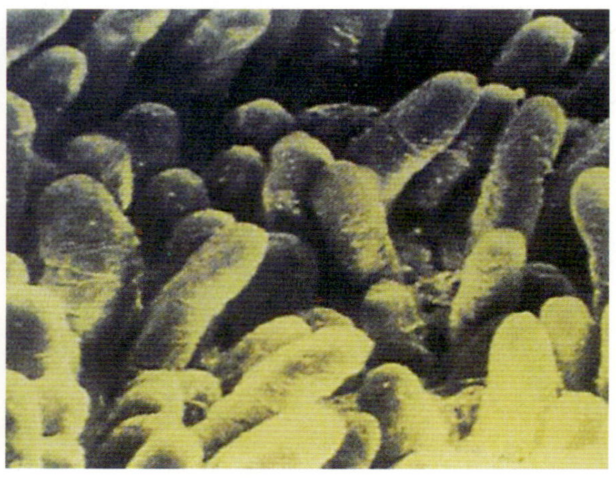

图2-185　正常猪的肠绒毛（扫描电镜）

图2-186　病猪小肠绒毛变短（扫描电镜）

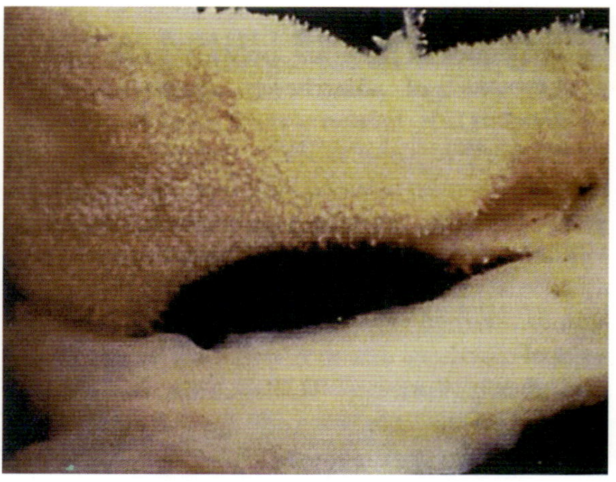

图2-187　感染病猪肠绒毛萎缩（下）与正常对照猪的肠绒毛（上）

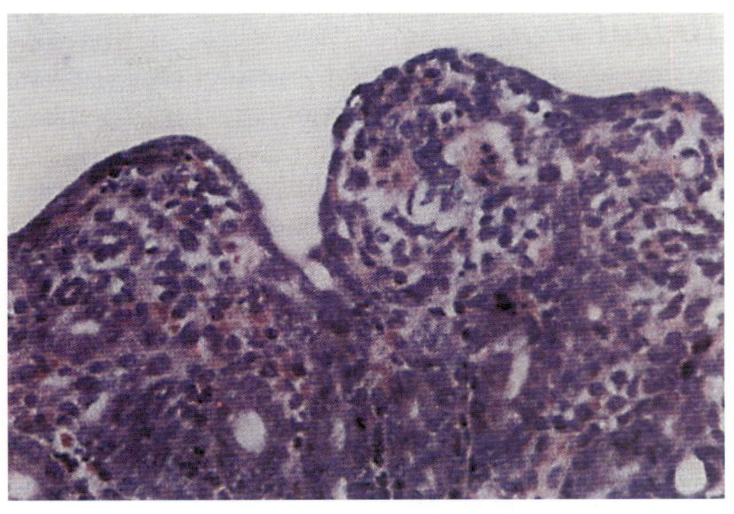

图2-188 因感染了传染性胃肠炎而死亡的猪萎缩的肠绒毛被立方形的上皮细胞覆盖

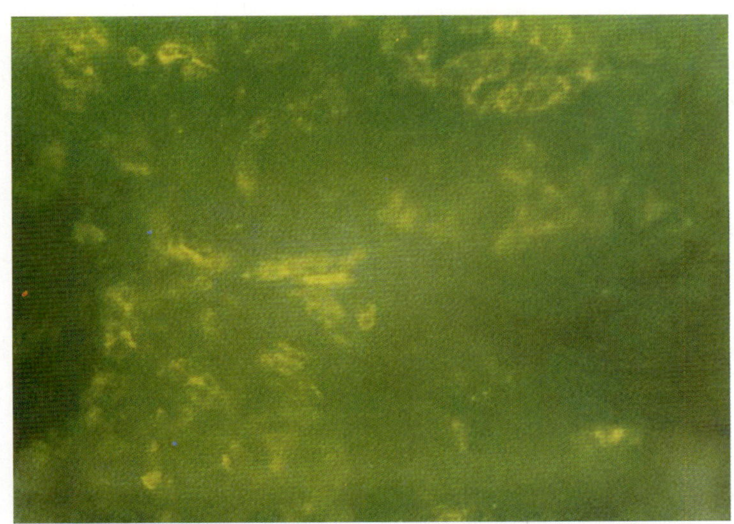

图 2-189 荧光抗体检测小肠黏膜病变部的传染性胃肠炎病毒抗原

第三章

禽的传染病

一、鸡毒支原体感染

鸡毒支原体感染引起以呼吸道症状为主的慢性呼吸道病，其特征为咳嗽、流鼻液、呼吸道啰音和张口呼吸。疾病发展缓慢，病程长，成年鸡多为隐性感染，可在鸡群长期存在和蔓延。

病原鸡毒支原体，呈细小球杆状，大小为0.25～0.5 μm，在电子显微镜下形态不一，有些为圆形，有些呈梭状（图3–1），本菌为好氧和兼性厌氧。在固体培养基上，培养3～5d可形成微小的光滑而透明的露珠状菌落，用放大镜观察，呈乳头状（图3–2）。

鸡和火鸡对本病有易感性，4～8周龄鸡和火鸡最敏感，传播有垂直传播和水平传播两种方式。

本病呈慢性经过。表现为浆液或浆液黏液性鼻液，使鼻孔堵塞，妨碍呼吸，频频摇头、喷嚏、咳嗽，眼睑肿胀（图3–3、图3–4、图3–5）。当炎症蔓延至下部呼吸道时，则喘气和咳嗽更为显著，并有呼吸道啰音（图3–6）。剖检变化见鼻道、气管、支气管和气囊内含有混浊的黏稠渗出物，气管黏膜出血（图3–7）。气囊炎，气囊壁变厚和混浊，严重者有干酪样渗出物（图3–8）。如有大肠杆菌混合感染时，可见肝上有纤维素性被膜覆盖和心包炎（图3–9），蛋鸡感染后出现输卵管炎（图3–10）。

一些抗生素对本病有一定的疗效。目前认为泰乐菌素、壮观霉素和利高红霉素对本病有相当疗效。泰乐菌素对育成鸡饮水浓度为500～800mg／L，连饮5d，拌料按20～50mg／kg。壮观

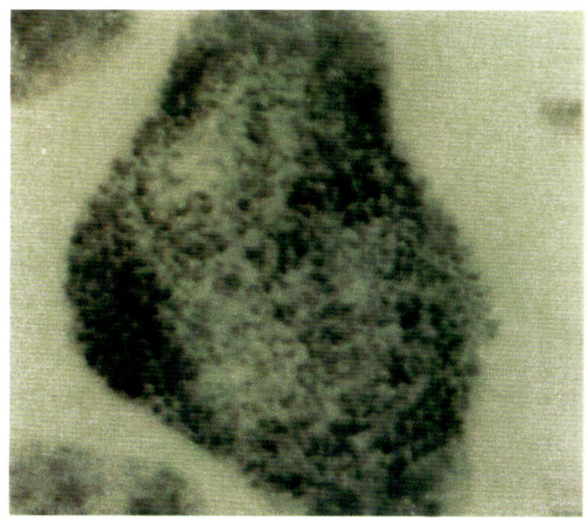

图3–1　鸡毒支原体在电子显微镜下形态不一，有些为圆形，有些呈梭状

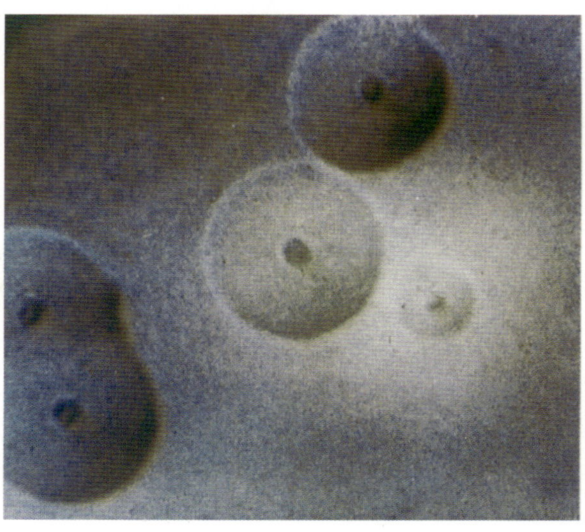

图3–2　在固体培养基上的菌落呈乳头状

霉素肌内注射为每千克体重30mg，连用3d，饮水浓度为31mg / L，连饮4～7d。抗生素治疗时，停药后往往复发，因此应考虑几种药轮换使用。

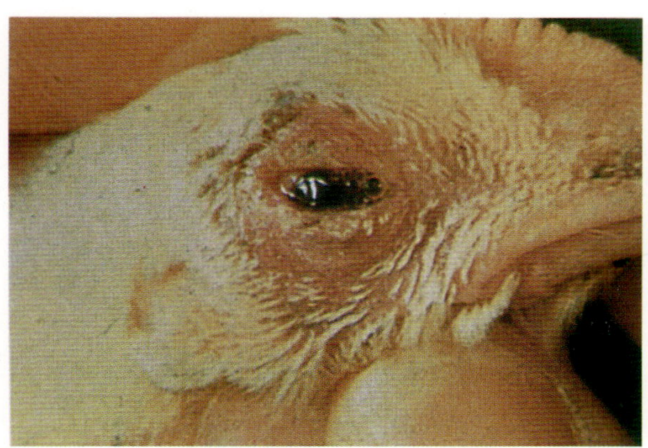
图 3-3　病鸡眼睑肿胀，流泪

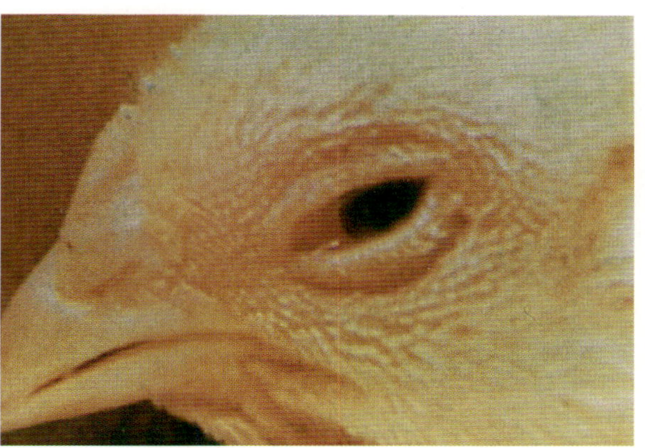
图 3-4　病鸡眼睑肿胀，有结膜炎

图3-5　病鸡眼内有灰黄色分泌物

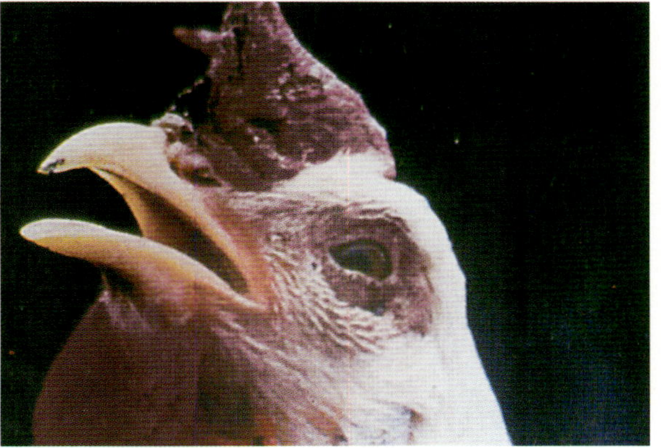
图3-6　病鸡有呼吸道啰音，张口呼吸

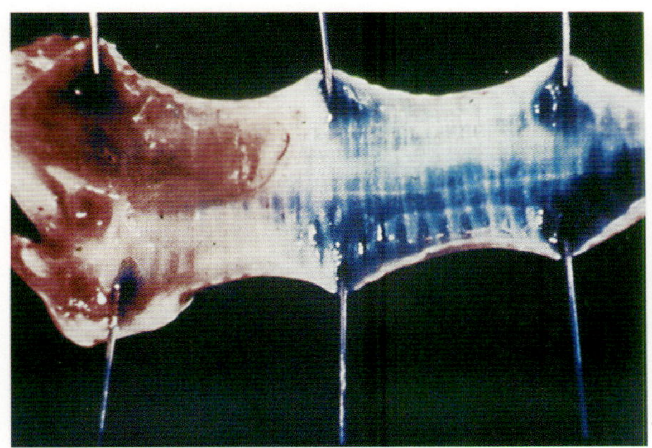
图 3-7　气管黏膜充血和出血

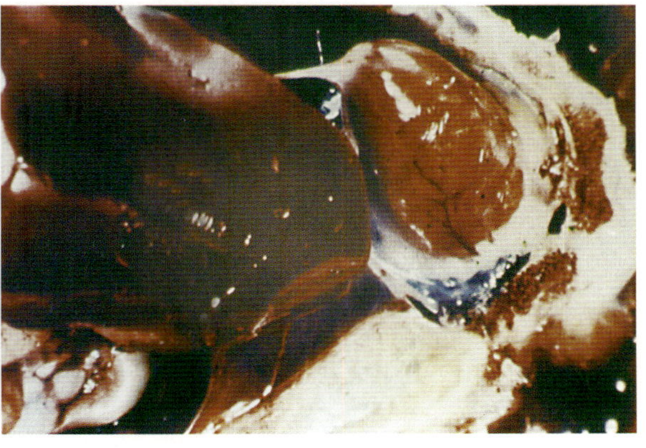
图 3-8　气囊炎，气囊壁增厚、混浊，严重者有干酪样坏死

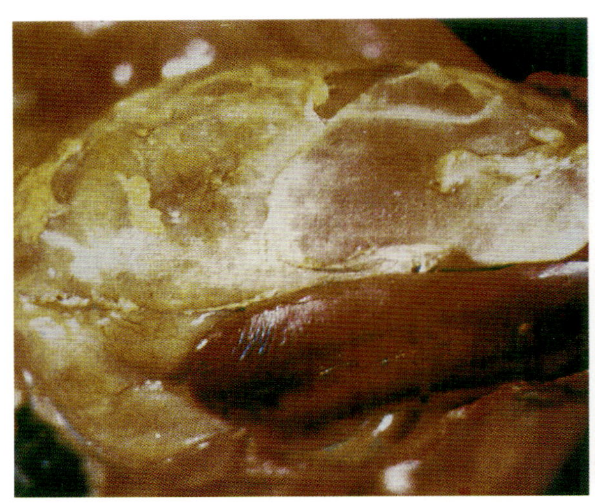

图 3-9　有大肠杆菌感染者，有肝周炎，肝表面有纤维素性膜覆盖

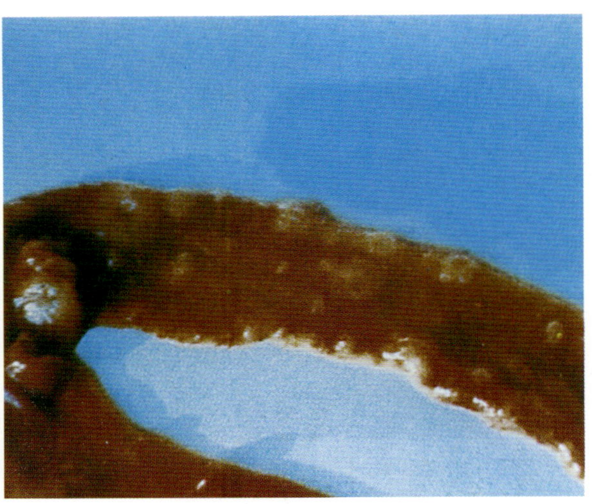

图3-10　蛋鸡感染后出现输卵管炎

二、传染性鼻炎

传染性鼻炎是由副鸡嗜血杆菌所引起鸡的急性呼吸系统疾病。主要症状为鼻腔和窦的炎症，表现流涕、面部水肿和结膜炎。病原为副鸡嗜血杆菌，呈多形性，幼龄时为一种革兰氏阴性的小球杆菌，两极染色（图 3-11），营养需要烟酰胺腺嘌呤二核苷酸（NAD）。鲜血琼脂或巧克力琼脂可满足本菌的营养需求，经 24h 后可形成露滴样小菌落，不溶血，葡萄球菌等在生长过程中可排出 NAD。因此，在交叉划线培养时，在葡萄球菌菌落附近可长出副鸡嗜血杆菌菌落，该菌有 A、B、C 三种血清型，A、C 有四个亚型。慢性病鸡及隐性带菌鸡是鸡群中发生本病的重要原因。

鼻腔和窦发生炎症者，表现鼻腔流液，打喷嚏，眼周及鼻窦肿大（图 3-12），脸部肿胀（图 3-13），食欲及饮水减少，或有下痢，体重减轻（图 3-14）。仔鸡生长不良，成年母鸡产卵减少甚至停止，公鸡肉髯常见肿大。如炎症蔓延至下呼吸道，则呼吸困难并有啰音（图 3-15）。病鸡常摇头欲将呼吸道内的黏液排出，最后常窒息而死。主要剖检变化为鼻腔和窦黏膜呈急性卡他性炎，黏膜充血、肿胀，表面覆有大量黏液，窦内有渗出物凝块，后成为干酪样坏死物（图 3-16）。常见卡他性结膜炎，结膜充血、肿胀。脸部及肉髯皮下水肿。严重时可见气管黏膜炎症，偶有肺炎及气囊炎。卵泡变性、坏死和萎缩。

防制：本菌对多种抗生素及磺胺药物有一定敏感性。可选用高敏药物，常用红霉素、链霉素等。不应从疾病情况不明的鸡场购进种公鸡或生长鸡。种鸡替换群只用 1 日龄雏，除非已知来源于无本病鸡群。远离老龄鸡，隔离饲养。要从鸡场消灭本病，需扑杀感染鸡或康复鸡，因为这些鸡群中的鸡仍是传染来源。鸡舍和设备经清洗和消毒后要闲置2～3周。改善鸡舍通风，避免过密饲养，带鸡消毒等措施可减轻发病。免疫接种用多价灭活油剂菌苗，可于3～5周龄和开产前分两次接种，预防本病有效。发病群也可作紧急接种。

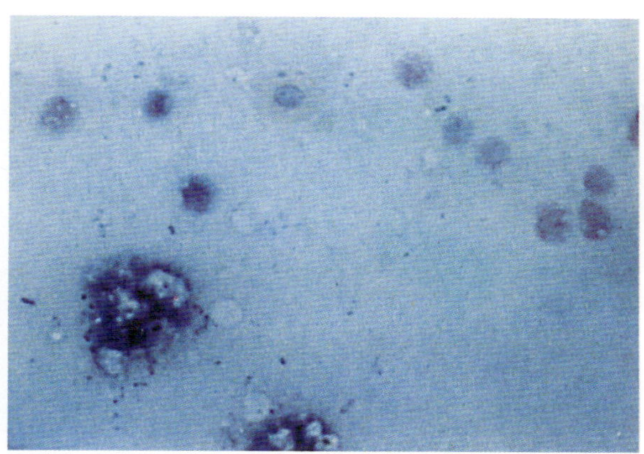

图 3-11　显微镜检查：鼻汁染色涂片可见两极浓染的副鸡嗜血杆菌

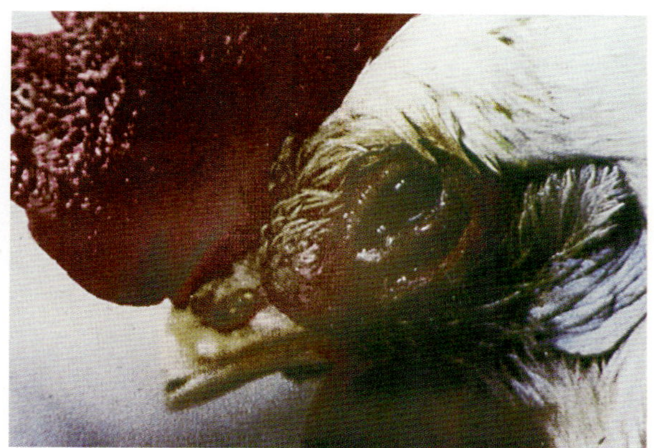

图 3-12　病鸡眼睑周围和鼻窦肿大

图 3-13　病鸡头部肿胀，流鼻汁

图 3-14　病鸡食欲及饮水减少，或有下痢，体重减轻

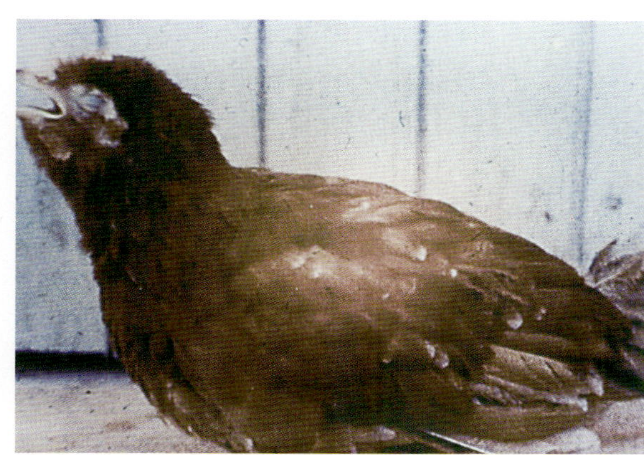

图 3-15　炎症蔓延至下呼吸道，则呼吸困难并有啰音

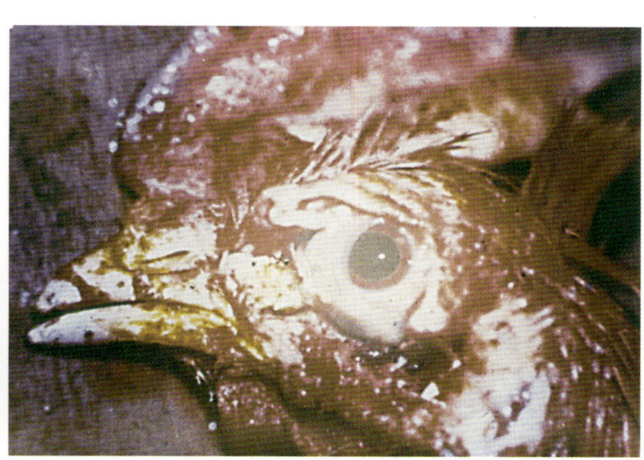

图 3-16　切开鼻窦部有出血，严重者有干酪样坏死

三、葡萄球菌病

禽葡萄球菌病由金黄色葡萄球菌所致。常见于鸡和火鸡，鸭和鹅也可感染发病。

主要表现为急性败血症、关节炎和脐炎三大类型。40～60日龄的雏禽多呈败血症型，中雏发生皮肤病，成鸡发生关节炎和关节滑膜炎，脐炎多发生在刚孵出不久的幼雏。败血症型和脐炎型发病急，病程短。关节炎型多呈慢性经过。败血症型在翼下皮下组织出现浮肿，进而扩展到胸、腹及股内，呈泛发性炎性水肿，有出血斑，外观呈蓝紫色（图3–17、图3–18、图3–19），内含血样渗出液、皮肤脱毛坏死，破溃流出污秽血水，并带有恶臭味。关节炎型则表现受害关节肿大，呈黑紫色，内含血样浆液或干酪样物，病鸡不能站立（图3–20、图3–21、图3–22），以趾和跖关节（图3–23）常见，鸡脚掌葡萄球菌性关节炎可见脚掌肿大，切开在关节囊内有浆液渗出（图3–24），有化脓和干酪样坏死，有的脚掌感染后演化成瘘管（图3–25）。脐炎型为雏禽脐孔发炎、肿大，有时脐部有暗红色或黄色液体。病程稍长则变成干涸的坏死物。

防制：首先要减少敏感宿主对具有毒力和耐抗生素菌株的接触；防止皮肤外伤，圈舍、笼具和运动场地应经常打扫和消毒，注意清除带有锋利、尖锐的物品，防止划破皮肤。如发现皮肤有损伤，应及时给予处置，防止感染。在疫场可用葡萄球菌多价油乳剂灭活苗，于15～24日龄皮下注射0.5mL，免疫期6个月。对种蛋应进行严格消毒，鸡舍应干燥通风，防止拥挤。一旦发病可选用敏感的药物进行治疗，如庆大霉素、麦迪霉素等。

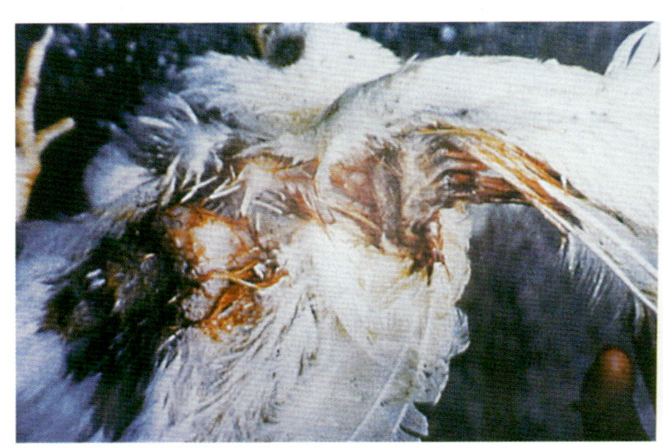

图3–17　翅下皮下出血发紫

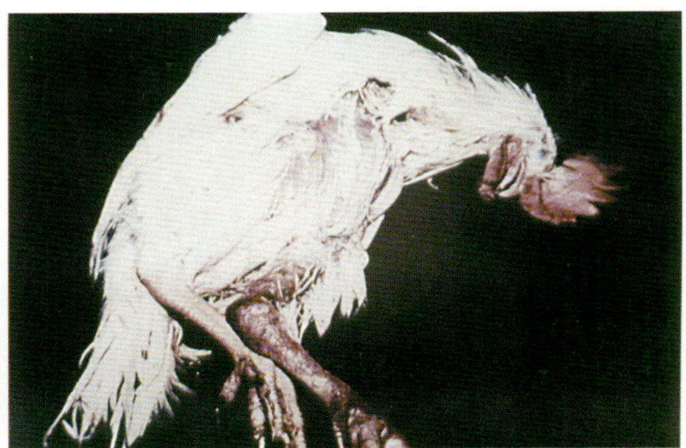

图3–18　身体及腿部感染后肿胀，皮肤发紫

图3–19　小腿部皮肤发紫

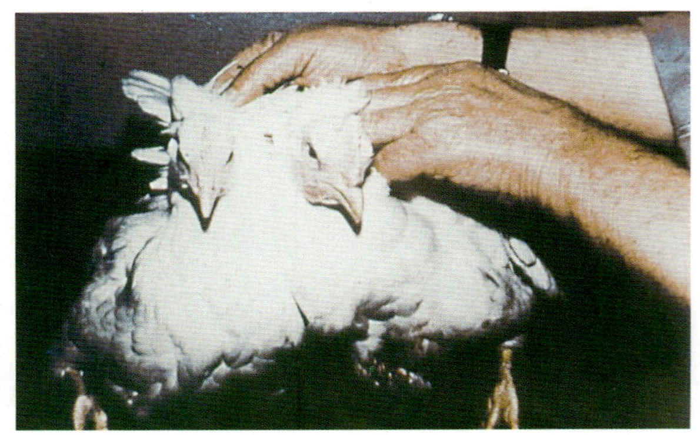

图3–20　关节受害，病鸡不能站立

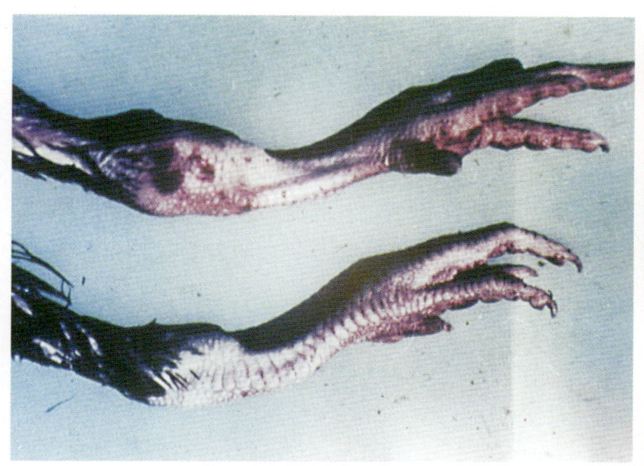

图 3–21　跗关节受害，波及趾肿、发紫

图 3–22　一侧跗关节受害，见关节肿大

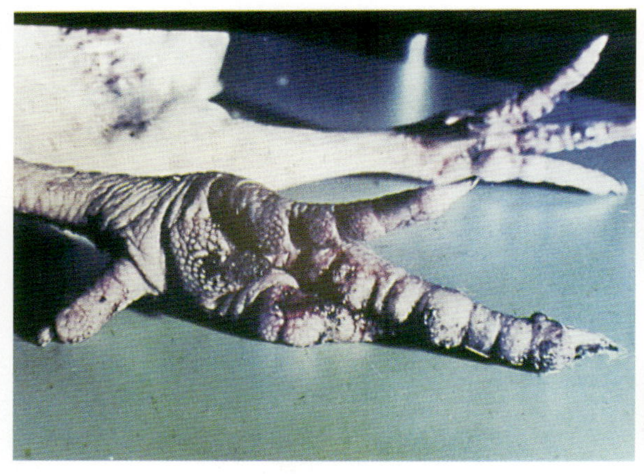

图 3–23　一侧趾关节受害，见肿大、充血、出血，外观发紫

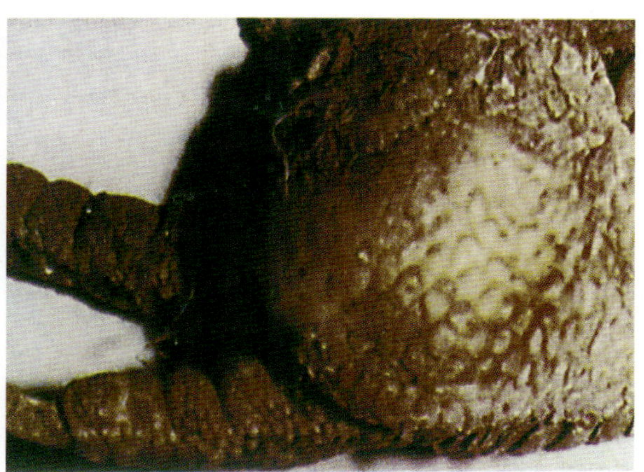

图 3–24　鸡脚掌葡萄球菌性关节炎，见肿胀，切开有脓性和浆液流出

图 3–25　鸡脚掌葡萄球菌性关节炎演化成瘘管

四、鹅口疮

鹅口疮又称家禽念珠菌病或消化道真菌病，主要是由白色念珠菌所致家禽上消化道的一种霉菌病，特征是上消化道黏膜发生白色的假膜和溃疡。病原为白色念珠菌，为类酵母菌，在病变组织及普通培养基中皆产生芽生孢子及假菌丝（图 3–26）。

本病主要见于幼龄的鸡、鸽、火鸡和鹅。幼禽对本病易感性比成禽高，且发病率和病死率也高。病鸡的粪便含有多量病菌。通过消化道传染，黏膜损伤有利病原体侵入。内源性感染不可忽视，也能通过蛋壳裂缝传染。

病禽生长发育不良，精神委顿，嗉囊扩张下垂（图 3–27）、松软，逐渐瘦弱死亡。在口腔黏膜上，开始为乳白色或黄色斑点，后来融合成白膜，用力撕脱后可见红色的溃疡面（图 3–28）。

这种干酪样坏死假膜最多见于嗉囊，表现黏膜增厚，形成白色、豆粒大结节和溃疡（其上覆盖一层白色或黄色的假膜，图 3–29）。在食道、腺胃等处也可能见到上述病变。

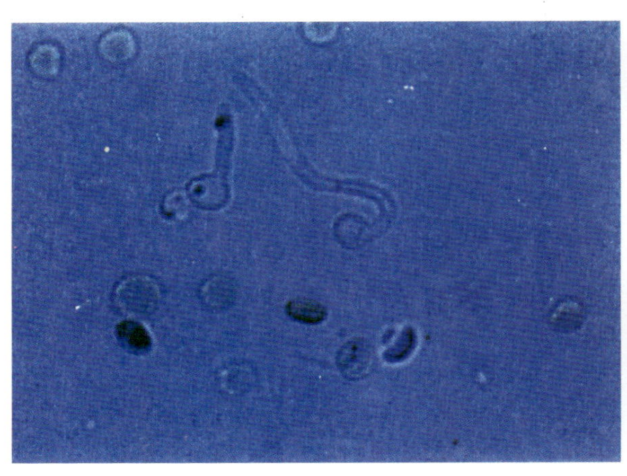
图 3–26　酵母菌的形态及其在绵羊血清中形成的芽管

图 3–27　病鸡的嗉囊扩张下垂

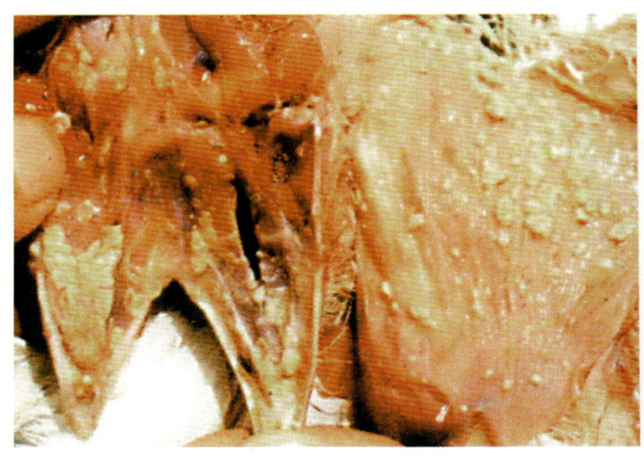
图3–28　口腔和嗉囊均有黄色颗粒状的酵母菌菌落散布

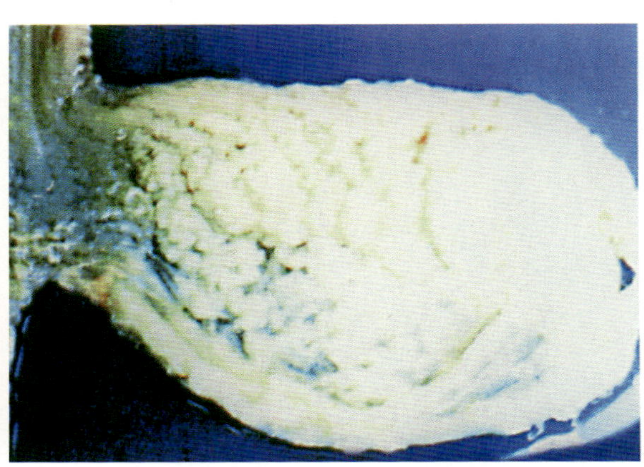
图3–29　鸡嗉囊有严重的白色酵母菌菌苔

防制：本病与卫生条件有密切相关，因此，要改善饲养管理及卫生条件，室内应保持通风干燥，防止拥挤、潮湿。种蛋在孵化前要消毒。发现病鸡应立即隔离、消毒。

治疗：可将鸡口腔假膜刮去，涂碘甘油。嗉囊中可以灌入数毫升2%硼酸水，或0.5%硫酸铜液饮水。在每千克饲料中添加制霉菌素50～100mg，连喂1～3周。此外，制霉菌素、二性霉素B等也可应用。

五、禽曲霉菌病

禽曲霉菌病是由曲霉菌属中的烟曲霉及其他霉菌引起的禽类疾病。病的特点是在组织器官中，尤其是肺及气囊发生炎症和小结节。病原体为曲霉菌，它的气生菌丝一端膨大形成顶囊，上有放射状排列小梗，并分别产生葵花状分生孢子（图3–30）。分生孢子呈串珠状（图3–31），菌丝呈圆柱状（图3–32）。

4～12日龄幼禽最易感，常为急性、群发性，多见于梅雨季节，主要因霉变饲料和垫料发霉，而霉菌分生孢子经呼吸道感染。急性病禽精神沉郁，多卧伏、拒食、呼吸困难，伸颈张口呼吸，常离群独处，闭目昏睡，羽毛松乱，两翼下垂（图3–33）。病变见肺部、气管和气囊有粟粒或黄豆大小的黄色或灰白色结节（图3–34）。肠道黏膜和浆膜上有时可见到黄色肉芽肿（图3–35）。

本病与环境卫生条件有密切关系，在防制上严禁饲喂霉变饲料和保持禽舍干燥，防止垫料霉变。一旦发现垫料发霉应立即清除。制霉菌素防治本病有一定效果，剂量为每100只雏鸡一次使用50万IU，每日2次，连用2～4d。在发病鸡群中也可用1∶3 000的硫酸铜或0.5%～1%碘化钾饮水，连用3～5d。

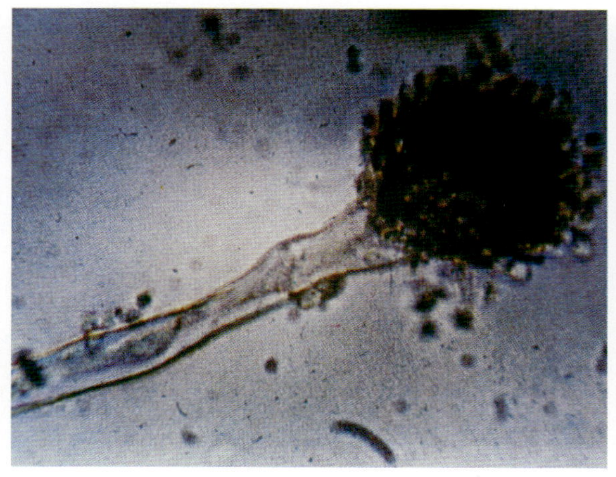

图3–30　曲霉菌的形态，在孢子梗顶部囊上呈放射状排列

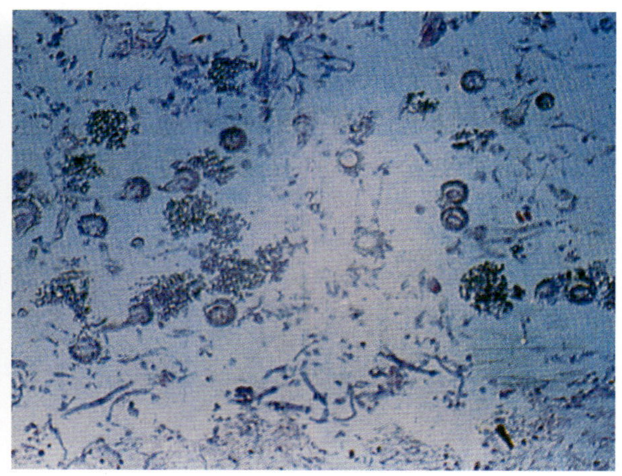

图3–31　分生孢子呈串珠状

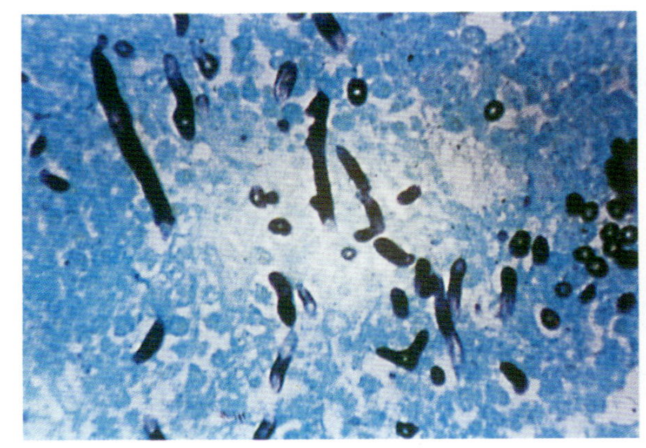
图 3-32　繁殖菌丝呈圆柱状

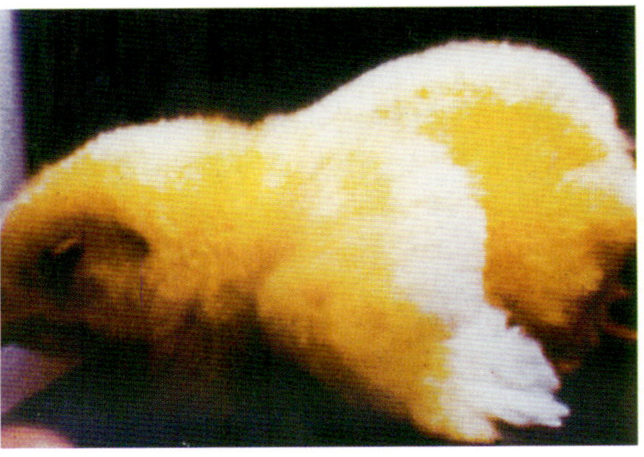
图 3-33　病鸡羽毛蓬乱，两羽下垂，闭目昏睡，呼吸困难

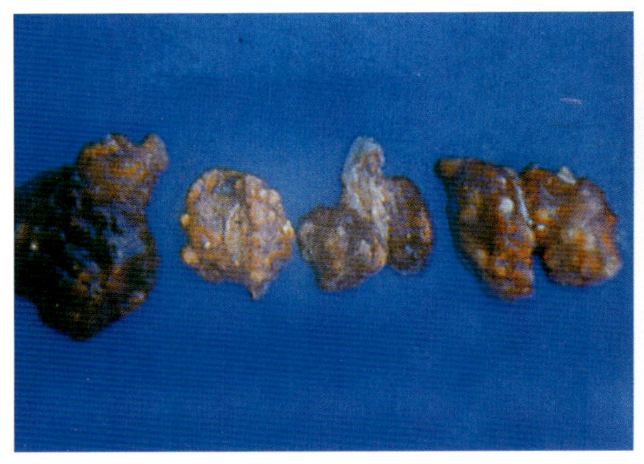
图 3-34　肺脏有散在或密集的粟粒大灰白色结节

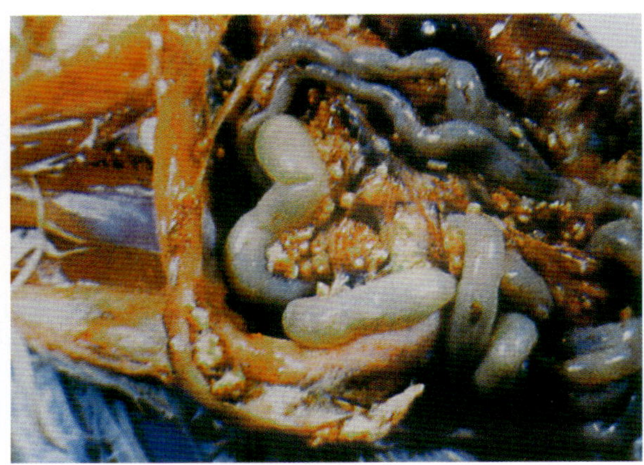
图3-35　肠道黏膜和浆膜上有黄色肉芽肿

六、禽大肠杆菌病

禽大肠杆菌病是由大肠杆菌中某些致病性菌株引起的家禽感染性疾病的总称。许多血清型的菌株可引起家禽发病，其中以O_1、O_2、O_{78}多见。大肠杆菌为革兰氏染色阴性，在麦康凯和远藤培养基上生长良好，由于它能分解乳糖，在上述培养基上形成红色的菌落。在电镜下可见菌体有少量长的鞭毛和大量短的菌毛（图 3-36、图 3-37A、B）。

幼龄家禽最易感，在鸡常发生于 3～6 周龄，鸭以 2～6 周龄多见。病禽和带菌者是主要传染源，通过排出粪便污染水源和饲料而经消化道感染。鸡也可以经呼吸道感染，病菌经入孵种蛋裂隙使胚胎发生感染。本病临诊症状表现为多种类型。蛋鸡（鸭）感染后卵泡充血、出血、变性，破裂后引起腹膜炎（图 3-38）。有的病例还可见输卵管炎，整个输卵管充血和出血（图 3-39），或整个输卵管膨大（图 3-40），内含有干酪样物质（图 3-41）。有的出现肺炎，肺脏充血、水肿和出血（图 3-42），肺泡中有许多渗出液和细胞浸润（图 3-43）。有的还可见心包炎，心包增厚，心脏外膜炎症（图3−44）和肝周炎，在肝脏有一层白色纤维蛋白膜覆盖（图3−45）及气囊炎（图3−46）。在幼雏可发生脐炎（图3−47），卵黄吸收不良、变性（图3−48），关节炎、滑膜炎或腱鞘炎（图3−49）。胚胎发生感染可引起胚胎死亡或出壳后幼雏陆续死亡（图3−50）。肉芽肿也是大肠杆菌病的一种类型，在十二指肠、盲肠系膜上形成黄豆至核桃大小肉芽肿（图3−51）。此外，有些病例可出现腹水（图3−52），腹水较浑浊或含有炎性渗出物（图3−53），应注意与腹水综合征的区别。近年来感染家禽还出现了肿头综合征（图3−54）、中耳炎（图3−55）、全眼球炎甚至眼睛失明（图3−56）等临诊表现。

预防本病主要是加强饲养管理，搞好鸡舍和环境的卫生消毒工作，避免各种应激因素。可采用当地或本场分离的菌株制作灭活菌苗进行免疫，能有效预防和控制本病发生。可使用经药敏试验对分离的大肠杆菌血清型有抑制作用的抗生素和磺胺类药物，如头孢噻呋（赛得福、速解灵、速可生）：注射用头孢噻呋钠或5%盐酸头孢噻呋混悬注射液，按每只0.08～0.2 mg颈部皮下注射。氟苯尼考（氟甲砜霉素）：氟苯尼考注射液按每千克体重20～30 mg，一次肌内注射，每天2次，连用3～5 d。10%氟苯尼考散按每千克饲料50～100 mg混饲3～5 d。诺氟沙星（氟哌酸）：2%烟酸或乳酸诺氟沙星注射液按每千克体重10 mg，一次肌内注射，每天2次。2%、10%诺氟沙星溶液按每千克体重10 mg，一次内服，每天1～2次；或按每千克饲料50～100 mg混饲，或100 mg/L饮水。其他抗鸡大肠杆菌病的药物有环丙沙星（环丙氟哌酸）、恩诺沙星、新霉素（弗氏霉素、新霉素B）、土霉素（氧四环素）。

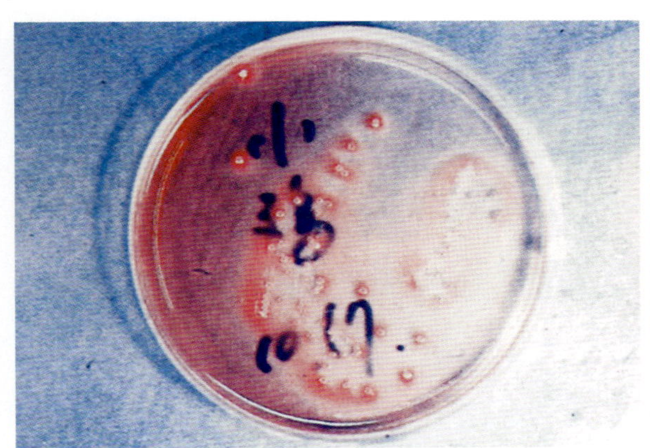

图3−36　在麦康凯培养基上的大肠杆菌菌落呈红色

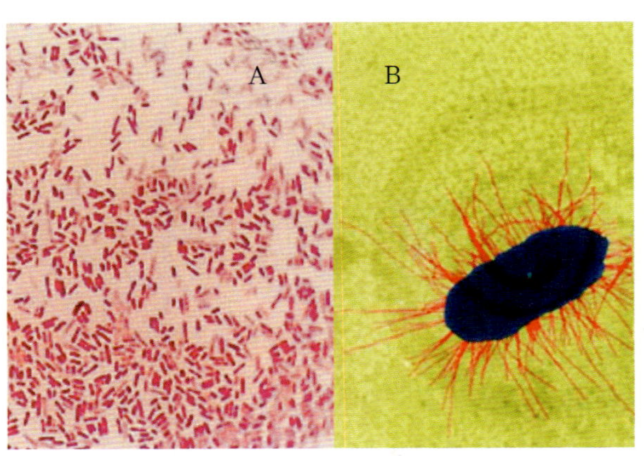

图3−37　大肠杆菌形态为短小杆状革兰氏阴性菌（A），菌体有少量长的鞭毛和大量短的菌毛（B）

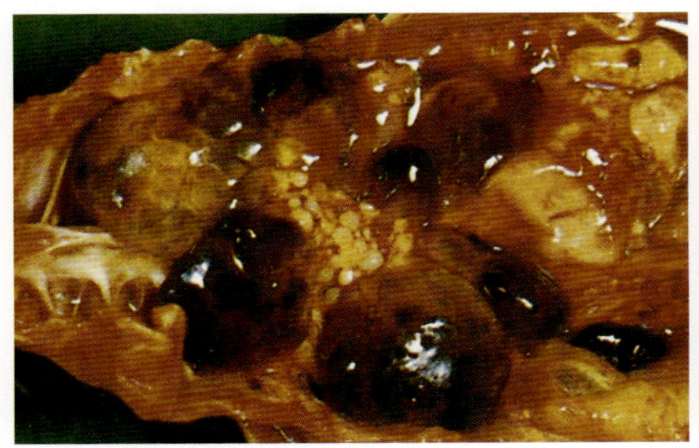

图3−38　感染蛋鸡（鸭）卵泡充血、出血、变性

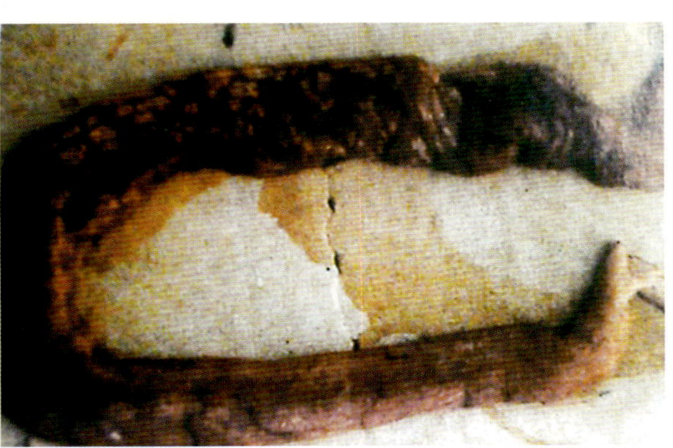

图3−39　输卵管充血和出血

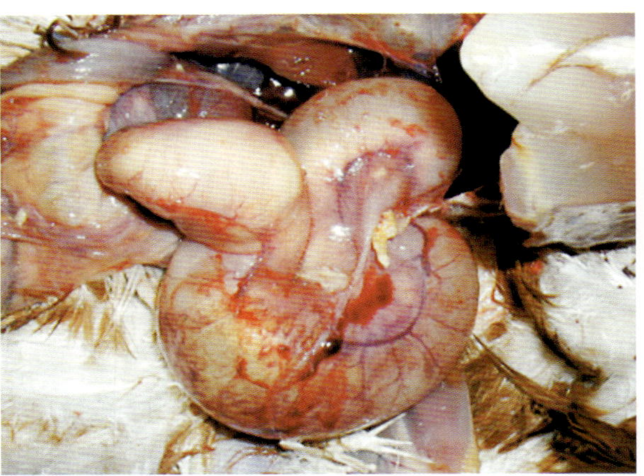

图3-40　感染鸡整个输卵管膨大

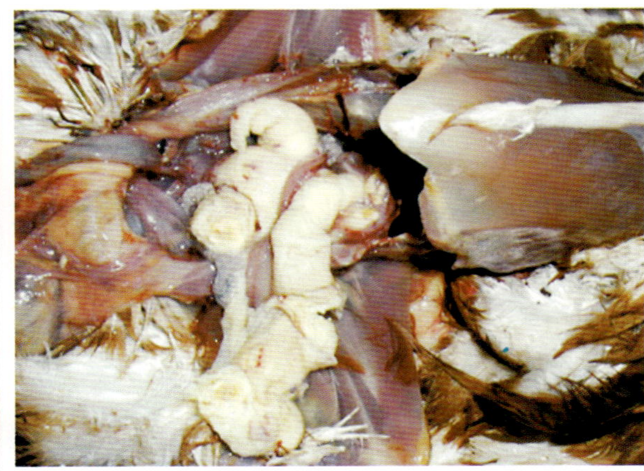

图3-41　切开膨大的输卵管，内含有干酪样物质

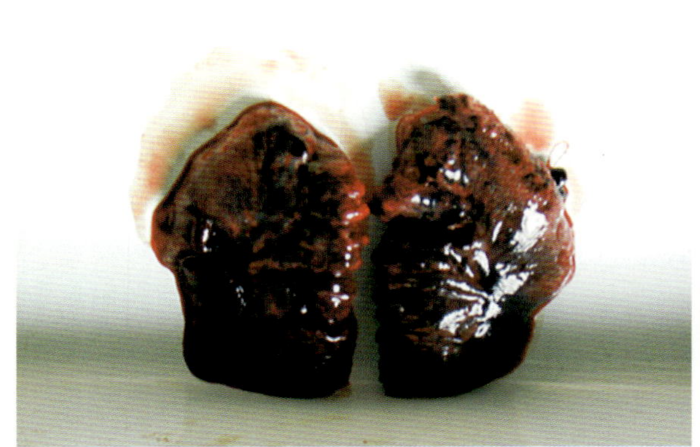

图 3-42　肺脏充血、水肿和出血

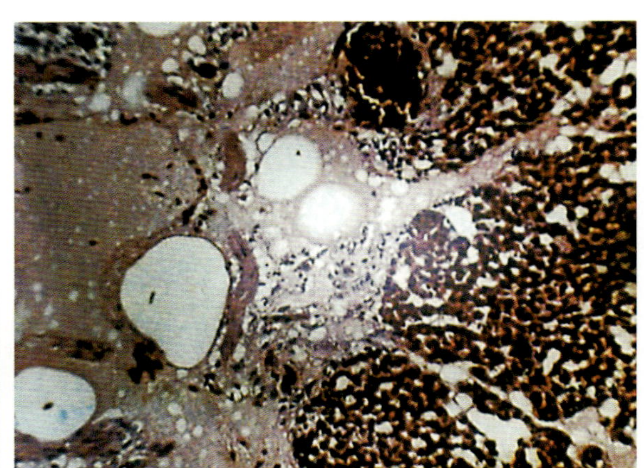

图 3-43　肺泡中有许多渗出液和细胞浸润

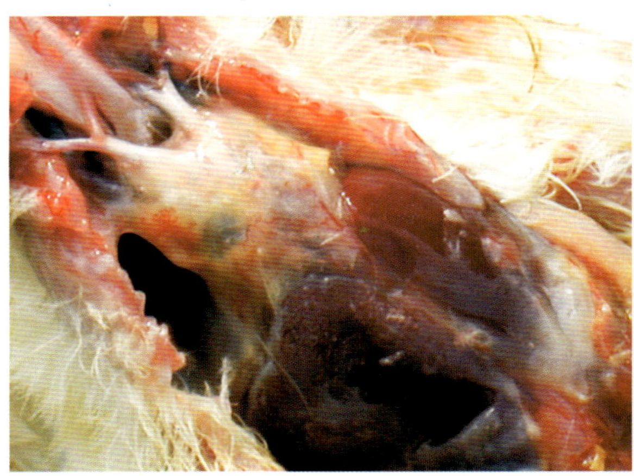

图 3-44　心包炎，心包增厚

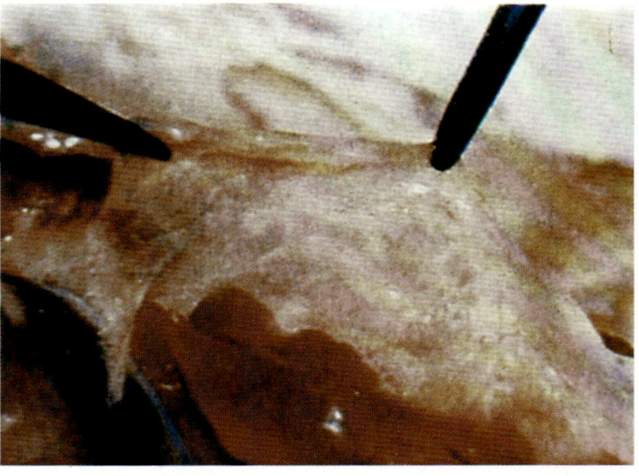

图 3-45　肝周炎，肝脏表面有一层白色纤维蛋白膜覆盖

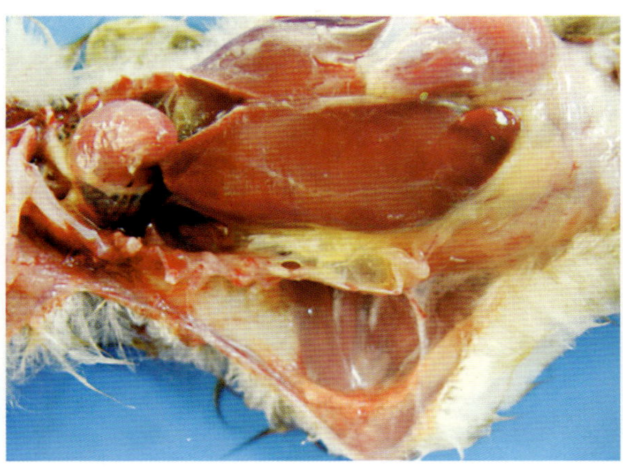
图 3-46　气囊炎，气囊内有纤维素性渗出物

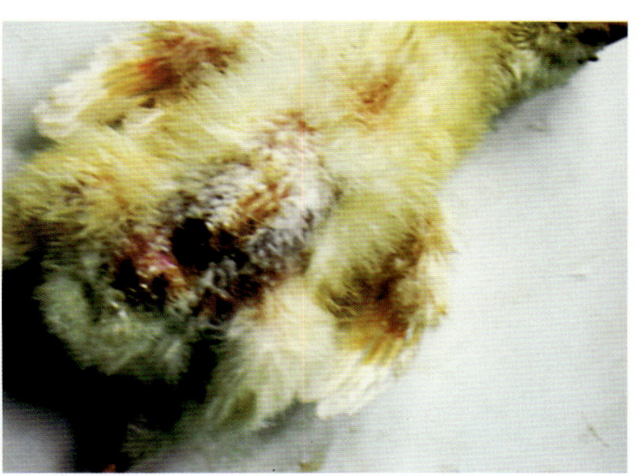
图 3-47　雏鸡脐炎

图 3-48　卵黄变性、吸收不良

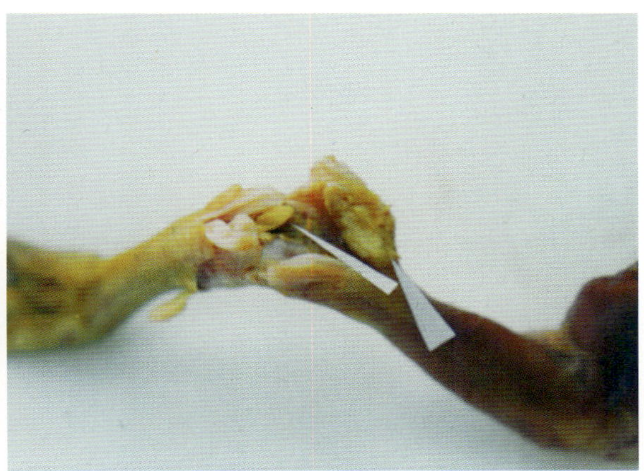
图 3-49　关节滑膜炎、腱鞘炎

图 3-50　感染胚胎死亡或出壳后幼雏陆续死亡

图3-51　肠系膜上有黄豆至核桃大小肉芽肿

图3-52　感染鸡出现腹水

图 3-53　感染鸡的腹水较浑浊或含有炎性渗出物

图 3-54　感染鸡出现肿头综合征

图3-55　感染鸡出现中耳炎

图 3-56　感染鸡有的出现眼炎甚至失明

七、鸡白痢

鸡白痢是由鸡白痢沙门氏菌引起的一种传染病。在雏鸡通常以急性全身性感染，而成年鸡则以局部和慢性感染最为常见。本病是最重要的经卵传播的细菌性传染病之一。鸡白痢沙门氏菌为革兰氏阴性，菌体无鞭毛，不能运动。

各种品种的鸡对本病均有易感性，以2～3周龄以内雏鸡最易感，而发病率与病死率也较高。雏鸡发病后见精神委顿，绒毛松乱，两翼下垂，缩颈闭眼，不愿走动，拥挤在一起，排稀薄如浆糊状粪便，肛门周围绒毛被灰白色粪便污染或封住（图3-57），有的病雏出现眼盲，或肢关节肿大呈跛行症状（图3-58）。病死鸡肠管内充满黄白色稀粪（图3-59）。成年鸡感染常无临诊症状。有的因卵黄囊炎引起腹膜炎而呈“垂腹”现象。病理变化可见输尿管充满尿酸盐而扩张，育成鸡肝脏肿大为正常的2～3倍，呈暗红色至深红色，质脆易破裂（图3-60）。成年母鸡感染，最常见的病变为卵子变形、变色，呈囊状，有腹膜炎（图3-61），常有心包炎。病死雏鸡有出血性肺炎，肺有灰黄色结节（图3-62）。

图3-57 病雏绒毛松乱，两羽下垂，黄白色稀粪封住肛门

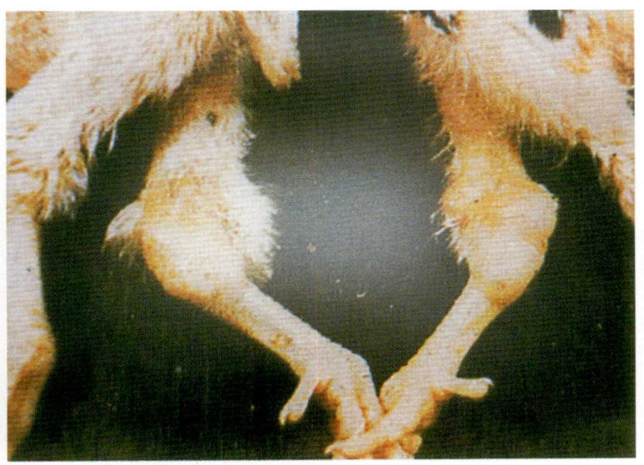

图3-58 病鸡跗关节肿大

图3-59 病死鸡肠管内充满黄白色稀粪

图3-60 肝脏肿大呈土黄色

防制本病必须严格执行消毒、隔离、检疫、药物预防等综合性防制措施。在有病鸡群，应定期反复用全血平板凝集试验进行检疫，将阳性鸡及可疑鸡全部剔出淘汰，净化鸡群（图3−63）。治疗可选用经药敏试验有效的抗生素，如土霉素、环丙沙星；呋喃类和磺胺类药物也有疗效。在国外已使用禽副伤寒菌苗预防本病。

图3−61　母鸡感染，卵泡变形、变色。有腹膜炎

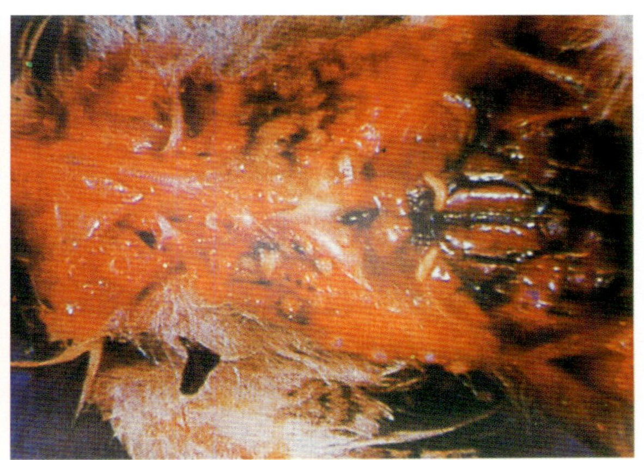

图3−62　出血性肺炎，并有灰黄色结节

图3−63　全血板凝集试验，阳性反应有颗粒出现，阴性无

八、鸡坏死性肠炎

鸡坏死性肠炎又称肠毒血症，是由A或C型产气荚膜梭菌引起的一种急性或慢性传染病。主要表现病鸡排出黑色间或混有血液的粪便，病死鸡以小肠后段黏膜坏死为特征。病原为产气荚膜梭菌（旧名称魏氏梭菌），革兰氏阳性短粗、两端钝圆的大杆菌，呈单个散在或成对排列（图3−64）。

不同品种和日龄的鸡均可发生，但以平养鸡多发，育雏和育成鸡多发，一年四季均可发生，一般在炎热潮湿的夏季多发。病鸡往往没有明显症状就突然死亡。病程稍长可见病鸡精神沉郁，羽毛粗乱，不愿行走，常蹲在地上（图 3–65），排出黑色间或混有血液的粪便。最特征的病理变化在小肠的中后段。肠道表面呈灰黑色，肠腔变粗，是正常肠管的 2～3 倍，肠壁增厚，肠管黏膜出血（图 3–66）。肠黏膜坏死，有的形成伪膜，易剥脱（图 3–67）。肝脏肿大，表面有散在性坏死灶和出血（图 3–68）。

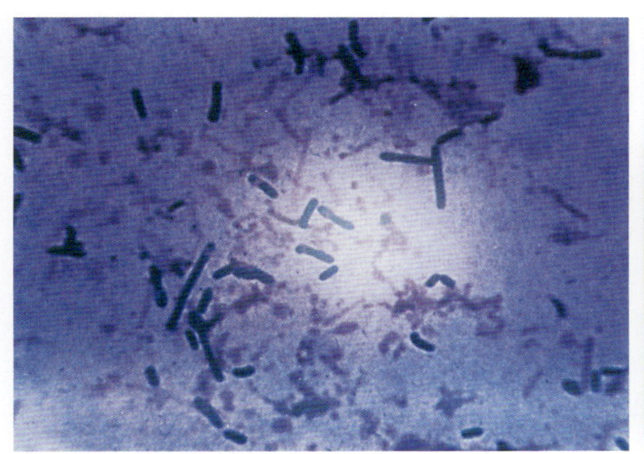

图 3–64　产气荚膜梭菌形态，革兰氏阳性，单在或成对排列的大杆菌

图 3–65　病鸡精神差，不愿行走，常蹲伏地上

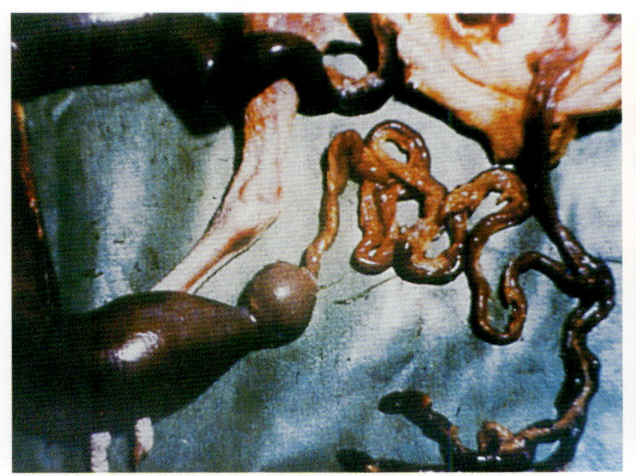

图 3–66　肠管黏膜出血，有的肠管变粗

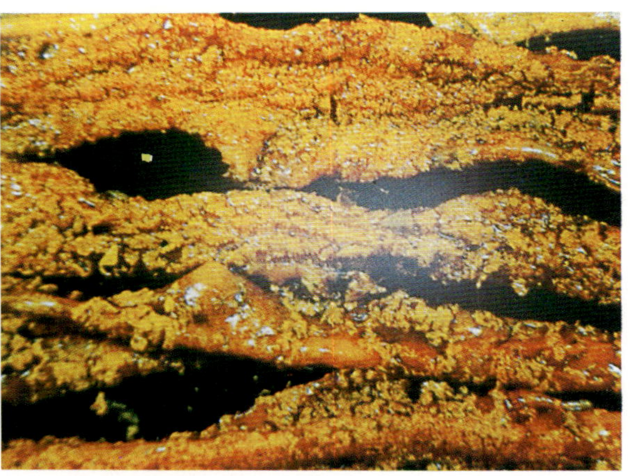

图 3–67　肠管黏膜出血，严重者黏膜坏死

图 3–68　肝脏肿大，表面有散在的坏死灶

防制本病首先要提高鸡只抗病能力，减少各种应激因素的影响。使用抗生素有较好的治疗效果，用庆大霉素饮水，按每千克体重10mg，每天2次，连服5d。

九、禽霍乱

禽霍乱是由多杀性巴氏杆菌引起禽类的一种急性传染病，又称禽出血性败血症。该菌是两端钝圆的短杆菌，革兰氏阴性，在病料组织抹片经瑞氏、姬姆萨染色，菌体两端着色深，所以又称两极杆菌，还可以看到荚膜（图3-69），经培养基上培养后，两极着色不明显。

本病以鸡、鸭、鹅等最易感。可经呼吸道、消化道和伤口传播，在潮湿、多雨、气候多变的季节易发生。由于病原体是一种条件性致病菌，不良应激因素会引起本病的发生，症状一般分为最急性型、急性型和慢性型。最急性型无明显症状，突然死亡。急性型主要表现精神不好，离群呆立，常有剧烈腹泻，粪便灰黄色或绿色，体温升高至43～44℃，鸡冠和肉髯发绀（图3-70）。公鸡感染后，见肉髯水肿（图3-71）。慢性型病禽关节发炎、肿大、跛行。急性病例病理变化明显，出现败血症，各脏器充血、出血（图3-72）。肝脏肿大、质脆，表面有很多针尖状灰白色的坏死点（图3-73）。心冠脂肪、冠状沟和心外膜上有很多出血点（图3-74）。鸭、鹅多呈败血症变化（图3-75），心包内充满透明的橙黄色渗出液，心冠状沟脂肪、心内膜及心肌充血和出血。肝肿大，有出血点和坏死点。肠道有广泛充血和出血。

防制本病首先做好平时的饲养管理，减少发病诱因。另外，可用弱毒菌苗或灭活苗免疫预防。对发病禽只可用抗生素和磺胺类药物治疗，应该做药敏试验，选用对本菌敏感的药物进行治疗，能获得满意疗效（图3-76）。大群治疗时可用青霉素饮水，每只每天0.5万～1万IU，1～2h饮完，连用3d；链霉素，成年病鸡、鸭每只注射10万IU，每日注射2次，连用2～3d；氟哌酸，按0.1%拌料或饮水也有较好疗效。

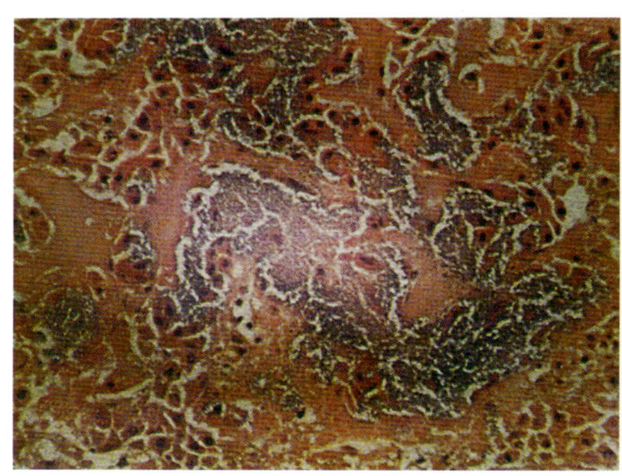

图3-69　组织抹片染色后可见两极着色的短小杆菌，可见到荚膜

图3-70　病鸡的冠和肉髯发紫，精神差

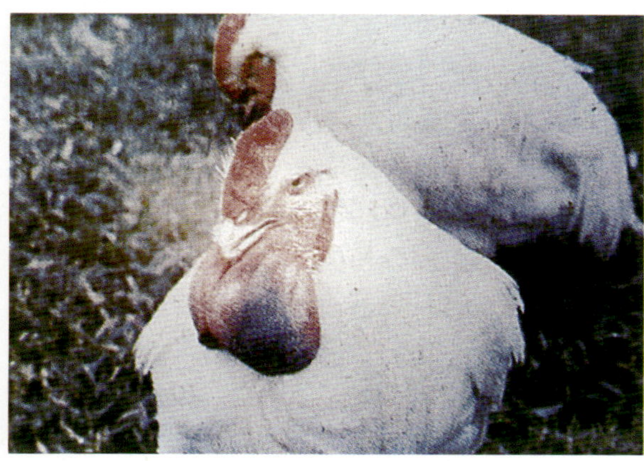
图 3-71　公鸡感染后，肉髯水肿

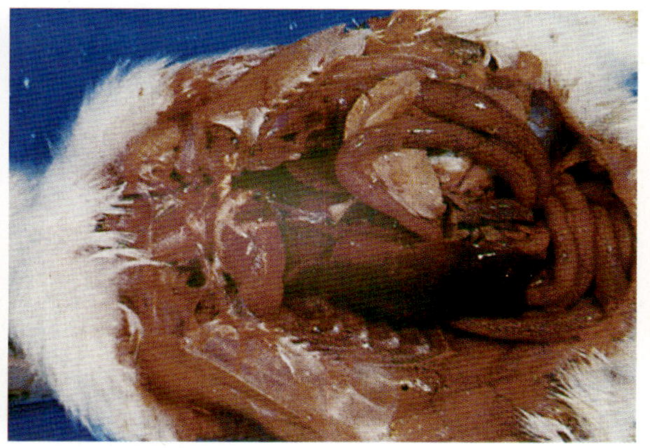
图3-72　急性败血症为全身性充血和出血

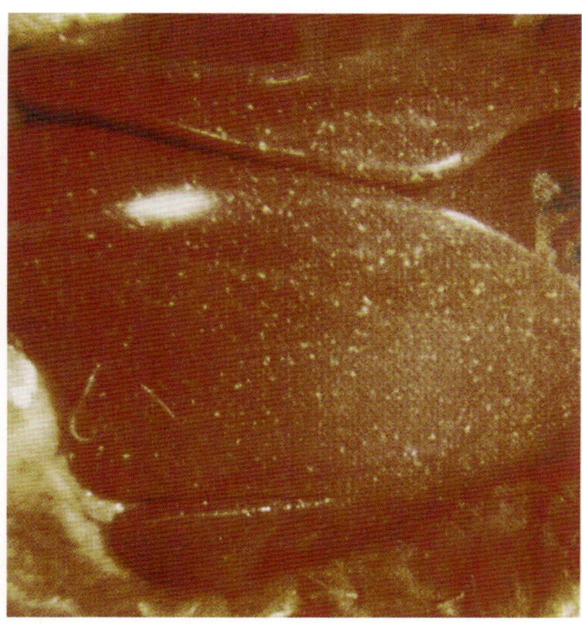

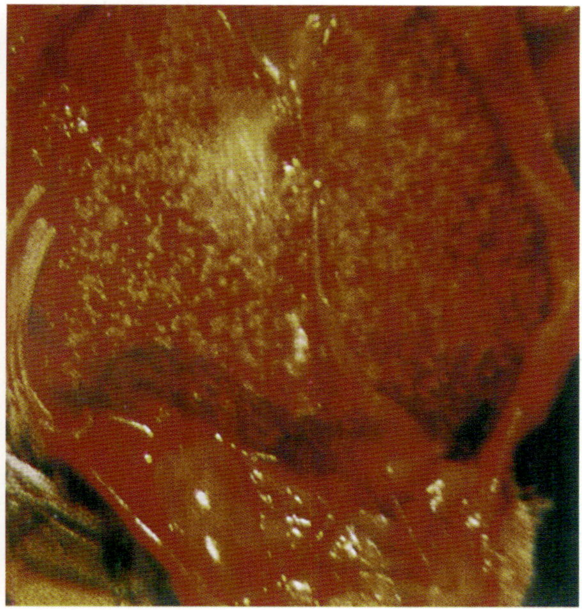
图 3-73　肝脏肿大，表面有很多针尖状灰白色的坏死点

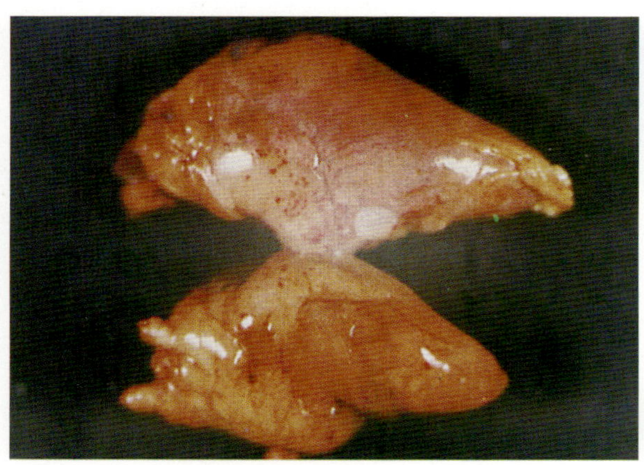
图3-74　病死家禽心脏冠状沟和心外膜有出血点

图3-75　鸭禽霍乱病例呈现全身出血的败血症

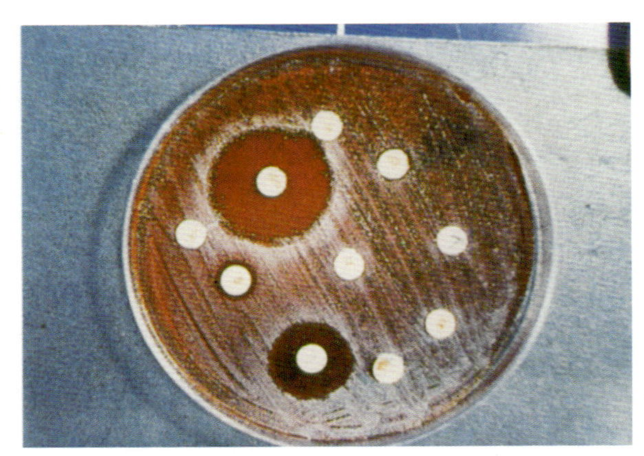
图3-76　药敏试验，敏感的药物出现大的抑菌圈

十、鸭传染性浆膜炎

本病是由鸭疫里氏杆菌引起的一种严重危害雏鸭、雏火鸡和雏鹅等多种禽类的高致病性、接触性传染病。鸭疫里氏杆菌在兔血琼脂或巧克力琼脂上的菌落为圆形、光滑湿润、奶油色（图3-77）。鸭疫里氏杆菌属，归于黄杆菌科。该菌为革兰氏阴性杆菌，现有21个血清型，我国以I型为主，还有其他型的报道。各血清型之间无或少交叉保护。

各品种鸭均易感，1～8周龄鸭多发。本病一年四季均有发生，但以低温、阴雨潮湿的季节较为多见。本病的发病率和死亡率相差较大，发病率在5%～100%，死亡率通常为5%～70%或更高，日龄较小的鸭群发病及死亡率明显高于日龄较大的鸭群。病鸭和带菌者为主要传染源。可通过污染的饲料、饮水、飞沫、尘土经呼吸道、消化道、刺破的足部皮肤的伤口等多种途径传播。

急性型病鸭咳嗽、打喷嚏，精神沉郁、厌食、不愿走动、昏睡，眼、鼻分泌物增多，眼眶周围的羽毛粘连（图3-78），鼻内流出浆液性或黏液性分泌物，排出白色黏稠粪便，疾病后期病鸭表现神经症状如头颈震颤、转圈、不停地点头或摇头，甚至角弓反张和抽搐。慢性型常发生于老疫区的鸭场或由急性型转变而来，只是症状较轻，病程更长，死亡率较低。病死鸭剖检时可见心外膜与胸骨相连，心包膜增厚，心外膜与心包膜粘连，不易剥离，肝脏表面覆盖一层灰白色或淡黄色的纤维素性膜，病程短的易剥离，病程长的不易剥离（图3-79）。气囊混浊增厚，有纤维素性渗出物（图3-80）。与支原体混合感染时可出现眶下窦肿胀（图3-81），剖开见眶下窦有干酪样的渗出物（图3-82）。

预防本病应注意气候和温度的变化，减少运输、转舍、驱赶等应激因素对鸭群的影响。平时，应注意环境卫生，及时清除粪便，饲养密度不能过高，注意鸭舍的通风及温、湿度，防止尖刺物刺伤脚蹼。不从本病流行的鸭场引进种蛋和雏鸭，采用全进全出的饲养管理制度。由于鸭疫里氏杆菌的血清型较多，不同血清型间的交叉保护几乎没有。在养鸭生产中应考虑使用自家灭活疫苗或多价灭活疫苗0.5 mL给1周龄雏鸭一次皮下注射，或用I型菌株制备的灭活疫苗，给3周龄小鸭肌内注射，效果良好。

一旦发病，选择药敏试验高敏药物，并要定期更换用药或几种药物交替使用。如氟苯尼考按0.2%拌料饲喂，连用5天；重症用5%氟苯尼考注射液按每千克体重0.6 mL（即每千克体重30 mg）肌内注射，每天1次，连用2 d。用24%复方敌菌净散，按0.1%比例拌料，连用5 d；利高霉素，按药物有效成分的0.0044%比例拌料饲喂，连续3～5 d；也可选用阿莫西林、环丙沙星等药物。

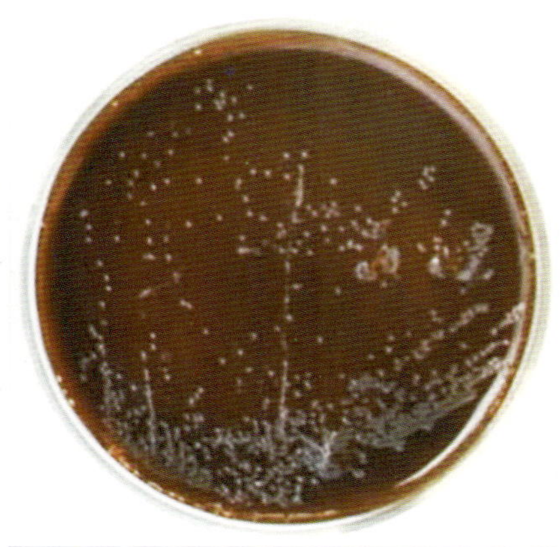

图3-77　鸭疫里氏杆菌在兔血琼脂或巧克力琼脂上的菌落为圆形、光滑湿润、奶油色

图3-78　病鸭眼分泌物增多，眼眶周围的羽毛潮湿（程龙飞提供）

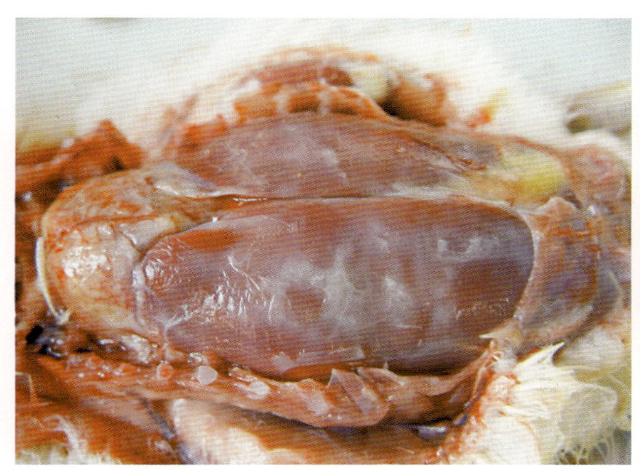

图3-79　病死鸭剖检见心包炎、肝周炎，其表面覆盖一层灰白色或淡黄色的纤维素性膜

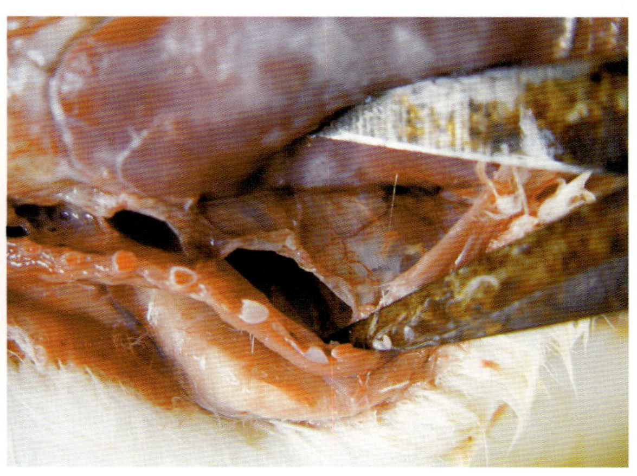

图3-80　气囊混浊增厚，有纤维素性渗出物

图3-81　与支原体混合感染时可出现眶下窦肿胀（程龙飞提供）

图3-82　眶下窦内有干酪样的渗出物（程龙飞提供）

十一、新城疫

新城疫也称亚洲鸡瘟，是由新城疫病毒引起的鸡、火鸡、鸽等急性、高度接触性传染病，常呈败血症经过。主要特征是呼吸困难，下痢，神经紊乱，黏膜和浆膜出血。新城疫病毒属于副黏病毒科，禽副黏病毒属，病毒粒子近圆形，有囊膜和纤突（图3–83），纤突上有血凝素和神经胺酸酶两种抗原，可凝集某些哺乳动物和禽类的红细胞，可用血凝和血凝抑制试验鉴定病毒和进行流行病学调查。

鸡最易感，以幼雏和中雏易感性最高，病禽和带毒禽是主要传染源。本病的主要传播途径是呼吸道和消化道。一年四季均可发病，但以春秋两季较多。症状可根据临诊表现和病程的长短分为最急性型、急性型、亚急性型或慢性型三型。最急性型表现突然发病，常无特征症状而迅速死亡。急性型病鸡体温升高达43～44℃，全群鸡精神委顿，不吃食，死亡率高（图3–84）。病鸡呼吸困难、咳嗽，嗉囊内充满酸臭液体，倒提时从口腔流出（图3–85）。病鸡排出的粪便稀薄，呈黄白色或绿色（图3–86），精神沉郁、冠发紫（图3–87）。病程长的可出现神经症状，腿麻痹站立不起来，有的头颈向后扭转和向一侧扭转，病鸽有神经症状，头颈扭转（图3–88、图3–89、图3–90），常伏地旋转反复发作。有的病鸡表现眼结膜炎，上下眼睑肿胀，结膜充血、出血（图3–91）。主要病变见皮下和腹腔脂肪、盲肠扁桃体出血，肠黏膜严重出血，有的肠道浆膜面还有大的出血点（图3–92、图3–93、图3–94）。腺胃乳头和黏膜出血，肌胃黏膜出血，具有诊断意义（图3–95）。气管黏膜和气管环出血（图3–96）。组织学变化见气管黏膜纤毛脱落，黏膜固有层有多量细胞浸润（图3–97）。产蛋母鸡的卵泡严重出血（图3–98），破裂后可导致腹膜炎。病料接种于鸡胚，经36～60 h死亡，胚胎全身出血（图3–99），HA和HI试验也用于本病诊断（图3–100），荧光抗体也可用于诊断（图3–101）。

预防本病主要是制定合理的免疫程序，采用疫苗接种。新城疫疫苗有两大类，一类是活疫苗，其中有中等毒力的Ⅰ系苗和弱毒疫苗（Ⅳ系苗、Ⅱ系苗和克隆–30等）。另一类是油佐剂灭活苗。鸡群的免疫应根据雏鸡的母源抗体水平确定首免时间，以后根据疫苗接种后的抗体滴度确定加强免疫的时间。

发病时应将病死鸡深埋或焚烧，严格消毒场地、物品和用具。根据情况进行紧急接种，雏鸡可用新城疫弱毒疫苗如Ⅳ系或Ⅱ系疫苗20倍稀释滴鼻。中雏（一般60日龄以上）可肌注两倍量的Ⅰ系苗。紧急接种会加速一部分感染鸡的死亡，但整个鸡群在紧急接种后1周左右停止死亡。

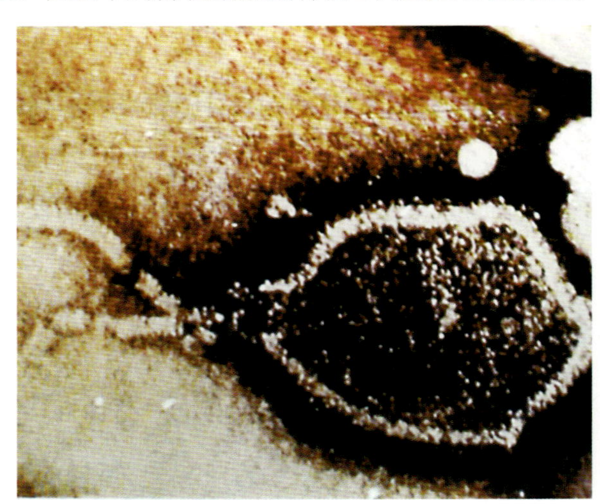

图3–83　新城疫病毒的形态，呈近圆形，有囊膜和纤突

图3−84 全群感染后，精神沉郁，死亡率高

图3−85 病鸡嗉囊内充满酸臭液体，倒提时从口腔流出

图3−86 病鸡排出的粪便稀薄，呈黄白色或绿色

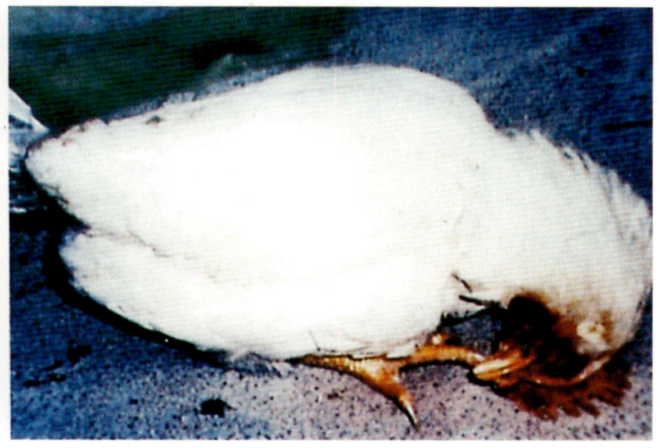

图 3−87 病鸡精神沉郁，冠、髯发紫

图 3−88 病鸡有神经症状，头颈向后扭曲

图3−89 病鸡有神经症状，头颈向一侧扭转

图3-90 病鸽有神经症状，头颈向一侧扭转

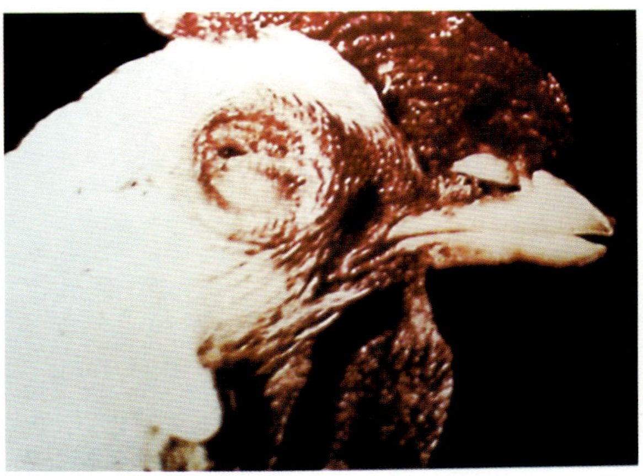

图3-91 有的病鸡表现眼结膜炎，上下眼睑肿胀，结膜充血和出血

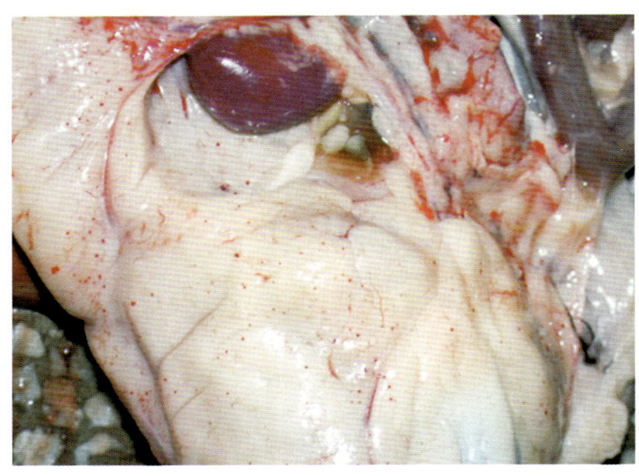

图 3-92 病死鸡皮下和腹腔脂肪出血

图 3-93 盲肠扁桃体出血，肠黏膜严重出血

图3-94 有的病鸡肠道浆膜面有多量大的出血点

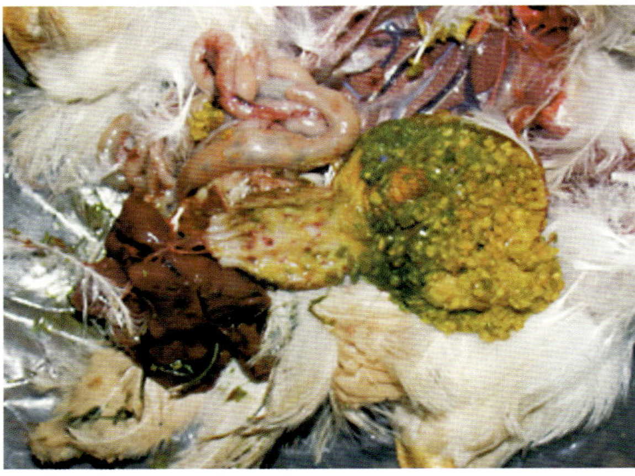

图 3-95 腺胃乳头和黏膜出血

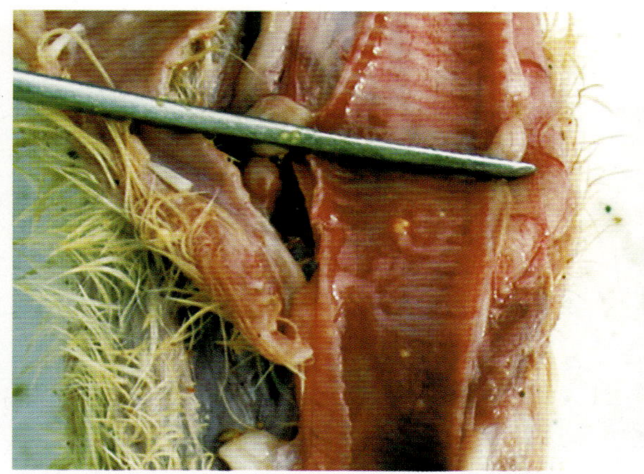

图3-96　气管黏膜和气管环出血

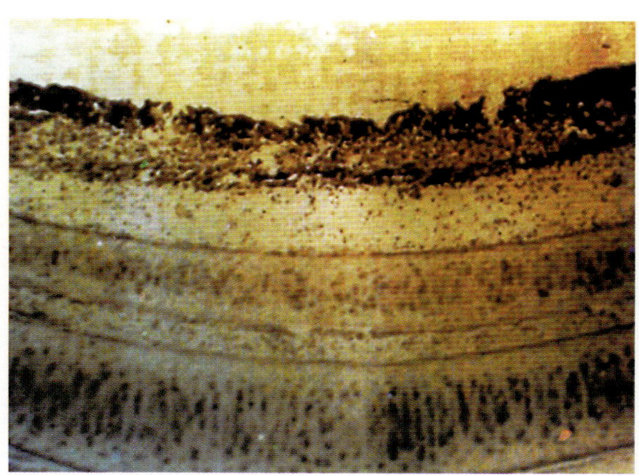

图3-97　气管黏膜纤毛脱落，黏膜固有层有多量细胞浸润

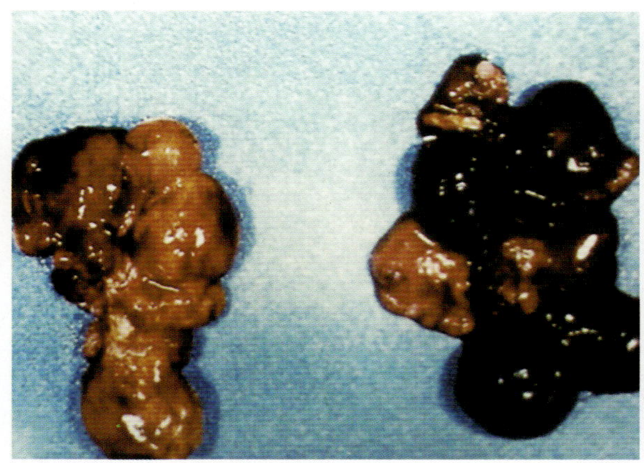

图3-98　产蛋母鸡的卵泡严重出血

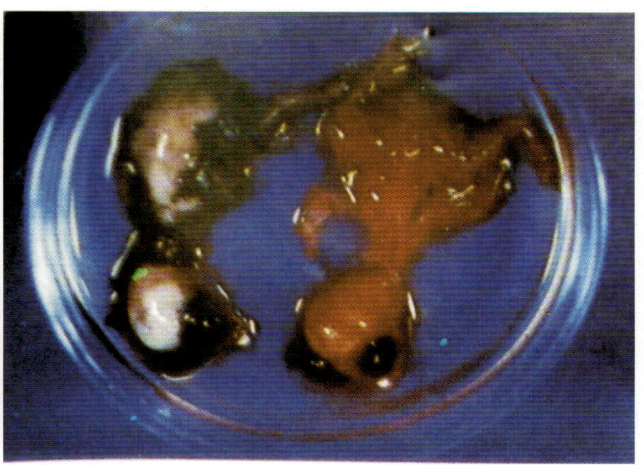

图3-99　病料接种于鸡胚，死亡的胚胎全身出血

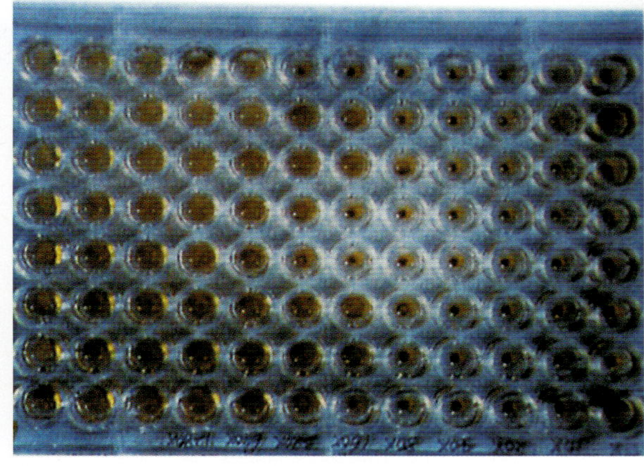

图3-100　新城疫病毒的HA和HI试验可用于诊断本病

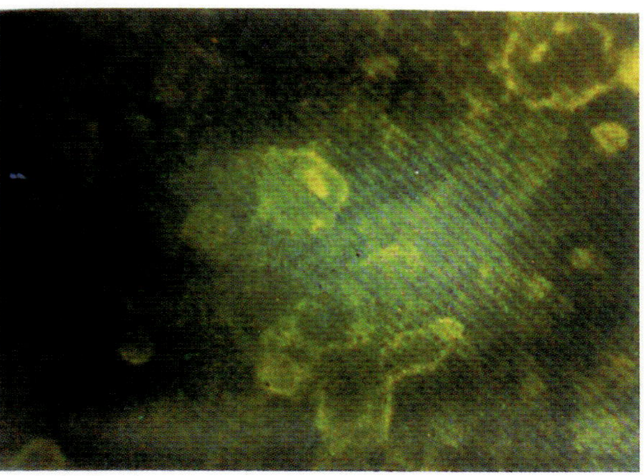

图3-101　荧光抗体检查新城疫病毒抗原

十二、鹅副黏病毒感染

本病于1997年分别在江苏和广东发现，从患病鹅体内分离到病毒并进行研究鉴定。本病又称鹅源新城疫。病毒属于副黏病毒科，腮腺病毒属或称禽副黏病毒属，禽副黏病毒Ⅰ型，鹅副黏病毒（F基因Ⅶ型）（图3−102、图3−103）。能在鹅胚和鸡胚复制并致死胚胎，胚胎皮肤充血，头、翅等处皮肤出血（图3−104）。各种日龄鹅均有易感性，发病率为40%～100%，死亡率为30%～100%。发病最小日龄为3日龄雏鹅，最大日龄为1年以上老鹅。日龄越大，其发病率和死亡率均有所下降，但2周龄以内的雏鹅发病率和死亡率均可高达100%。种鹅产蛋期感染病毒，除发病死亡外，鹅群产蛋停止甚至绝蛋。本病是近10年来新出现的重要的传染病。与患病鹅同群饲养的鸡也可感染发病死亡。近几年来，此病也在鸭群中流行发生，造成危害，但其发病率和死亡率较低，而症状及病变均与患病鹅相似。

患病鹅精神委顿和衰弱，眼有分泌物，眼睑周围湿润（图3−105）。常蹲地，有的单脚时时提起，少食或拒食，体重迅速减轻，但饮水量增加。行动无力，浮在水面，随水漂流。部分患病鹅后期表现扭颈、转圈、仰头等神经症状（图3−106），饮水时更加明显。病鹅有甩头、咳嗽等呼吸症状。不死的病鹅，一般于发病后6～7天开始好转，9～10天康复，但生长发育缓慢。

主要病变见脾脏肿大、淤血，表面和切面布满呈粟粒至芝麻大大小不一的灰白色坏死灶，有的融合成绿豆大小的坏死灶（图3−107）。胰腺肿胀，表面有灰白色坏死斑或融合成大片，色泽比正常苍白，表面光滑，切面均匀（图3−108）。肠道黏膜有出血、坏死、溃疡、结痂等病变特征。从十二指肠开始，往后肠段病变更加明显和严重。十二指肠、空肠、回肠黏膜有散在性或弥漫性、大小不一的出血斑点、坏死灶和溃疡灶，表面覆盖淡黄色、灰白色或红褐色纤维素性结痂，突出于肠壁表面（图3−109、图3−110、图3−111、图3−112、图3−113）。盲肠黏膜有出血斑和纤维素性结痂溃疡病灶（图3−114）；直肠和泄殖腔黏膜弥漫性结痂病灶更加严重（图3−115）。部分病例腺胃及肌胃黏膜充血、出血（图3−116），肝脏肿大、淤血、质地较硬。胆囊扩张，充满胆汁，病程较长的病例胆囊黏膜有坏死灶。心肌变性，部分病例心包有淡黄色积液。肾脏稍肿大，色淡。有神经症状病例的脑充血、出血或水肿。皮肤淤血，部分病例皮下有胶样浸润。

组织学病变见脾髓淤血，实质淋巴组织明显减少，脾小体几乎完全消失，有的区域仅见中央动脉周围残留少许淋巴细胞。坏死灶大小不一，很多融合成片，灶内原有细胞成分溶解消失，成为一片红染的纤维素样物质，其中混有浆液性渗出物（图3−117）。

肠黏膜发生急性卡他性肠炎，肠绒毛肿胀，上皮脱落，固有层炎性水肿，肠腺结构破坏。小肠黏膜组织连同绒毛结构完全坏死，坏死组织和渗出物融合形成厚层固膜性结痂（图3−118）。胰腺坏死腺泡细胞崩解破坏，仅见一些残留的细胞碎屑（图3−119）。

肝细胞广泛发生颗粒变性，汇管区和小叶间质小血管周围的淋巴样细胞及网状细胞散在增生或聚集成团块状，显示间质性肝炎景象。出现散在的小坏死灶，灶内肝细胞破坏消失，有淋巴样细胞浸润（图3−120）。

心肌纤维广泛发生颗粒变性，个别病例的心肌纤维萎缩变细，间隙扩大，纤维束间可见到很多心肌纤维发生坏死，崩解断裂成碎片（图3−121）。

应用RT−PCR技术对分离病毒株和标准株等F蛋白基因比较，表明禽副黏病毒Ⅰ型存在着不同F基因型毒株和同源性较大的差异以及病毒感染谱不断扩大。禽副黏病毒血清Ⅰ型经80余年流行历史，病毒已出现变异，用原有新城疫活苗和灭活苗免疫鹅群不能有效地防制本病的发生。应选用经过基因鉴定免疫原性好、毒价高的毒株制备灭活疫苗，才能保证有效的防疫效果。灭活疫苗有油乳剂灭活疫苗和灭活疫苗二种。

种鹅群免疫经4次免疫。第一次免疫，在7～15日龄用油乳剂灭活苗免疫，每雏皮下0.5mL；第二次免疫，在第一次免疫后2个月内用油乳剂灭活苗免疫，每鹅皮下或肌内注射0.5～1.0mL；第三次免疫，在产蛋前15天左右用油乳剂灭活苗免疫，每鹅肌内注射1.0mL；第四次免疫，在第三次免疫后3个月左右用油乳剂灭活苗或灭活苗免疫，每鹅肌内注射1.0mL。经四次疫苗免疫后，种鹅群在整个饲养期内以及孵出的15日龄左右的雏鹅能比较有效地预防本病的发生。

商品鹅群在母源抗体HI为2^4的雏鹅群，15日龄第一次免疫，每雏皮下注射0.5mL；第二次免疫，在第一次免疫后2个月内进行，每鹅肌内注射0.5～1.0mL。无母源抗体的雏鹅群，可根据当地或周围本病流行情况于7日龄或10～15日龄用油乳剂灭活苗免疫，每雏皮下注射0.5mL；第二次免疫，在第一次免疫后2个月内进行，每鹅肌内注射0.5～1.0mL。大型鹅如朗德鹅、狮头鹅等剂量适量加大。

当饲养鹅群的周围已经出现鹅副黏病毒病的流行发生时，对健康鹅群除采取消毒、封锁等措施外，还应立即注射灭活苗紧急预防，而不用油乳剂灭活苗紧急预防。因油乳剂灭活苗免疫后需要15d左右才能产生较坚强的免疫力，而灭活苗免疫后5～7d即能产生较坚强的免疫力，有利于提早防止鹅群被感染。在灭活苗免疫后1个月再用油乳剂灭活苗免疫。

鹅群一旦发生本病时，首先应确诊。在确诊后，立即将未出现症状的鹅隔离出饲养场地，放在清洁无污染的场地饲养。除了淘汰、无害化处理病死鹅，彻底消毒饲养场地及用具外，还应采取以下措施：仔鹅、青年鹅、成年鹅立即注射灭活苗。一般在注苗后5～7d左右可控制发病和死亡。在注射疫苗时应常换针头，防止针头交叉感染而引起发病。在注射灭活苗后1个月左右用油乳剂灭活苗免疫。15日龄以内发病的雏群，注射疫苗较难达到控制疫病的效果。

严禁使用新城疫中等毒力活疫苗如Ⅰ系活苗免疫鹅群。此类活苗注射后可引起20%左右青年鹅、种鹅发病死亡。60%～80%雏鹅、仔鹅发病死亡。弱毒活苗免疫效果差，无法预防本病的发生。

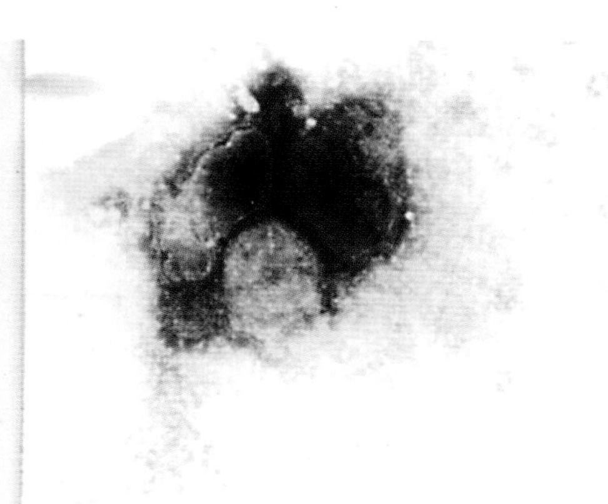

图3-102 JG972C2毒株病毒颗粒形态呈近圆形和椭圆形

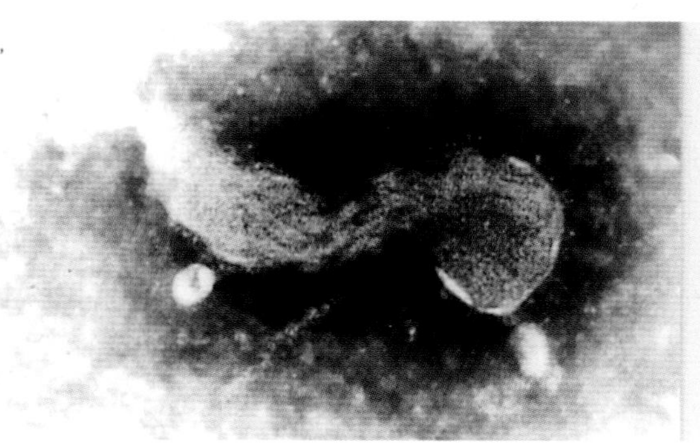

图3-103 病毒颗粒形态呈S状

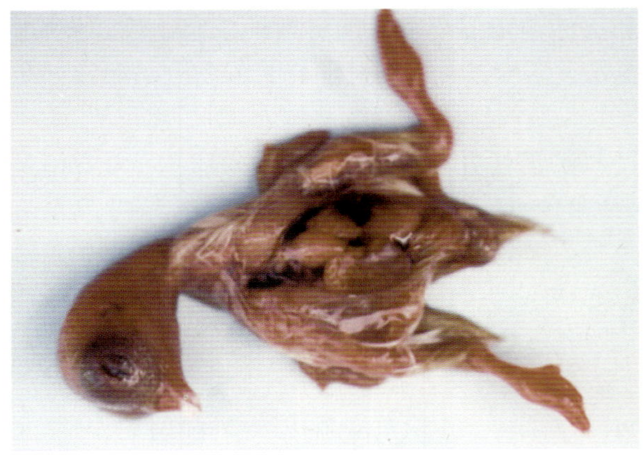

图 3－104　病毒致死鸡胚，胚体皮肤充血，头、翅等处皮肤严重出血

图3－105　患病雏鹅眼有分泌物，眼睛周围湿润，绒毛沾污

图 3－106　患病鹅扭颈、转圈、仰头等神经症状

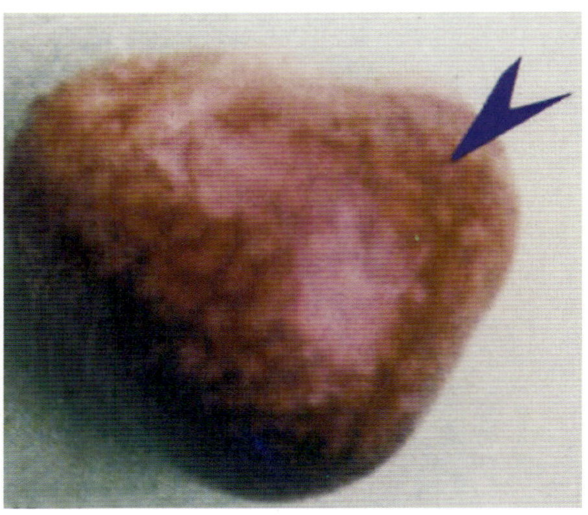

图3－107　患病鹅脾脏肿大，组织内有大小不一的灰白色坏死灶

图 3－108　患病鹅胰腺肿大，有大小不一的灰白色坏死灶

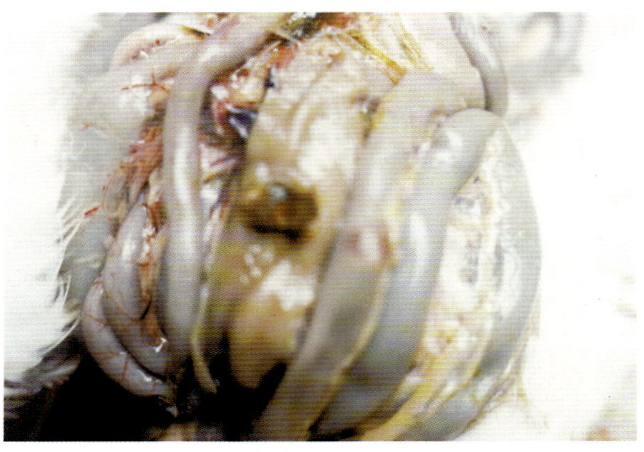

图3－109　患病鹅肠道黏膜有大小不等的出血性斑和溃疡灶

图 3-110　患病鹅肠道黏膜有弥漫性大小不一、突出黏膜面的淡黄色纤维素性结节

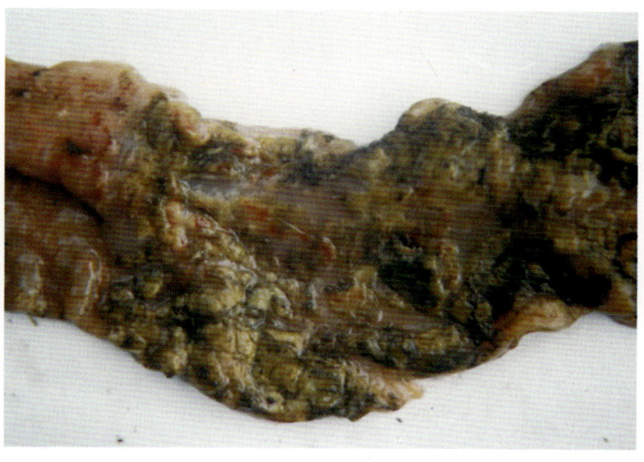

图 3-111　患病鹅肠道黏膜增厚，有弥漫性黄豆大的坏死性溃疡灶，有些部位形成厚层的纤维素性坏死性固膜连片

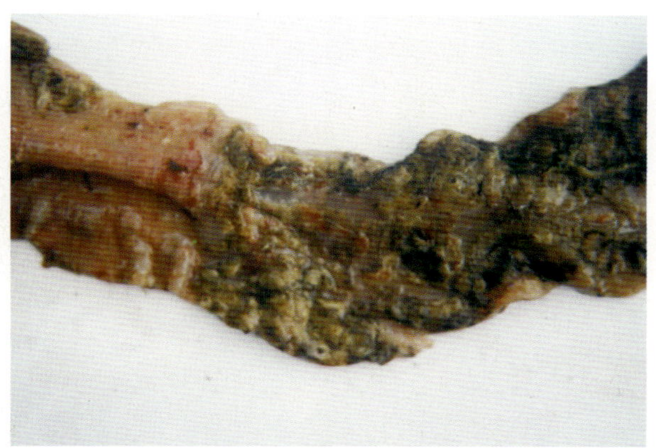

图3-112　患病鹅结肠黏膜增厚，有弥漫性黄豆大的坏死性溃疡灶，有些部位形成厚层的纤维素性坏死性固膜连片

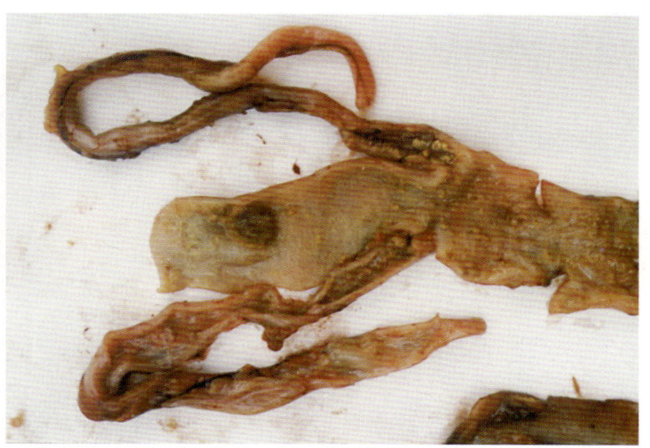

图3-113　患病鹅结肠和盲肠的黏膜有大小不一的溃疡灶

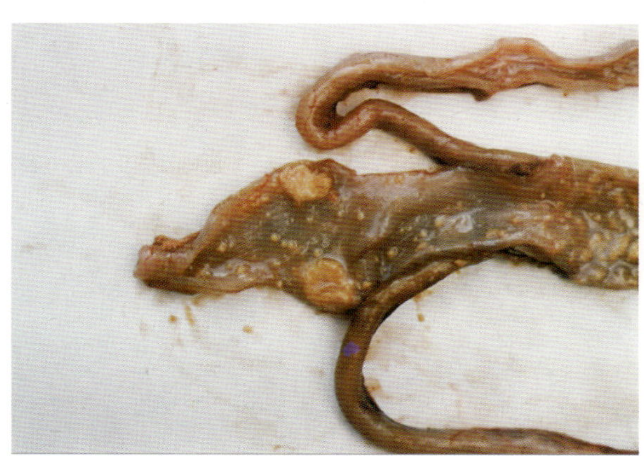

图 3-114　患病鹅结肠和盲肠、直肠的黏膜有大小不一的溃疡灶，表面覆盖着纤维素形成的结痂

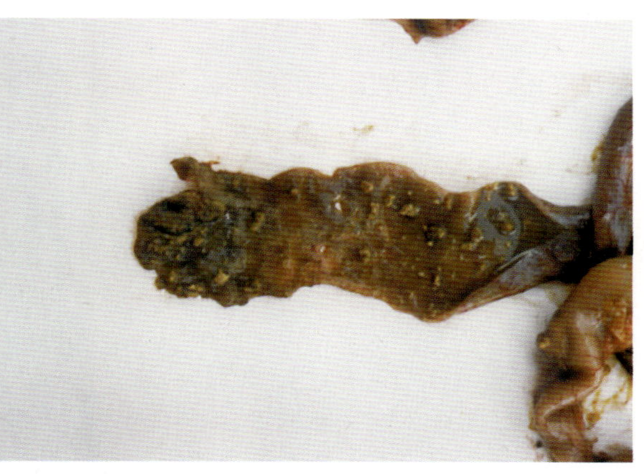

图 3-115　患病鹅直肠和泄殖腔黏膜有弥漫性大小不一、突出于黏膜面的淡黄色纤维素性结节

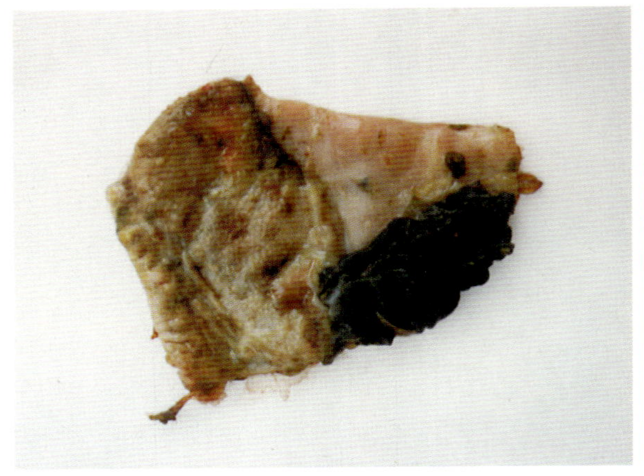

图 3-116　部分病例腺胃黏膜充血、出血

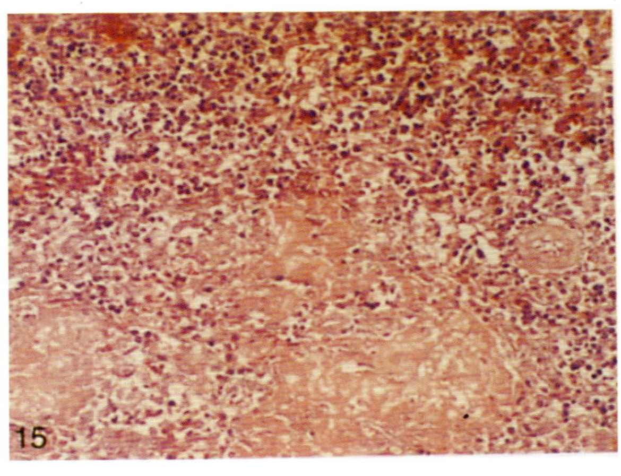

图3-117　患病鹅脾脏坏死灶，细胞结构溶解消失，成为一片红染的纤维素样物质

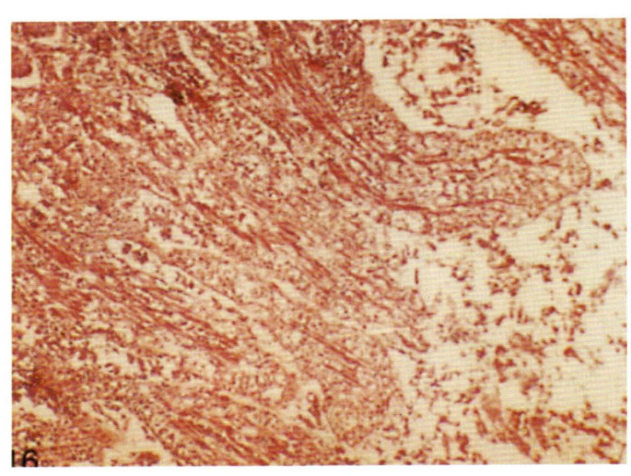

图 3-118　患病鹅小肠黏膜绒毛肿胀，上皮脱落，固有层炎性水肿

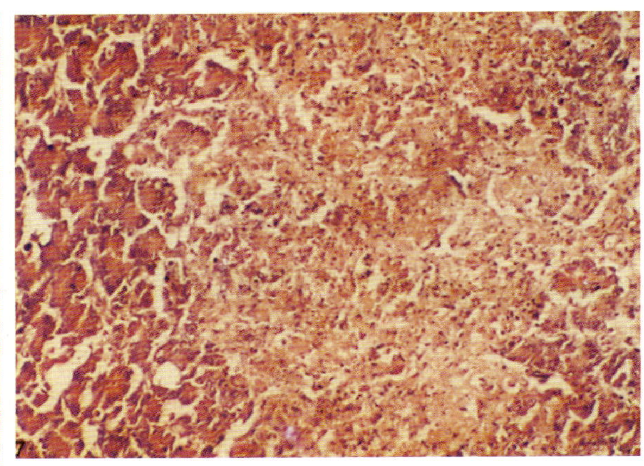

图 3-119　患病鹅胰腺坏死灶，灶内腺泡及上皮细胞结构消失，仅见细胞屑

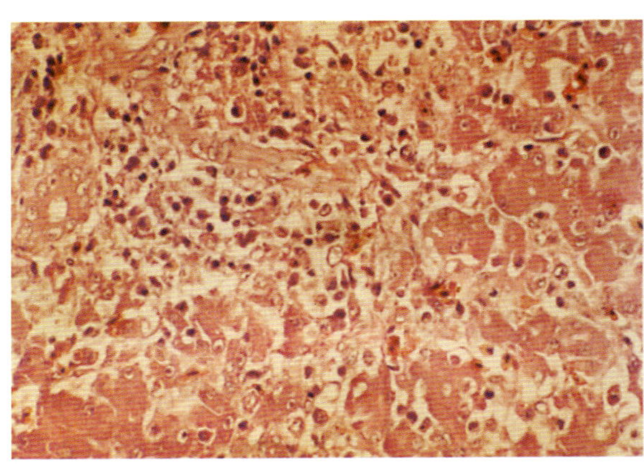

图3-120　患病鹅肝内小坏死灶，灶内肝细胞消失，有炎性细胞浸润

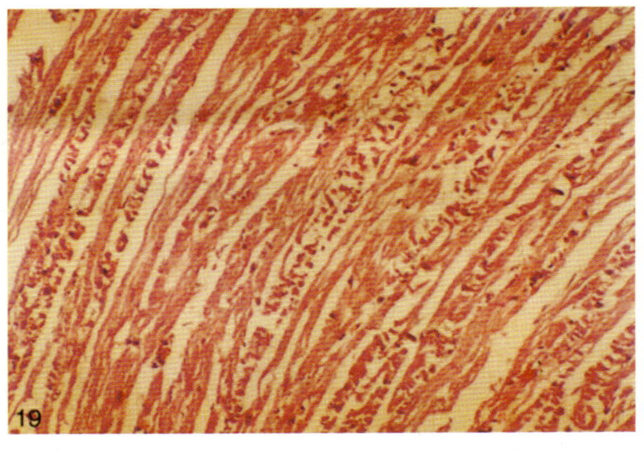

图3-121　患病鹅心肌纤维萎缩变细，囊间可见许多心肌纤维断裂崩解

十三、禽流感

禽流感是由A型禽流感病毒引起的一种禽类传染病。该病毒属于正黏病毒科，根据病毒的血凝素（HA）和神经胺酸酶（NA）的抗原差异，将A型禽流感病毒分为不同的血清型，目前已发现16种HA和9种NA，可组合成许多血清亚型。毒株间的致病性有差异，根据各亚型毒株对禽类的致病力的不同，将禽流感病毒分为高致病性、低致病性和不致病毒株。高致病性禽流感是由H_5和H_7型流感病毒引起，其特征表现为呼吸系统疾病、产蛋下降。该病已被世界动物卫生组织（OIE）规定为A类传染病，我国也将其列为一类疫病，高致病毒株死亡率较高，给世界养禽业造成巨大的经济损失。

各种禽类均易感，鸡是最易感的动物之一。以前认为水禽带毒不致病，但近几年水禽感染高致病性毒株，可导致大批死亡。传染源来自家禽、鸟类或其他动物，可直接或间接感染。主要以呼吸道传播，传播迅速。多见于深秋、冬春季流行。禽（鸡）群感染高致病性的毒株后发病率很高，可造成大批死亡（图3-122）。病鸡体温明显升高，精神极度沉郁，羽毛松乱，头和翅下垂（图3-123）。颈部皮下有出血点和胶冻样渗出（图3-124）。腿部鳞片出血（图3-125）。母鸡产蛋量下降，蛋形变小，品质变劣（图3-126），流泪，头和眼睑肿胀（图3-127）。公鸡感染后冠和肉髯发绀、肿胀（图3-128）。有的病鸡出现神经症状，共济失调（图3-129）。病鸭可见喙发绀、眼周围羽毛潮湿（图3-130），足蹼发绀或出血，腹泻，排白色或青绿色稀粪。病死禽剖检见胰腺出血和坏死（图3-131、图3-132）；腺胃乳头、黏膜和肌胃出血（图3-133）；气管黏膜和气管环出血（图3-134）；消化道黏膜广泛出血，尤其是十二指肠黏膜和盲肠扁桃体出血更为明显（图3-135）；心冠脂肪、心肌出血（图3-136）；肝脏、脾脏、肺脏、肾脏出血（图3-137、图3-138、图3-139）；蛋禽或种禽卵泡变性或破裂，导致腹膜炎（图3-140、图3-141），输卵管黏膜广泛出血，黏液增多（图3-142）。有的病鸡见腿部肿胀、肌肉有散在的小出血点（图3-143）。中等毒力以下禽流感病毒引起的以呼吸道症状为主的禽流感，感染禽除潜伏期长、发病较缓和，病程稍长，发病率、病死率相对较低，精神及食欲较差，消瘦和产蛋率下降等表现外，主要出现明显的呼吸道症状，咳嗽、啰音、打喷嚏、伸颈张口、鼻窦肿胀等。本病应与新城疫相区别。

控制病禽及可能携带病原体的物体的传入是预防本病的关键措施，做好引进种禽、种蛋的检疫工作，做好一般疫病的免疫和饲养管理，提高家禽的抵抗力。家禽养殖场坚持全进全出和自繁自养的饲养方式，在引进种禽及产品时，一定要来自无禽流感的养禽场；定期对禽舍及周围环境进行消毒，加强带禽消毒；驱赶野鸟，严防野鸟进入禽舍。平时做好免疫接种，可选择禽流感灭活疫苗或基因工程疫苗。鸡于10～12日龄首免，35～40日龄二免，产蛋鸡于开产前2～4周再免一次，以后每半年免疫一次。肉鸭于7～12日龄时首免，25日龄时二免；蛋鸭于产蛋前半个月左右再免一次，产蛋期间每3个月免疫一次。每只鸭一次肌内注射1.0mL。

高致病性禽流感发生后请按照我国《高致病性禽流感疫情判定及扑灭技术规范》进行处理，在疫区或受威胁区，要用经农业部批准使用的禽流感疫苗进行紧急免疫接种。对于低致病性禽流感，应采取“免疫为主，治疗、消毒、改善饲养管理和防止继发感染为辅”的综合措施，在治疗时宜对症处理，预防继发感染。

图3−122　高致病性毒株感染后，可造成鸡大批死亡

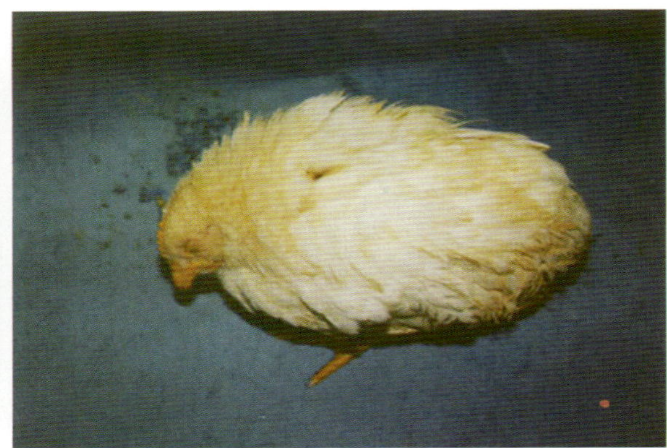

图3−123　病鸡精神极度沉郁，羽毛松乱，头和翅下垂

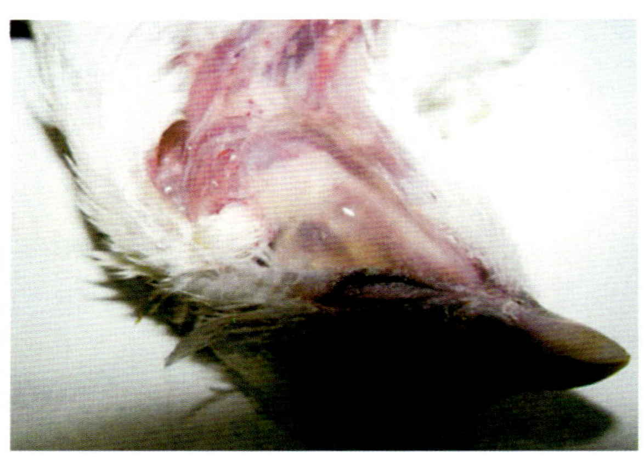

图3−124　颈部皮下有出血点和胶冻样渗出

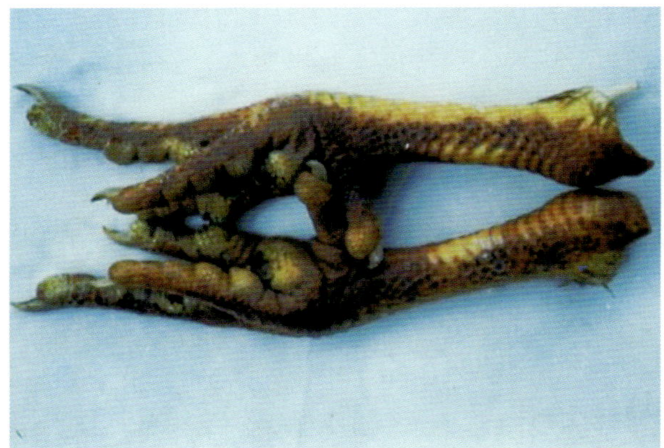

图3−125　病鸡腿部鳞片出血

图3−126　母鸡感染后产蛋量下降，蛋形变小

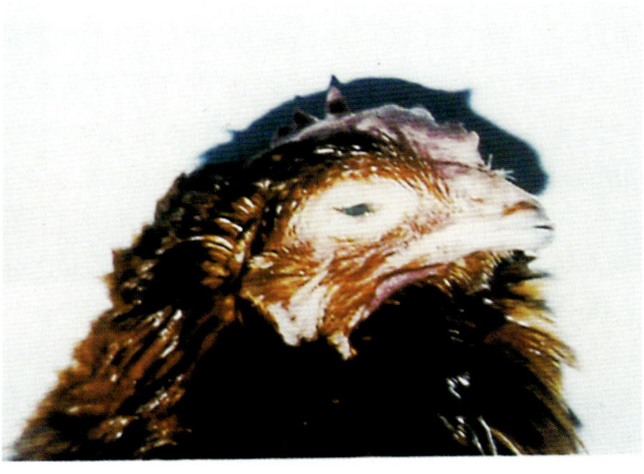

图3−127　母鸡感染后眼睑肿胀

图3-128 公鸡感染后，冠和肉髯发绀和水肿

图 3-129 有的病鸡可出现神经症状，共济失调

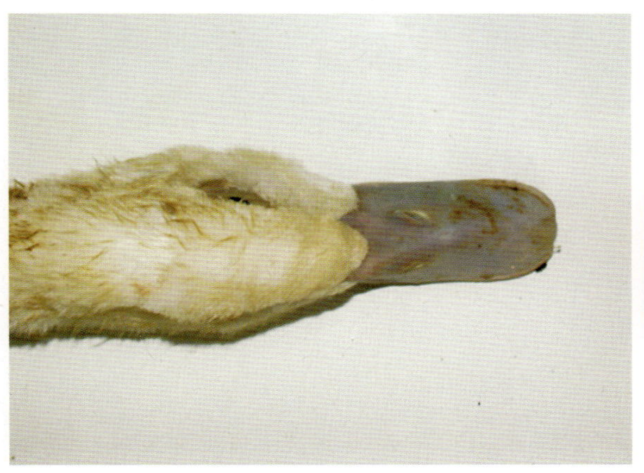
图3-130 病鸭喙发绀、眼周围羽毛潮湿

图 3-131 病死鸡胰腺出血和坏死

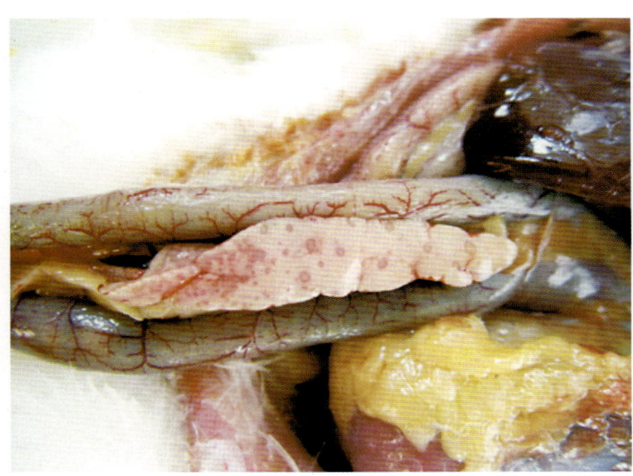
图 3-132 病死鸭胰腺出血和坏死

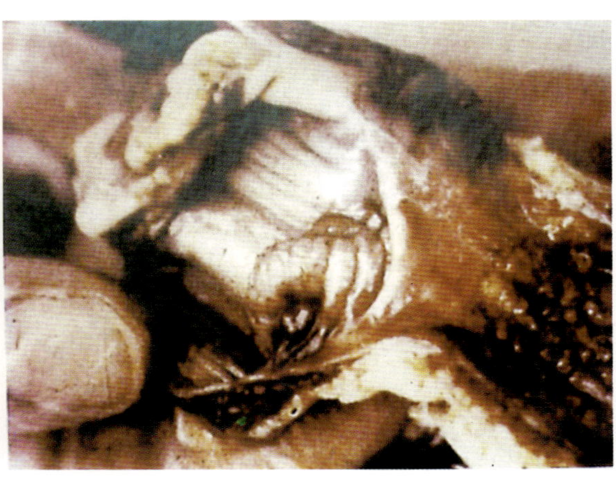
图 3-133 腺胃乳头、黏膜和肌胃出血

图3–134　气管黏膜和气管环出血

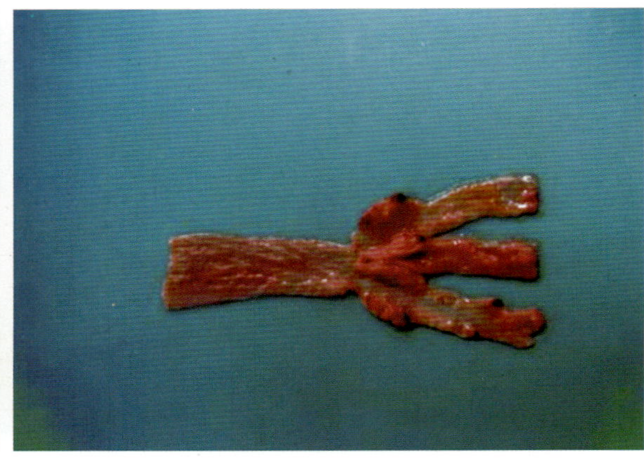
图3–135　盲肠扁桃体出血

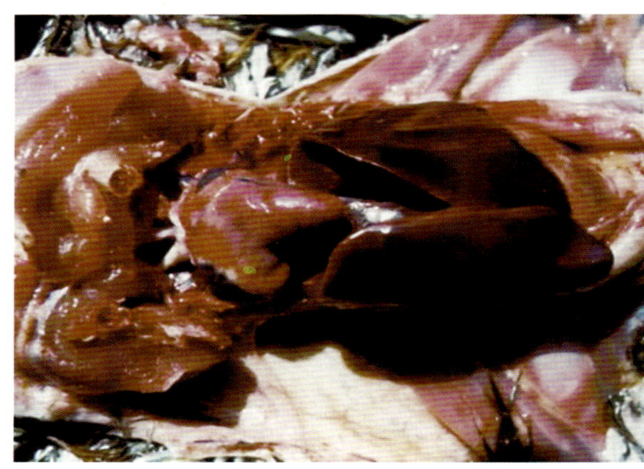
图3–136　心冠脂肪、心肌出血

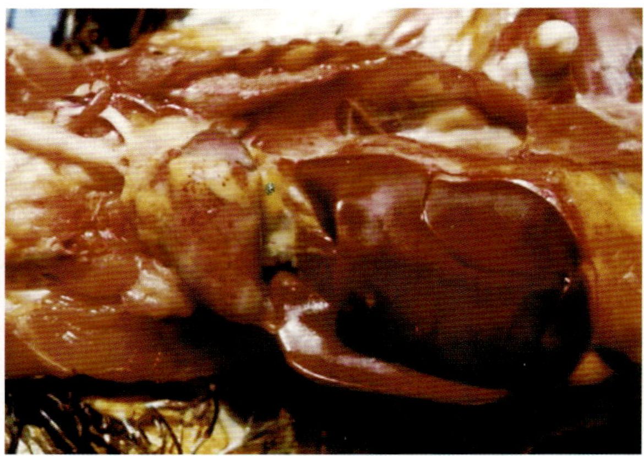
图3–137　心肌、肝脏出血

图3–138　脾脏出血

图3–139　肺脏出血

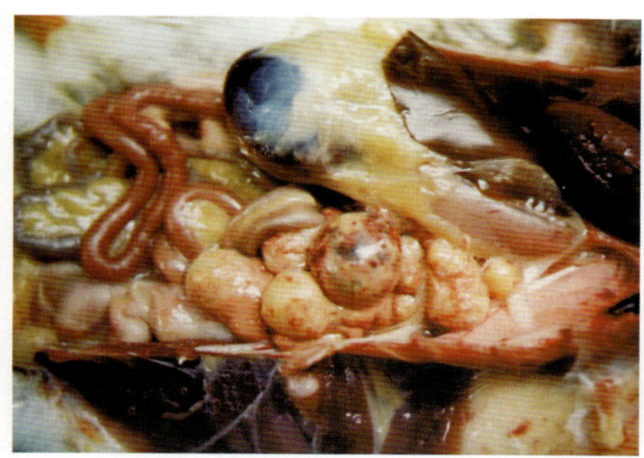
图 3-140　蛋禽或种禽卵泡变性

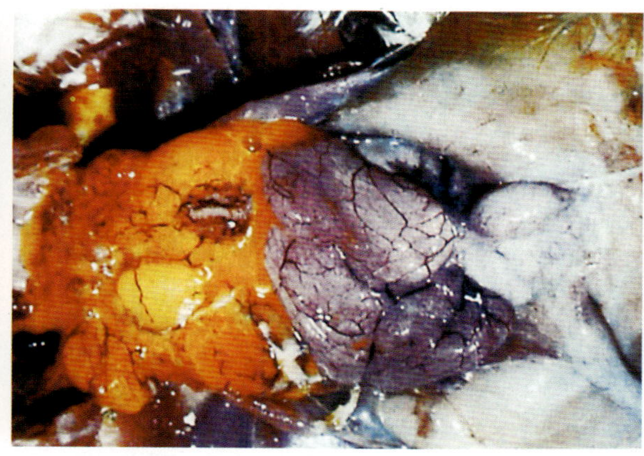
图 3-141　蛋禽或种禽卵泡破裂，导致腹膜炎

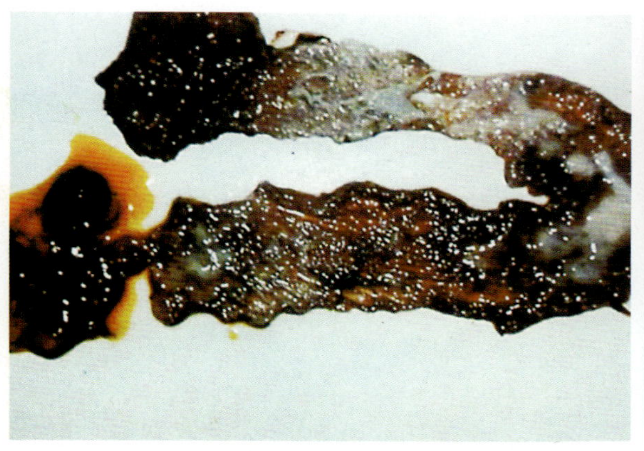
图 3-142　输卵管黏膜广泛出血，黏液增多

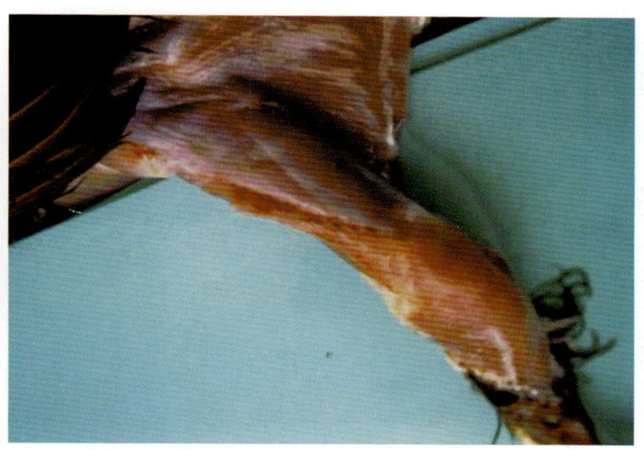
图3-143　病鸡见腿部肿胀、肌肉有散在的小出血点

十四、传染性喉气管炎

传染性喉气管炎是由病毒引起鸡的急性呼吸道传染病，其特征为呼吸困难、咳嗽、咳出带有血液的渗出物，喉部和气管黏膜肿胀、出血并形成假膜。传染性喉气管炎病毒属于疱疹病毒科中的禽疱疹病毒Ⅰ型，为双股DNA，病毒易在鸡胚中繁殖，在鸡胚绒毛尿囊膜上有坏死灶（图3-144）。在发病的早期，被感染细胞的胞核内见有包涵体（图3-145）。

本病主要侵害鸡，不同年龄的鸡均易感，但以成年鸡的症状最为特征。病鸡和康复后的带毒鸡是主要的传染源，接种活苗的鸡可在较长时间排毒。本病传播快，感染鸡群呼吸道症状严重，精神沉郁（图3-146）。急性病鸡的特征症状是鼻孔有分泌物和呼吸时发出湿性啰音，继而咳嗽和喘气，张口呼吸（图3-147）。低致病性病毒株可引起眼结膜炎。典型的病变为喉和气管黏膜充血和出血（图3-148），喉部黏膜肿胀，有出血斑，并含有多量黏液性分泌物和假膜（图3-149），气管黏膜严重出血，含有较多黏液（图3-150）。严重的病例，气管除出血外，有假膜堵塞气管，导致窒息死亡（图3-151）。

坚持严格隔离、消毒等措施是预防本病流行的有效方法。要避免将康复鸡或接种疫苗的鸡与易感鸡群混群饲养。目前有两种疫苗可用于免疫接种。一是弱毒疫苗，经点眼、滴鼻免疫，免疫鸡可能出现反应甚至死亡。另一种是强毒苗，可涂擦于泄殖腔黏膜，强毒疫苗免疫效果确实，但未确诊有此病的鸡场、地区不能使用。

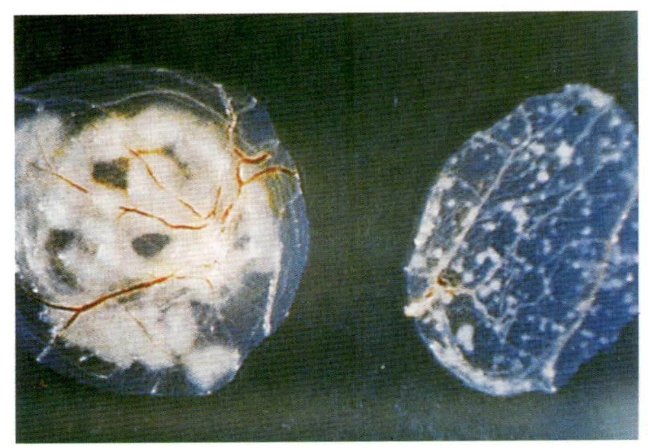

图3-144　病毒在鸡胚绒毛尿囊膜上有坏死灶

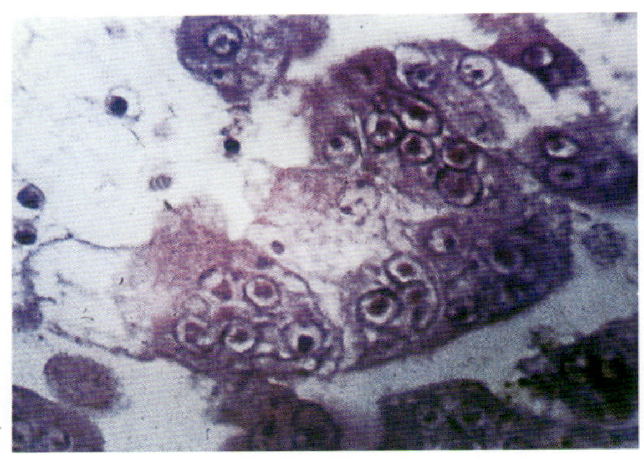

图3-145　发病早期，被感染细胞的胞核内见有包涵体

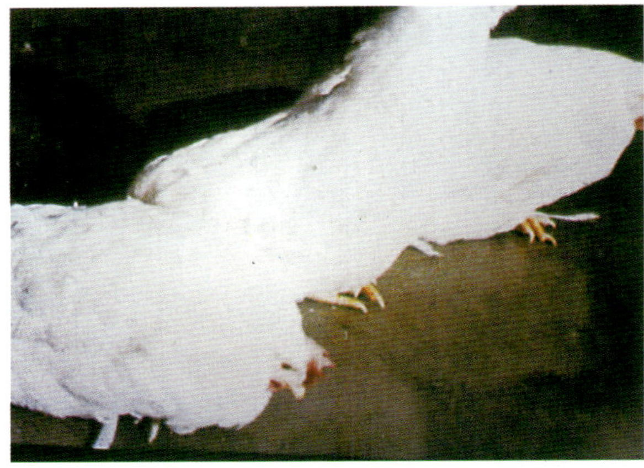

图3-146　感染鸡群呼吸道症状严重，病鸡精神沉郁

图3-147　病鸡咳嗽、喘气，呈张口呼吸

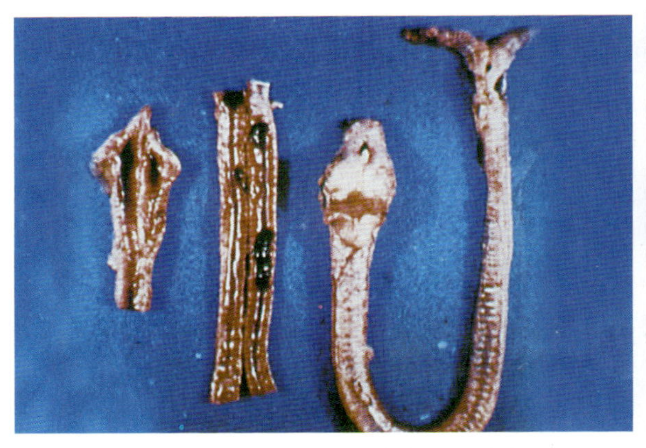

图3-148　喉和气管黏膜充血和出血

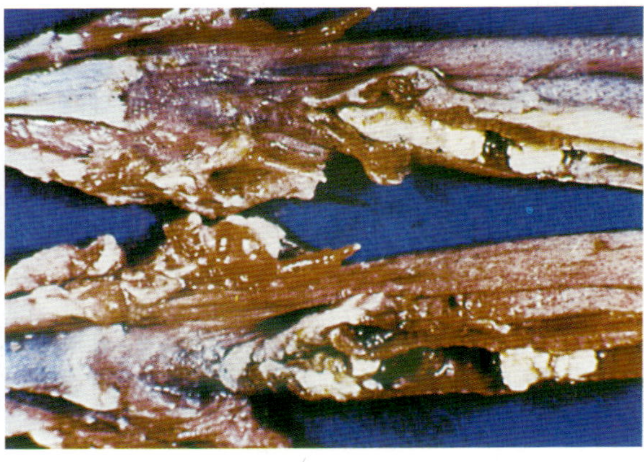

图3-149　喉部黏膜肿胀、出血，并含多量黏液性分泌物和假膜

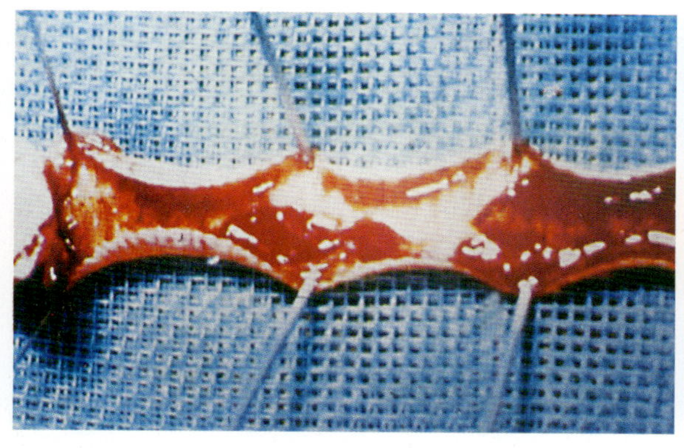
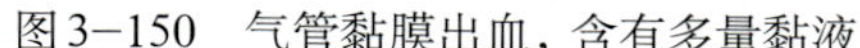

图3-150　气管黏膜出血，含有多量黏液

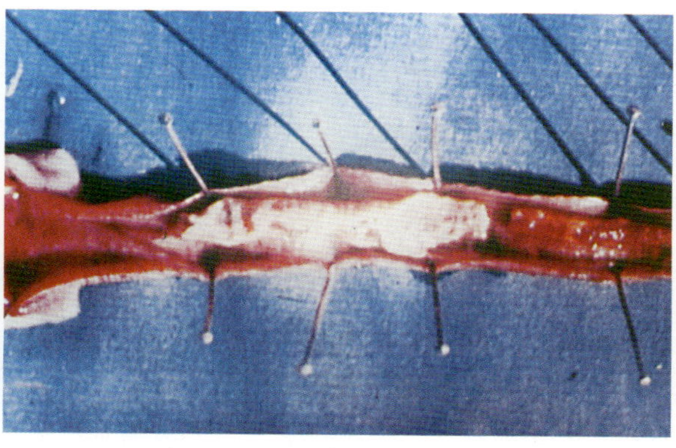

图3-151　严重病例气管内有假膜堵塞，导致窒息死亡

十五、传染性支气管炎

鸡传染性支气管炎是由病毒引起鸡的一种急性、高度接触传染性的呼吸道疾病，其特征是病鸡咳嗽、喷嚏、气管发生啰音，产蛋减少。肾病变型肾肿大、尿酸盐沉积。病原为冠状病毒属中一个代表种，单股RNA，有囊膜，其上有花瓣状纤突（图3-152）。病毒感染鸡胚时出现特征性变化，胚胎发育受阻、胚体萎缩，具有诊断意义（图3-153）。病毒已知有25个血清型和其他变异株，引起肾病变和消化道病变型，各血清型间没有或仅有部分交叉免疫。

本病仅发生于鸡，各种年龄的鸡均可发病，但雏鸡最为严重，主要传播方式是经呼吸道和消化道传播。发病无季节性，传播迅速。特征症状是病鸡咳嗽、喷嚏和气管发生啰音（图3-154）。4周龄以下鸡常表现呼吸困难、张口呼吸（图3-155）。成年鸡出现轻微的呼吸道症状，产蛋鸡产蛋量下降，产软壳蛋、畸形蛋和蛋壳表面粗糙（图3-156、图3-157），蛋的质量下降。主要病变是病死鸡气管黏膜弥漫性出血（图3-158），产蛋母鸡感染后卵泡出血、变形，卵巢发育受阻（图3-159），也可见输卵管发育异常（图3-160）。肾病变型病鸡肾脏肿大，多呈花斑状肾，输尿管因尿酸盐沉积而扩张（图3-161），肾脏严重出血（图3-162）。

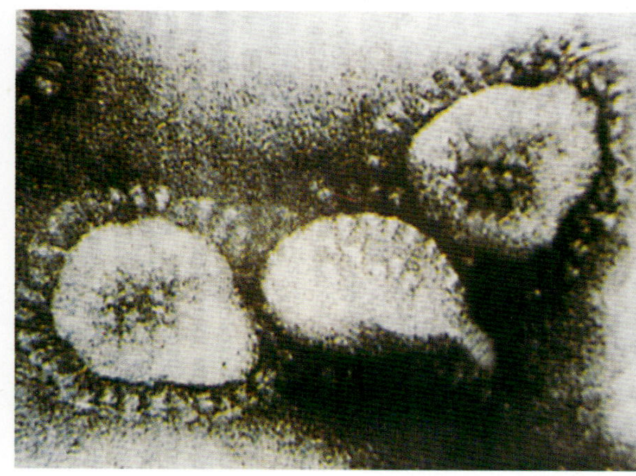

图3-152　传染性支气管炎病毒的形态，有囊膜，囊膜上有花瓣状纤突

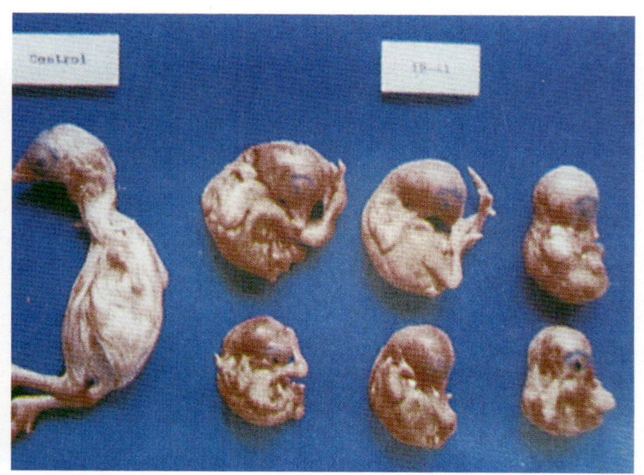

图3-153　病毒感染鸡胚后，胚胎发育受阻，为侏儒胎，左边为发育正常鸡胚

防制本病应严格执行隔离、检疫等卫生措施，注意鸡舍通风，防止过挤。常用M41型的弱毒疫苗如H_{120}、H_{52}及其灭活苗进行免疫接种，肾型传染性支气管炎可用灭活苗免疫，由于血清型多，应用多价疫苗可取得明显效果。

图3−154　成鸡感染后表现咳嗽、气管啰音

图3−155　雏鸡感染后表现呼吸困难，张口呼吸

图3−156　蛋鸡感染后产蛋下降，畸形蛋增多

图3−157　蛋壳表面粗糙

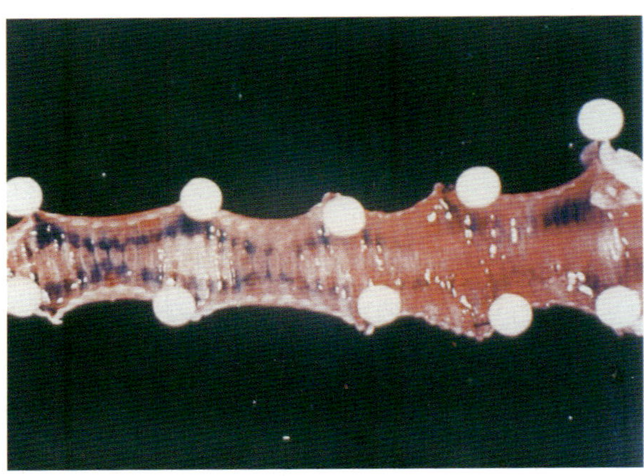

图3−158　气管黏膜弥漫性出血

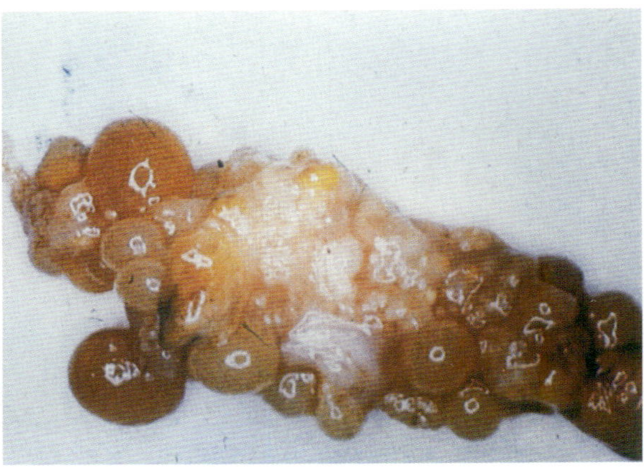

图3−159　蛋鸡感染后卵泡出血、变形，卵巢发育受阻

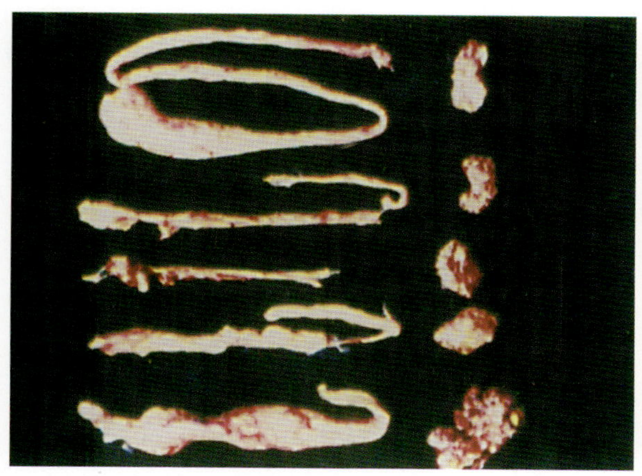
图3-160　传染性支气管炎病毒感染引起的各种输卵管萎缩或变形

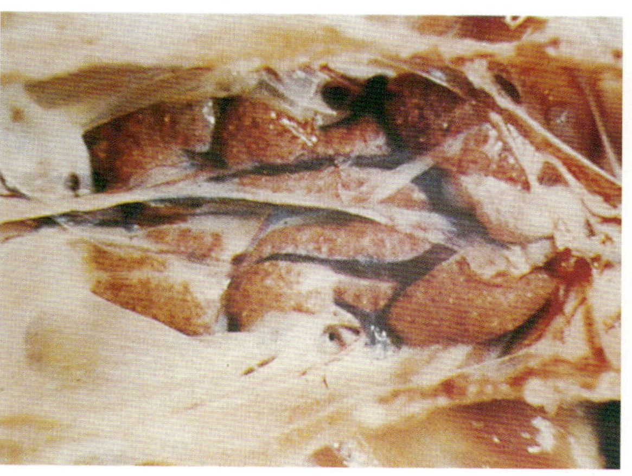
图3-161　肾型病变见肾脏肿大，呈花斑肾

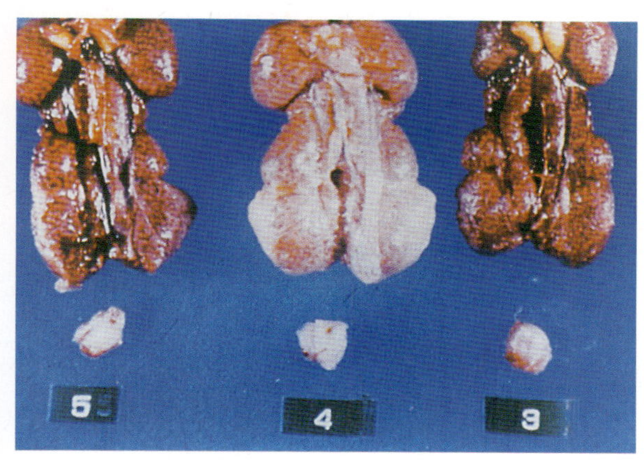

图3-162　肾严重出血，中间为正常肾

十六、鸡马立克氏病

马立克氏病是最常见的一种鸡淋巴组织增生性传染病，以外周神经、性腺、虹膜、各种脏器、肌肉和皮肤的单核细胞浸润和肿瘤为特征。有传染性，能导致鸡大批死亡，是养鸡业的很大威胁。马立克氏病毒是一种细胞结合性病毒，病毒基因组是线状双股DNA。分三个血清型：1型为致瘤型强毒株；2型为不致瘤型自然弱毒株；3型为火鸡疱疹病毒。不同品种或品系的鸡均能感染，带毒鸡是主要传染源，尤其在羽囊上皮细胞中复制的具有传染性的病毒随羽毛、皮屑排出，使污染鸡舍长期保持其传染性。通过直接或间接接触经气源性传播。

马立克病毒流行株的毒力在不断演变，在20世纪70年代末出现超强毒毒株，80年代末90年代初又出现超超强毒株。本病潜伏期较长，症状一般分为神经型（古典型）、急性型（内脏型）、眼型和皮肤型4种，有时可混合发生。主要表现为外周神经受损害，翅神经受侵害，病鸡翅下垂和神经变粗（图3-163、图3-164）；颈神经受损，病鸡头颈麻痹（图3-165）；坐骨神经受损害，鸡不能行走，蹲伏在地上，呈一腿向前方、另一腿向后方的特征性姿势（图3-166），受害一侧坐骨神经变粗（图3-167）。眼型马立克氏病鸡虹膜受害，一侧或两侧虹膜正常视力消失，呈同心环状灰白色，称为灰眼病（图3-168）。皮肤型马立克氏病鸡见皮肤上有肿瘤（图3-169）。剖检可见内脏器官有灰白色的淋巴细胞性肿瘤，如卵巢（图3-170）、心脏（图3-171）、肝脏（图3-172），肿瘤块呈灰白色，质地坚硬而致密。组织学变化以单核淋巴细胞和浆细胞浸润为特征，细胞组成主要为弥漫浸润的小至中淋巴细胞、成淋巴细胞、马立克氏病毒细胞和被激活的原始网状细胞（图3-173）。

疫苗接种是防制本病的关键。目前使用最广泛的是火鸡疱疹病毒疫苗和CVI988，还有双价疫苗（Ⅰ＋Ⅱ或Ⅱ＋Ⅲ型），可控制超强毒株的侵害。两次免疫可提高鸡群保护力，在实践中得到肯定，欧洲及其他国家都广泛采用。

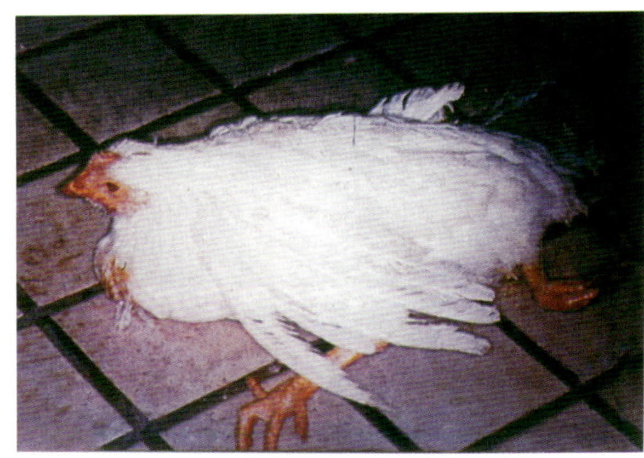

图3-163　翅神经受损害，病鸡翅下垂

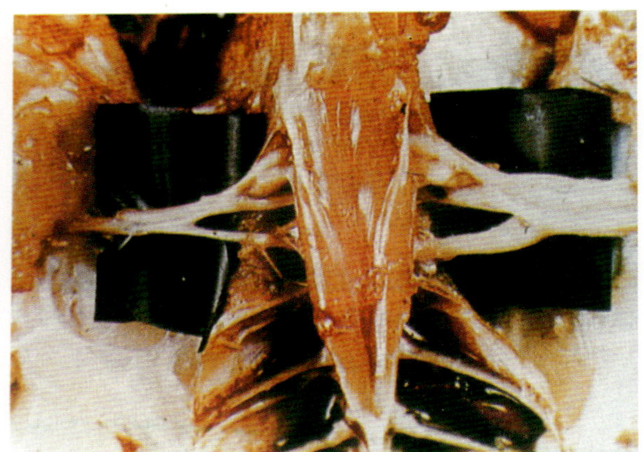

图3-164　受损害一侧翅神经变粗大

图3-165　颈神经受侵害，病鸡头颈麻痹

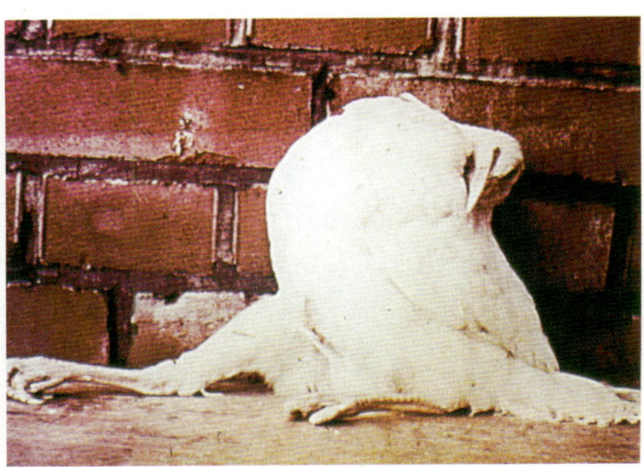

图3-166　坐骨神经受侵害，病鸡不能行走，呈一腿向前一腿向后的姿势

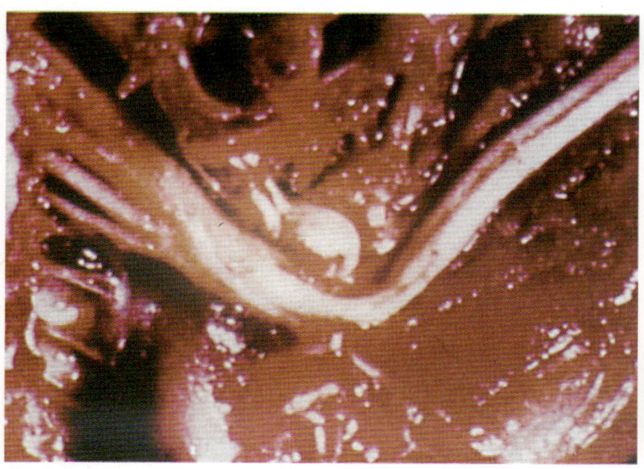
图3-167 受害一侧坐骨神经变粗

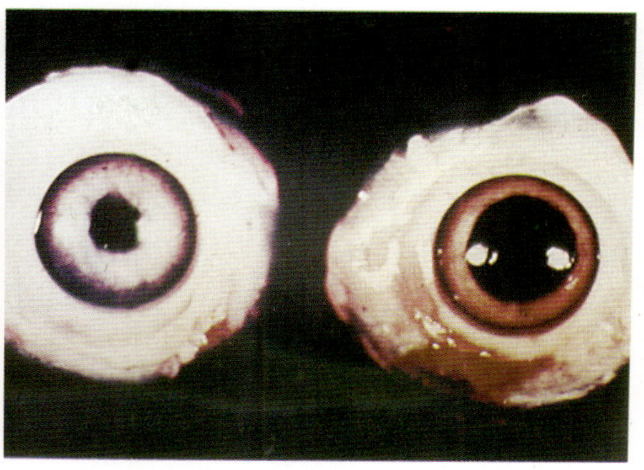
图3-168 眼型马立克氏病，虹膜呈同心环状灰白色

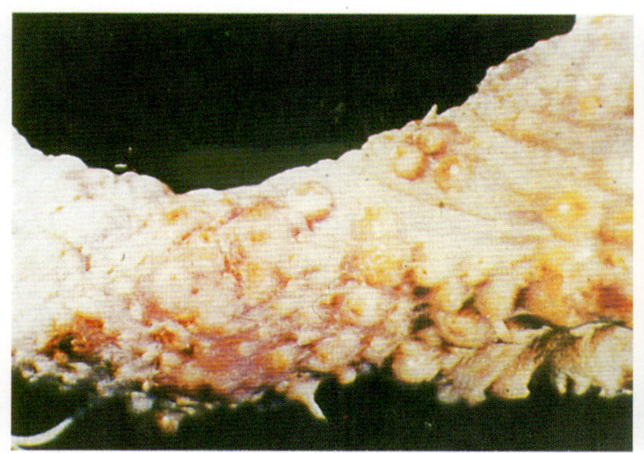
图3-169 皮肤型马立克氏病，皮肤上有肿瘤

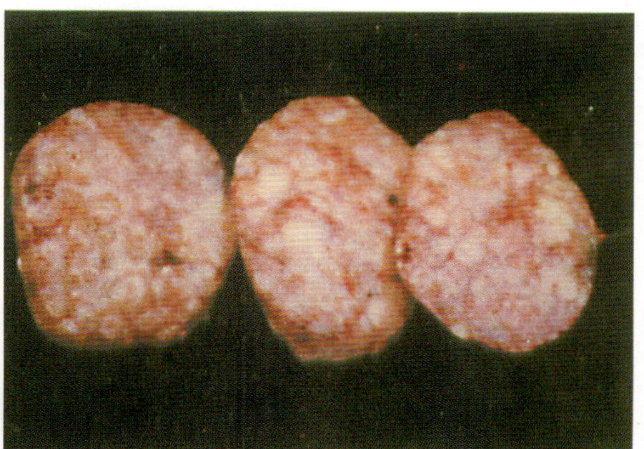
图3-170 卵巢肿瘤

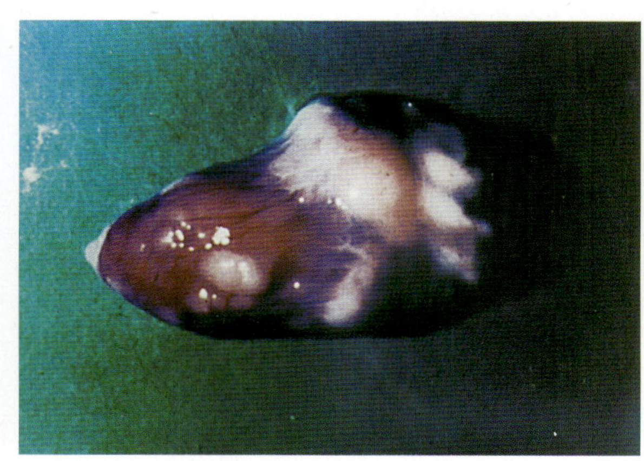
图3-171 心脏上肿瘤

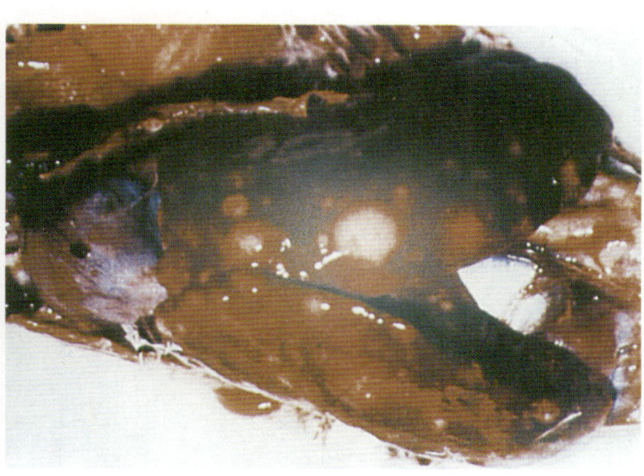
图3-172 肝脏上肿瘤

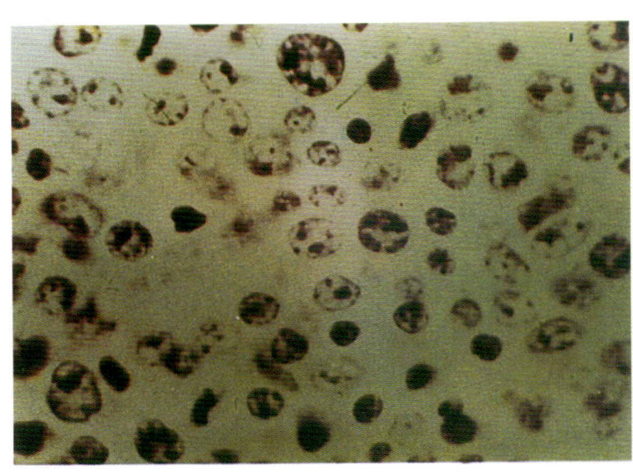

图 3-173 马立克氏病组织学变化以单核淋巴细胞和浆细胞浸润为特征

十七、禽白血病

禽白血病是由禽甲型反转录病毒群的病毒引起的禽类多种肿瘤性疾病的统称，主要是淋巴细胞性白血病，其次是成红细胞性白血病、成髓细胞性白血病。此外，还可引起骨髓细胞瘤、结缔组织瘤、上皮肿瘤、内皮肿瘤等。大多数肿瘤侵害造血系统，少数侵害其他组织。根据病毒中和试验，本群病毒可分为 A-J 8 个亚型，A-D 为外源性，宿主为鸡，C-D 致病力低，1971 年发现 J 型、外源型引致髓细胞瘤，对肉鸡危害严重。不同品种鸡对病毒感染和肿瘤发生的抵抗力差异很大。除水平传播外，可垂直传播。

自然感染在 14 周龄后，以性成熟时发病率最高。淋巴白血病（LL）无特异症状，可见病鸡精神委顿，羽毛松乱，鸡冠因贫血而苍白（图 3-174），病鸡食欲不振，精神沉郁，消瘦和衰弱（图 3-175）。肝肿大，有“大肝病”之称，肝的肿瘤有弥漫性和肿块型两种（图 3-176、图 3-177）。性腺受害时，卵巢有肿瘤块（图 3-178），法氏囊肿大、出血（图 3-179），肠系膜和肠管受到侵害，出现肿瘤（图 3-180）。骨骼受害时，骨骼变粗，称为骨石症（图 3-181）。组织学变化以小淋巴细胞增生为特征，形态比较一致（图 3-182）。病变特征应注意与鸡马立克氏病鉴别诊断。

图 3-174 病鸡羽毛松乱，鸡冠苍白、贫血，左边是正常鸡

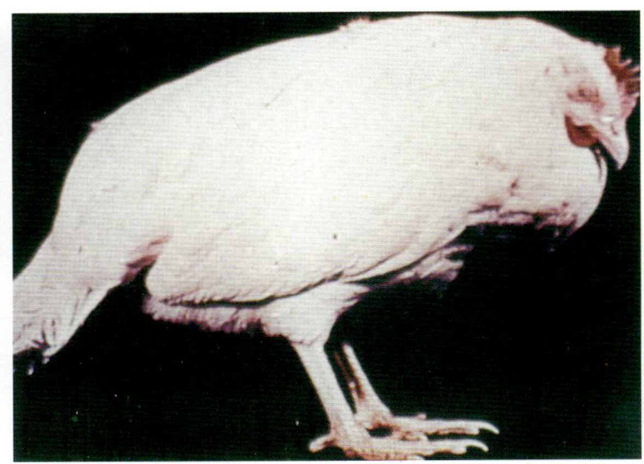

图 3-175 病鸡精神沉郁、消瘦和衰弱

目前还没有疫苗用于预防免疫，主要防制措施是进行定期严格检疫，淘汰阳性鸡，建立无白血病的种鸡群。

图 3−176　肿瘤大，呈弥漫性，又称大肝病，左边是正常肝

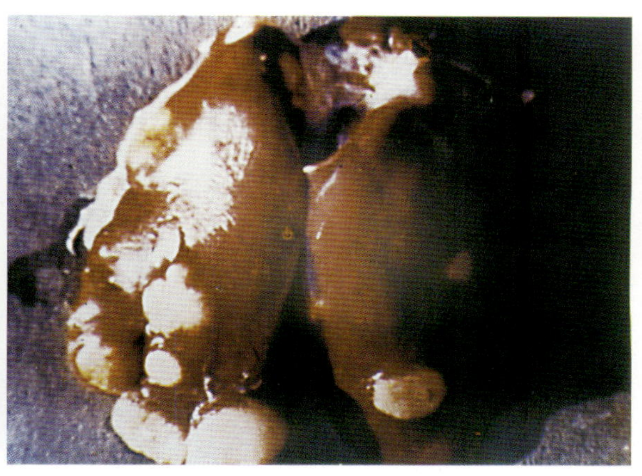

图 3−177　肝肿大，有肿瘤快

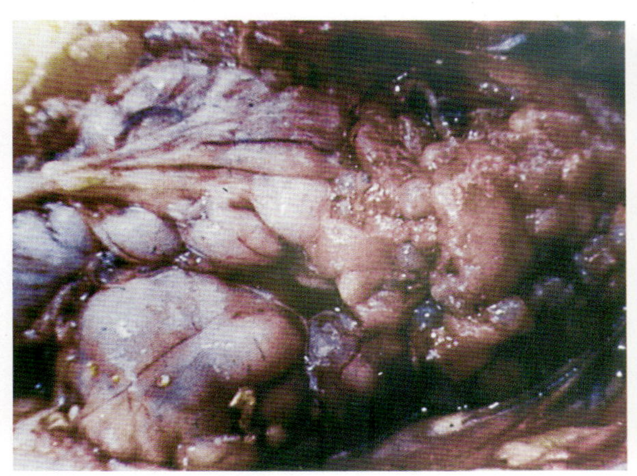

图 3−178　卵巢上的肿瘤块

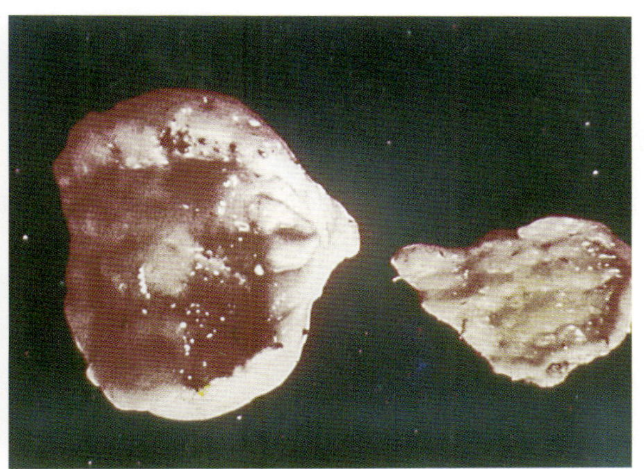

图 3−179　法氏囊弥漫性肿大、出血，右边为正常法氏囊

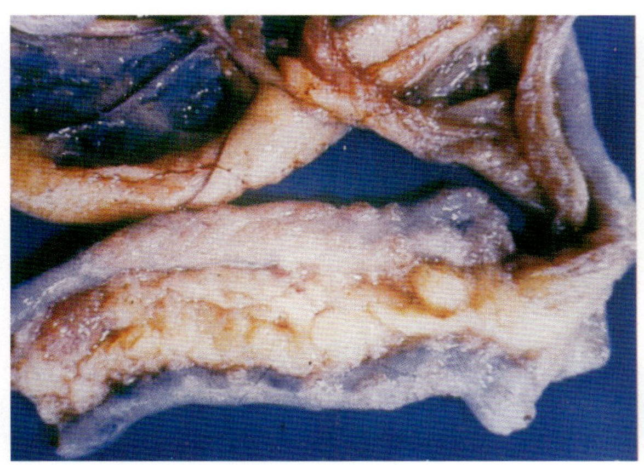

图 3−180　肠系膜肠管上的肿瘤块

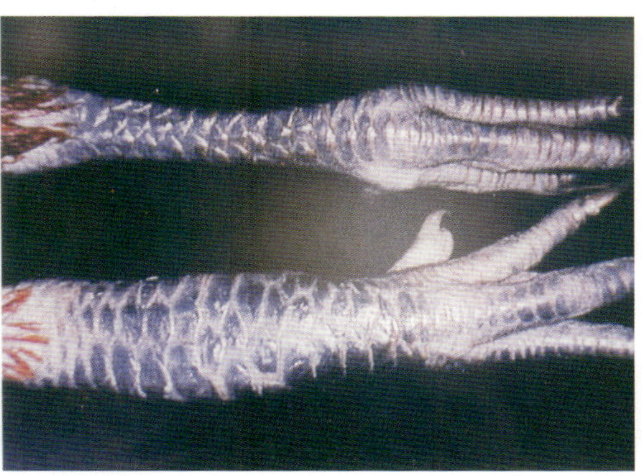

图 3−181　骨骼受害，骨骼变粗，称骨石症，上方为正常

图3-182 组织学变化以小淋巴细胞增生为特征，形态比较一致

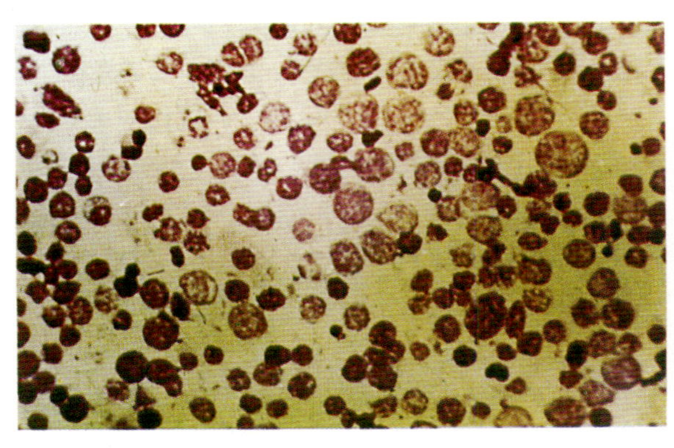

十八、鸡传染性法氏囊病

鸡传染性法氏囊病是由传染性法氏囊病病毒引起幼鸡的一种急性、高度接触性传染病。发病率高，病程短。幼鸡感染后，可导致免疫抑制，并可诱发多种疫病或多种疫苗免疫失败。传染性法氏囊病病毒属于禽双RNA病毒属，病毒无囊膜。已知传染性法氏囊病病毒有2个血清型，Ⅰ型为鸡源，有致病性，可分6个亚型，包括变异株，各毒株间毒力差异很大，有的毒株毒力很强，称为超强毒。Ⅱ型为火鸡源，无致病性。

本病主要发生于2～15周龄的鸡，3～6周龄的鸡最易感。临诊上出现增重减少、死亡、机体严重脱水和骨骼肌出血。本病往往突然发生，传播迅速，通常在感染后第三天开始死亡，5～7d达到高峰，以后很快停止。如超强毒感染，死亡率可高达70%以上。病鸡精神委顿，羽毛蓬乱，拉稀（图3-183），排出白色黏稠和水样稀粪，严重者病鸡头垂地，闭眼，呈昏睡状态（图3-184），后期严重脱水，极度虚脱，最后死亡。死亡的鸡腿部和胸部肌肉出血（图3-185）。法氏囊内黏液增多，水肿出血，体积增大，重量增加（图3-186、图3-187），多混浊不清，黏膜表面有点状出血，或弥漫出血（图3-188），有的法氏囊萎缩，严重者法氏囊内有干酪样物质。肾脏有不同程度的肿胀，有尿酸盐沉着，呈花斑肾（图3-189）。腺胃和肌胃交界处黏膜呈条状出血（图3-190）。组织学变化可见法氏囊滤泡结构发生改变，滤泡髓质区形成囊状空腔，淋巴细胞坏死，法氏囊上皮层增生，形成一种柱状上皮细胞（图3-191、图3-192）。

图3-183 感染后突然发病，发病率高，病鸡精神委顿，羽毛蓬松

图3-184 严重者病鸡垂头、闭眼，呈昏睡状态

本病要采取综合措施防制。患病鸡早期应用高免血清和卵黄抗体治疗，有良好效果。雏鸡可应用疫苗进行免疫接种，一是弱毒型疫苗，主要用于没有污染的鸡场；二是中等毒力疫苗，对法氏囊有轻度损伤，10d 左右恢复正常，对鸡保护率高，一般用于污染场。

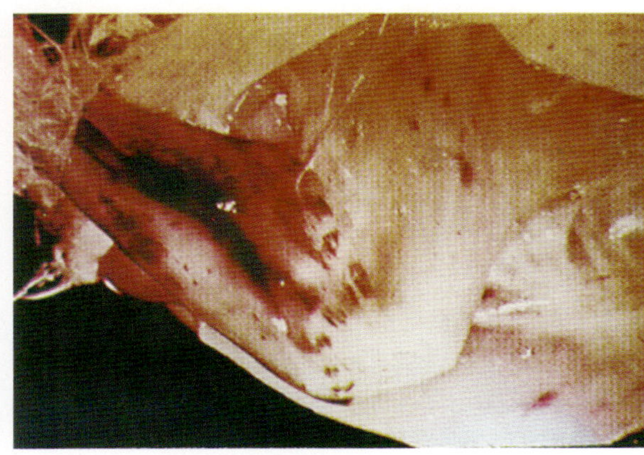

图3−185　病鸡腿肌和胸肌出血

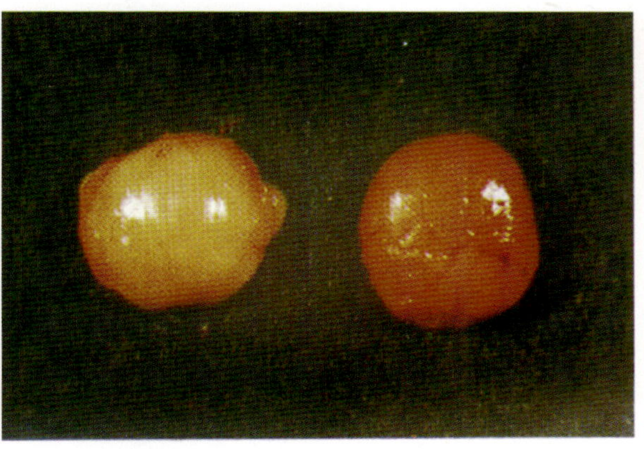

图 3−186　法氏囊轻度出血，左边为正常的法氏囊

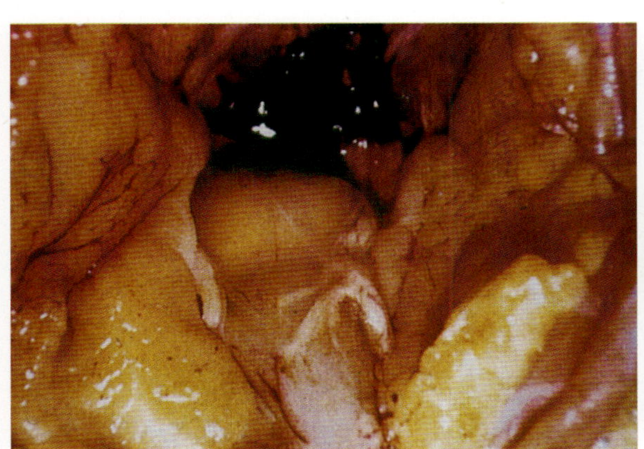

图 3−187　剖开腹腔见法氏囊肿胀

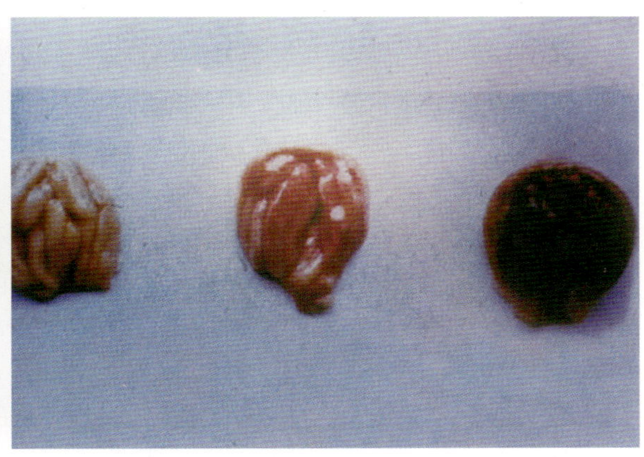

图 3−188　切开法氏囊见黏膜皱褶不明，有不同程度出血，左边为正常法氏囊

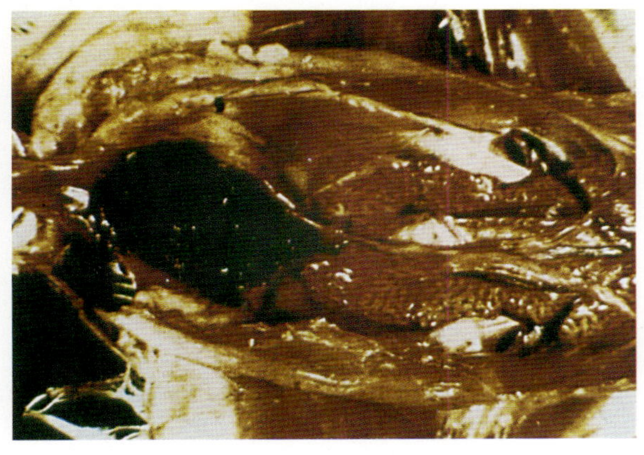

图3−189　肾肿大，呈花斑肾

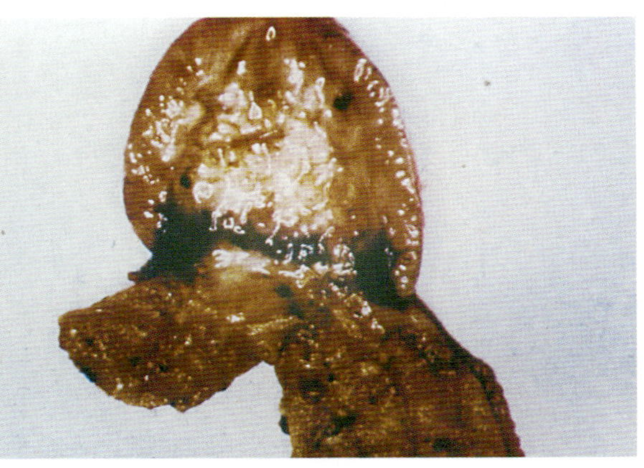

图 3−190　腺胃和肌胃交界处黏膜呈条状出血

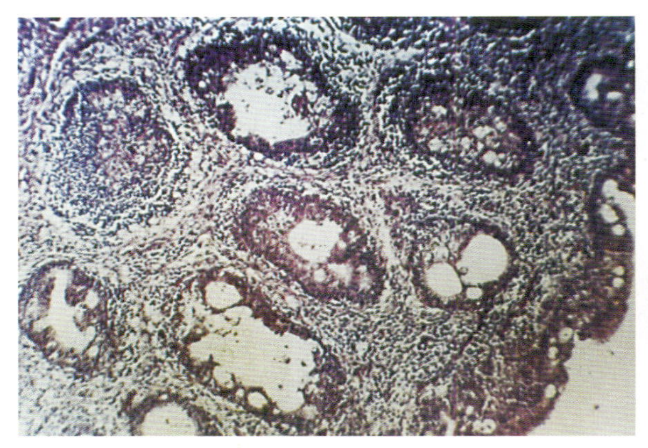

图 3-191　法氏囊滤泡髓质区形成囊状空腔，淋巴细胞坏死，法氏囊上皮增生

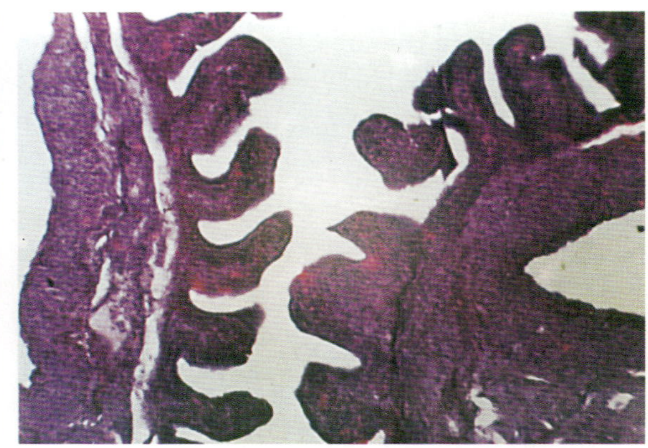

图 3-192　法氏囊滤泡结构发生改变，形成柱状上皮细胞

十九、禽呼肠孤病毒感染

呼肠孤病毒感染可引起鸡多种疾病，包括病毒性关节炎/腱鞘炎、矮小综合征、呼吸道疾病、肠道疾病和吸收不良综合征。呼肠孤病毒无囊膜，病毒形态呈晶格状排列（图 3-193）。病毒易适应鸡胚生长繁殖，接种卵黄囊 3～5d 后胚胎死亡，胚体出血（图 3-194）。

鸡和火鸡是自然宿主，粪便污染环境而接触感染，本病也可以垂直传播。急性感染，关节受侵害时可见跛行，或常蹲伏地面（图 3-195）。少数鸡发育不良，消瘦，精神委顿（图 3-196）病鸡腿部皮下组织充血和出血（图 3-197），跗关节有不同程度肿大（图 3-198）。病鸡腱鞘不同程度肿大，有的鸡腓肠肌腱不同程度断裂（图 3-199、图 3-200）。琼脂扩散可用于鸡群检疫和诊断（图 3-201）。

用活疫苗或死疫苗免疫种鸡是防制本病的有效方法，既可限制垂直传播，又可通过母源抗体保护 1 日龄仔鸡。因为 1 日龄雏鸡对呼肠孤病毒最易感，而至 2 周龄时已开始建立年龄相关抵抗力。1 日龄雏鸡也可接种疫苗，但要注意疫苗毒株，如 S_{1133} 与鸡马立克氏病疫苗有干扰作用。

图 3-193　病毒形态呈晶格状排列，无囊膜

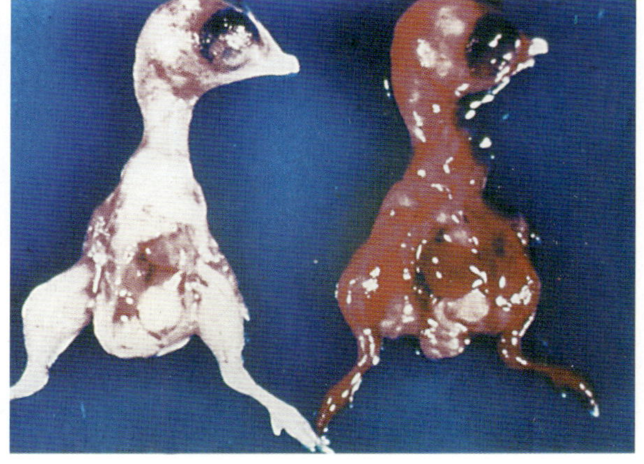

图 3-194　病毒感染鸡胚，胚体出血

图3-195 关节受侵害，病鸡跛行或常蹲伏地面

图3-196 病鸡发育不良，消瘦，精神委顿

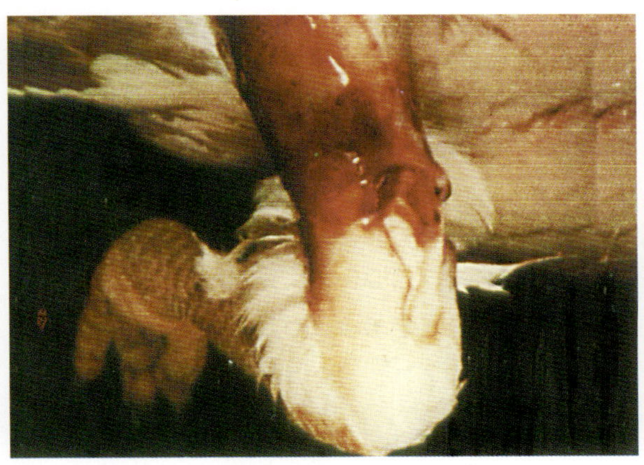

图3-197 病鸡腿部皮下组织充血、出血

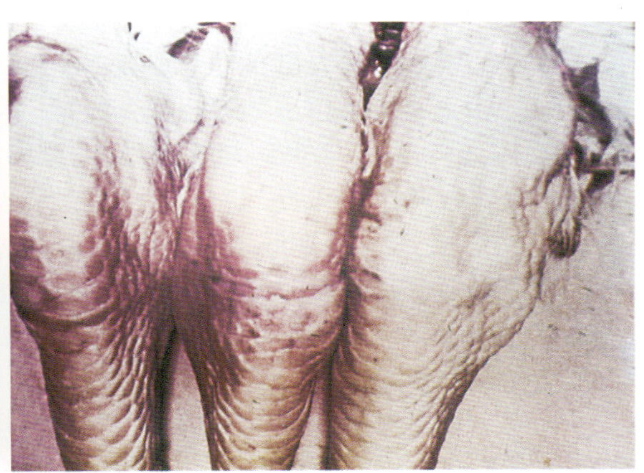

图3-198 病鸡跗关节不同程度肿大

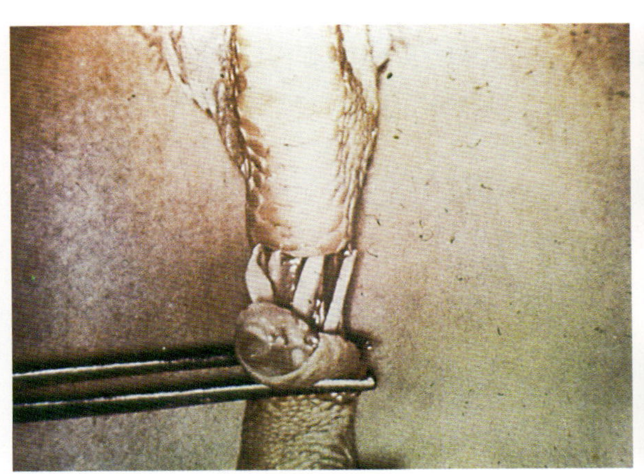

图3-199 病鸡腱鞘不同程度肿大

图3-200 病鸡腓肠肌腱不同程度断裂

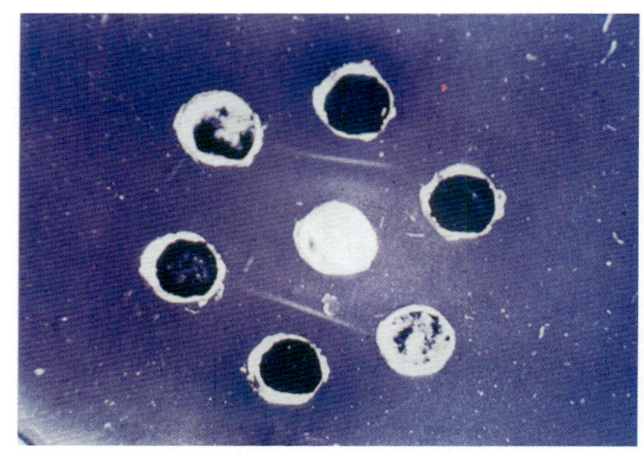
图 3-201 琼脂扩散试验，感染鸡的血清与本病毒抗原之间有一条白色沉淀线，阴性者无

二十、鹅呼肠孤病毒感染

1975年国外学者曾从鹅体内分离到呼肠孤病毒。2001年我国江苏省首次发生本病流行，从患病鹅组织器官分离并鉴定出鹅呼肠孤病毒株。本病又称鹅出血性坏死性肝炎、鹅花肝病。病毒属于呼肠孤病毒科，正呼肠孤病毒属，禽呼肠孤病毒群，鹅呼肠孤病毒（图3-202）。病毒能在鹅胚、鸭胚、鸡胚复制并致死胚胎，也能在上述胚胎细胞复制并引起细胞病变。胚体皮肤有大小不一的出血斑（图3-203），胚胎肠道黏膜充血和弥散性出血（图3-204）。胚体心肌有出血斑（图3-205），较大胚龄肝脏肿大，有弥漫性、大小不一的黄色和红色相间的坏死灶（图3-206）。胚胎脾脏肿大，有弥漫性、大小不一的坏死灶（图3-207）。绒毛尿膜充血和散在性点状出血点（图3-208），多数绒毛尿膜增厚、水肿，有大小不一的水泡样痘斑（图3-209），接种部位的绒尿膜有黄豆大至小蚕豆大的紫红色出血斑，中心有灰白色坏死灶（图3-210）。有的胚胎肌胃和腺胃浆膜有淡黄色、绿豆至黄豆大的坏死灶（图3-211）。经交叉琼扩试验和中和试验等血清学研究证明，本病毒与鸡病毒性关节炎病毒和番鸭呼肠孤病毒，其病原特性和抗原性有较大的差异。本病主要危害1～10周龄雏鹅和仔鹅，多发生于2～4周龄雏鹅。发病率和死亡率与日龄有密切关系，差异较大。发病率为10%～70%，死亡率为2%～60%，3周龄以内雏鹅死亡率可达60%，而7周龄至10周龄仔鹅死亡率低，约2%～3%。青、成年鹅感染后不发病，但可带毒传播疫病。自2001年发生以来，已在许多鹅群流行造成危害，除鹅感染发病外，蛋鸭和肉鸭也有流行发生。

患病鹅生长受阻是本病的特征。按病程可分为急性、亚急性和慢性。雏鹅多呈急性，精神委顿，食欲大减或废绝，羽毛杂乱、无光泽，体弱，消瘦，不能站立，行动缓慢或跛行，头颈部着地，双腿向后（图3-212），腹泻。有的患鹅一侧或二侧跗关节或跖关节肿胀。

患病仔鹅或较大日龄雏鹅呈亚急性或慢性症状。患鹅精神不佳，食欲减少，运动困难，不愿站立，行走时呈跛行，跗关节和跖关节肿胀，体小瘦弱。

急性病例，患病雏鹅肝脏有散在性或弥漫性、大小不一的紫红色或鲜红色出血斑（图3-213），或散在性或弥漫性、大小不一的淡黄色或灰黄色坏死斑（图3-214）。脾脏稍肿大，质地较硬，并有大小不一的坏死灶（图3-215）。胰腺肿大，出血、并有散在性，针头大的坏死灶（图3-216）。肾脏肿大，充血、出血，有弥漫性，针头大的灰白色坏死灶（图3-217）。心内膜有出血点。肠道黏膜（图3-218）和肌胃有鲜红出血斑（图3-219）。法氏囊黏膜出血（图3-220）。胆囊肿大，充满胆汁。脑壳严重充血，脑组织充血（图3−221）。肺充血。肿胀的关节腔内有纤维素蛋白渗出液。有的病例腓肠肌腱区有出血。

亚急性病例，患病仔鹅肝脏和脾脏病变与急性病例相似，但较轻，表面有浆液性炎症。心外膜和心包也常见有纤维素性炎症。肿胀关节腔有纤维素性渗出物或机化渗出物。

慢性病例，内脏器官的病变大大减轻或没有病变，肿胀关节腔有机化的纤维素性渗出物。

组织学变化见肝弥漫性出血性坏死性肝炎（图3−222）。脾脏广泛出血、坏死（图3−223）。胰腺实质多发性灶状坏死（图3−224）。肾脏实质严重浊肿（图3−225）。肠道黏膜卡他性炎症（图3−226）。心肌浊肿及心内膜炎。肺充血、局灶性出血、坏死（图3−227）。轻微脑炎，脑神经细胞变性、坏死（图3−228）。

由于本病是鹅的一种新的病毒性传染病，且本病毒具有垂直传播特性等因素，增加了防制的难度。免疫接种是防治本病有效的方法。

种鹅应在产蛋前15天左右应用油乳剂灭活苗进行免疫，免疫后15天已产生较高抗体，一方面可消除垂直传播的危险，另一方面，使其子代具有较高滴度的母源抗体，可免受早期感染。

免疫的种鹅群孵出的雏鹅，在15日龄左右用灭活苗或油乳剂灭活苗进行免疫。未免疫的种鹅群孵出的雏鹅，在7日龄以内用灭活苗或油乳剂灭活苗进行免疫。或者出壳雏鹅应用抗血清进行紧急注射，血清注射后10～15d再注射灭活苗。

对出现临床症状的患病雏鹅可用抗血清进行治疗，有较好的防治效果。

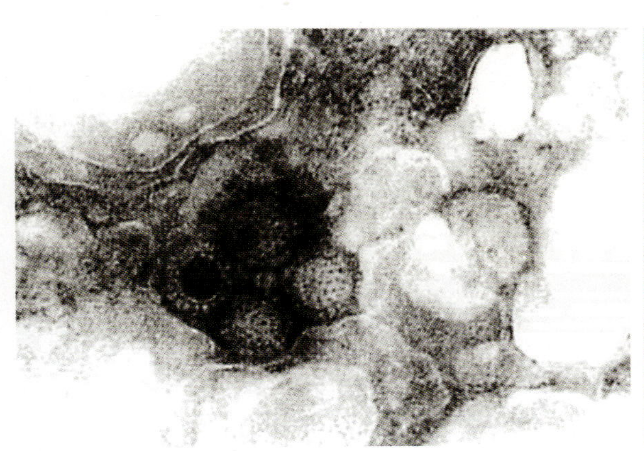

图3−202　鹅呼肠孤病毒，无囊膜

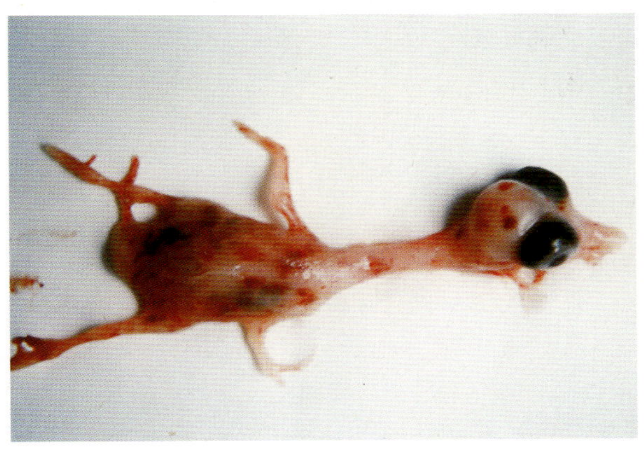

图3−203　鹅胚胚体皮肤有大小不一的鲜红色出血斑

图3−204　肠道黏膜充血和弥漫性出血

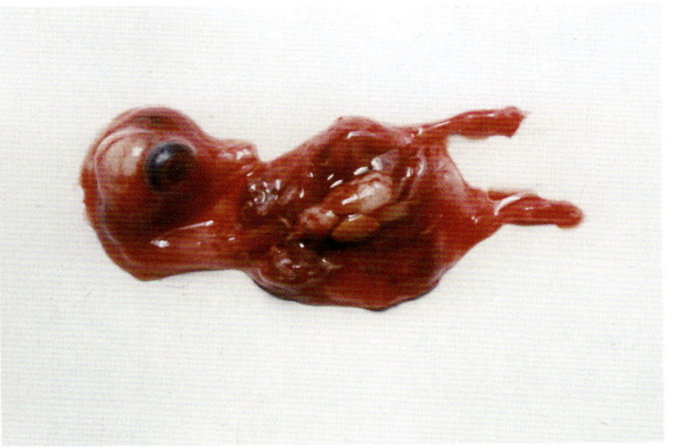

图3−205　鹅心肌出血斑

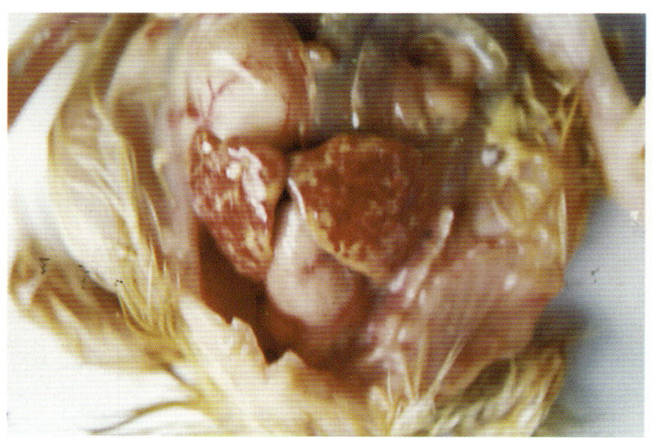

图3-206　鹅胚肝肿大，有弥漫性、大小不一的黄色和红色相间的坏死灶

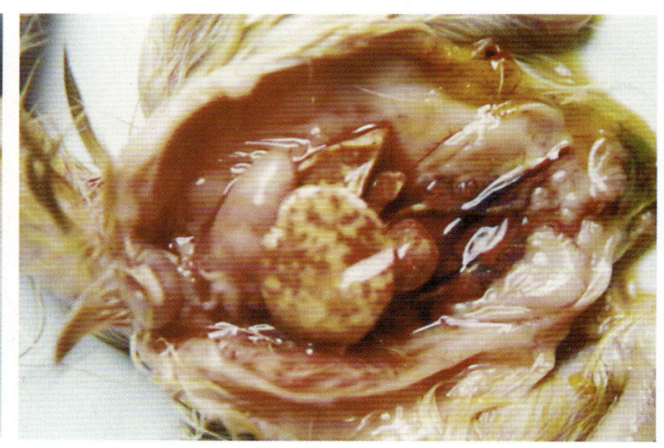

图3-207　鹅胚肝和脾脏肿大，有弥漫性、大小不一的黄色和红色相间的坏死灶

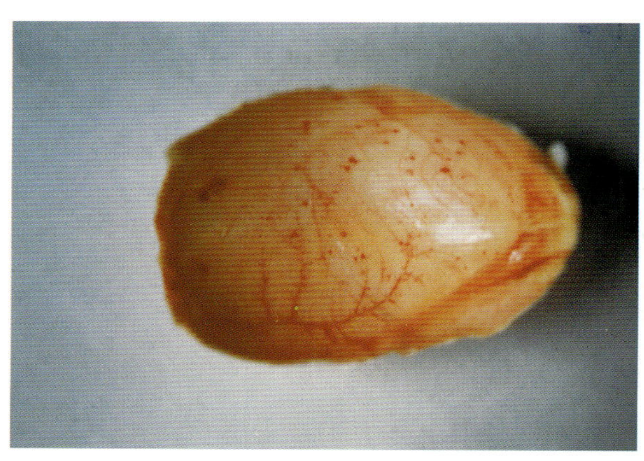

图3-208　鸡胚绒毛尿囊膜充血和散在性点状出血

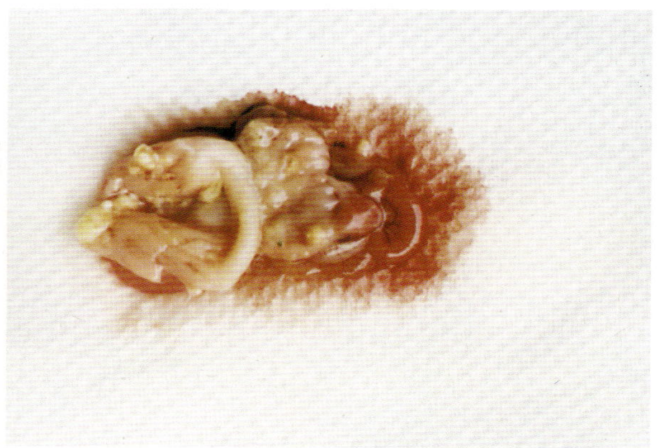

图3-209　鸡胚绒毛尿囊膜增厚、水肿，有大小不一的水疱样痘斑

图3-210　鹅胚绒毛尿囊膜有黄豆大的鲜红出血斑，中间有灰白色坏死灶

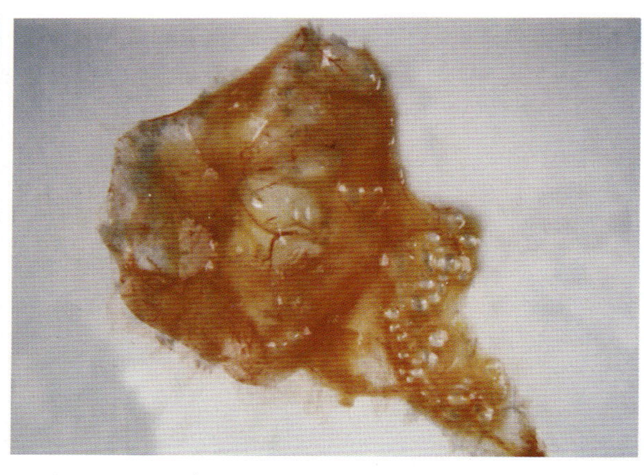

图3-211　鸡胚肌胃和腺胃黏膜有淡黄色、绿豆至黄豆大的坏死结节

图3-212　患病雏鹅无力，头颈着地，双腿向后屈

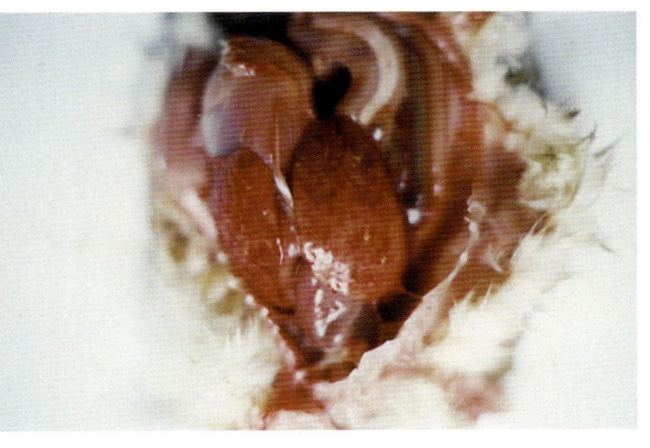
图3-213　肝脏有弥漫性、大小不一的鲜红色出血斑和散在性淡黄色坏死灶

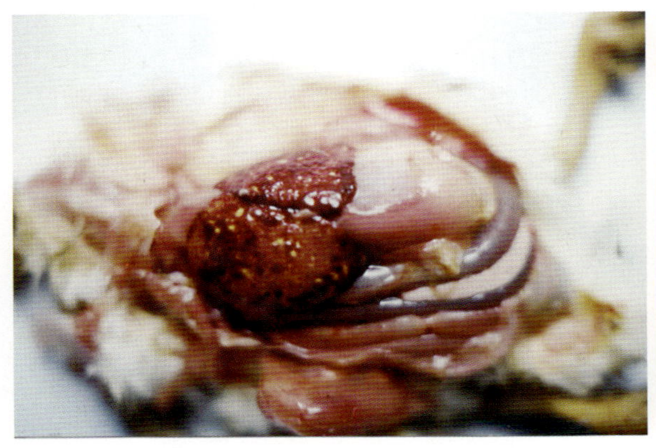
图3-214　肝脏有弥漫性、大小不一的紫红色出血斑和弥漫性淡黄色或灰黄色坏死斑

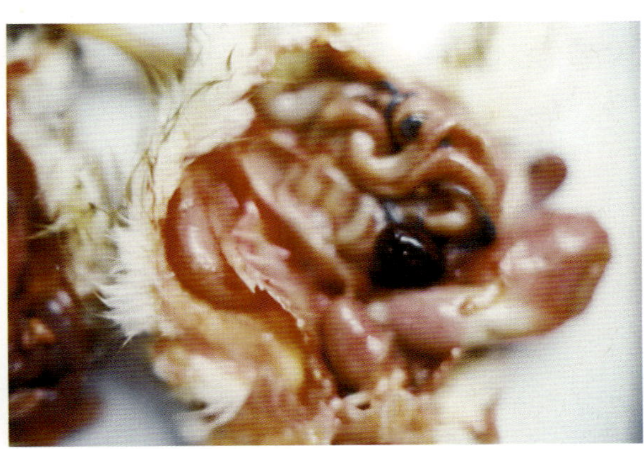
图3-215　脾脏稍肿大，有大小不一的坏死灶

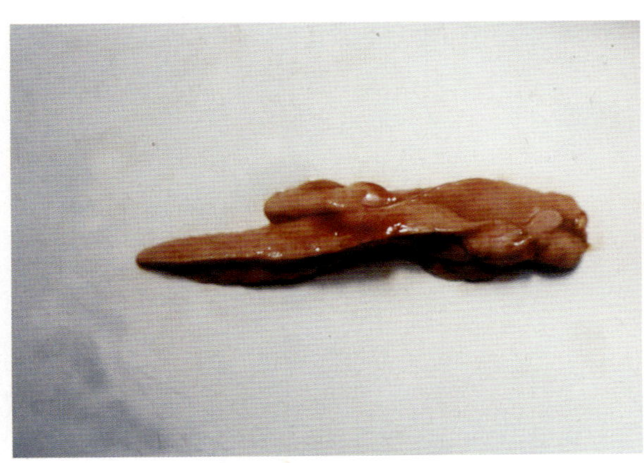
图3-216　胰腺肿大，有散在的坏死灶

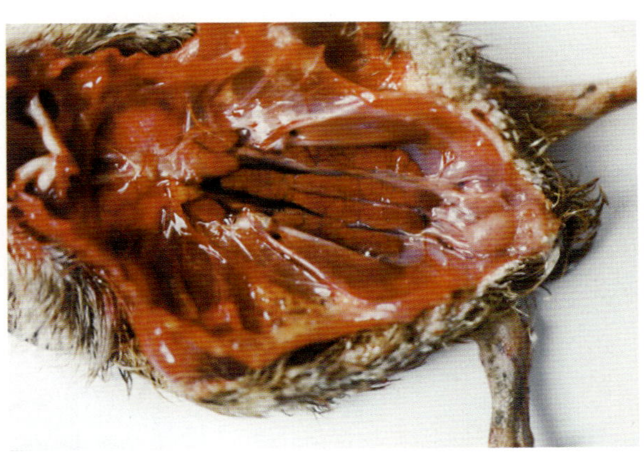
图3-217　肾脏肿大、充血、出血，有弥漫性、针头大的灰白色坏死灶

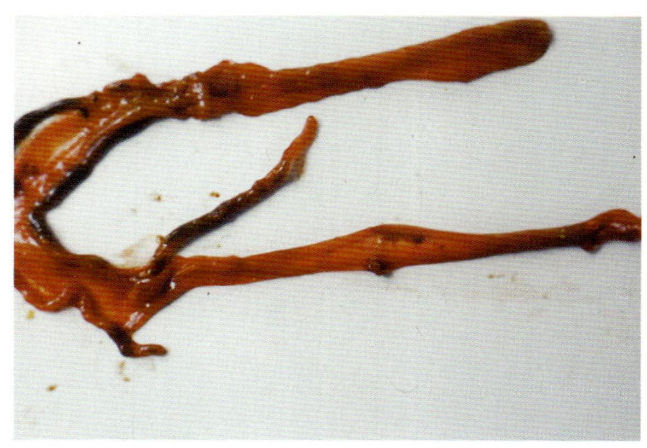

图 3−218　回肠、盲肠和直肠黏膜弥漫性出血

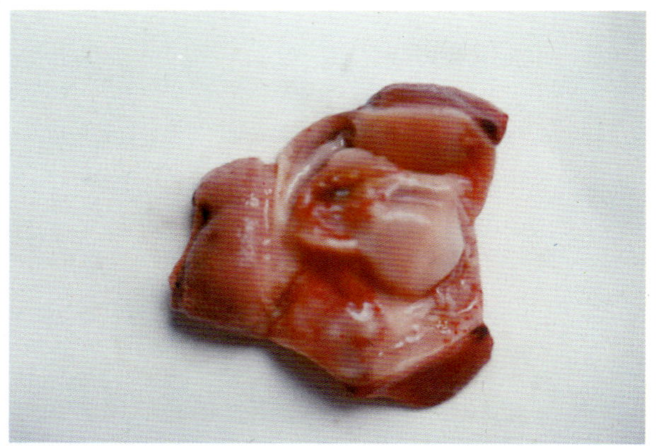

图 3−219　肌胃角质层下肌层有鲜红色的出血斑

图 3−220　患病雏鹅法氏囊出血

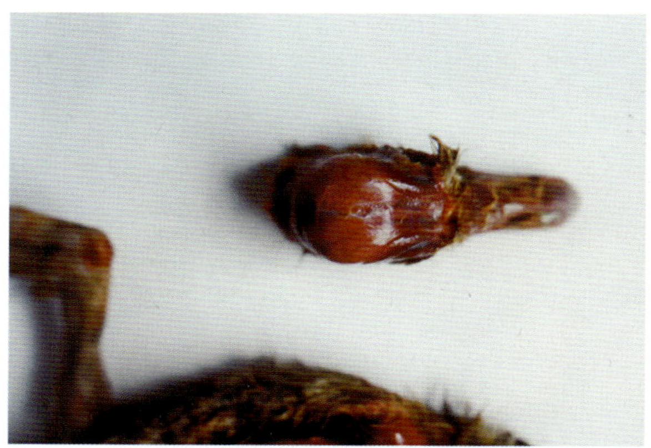

图 3−221　患病雏鹅脑壳充血、出血

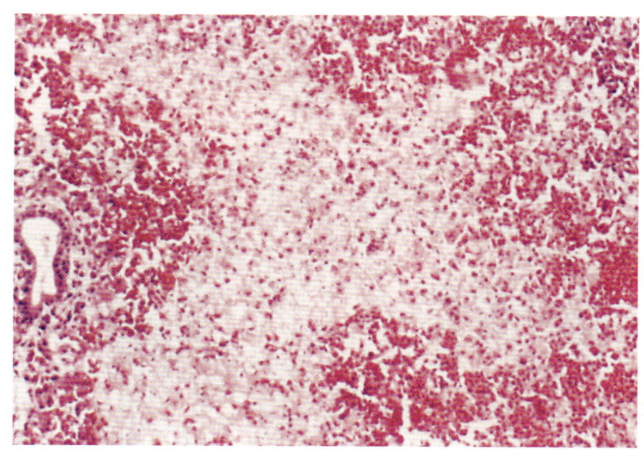

图3−222　肝坏死区，区内肝腺泡组织完全破坏，为坏死空泡化的肝细胞和核屑，坏死区周围大片出血

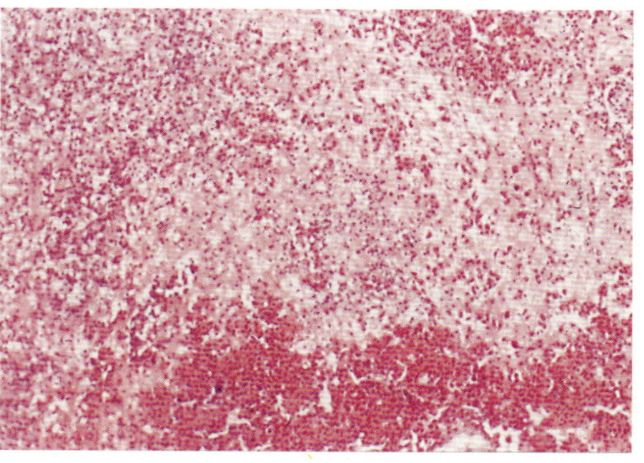

图 3−223　脾实质坏死区扩大，区中仅见细胞碎屑和有红色浸润

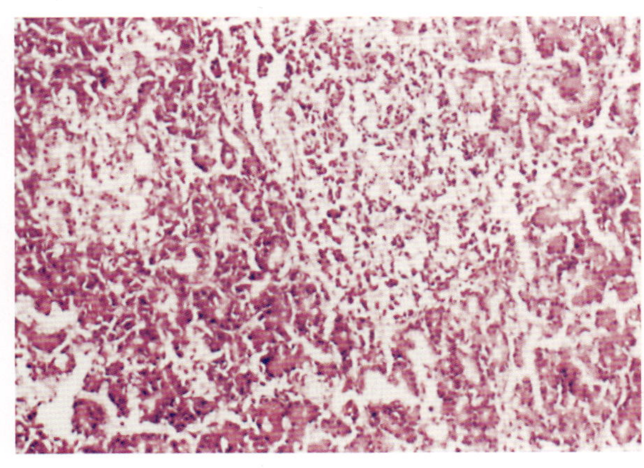
图3-224　胰腺实质内的坏死灶，腺泡结构破坏，腺上皮细胞崩解

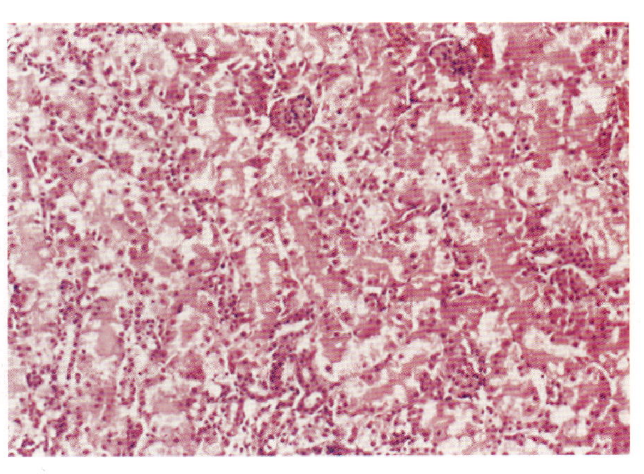
图3-225　肾皮质内肾小管上皮广泛浊肿

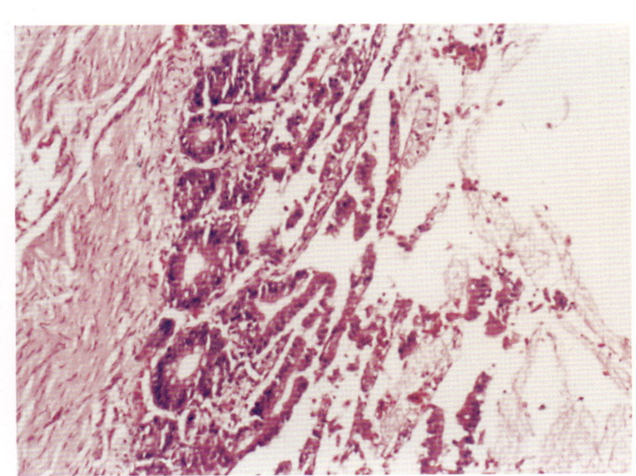
图3-226　小肠黏膜绒毛坏死

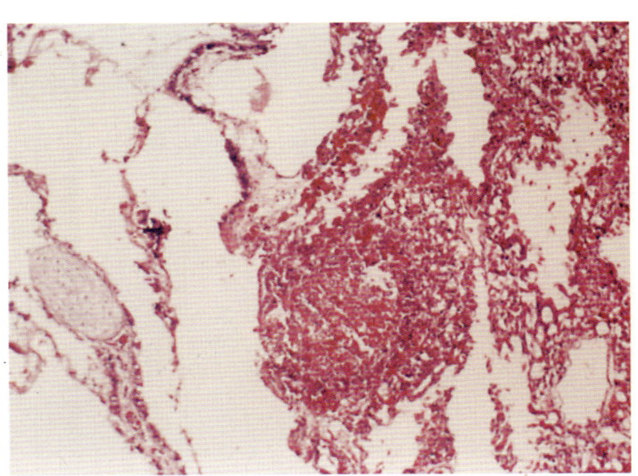
图3-227　肺支气管周边的一出血性坏死灶

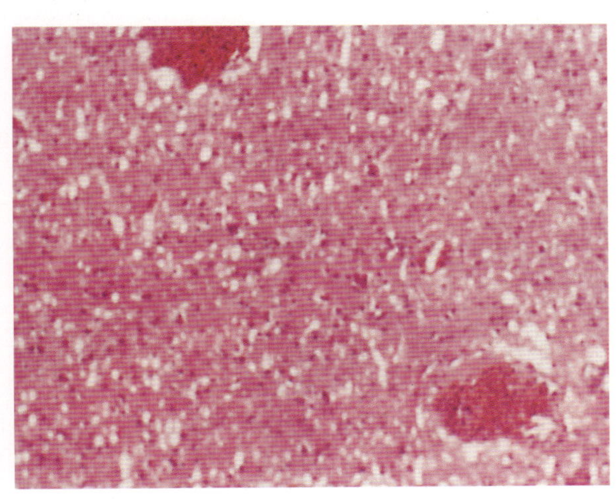
图3-228　小脑髓质两处血管出血

二十一、禽 痘

禽痘是由禽痘病毒引起的禽类的一种接触性传染病。其特征是在无毛或少毛的皮肤上发生痘疹，或在口腔、咽喉部黏膜形成纤维素性坏死性假膜。禽痘病毒和哺乳动物痘之间无交叉免疫。各种禽痘病毒之间抗原性极近似。病毒接种鸡胚，在鸡胚绒毛尿囊膜上可形成痘斑（图 3−229）。

本病对鸡的易感性最高，不分年龄、性别和品种都可感染。春秋两季多发。根据侵害部位不同，在临诊症状可分为皮肤型和黏膜型。皮肤型以眼睑和冠、腿、趾无毛处出现痘疹（图 3−230、图 3−231）。黏膜型多发生于小鸡，病死率较高，病初呈鼻炎症状，精神委顿，厌食，口腔、咽喉和气管等处黏膜发生痘疹，并形成假膜（图 3−232、图 3−233、图 3−234），引起呼吸困难和吞咽困难，甚至窒息而死。见病变部位的上皮细胞内有胞浆内包涵体（图 3−235）。

接种鹌鹑化鸡痘弱毒疫苗可有效预防本病。一般在鸡翅内侧无血管处皮下刺种。

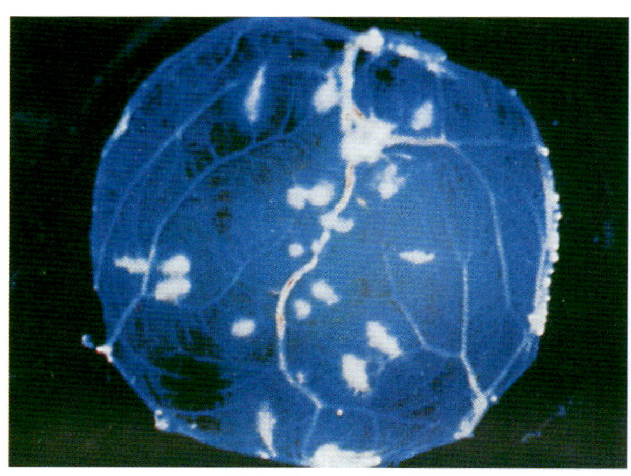

图 3−229　禽痘病毒接种鸡胚后，在鸡胚绒毛尿囊膜有痘斑

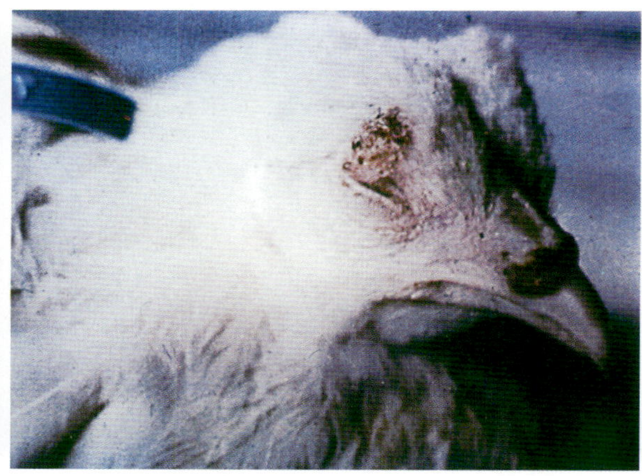

图3−230　鸡感染后在眼睑及鼻孔周围有痘疹

图 3−231　鸡冠上的痘疹，逐渐增大成豌豆大表面凹凸不平的硬结痂

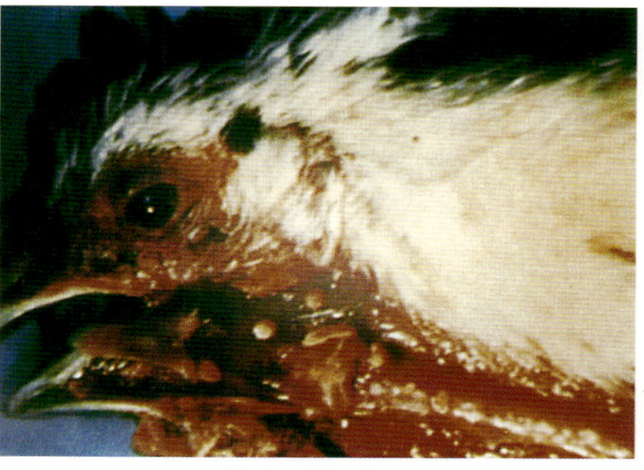

图 3−232　黏膜型鸡痘，见口腔、咽喉充血，有假膜

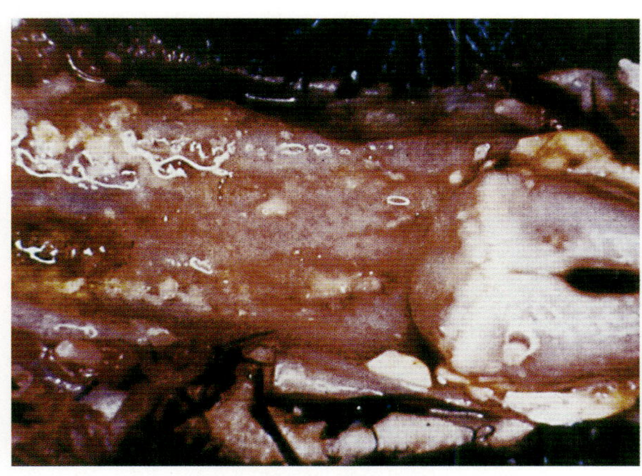

图3-233 咽喉部黏膜红肿，有充血

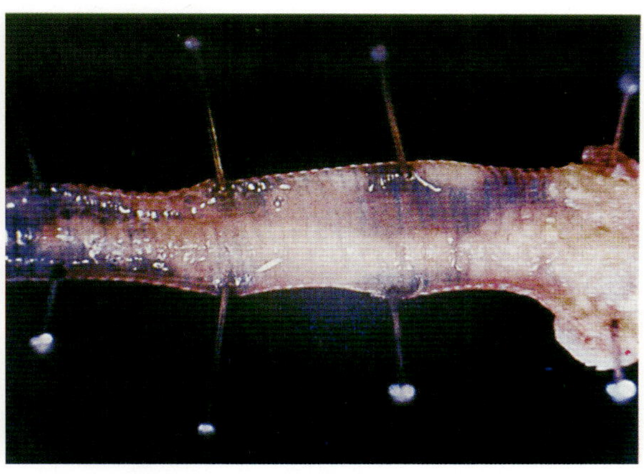

图3-234 气管黏膜充血，有假膜

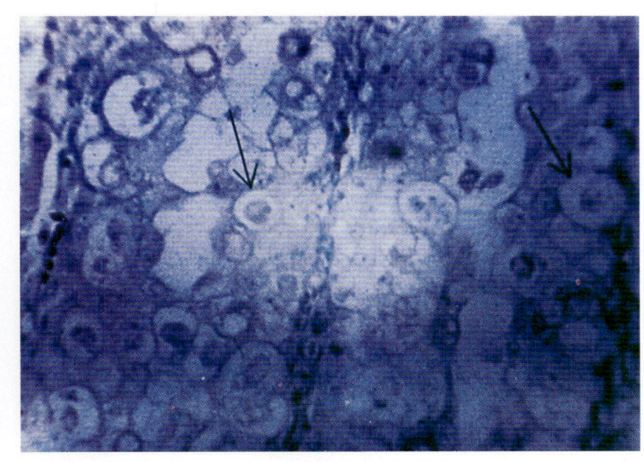

图3-235 在病变部上皮细胞内有胞浆内包涵体

二十二、鸡产蛋下降综合征

鸡产蛋下降综合征（EDS_{76}）是由禽腺病毒属鸭腺病毒甲型引起的以产蛋下降为特征的一种鸡的传染病，表现为鸡产蛋骤然下降，软壳蛋、畸形蛋增加，褐色蛋壳颜色变淡。产蛋下降综合征病毒无囊膜，双股DNA（图3-236），有三种基因型，第一种引起经典鸡产蛋下降综合征，许多国家都有发生。第二种仅发生于英国的鸭。第三种发生于澳大利亚的鸡。三种EDSV均能凝集禽类的红细胞，只有一个血清型。

本病主要侵害26～32周龄鸡，35周龄以上较少发病。本病的传播形式有三种，一是通过种蛋，以垂直的方式传播；二是鸡与鸡之间的水平传播；第三种为家养或野生的鸭、鹅或其他水禽，通过粪便污染饮水而将病毒传播给母鸡。症状表现为突然性群体产蛋下降20%～38%，严重者甚至达50%以上，蛋壳色泽变淡，蛋白稀薄呈水样，软壳蛋、薄壳蛋占15%以上（图3-237、图3-238）。蛋体畸形，蛋壳粗糙（图3-239）。打开感染鸡产的鸡蛋，见蛋清呈水样或混浊（图3-240）。产蛋率下降可持10周左右，产蛋恢复十分缓慢。剖检主要病变为输卵管卡他性炎症和黏膜水肿出血（图3-241）。组织学变化，输卵管腺体水肿，单核淋巴细胞浸润，黏膜上皮细胞变性、坏死，可见到核内包涵体（图3-242）。

防制本病要杜绝EDS_{76}病毒传入，加强鸡场和孵化厅消毒工作，注意氨基酸和维生素平衡。商品蛋鸡在16～18周龄时用鸡产蛋下降综合征（EDS_{76}）灭活苗，鸡产蛋下降综合征和鸡新城疫二联灭活苗，肌内注射0.5 mL/只，一般经15 d后产生抗体，免疫期6个月以上。种鸡应在35周龄时再接种一次，能有效地控制本病的发生。

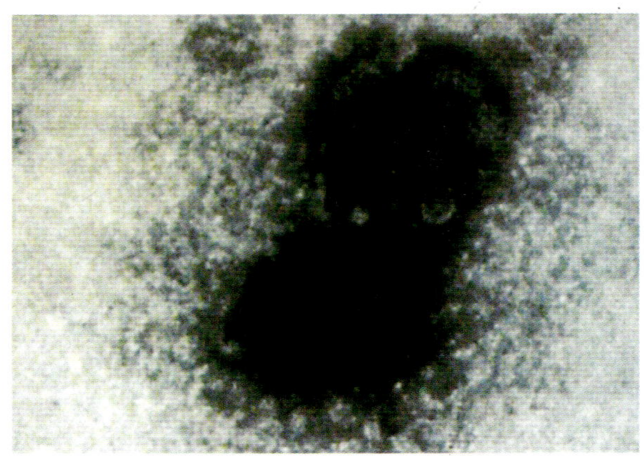

图3-236　产蛋下降综合征病毒属于禽腺病毒Ⅲ群，无囊膜，双股DNA，能凝集禽类的红细胞

图3-237　蛋壳色泽变淡，蛋白稀薄呈水样

图3-238　软壳蛋、薄壳蛋增多，占15%以上

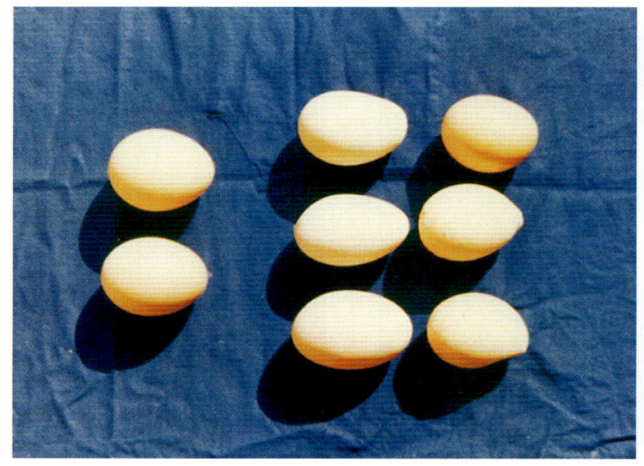

图3-239　蛋体畸形，蛋壳粗糙。左侧为正常鸡产的蛋

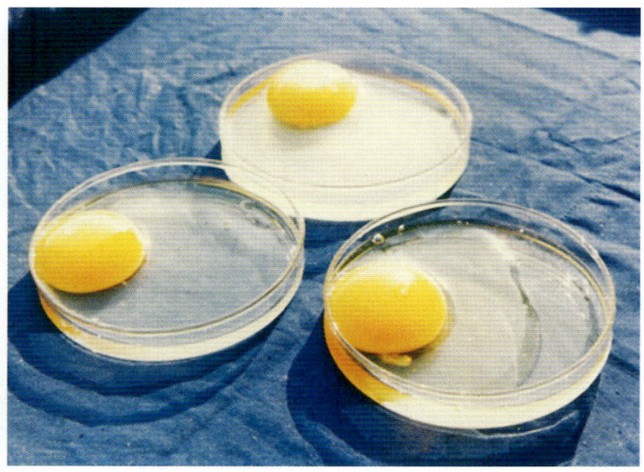

图3-240　感染鸡产的鸡蛋见蛋清呈水样或混浊。右下角为正常鸡产的蛋

本病目前还没有有效的治疗方法，一旦鸡群发病，可进行疫苗的紧急接种，以缩短病程，促进鸡群早日康复。在产蛋恢复期，在饲料中添加一些增蛋灵之类的中药制剂，可促进产蛋的恢复。

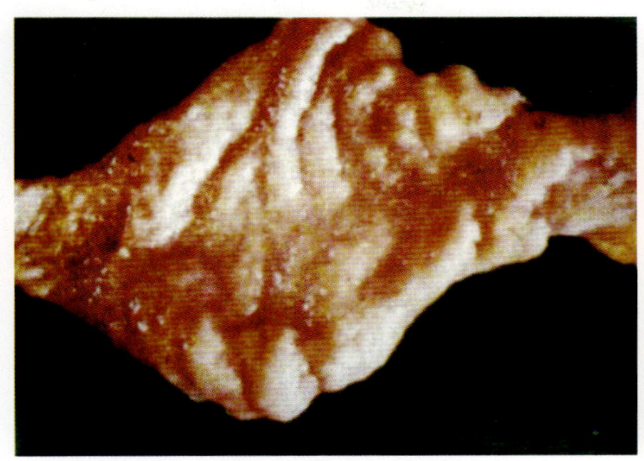
图3－241　输卵管卡他性炎症和黏膜水肿、出血

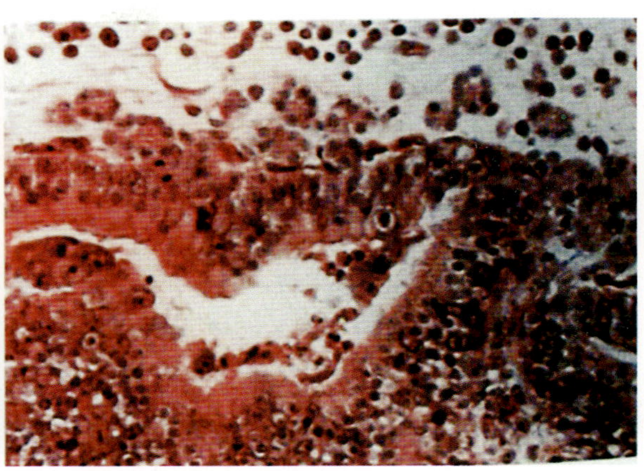
图3－242　输卵管腺体水肿，单核淋巴细胞浸润，黏膜上皮细胞变性、坏死，可见到核内包涵体

二十三、鸡包涵体肝炎

鸡包涵体肝炎又称贫血综合征，是禽腺病毒引起鸡的一种急性传染病，其特征为病鸡死亡突然增多，严重贫血，黄疸，肝肿大、有出血和坏死灶，肝细胞有核内包涵体。该病毒属于禽腺病毒Ⅰ群，无囊膜，不凝集禽类红细胞。

5～7周龄鸡最易感，可垂直传播，多发生于春、秋两季。病鸡表现精神沉郁，嗜睡，下痢，羽毛粗乱（图3－243），有的病鸡出现贫血、黄疸。病鸡腿肌苍白且严重出血（图3－244）。特征性病变为肝肿胀、脂肪变性、质地脆弱易破裂、有出血点（图3－245），肝切面颜色淡、出血（图3－246），骨髓脂肪变性、呈灰白色或黄色（图3－247）。肾脏肿胀、呈灰白色并有出血点（图3－248）。组织学变化：在肝细胞见有圆形或形状不规则嗜酸性包涵体，偶有嗜碱性包涵体（图3－249）。

本病尚无特殊的治疗方法。由于本病毒的血清型很多，故疫苗接种的可靠程度不一，因此，控制本病的诱因要比接种疫苗更为有效。主要措施为加强饲养管理，防止或消除一切应激因素（过冷、过热、通风不良、营养不足、密度过高、贼风以及断喙过度等）。杜绝传染源传入，从安全的种鸡场引进苗鸡或种蛋。由于腺病毒广泛存在于鸡群中，只有在免疫抑制时才能发病，因此，必须做好免疫抑制病，如传染性法氏囊病、鸡传染性贫血病等的免疫预防工作。

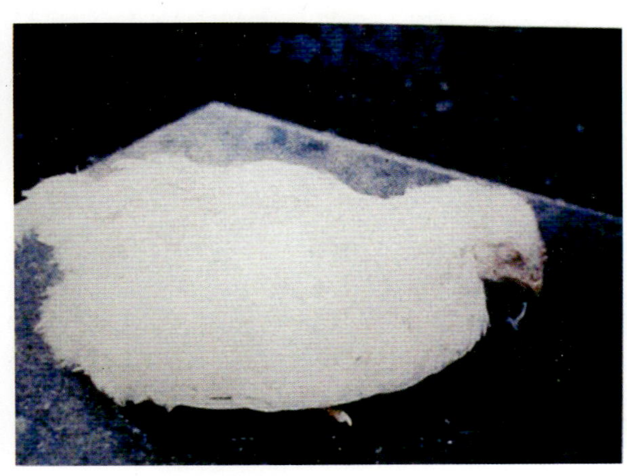
图3－243　病鸡表现精神沉郁，嗜睡，下痢，羽毛粗乱，贫血

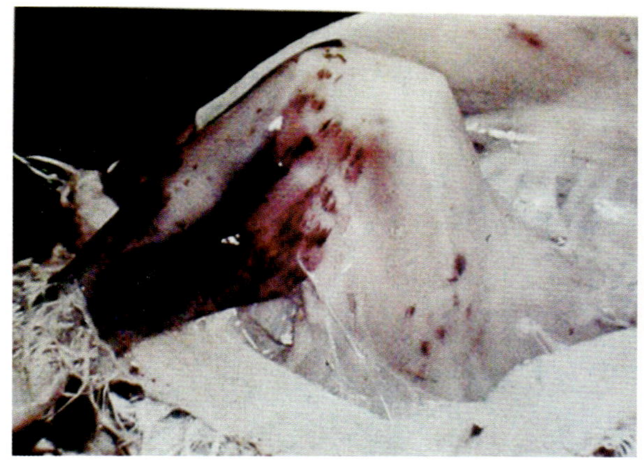
图 3-244　病鸡腿肌苍白且严重出血

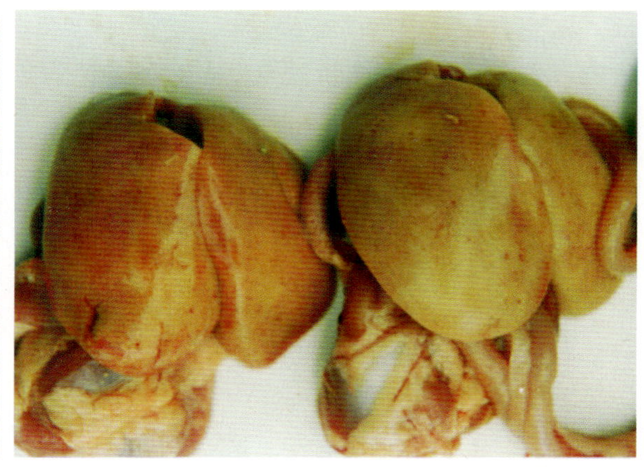
图 3-245　肝脏肿胀，脂肪变性，易破裂，有出血点

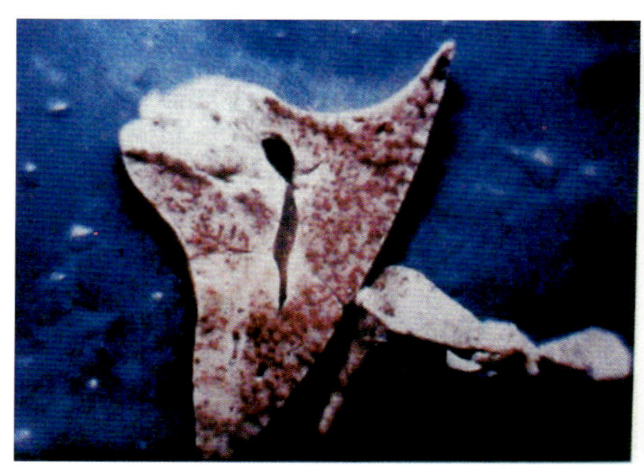
图3-246　肝切面颜色淡，有出血点

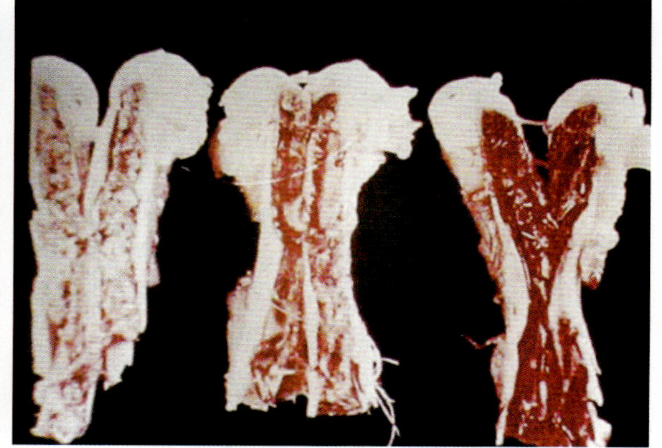
图 3-247　骨髓脂肪变性，变黄白色。右侧为正常的骨髓

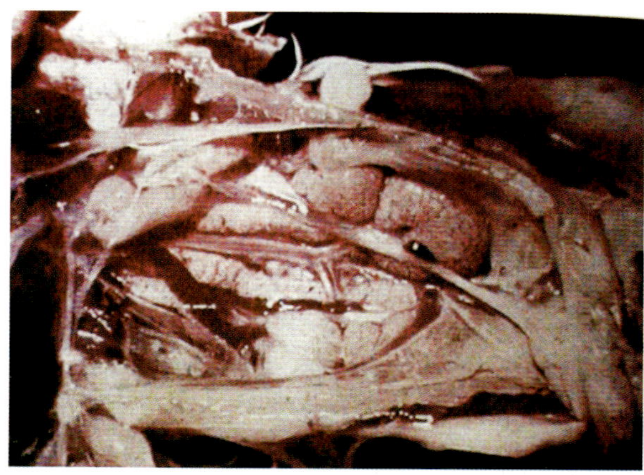
图 3-248　肾脏肿大、呈灰白色、有出血点

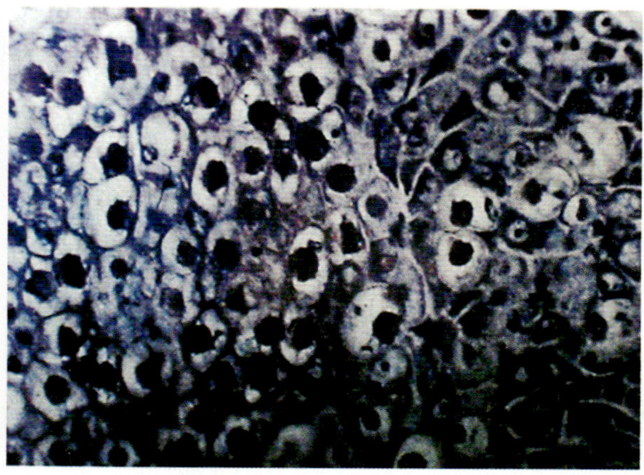
图 3-249　肝细胞见嗜酸性、圆形或形状不规则包涵体

二十四、禽脑脊髓炎

禽脑脊髓炎是一种主要侵害幼龄鸡的病毒性传染病，以共济失调和头颈部的震颤为特征，又称流行性震颤。禽脑脊髓炎病毒属于小RNA病毒科中的肠道病毒属。病毒对外界环境抵抗力很强。病毒接种鸡胚出现胚体矮化、爪弯曲、脑水肿病变（图3-250）。

鸡和野鸡均易感，经水平传播和垂直传播感染。初期症状为病鸡目光呆滞，共济失调，接着两腿麻痹，站立不起来，驱赶时易倒卧一侧（图3-251），随后病鸡出现头颈颤抖和神经症状（图3-252）。部分病鸡因眼球白内障而失明（图3-253）。成年鸡感染可发生暂时性产蛋下降（5%～10%），但不出现神经症状。病死鸡脑部充血和脑水肿（图3-254、图3-255）。脑和脊髓经组织学检查为急性非化脓性脑炎，血管周围有小淋巴细胞浸润，呈现血管套（图3-256）。

接种疫苗是防制禽脑脊髓炎的有效措施。种鸡群在开始产蛋之前4周接种疫苗，通过饮水或喷雾免疫，灭活疫苗对已开始产蛋的鸡群也可使用。

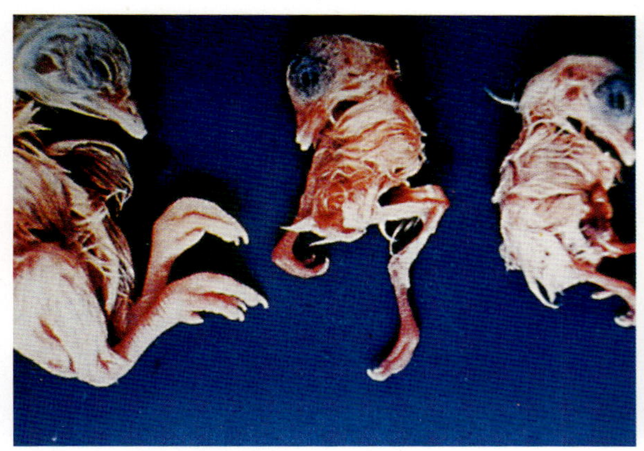
图3-250　病毒感染鸡胚，出现胚体矮化、脑水肿

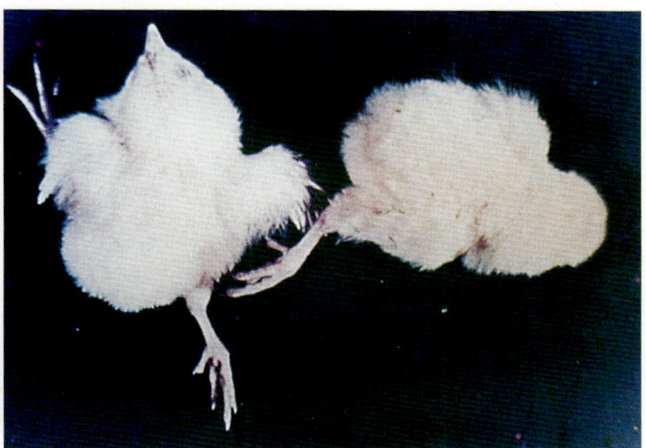
图3-251　病鸡共济失调，两腿麻痹，不能站立

图3-252　病鸡出现头颈震颤等神经症状

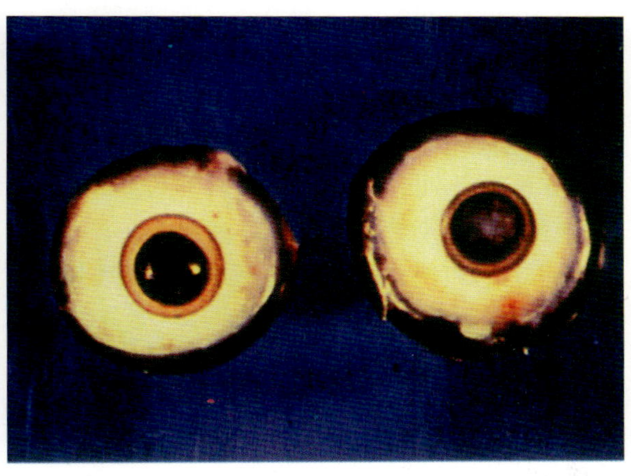
图3-253　禽脑脊髓炎病毒感染所引起的眼球白内障

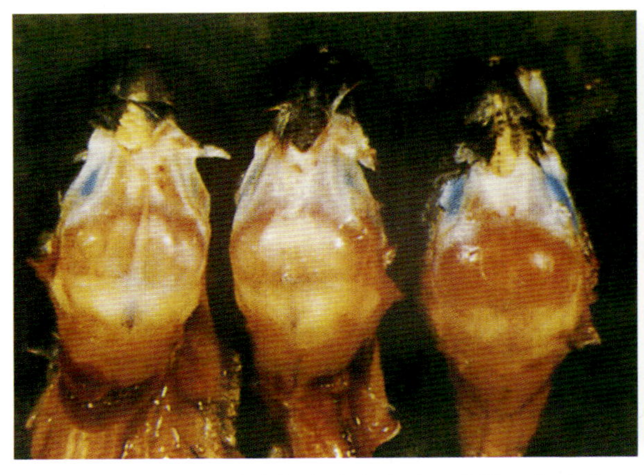
图 3-254　病死鸡脑部充血和出血、水肿，右边为正常脑部

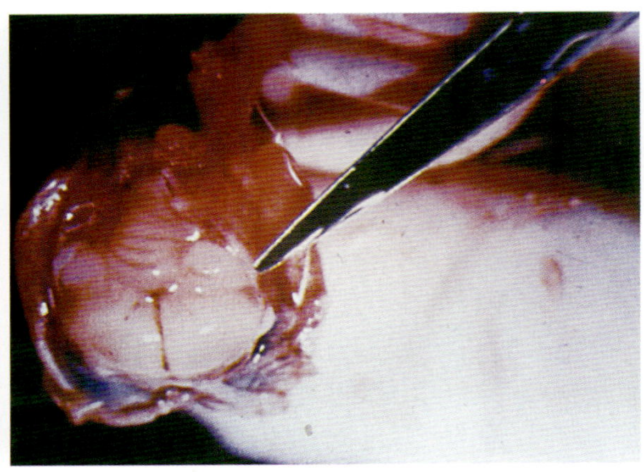
图 3-255　切开脑壳见大脑水肿

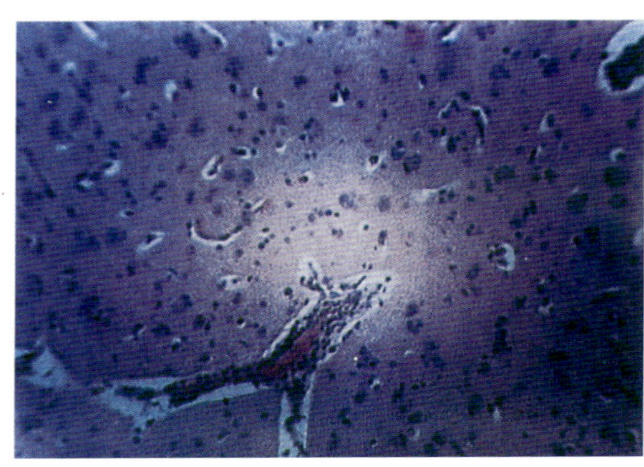
图3-256　急性非化脓性脑炎，血管周围有小淋巴细胞浸润，呈现血管套

二十五、鸭　　瘟

鸭瘟是鸭和鹅的一种急性败血性传染病，其特征为体温升高，下痢，流泪，部分鸭头肿大，食道和泄殖腔黏膜出血、溃疡形成假膜。鸭瘟病毒是一种疱疹病毒，病毒粒子呈球形，有囊膜。病毒能在9～12日龄鸭胚中生长繁殖，接种4～6d后鸭胚死亡，胚体出血、水肿，绒毛尿囊膜上有灰白色坏死灶，肝也有坏死灶。

本病对不同年龄和品种的鸭均可感染，成年鸭和产蛋母鸭发病和死亡较为严重。病鸭、潜伏期的感染鸭以及带毒鸭为主要传染源。本病流行均在低洼多水的地区，主要传播途径是消化道，以春夏之际和秋季流行最为严重。病鸭表现体温升高43℃以上，呈稽留热，精神委顿，食欲减少，渴欲增加，两脚麻痹无力，走动困难，不愿下水。流泪和眼睑水肿是鸭瘟的一个特征症状，部分病鸭头颈部肿胀（图3-257），俗称“大头瘟”。病鸭下痢，排出绿色或灰白色稀粪。泄殖腔黏膜充血、出血和溃疡。食道黏膜有纵行排列的黄白色假膜覆盖或小出血斑点，假膜易剥离，剥离后留有溃疡斑痕（图3-258）。有的病鸭腺胃与食道膨大部的交界处有出血带（图3-259），肠道浆膜充血、出血，以十二指肠和直肠最为严重，还可见到黏膜溃疡、坏死、有出血斑点（图3-260、

图3－261、图3－262）。肝表面有坏死灶和出血斑点（图3－263）。鹅感染后病变和症状与鸭相似。组织学变化：食道黏膜上有凝固性坏死灶，由坏死、崩解的细胞碎片和纤维蛋白构成（图3－264）。

使用鸭瘟鸭胚化或鸡胚化弱毒苗对鸭进行免疫，可有效防制本病。雏鸭20日龄首免，4～5月后加强免疫一次。

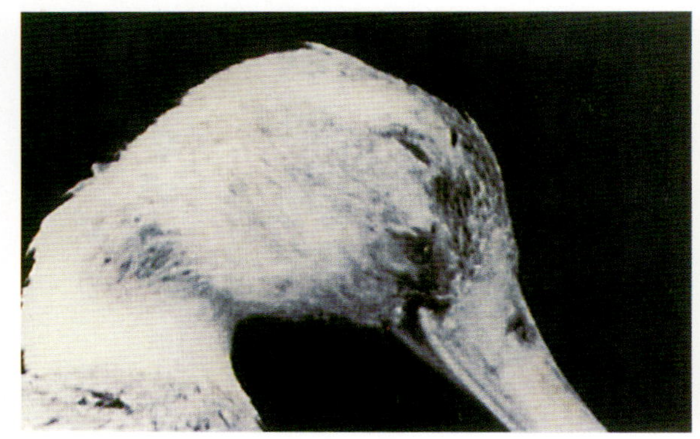

图3－257　部分病鸭头颈部肿大，又称为"大头瘟"

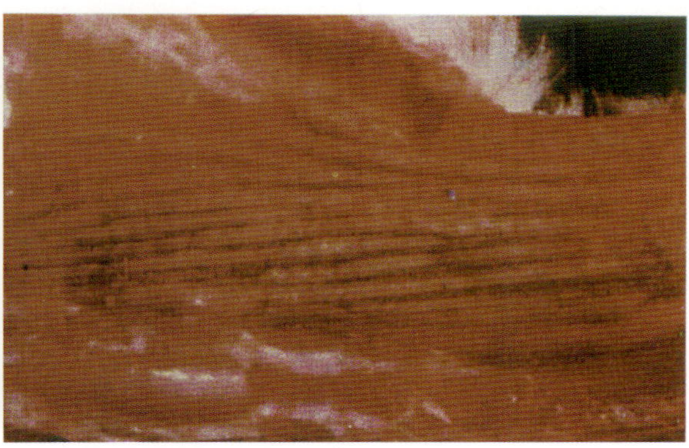

图3－258　食道黏膜有纵行排列的黄白色假膜，剥离后留有溃疡斑痕

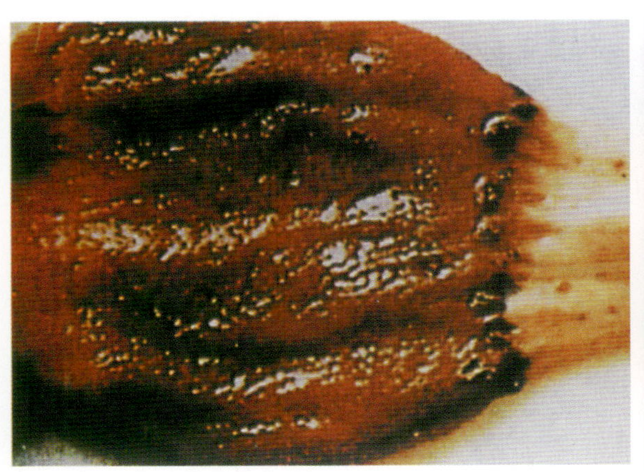

图3－259　腺胃和食道膨大部的交界处黏膜有出血条

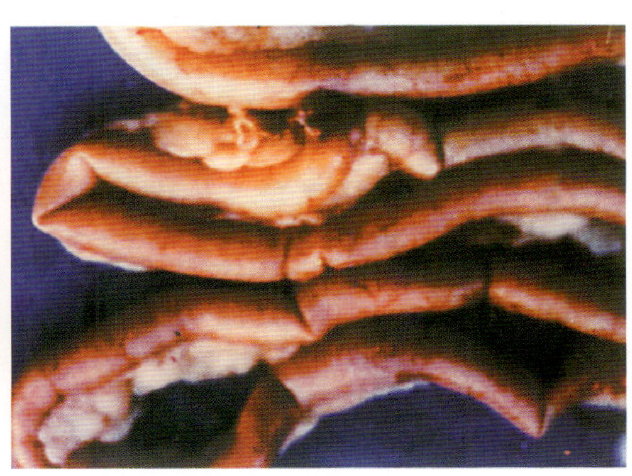

图3－260　肠道浆膜出血

图3－261　肠黏膜充血、出血，以十二指肠和直肠最为严重

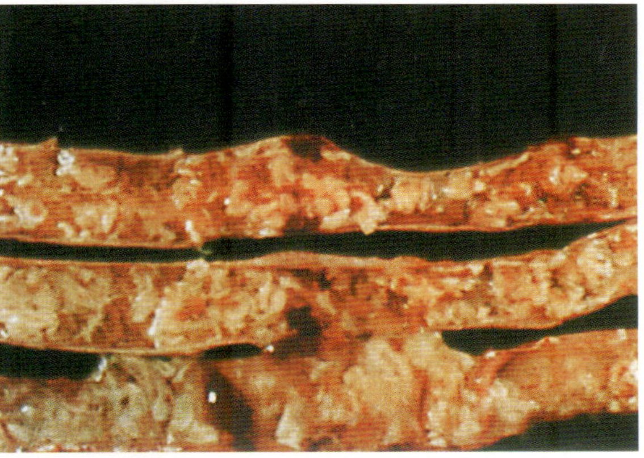

图3－262　肠黏膜有溃疡和坏死

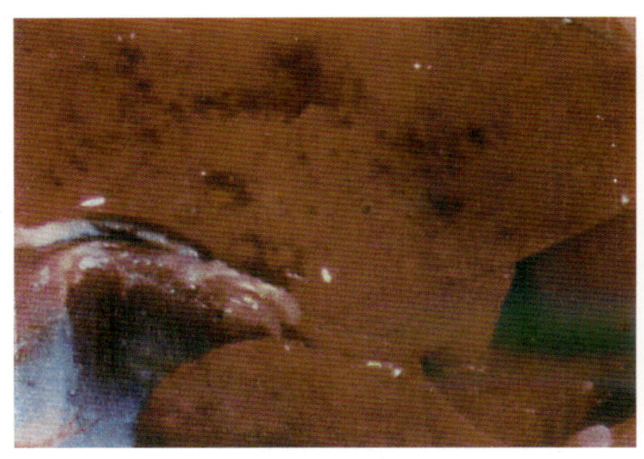

图 3-263　肝表面有大小不等的灰白色坏死灶和出血斑点

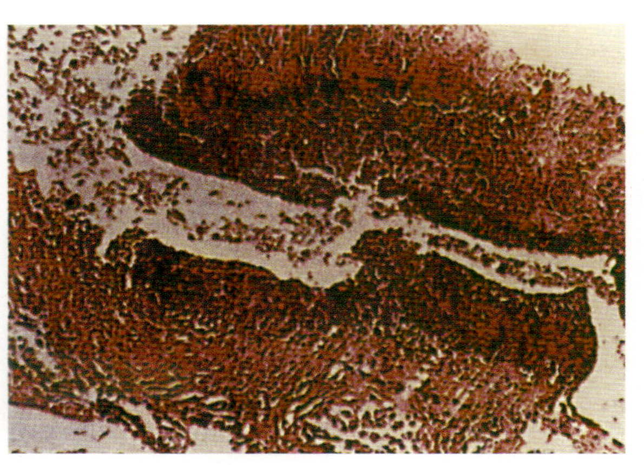

图 3-264　食道黏膜上的凝固性坏死灶，由坏死、崩解的细胞碎片和纤维蛋白构成

二十六、鸭病毒性肝炎

鸭病毒性肝炎是小鸭的一种高度致死性的病毒性传染病，其特征为发病急，传播快，死亡率高。病原为鸭肝炎病毒，属微 RNA 病毒。本病毒有三个血清型，即1、2、3 型，我国流行的多为 1 型。

本病主要通过接触传播，1 周龄内鸭发病率和死亡率很高，4 周龄鸭发病率和死亡率低。雏鸭发病时精神萎靡，行动呆滞，厌食，很快发生全身性抽搐，病鸭多侧卧，头向后背，呈角弓反张（图 3-265），主要病变见肝肿大，颜色发黄，肝脏表面有大小不等的出血斑点（图 3-266、图 3-267），胆囊肿胀，充满胆汁。脾有时肿大、呈斑驳状。

近几年发现雏鹅感染鸭病毒性肝炎，发病急，传播迅速。主要发生于 3～10 日龄雏鹅。主要症状为精神萎靡、缩颈、行动呆滞，全身性抽搐，有时在地上旋转。出现抽搐后很快死亡。从病鹅分离的病毒与鸭病毒性肝炎有差异。但用鸭肝炎的血清可中和从鹅体内分离出的病毒。发病雏鹅用鸭肝炎血清治疗有效。病变与鸭肝炎相似。

图 3-265　病鸭发病急，行动呆滞，全身抽搐，表现角弓反张

疫苗接种是有效的预防措施，在种鸭开产前免疫2次，间隔2周，其母源抗体可维持4个月。无母源抗体的雏鸭，在2日龄雏鸭用鸭肝炎疫苗免疫接种。严格执行防疫和消毒制度，可明显减少发病。对发病或受威胁的雏鸭群，可用高免血清或高免卵黄抗体，经皮下注射0.5～1.0mL，可制止本病的流行和预防发病。

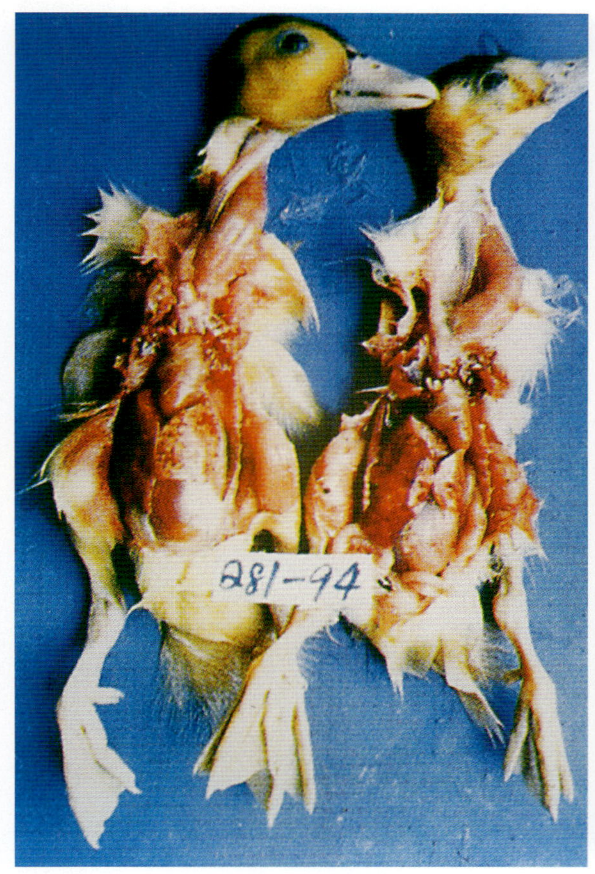

图3-266　剖检见肝肿大，颜色发黄，有出血点

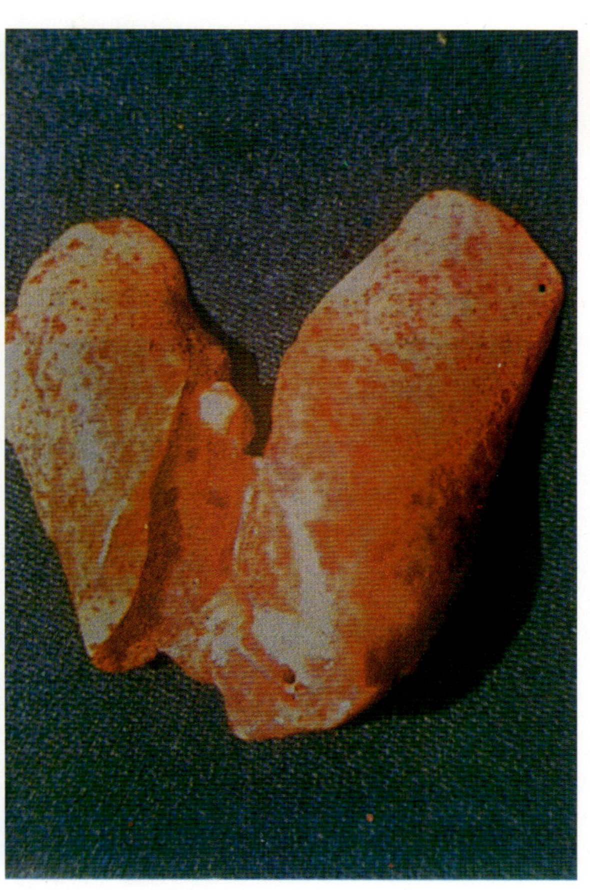
图3-267　肝肿大，表面布满小出血点，肝脆弱

二十七、肉鸡生长障碍综合征

肉鸡生长障碍综合征是一种主要侵害肉用仔鸡的传染病，其特征为饲料报酬低，生长缓慢，羽毛发育不良，运动障碍等。目前对于本病的病原尚无一致意见，多数学者认为主要病原是呼肠孤病毒，病毒粒子呈圆形，无囊膜，为分节的双股RNA。

本病主要发生于肉用仔鸡，病鸡和带毒鸡是主要的传染源，经消化道感染，与其他病原混合感染，使病情加重。主要症状表现精神倦怠，水样腹泻，病鸡腹部膨胀下垂。个体矮小，生长明显受阻，仅为正常鸡体重的1／3（图3-268）。病鸡羽毛发育异常，主翼羽生长推迟，羽毛蓬松或竖立，呈“直升机”状（图3-269）。主要病变见病死鸡矮小，消瘦，腹胀，胰腺萎缩，腺胃肿大而增厚，肌胃萎缩（图 3–270）。胫骨或肋骨变形，股骨头坏死、断裂（图 3–271）。组织学变化见腺胃腺管增生和腺胃间质组织炎症（图 3–272）。

由于病因复杂，需采用综合性防疫措施。注意环境卫生，防止饲养密度过高，改善饲料质量，可以消除主要诱因，给母鸡接种油乳剂灭活苗，可降低子代的发病率。

图 3–268　病鸡生长发育不良和羽毛粗糙，左边为正常发育的鸡

图3–269　病鸡羽毛竖立，又称“直升机”病

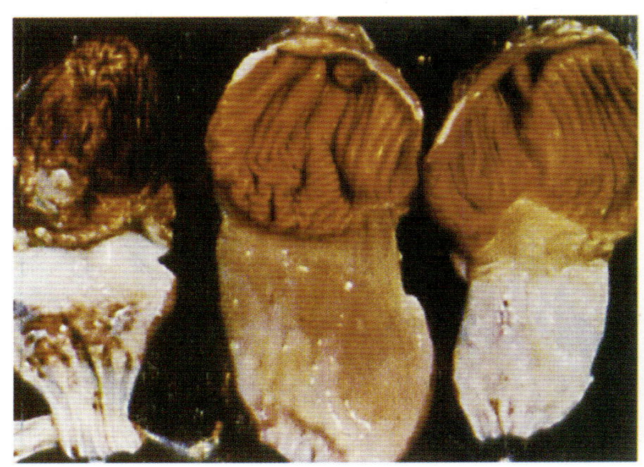

图 3–270　腺胃胀大变薄，肌胃萎缩

图 3–271　病毒感染引起的股骨头坏死，右边为正常的股骨头

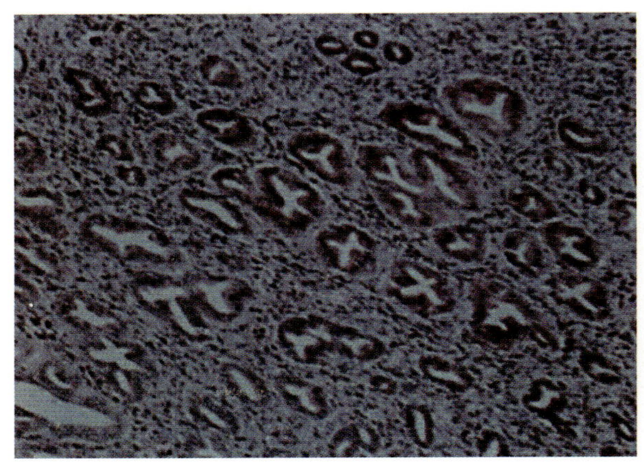

图 3–272　腺胃腺管增生和腺胃间质组织炎症

二十八、网状内皮组织增殖症

网状内皮组织增殖症是由反转录病毒科、C型反转录病毒群的网状内皮组织增殖症病毒引起的以淋巴网状细胞增生为特征的肿瘤性疾病。病毒可以在鸡胚绒毛尿囊膜上生长，并产生痘样病变和致死鸡胚，病毒分为复制缺陷型和非缺陷型两种。

本病以火鸡发病最为常见，其他禽类亦易感，可水平和垂直传播。症状分为：①急性网状细胞瘤是由复制缺陷型病毒株引起，病鸡腿部麻痹突然死亡，病死率极高（图3–273），组织学变化以大的空泡样淋巴网状内皮细胞浸润和增生为特征（图3–274）；②矮小综合征是由几种与非缺陷型病毒株感染有关的非肿瘤病变，它包括生长抑制，胸腺和法氏囊萎缩，外周神经肿大（图3–275），羽毛发育不良（图3–276）；③慢性肿瘤是由非缺陷型病毒株引起，如肝脏的肿瘤（图3–277），坐骨神经中有许多网状内皮细胞浸润（图3–278），病鸡大脑组织出现管套现象（图3–279）。

目前没有特异性防制办法，可参照禽白血病的综合性防疫措施进行。

图3–273　病鸡腿部麻痹

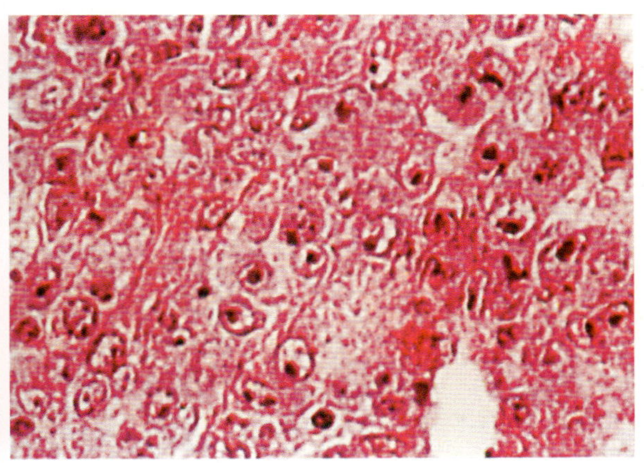

图3–274　病鸡肝脏组织学病变，肝脏小叶间充满许多网状内皮细胞

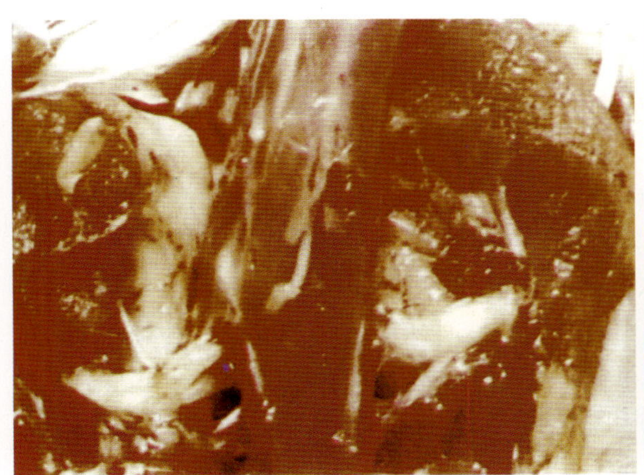

图3–275　病鸡的翼神经肿大

图3–276　病鸡翅膀羽毛发育不良

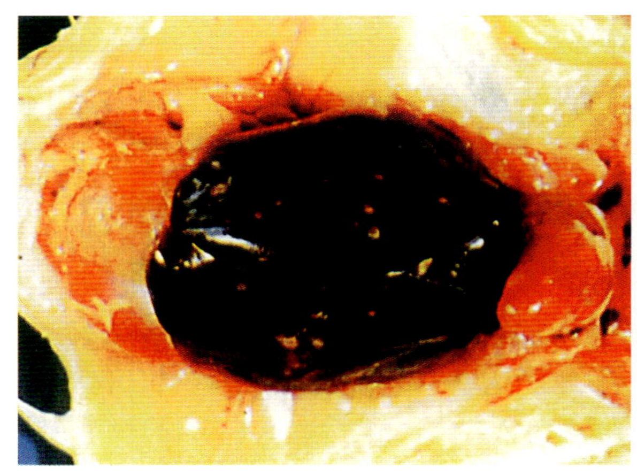

图3-277　病鸡肝脏上的灰白色点状肿瘤病灶

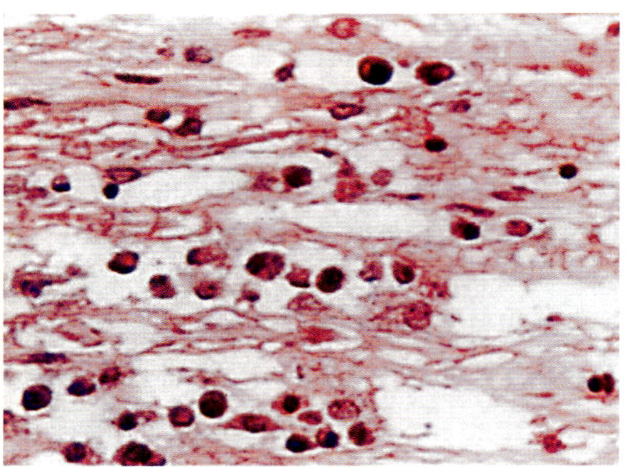

图3-278　组织学病变：坐骨神经中有许多网状内皮细胞浸润

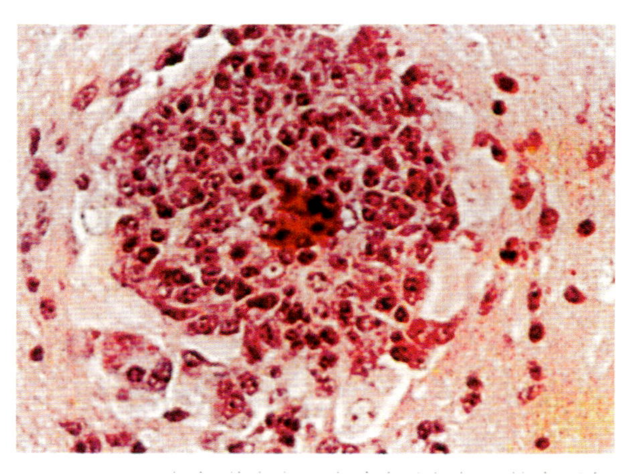

图3-279　组织学病变：病鸡大脑组织呈管套现象

二十九、小鹅瘟

小鹅瘟于1956年发现，1961年分离并鉴定病毒，又称鹅细小病毒感染、鹅病毒性肠炎。病毒属于细小病毒科、细小病毒属、鹅细小病毒（图3-280 ）。应用PCR技术对病毒衣壳蛋白VP3基因进行比较，证明国内1961年和1999年2个分离株，与国外毒株比较，其核苷酸和氨基酸均有96%～98%的同源性，主要抗原性没有发生变异，仅一个血清型。与雏番鸭细小病毒VP3基因的核苷酸和氨基酸仅80.7%的同源性，有较大的差异。本病主要引起4～20日龄以内的雏鹅急性或亚急性败血性传染病，30日龄以上很少发生。危害性与雏鹅日龄有密切的关系，日龄越小，发病率和死亡率越高，可达95%～100%。50年来，本病没有停止发生，依然是目前雏鹅和雏番鸭的主要传染病之一。本病毒对雏番鸭也有相似的发病率和死亡率，而对肉鸭、蛋鸭、家养野鸭、鸡、鸽、鹌鹑等禽类及哺乳动物无致病性。

根据病程的长短，分为最急性型、急性型和亚急性型。最急性型，常发生于1周龄以内的雏鹅及维番鸭。突然发病，精神呆滞，或倒地两腿乱划，很快死亡（图3–281）；急性型，多发生于1～2周龄的雏鹅。见食欲减少或丧失，行动迟缓，无力，站立不稳，喜蹲卧（图3–282）。拉黄白色或黄绿色稀粪，肛门周围绒毛湿润，有稀粪沾污（图3–283）。亚急性型，发生于流行后期，多发于2周龄以上雏鹅，病程稍长。病禽精神委顿，消瘦，行动迟缓，拉稀等，少数可以自愈。

最急性型，病程短，病变不明显，仅见小肠前段黏膜肿胀、充血或点状出血，呈急性卡他性炎症变化，腔内有多量黏稠的淡黄色黏液。胆囊肿大，充满稀薄胆汁；急性型，肠道有特征性的病理变化。空肠和回肠的回盲部肠段，外观变得极度膨大，呈淡灰白色，比正常肠段增大2～3倍（图3–284），形如香肠状，手触肠段质地很坚实（图3–285）。从膨大部与不肿胀的肠段连接处可以很明显地看到肠道被阻塞的现象。膨大部长短不一。膨大部的肠腔内充塞着淡灰白色或淡黄色管型的栓子状物。栓子物头尾两端较细，切面可见中心为深褐色的干燥肠内容物，外面裹着厚层的纤维素性渗出物和坏死物凝固而形成的假膜（图3–286）。肝稍肿大，质地变脆，呈黄色至深黄色，或紫红色（图3–287）。胆囊显著扩张，充满暗绿色胆汁（图3–288）。肾稍肿大，质脆。输尿管扩张，充满灰白色尿酸盐沉着物（图3–289）。脑壳充血、出血，尤其是小脑部最为显著（图3–290）。胰腺呈淡红色，切面血管扩张充血，有的病例有灰白色、大小不一的坏死灶（图3–291）；亚急性型，患病禽肠道栓子物病变更加典型。

抗生素和磺胺类药物对本病均无治疗和预防作用。本病的防制有赖于疫苗的预防免疫和特异性抗体紧急预防及治疗。

疫苗有活毒疫苗，如鹅胚化小鹅瘟种鹅用的活疫苗和鹅胚化小鹅瘟雏鹅用的活疫苗，鸭胚化小鹅瘟种鹅用的活疫苗。死苗，如种鹅用的油乳剂灭活苗；抗体，同源抗体如鹅制抗小鹅瘟抗体。异源抗体如精制卵黄抗体、异种动物制备的抗体。

活苗一次免疫法：种鹅在产蛋前15d用种鹅用的活苗皮下或肌内注射。在免疫12～100d左右，所产蛋孵化的雏鹅群能抵抗强毒感染。免疫100d之后，雏鹅的保护率有所下降，此时种鹅必须再次进行免疫，或雏鹅出炕后用雏鹅用的活苗进行免疫或注射高免血清，可以达到95%左右的保护率。

活苗二次免疫法：种鹅在产蛋前1～2个月用种鹅用活苗进行第一次免疫，产蛋前15d左右进行第二次免疫，雏鹅的保护率可延至免疫后5个月之久。或者种鹅产蛋前15d左右用种鹅用活苗

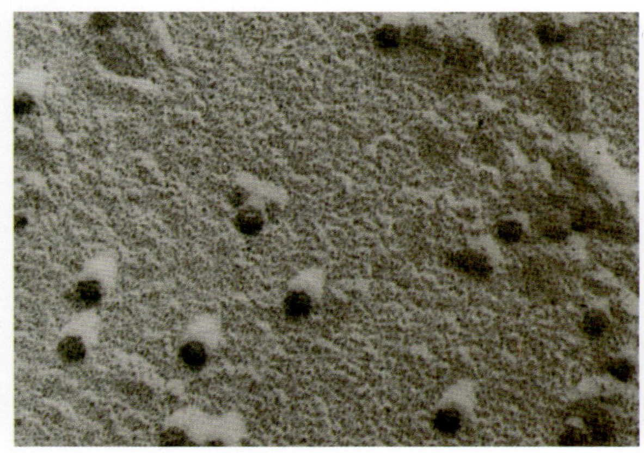

图3–280 病毒颗粒为无囊膜，球形，单股DNA病毒，病毒颗粒直径为20～22纳米

图3–281 急性型，患病雏鹅临死前出现两腿作划船动作等神经症状

和油乳剂灭活苗分别同时免疫，雏鹅的保护率可延至免疫后5个月之久。

未经免疫的种鹅群，或一次免疫100d之后的种鹅群孵出的雏鹅，在出炕48h内用雏鹅用的活苗免疫。免疫后7d内严格隔离饲养，防止强毒感染，保护率达95%左右。

在有本病流行区域，或已被污染的孵坊，雏鹅出炕后立即皮下注射同源高免抗体，可达到预防或控制本病的流行和发生。但同源高免抗体琼扩效价必须在1∶8以上，每雏0.3～0.5mL，其保护率可达95%。由于异源抗体被动免疫期短，用异源抗体剂量要加倍，并且在15d内必须再注射一次。对已被感染发病的同群雏鹅，抗体均应加倍，保护率可达80%～90%。同样剂量对病雏的治愈率约50%左右。

图3－282　急性型，患病雏鹅临死前出现两腿麻痹，不能站立

图3－283　急性型，患病雏鹅肛门周围绒毛湿润，有稀粪沾污

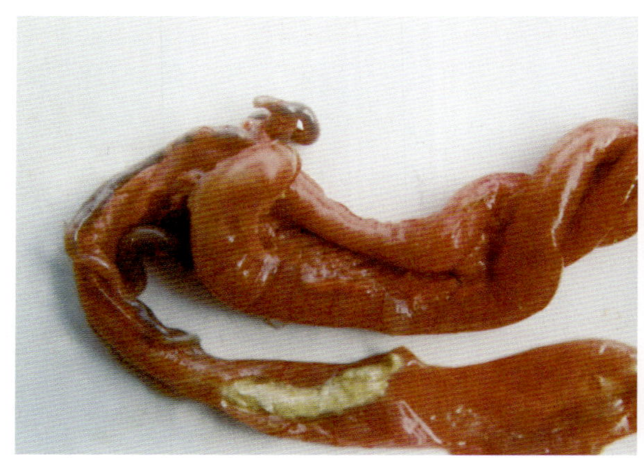

图3－284　回盲段肠道黏膜呈弥漫性充血、出血、肿胀光滑，肠腔内充满着淡黄色的栓子状物

图3－285　患病雏鹅十二指肠肠道肠壁变薄，肠腔内有栓塞物堵塞，表面包有凝固的纤维素性渗出物

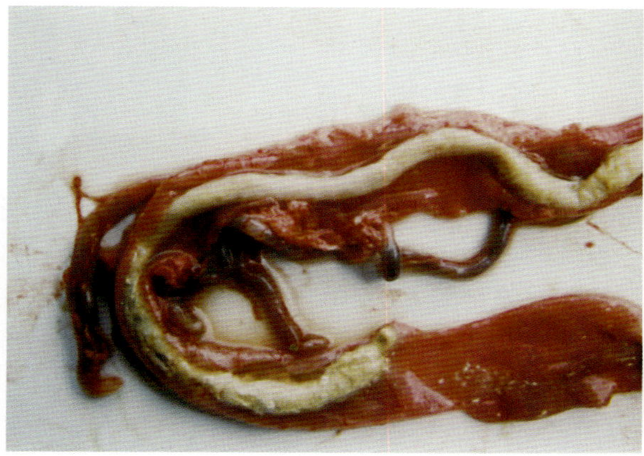

图3-286　肠道黏膜呈弥漫性充血、出血、肿胀光泽，肠腔内充满着浅灰白色或淡黄色管型的栓子状物

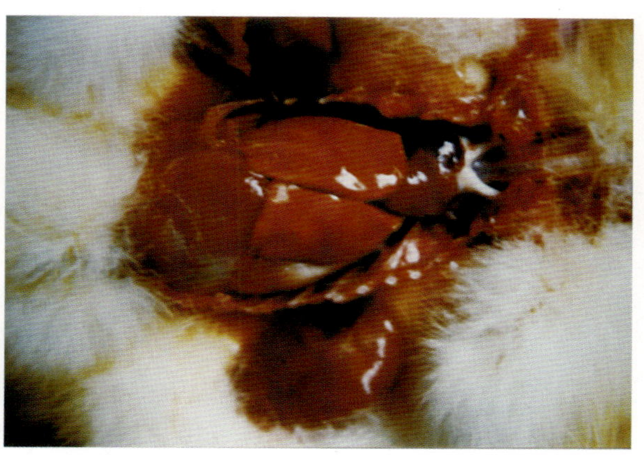

图3-287　患病雏鹅肝脏稍肿大，质地变脆，呈深黄红色

图3-288　患病雏鹅胆囊显著扩张，充满暗绿色胆汁

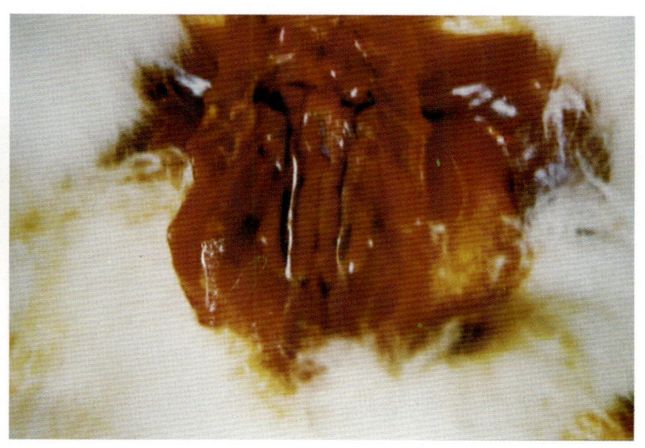

图3-289　患病雏鹅肾稍肿大，呈深红色，质脆，输尿管扩张，充满白色尿酸沉淀物

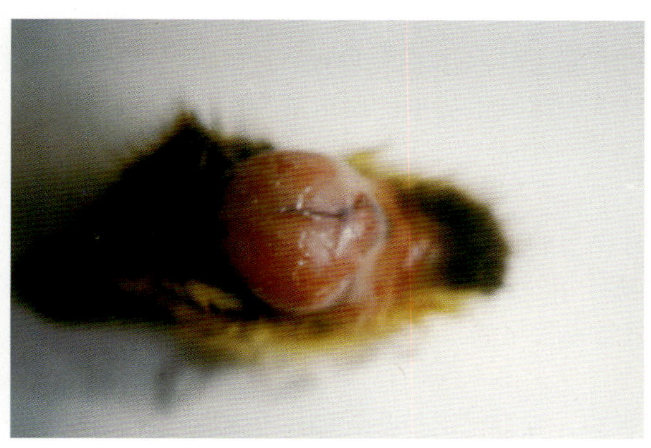

图3-290　患病雏鸭脑壳充血、出血，尤其是小脑部最为显著

图3-291　患病雏鹅胰腺呈粉红色，部分病例有坏死灶

三十、番鸭细小病毒感染

本病于1985年在我国南方雏番鸭群流行发生，又称雏番鸭细小病毒病、番鸭三周病。病毒属于细小病毒科、细小病毒属、番鸭细小病毒（图3–292）。应用PCR技术对病毒衣壳蛋白基因VP3进行比较，证明国内分离株与国外毒株比较，其核苷酸和氨基酸有98.8%和98.1%的同源性；与鹅细小病毒（小鹅瘟病毒）仅有80.7%同源性。两种细小病毒交叉中和试验，同源株的血清中和价高于异源株的血清中和价4.3～6.6倍。本病主要引起3周龄以内的雏番鸭急性或亚急性败血性传染病，5周龄以上很少发病。日龄越小，发病率和死亡率越高，发病率高达80%以上，死亡率为30%～70%，一般为40%～50%。20余年来，本病已在雏番鸭群广泛流行，是目前雏番鸭重要的传染病之一。本病毒对雏鹅、肉鸭、蛋鸭、家养野鸭均无致病性。

患病雏番鸭精神沉郁，厌食，软脚，怕冷拉稀，喘气，张口呼吸，喙发绀，显著消瘦。死前角弓反张及腿部瘫痪等症状（图3–293）。少数病愈鸭多成生长不良的僵鸭。

空肠和回肠黏膜病变最富有特征性。多数病例在小肠中段和下段，特别是在近卵黄柄和回盲部的肠段，外观变得极度膨大，呈淡灰白色，比正常肠段增大2～3倍，形如香肠状，手触摸质地坚实（图3–294、图3–295、图3–296）。有些病例从十二指肠开始形成管型的栓子状物（图3–297）。脑壳充血，脑组织充血（图3–298、图3–299）。胰腺苍白，表面有数量不等的针头大、灰白色坏死点。心肌苍白，弛软，胆囊肿大。日龄较小的病鸭，肠栓不明显，黏膜有不同程度充血、出血，呈卡他性炎症。

抗生素和磺胺类药物对本病均无治疗和预防作用。本病应用特异性防治措施能有效地预防和控制其流行和发生。在防制本病时，应注意到雏番鸭也易感染发生小鹅瘟的流行。因此，必须考虑同时防疫两种病。

疫苗有雏番鸭细小病毒病细胞活疫苗，鹅胚化（或番鸭胚化）雏番鸭细小病毒病活疫苗（种用和雏用两种），鹅胚化小鹅瘟和雏番鸭细小病毒病二联活疫苗（种用和雏用）；抗体有鹅制（或番鸭制）抗雏番鸭细小病毒病抗体，鹅制抗小鹅瘟和抗雏番鸭细小病毒病二联抗体，精制卵黄抗体。

在有本病流行的地域用疫苗免疫种番鸭是预防本病有效而又经济的方法。种番鸭在产蛋前15d左右用种番鸭用的鹅胚化或番鸭胚化活疫苗进行皮下或肌内注射，在免疫12d后至4个月内，番鸭群所产蛋孵化的雏番鸭能抵抗人工和自然病毒的感染。种番鸭免疫4个月以后，雏番鸭的保护率下降，种番鸭必须再次进行免疫，或雏番鸭出炕后用雏番鸭用的疫苗进行免疫，以达到良好的保护率。采用同样方法用种番鸭用的鹅胚化小鹅瘟和雏番鸭细小病毒病二联活疫苗进行免疫，可达到预防两种病的效果。

未经免疫的种番鸭群，或种番鸭群免疫4个月以上的所产蛋孵化的雏番鸭群，在出炕48h内应用雏番鸭用的鹅胚化或番鸭胚化疫苗或细胞弱毒疫苗进行免疫，免疫后7d内严格隔离饲养，防止强毒感染，保护率达95%左右。采用同样方法用雏番鸭用的鹅胚化小鹅瘟和雏番鸭病毒病二联活疫苗进行免疫，可达到预防两种病的效果。

在有本病流行的区域，或已被本病毒污染的孵坊，雏番鸭出炕后，24h内立即皮下注射高免血清，可达到预防或控制本病的流行发生。高免血清抗体琼扩效价必须在1∶8以上，其保护率可达95%左右；对已经感染发病的雏番鸭群未发病的同群雏番鸭，每只皮下注射0.8～1.0毫升，保护率可达80%左右；对已感染发病早期的雏番鸭，每只皮下注射1.0～1.5毫升，治愈率可达50%左右。异源抗体不宜作预防作用，精制卵黄抗体琼扩效价必须在1∶8以上，使用剂量应适当增加。用小鹅瘟和雏番鸭细小病毒病二联抗体有同样的预防和治疗效果。

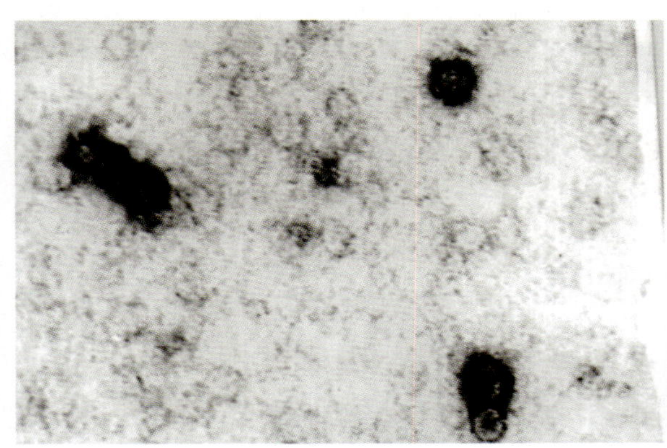

图3−292　病毒为无囊膜，球形，单股DNA，病毒颗粒直径为24～25纳米

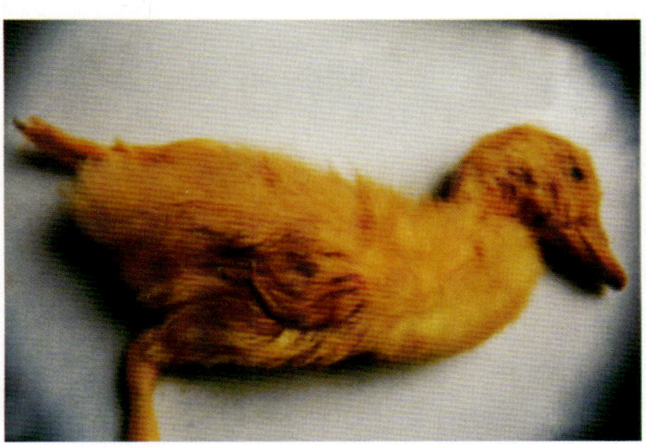

图3−293　患病雏番鸭喙发绀紫，角弓反张，腿无力，瘫痪

图3−294　患病雏番鸭小肠中段肠管膨大，腔内充塞着灰白色或淡黄色的栓子状物

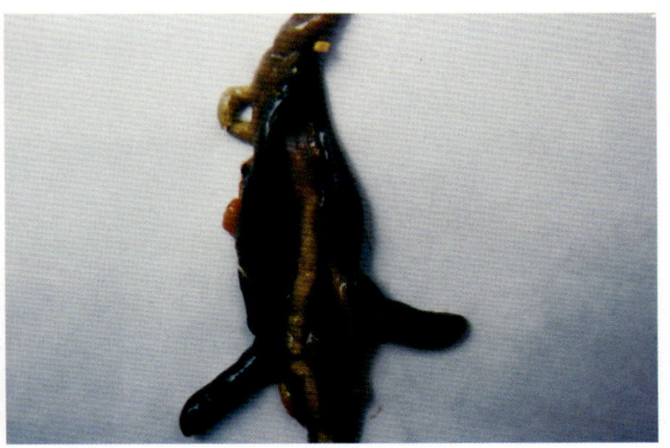

图3−295　患病雏番鸭卵黄柄和回盲部的肠段肠腔内形成管型阻塞于肠道内

图3−296　患病雏番鸭肠管比正常大2～3倍，形如香肠状，手触肠段质地坚实

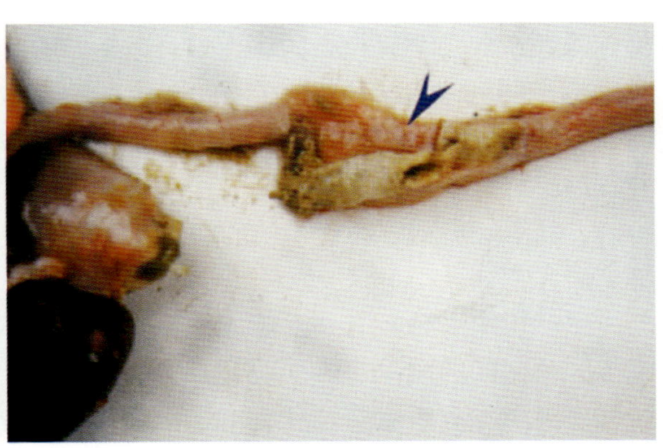

图3−297　有些患病雏番鸭从十二指肠开始形成管型的栓子状物

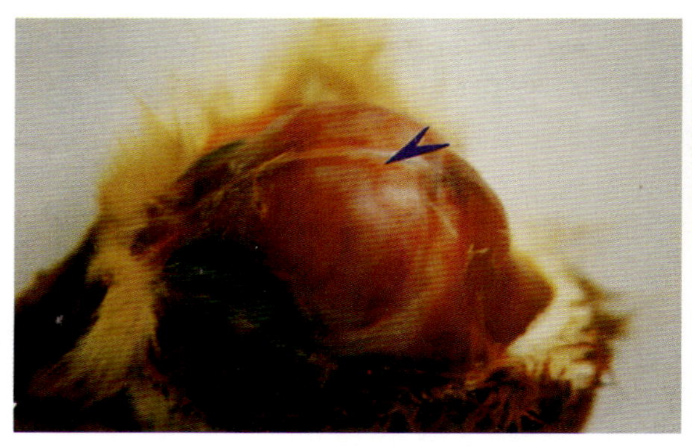
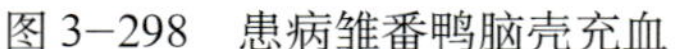

图 3-298　患病雏番鸭脑壳充血

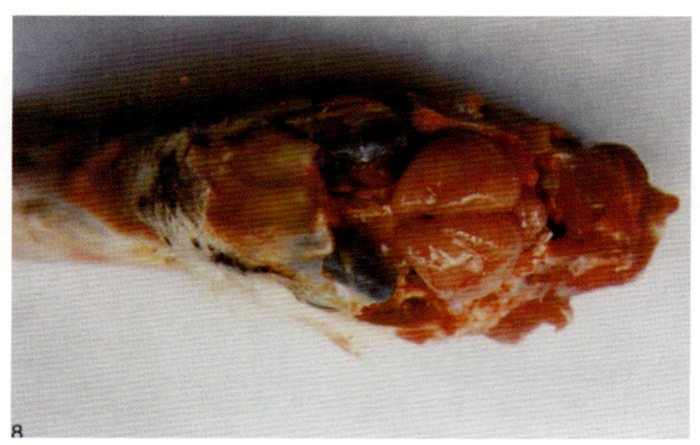

图 3-299　患病雏番鸭脑组织充血

三十一、番鸭呼肠孤病毒感染

1998年以来在我国番鸭群广泛流行此病，又称番鸭坏死性肝炎、番鸭肝白点、番鸭花肝病等。病毒属于呼肠孤病毒科、正呼肠孤病毒属、禽呼肠孤病毒群、番鸭呼肠孤病毒（图 3-300、图 3-301）。经病毒特性研究和血清学交叉试验等表明，毒株之间存在着差异，与鸡病毒性关节炎某些毒株有一定的血清学交叉反应。本病主要引起5～40日龄番鸭致病，以15日龄左右雏番鸭发病最高，发病率达50%～90%，死亡率为50%～85%。随着雏番鸭日龄增长，其发病率和死亡率降低。20年来，已成为番鸭重要的传染病之一。

患病番鸭精神委顿，绒毛无光泽，厌食，怕冷，常挤成一堆（图3-302）。脚软，蹲伏，腹泻，多呈白色或淡绿色带有黏液的稀粪。喙发绀，蹼发白，腿无力，死后两腿向后伸直（图 3-303）。有的病鸭爪蜷缩，有的爪垫和趾关节肿胀，有的病鸭跗关节和腿部肌肉有不同程度的肿胀。

患病番鸭肝脏具有特征性病变。肝脏肿大或稍肿大，表面和组织有弥漫性或散在性、大小不一的灰白色坏死病灶和出血点，使肝脏呈白点肝、白斑肝、花斑肝特征（图 3-304、图 3-305），病程较长的病例，表面有一层灰白色纤维素膜覆盖（图3-306）。脾脏一般不肿大，有散在性或弥漫性、大小不一的灰白色坏死灶，使脾脏呈花斑脾（图 3-307）。肾脏充血、出血，局部有灰白色坏死灶（图 3-308）。胰腺一般不肿大，有弥漫性、针头大的出血点（图 3-309）。肠道浆膜下可见弥漫性、针头至粟粒大的坏死灶（图 3-310），从十二指肠至直肠黏膜有弥漫性、突出于表面、大小不一的灰白色坏死灶，在不同部位有肿胀的淋巴滤泡，表面附有纤维素性坏死物（图 3-311、图 3-312），盲肠黏膜有弥漫性、突出于表面、大小不一的灰白色坏死灶（图 3-313）。法氏囊水肿，黏膜有散在性或弥漫性、大小不一的灰白色或淡黄色坏死灶（图 3-314）。脑壳出血（图 3-315），脑组织充血。病程稍长的病例常见有轻重不等的心包炎和肝周炎（图 3-316），胸壁粘连，肺充血、淤血。

患病番鸭肝脏具有明显的实质组织变性、坏死和炎症病变。肝腺泡结构破坏，融合成团，腺泡与肝窦之间的间隙水肿而明显扩大，肝细胞发生严重浊肿、空泡变性，很多肝细胞已坏死崩解，血管周围均见有多量炎性细胞增生浸润，主要是淋巴细胞、单核细胞、浆细胞及少数嗜异性细胞（图 3-317），胚胎肝脏组织也显示肝细胞严重浊肿，并见到与番鸭肝脏相同的坏死灶。绒尿膜的病灶在小血管周围出现炎性细胞增生灶，细胞坏死，崩解，可见细胞浆坏死溶解及细胞核碎片，在炎症灶周围还见有水肿变化（图3−318）。此外，心肌萎缩、坏死，有心外膜炎（图3−319、图3−320）；脑显轻度脑炎，有散在性灶性坏死（图3−321）；肺淤血、水肿（图3−322）；肾实质变性、坏死，卡他性腺胃炎（图3−323）和肠炎。

本病存在两类病毒，一类病毒仅能致死易感番鸭胚及其在细胞上复制，而不能在鸡胚、鸭胚和鹅胚上复制；另一类病毒能在鸡胚、鸭胚、番鸭胚和鹅胚复制。胚体全身皮肤充血、出血、水肿（图3−324）。绒尿膜充血、出血、增厚（图3−325），接种处有灰白色、黄豆大、痘斑样的坏死灶和出血斑。致死鸡胚的毒株，除上述病变外，肝和脾肿大，有出血和坏死灶，心肌和腺胃、肌胃浆膜有鲜红出血斑，肾肿大、出血。

由于本病有不同的血清型毒株存在，最好应用多价疫苗或多价抗血清，可提高其保护率。种番鸭免疫：在产蛋前2周左右应用油乳剂灭活苗进行免疫，免疫后3个月左右再加强免疫一次，整个产蛋期孵化的雏番鸭获得母源抗体，使雏番鸭在15日龄左右能抵抗病毒的感染。

经种番鸭免疫后代的雏番鸭，应在15日龄左右用灭活苗（不用油乳剂灭活苗）或用弱毒疫苗进行免疫；未经免疫的种番鸭的后代雏番鸭，应在1周龄内，用灭活苗或用弱毒疫苗进行免疫，能比较有效地预防本病的流行和发生。

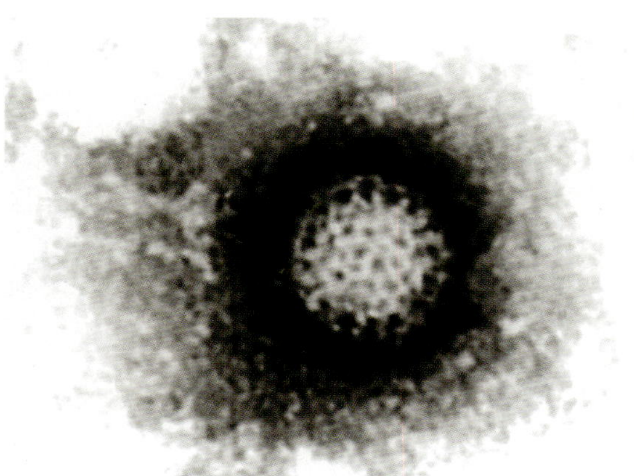

图3−300　番鸭呼肠孤病毒的病毒颗粒呈圆形双层衣壳结构

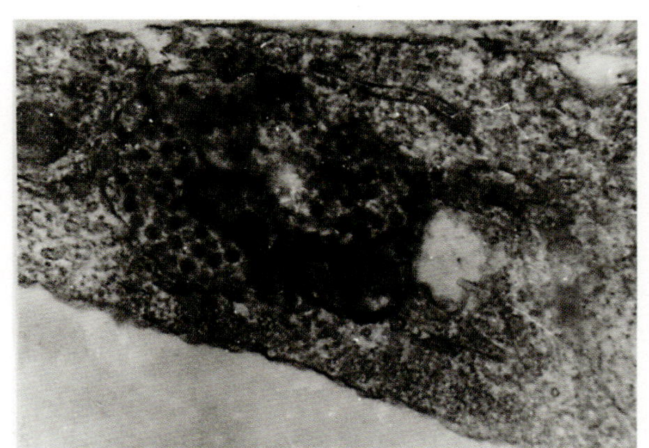

图3−301　感染番鸭胚绒尿囊膜超薄切片，在细胞浆内可见集聚的病毒颗粒

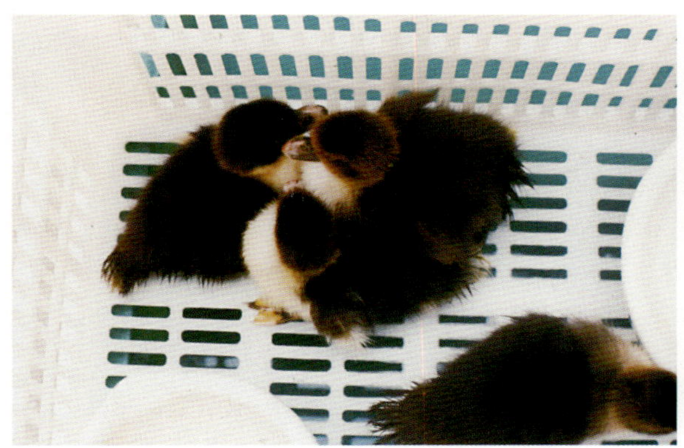

图3−302　YM株绒尿液毒人工感染1日龄雏番鸭，发病鸭精神委顿，不能站立，堆集一起

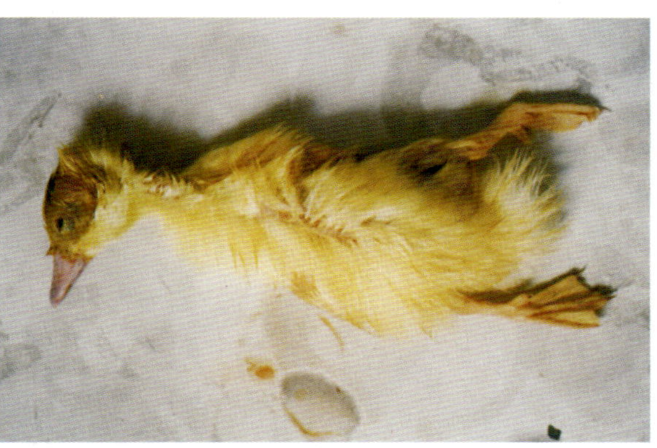

图3−303　患病雏番鸭喙发绀，蹼发白，腿无力，死后两腿向后伸直

患病雏番鸭群可应用高免血清进行紧急预防，每雏皮下或肌内注射1～2毫升，有较高的保护率和治愈率。被污染的孵坊或可能被感染的雏番鸭群，每雏皮下或肌内注射1毫升，有较好的保护率。在患病群进行血清防治时，可适量使用抗生素，有利于控制并发病的发生。

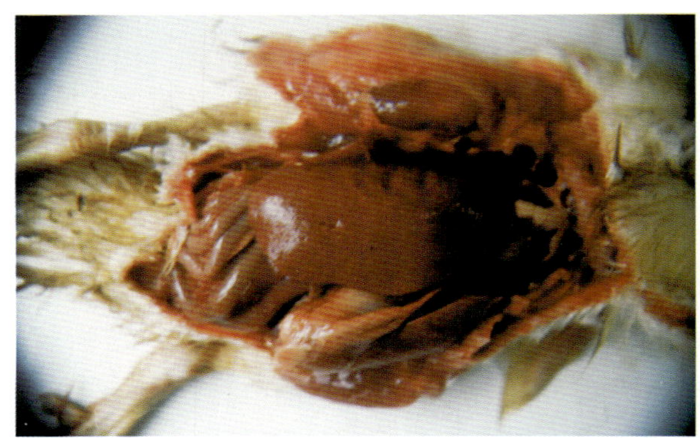

图3-304 患病雏番鸭肝脏稍肿大，表面和组织有弥漫性、灰白色、针头大的坏死点

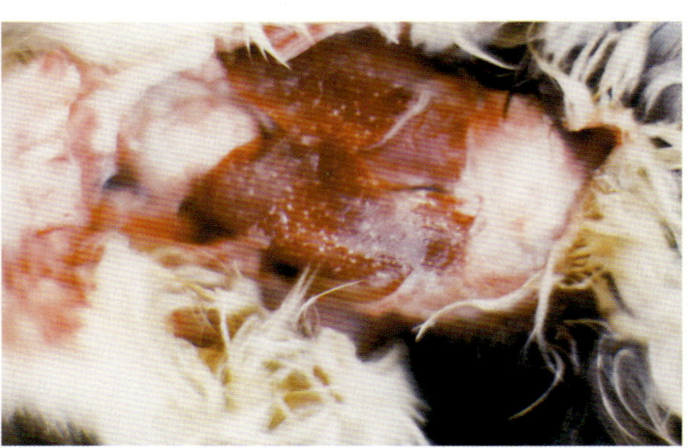

图3-305 YM株绒尿囊液毒人工感染易感雏番鸭，发病死亡后肝脏肿大，有弥漫性、粟粒大的灰白色坏死灶，肝包膜略增厚

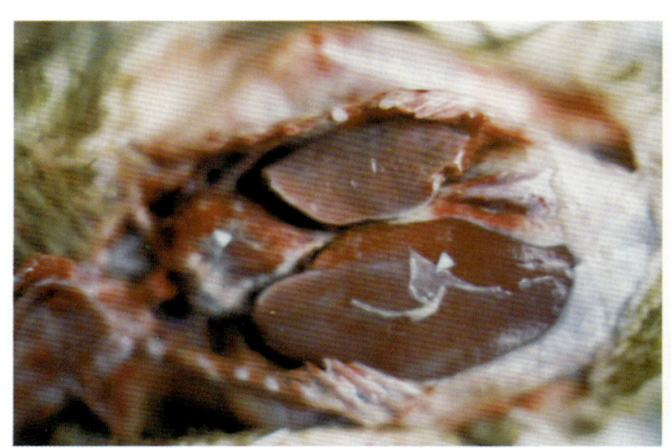

图3-306 患病雏番鸭肝脏稍肿大，有弥漫性、大小不一的灰白色坏死灶。肝脏表面有一层灰白色纤维素性膜覆盖

图3-307 患病雏番鸭脾脏肿大，有弥漫性、大小不一的灰白色坏死灶

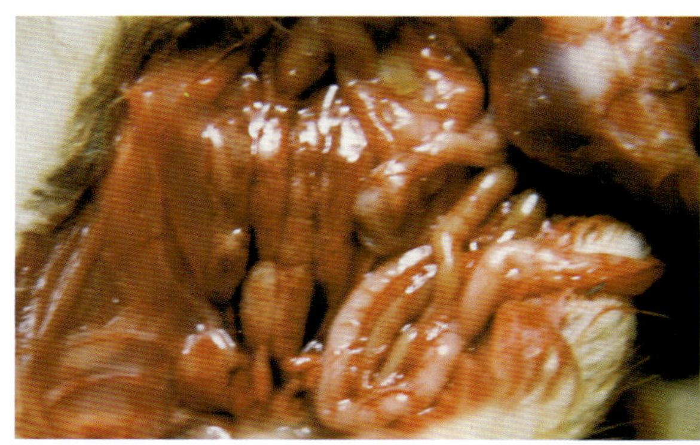

图3-308 患病雏番鸭肾脏肿大，局部有散在性、针头大、灰白色的坏死灶

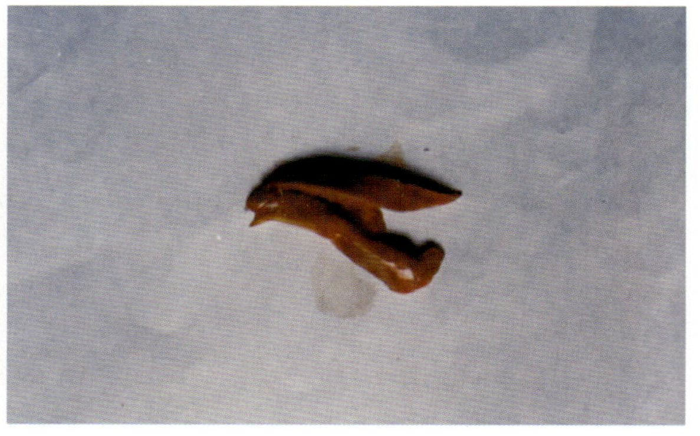

图3-309 患病雏番鸭胰腺肿大，有弥漫性的出血点和针头大、灰白色的坏死灶

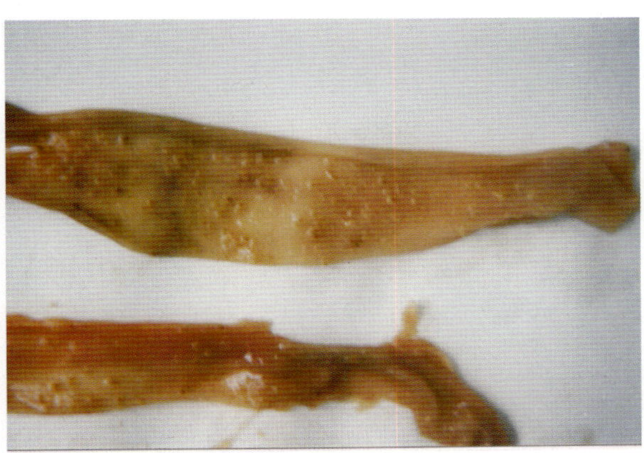
图3-310 患病番鸭肠道黏膜有弥漫性、突出于表面、大小不一的灰白色坏死灶

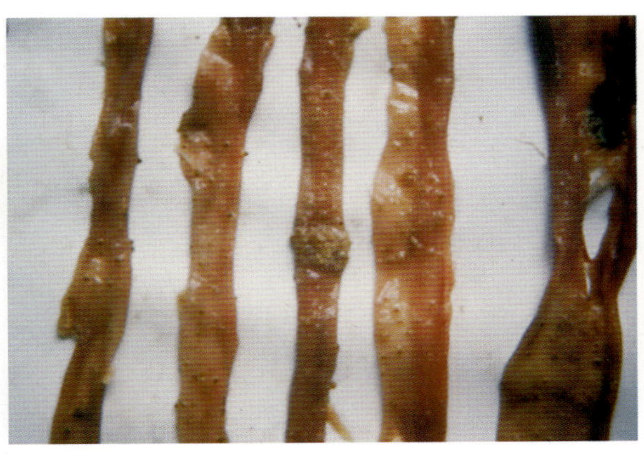
图3-311 患病番鸭从十二指肠至直肠肠腔有较多的黏稠液，黏膜有弥漫性、突出于表面、大小不一的灰白色坏死灶，在不同肠段有肿胀淋巴滤泡

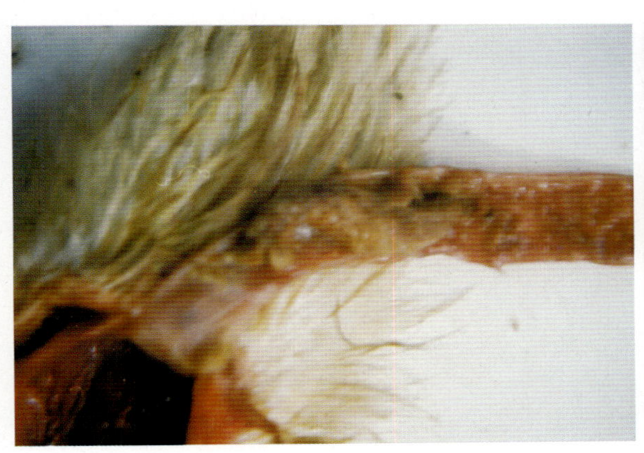
图3-312 患病番鸭直肠黏膜有弥漫性、突出于表面、大小不一的灰白色坏死灶

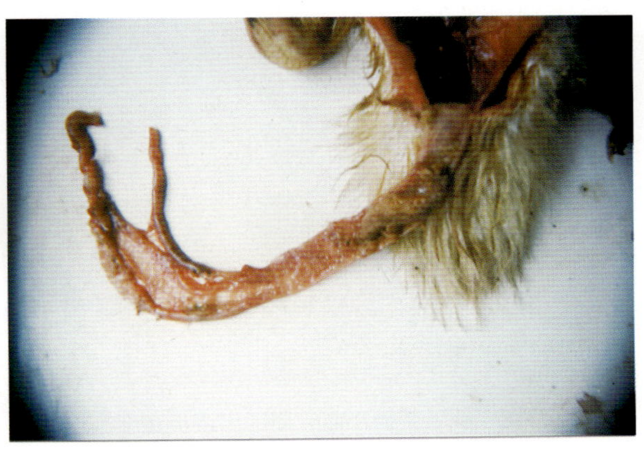
图3-313 患病番鸭盲肠黏膜有弥漫性、突出于表面、大小不一的灰白色坏死灶

图3-314 患病雏番鸭法氏囊水肿，黏膜有散在性或弥漫性、大小不一、灰白色或淡黄色的坏死灶

图3-315 患病番鸭脑壳出血、充血

图3-316　肝细胞水泡变性，结构破坏，血管周围炎性细胞浸润，主要为淋巴细胞、浆细胞及单核细胞

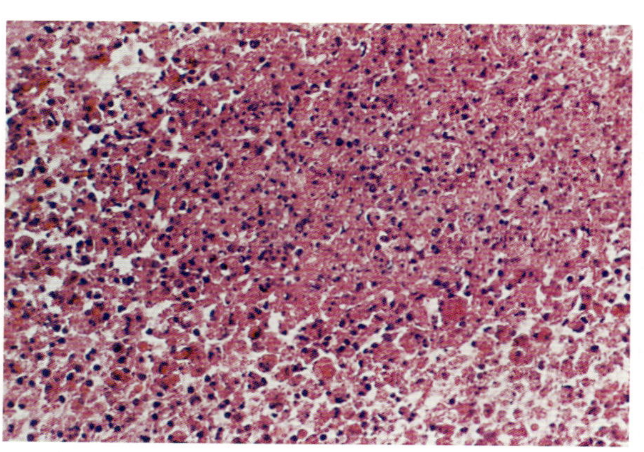

图 3-317　患病雏番鸭肝脏稍肿大，有弥漫性、大小不一的灰白色坏死灶。肝脏表面有一层灰白色纤维素性膜覆盖

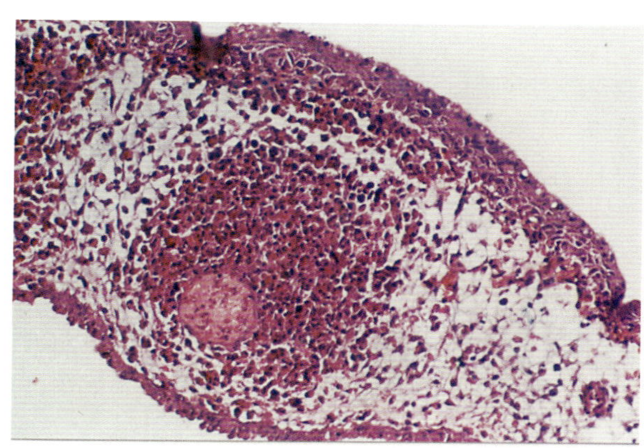

图3-318　绒尿膜的小血管周围出现炎性细胞增生灶，灶内有明显的坏死变化，炎症灶周围还可见水肿变化(肉眼见针头大斑点)

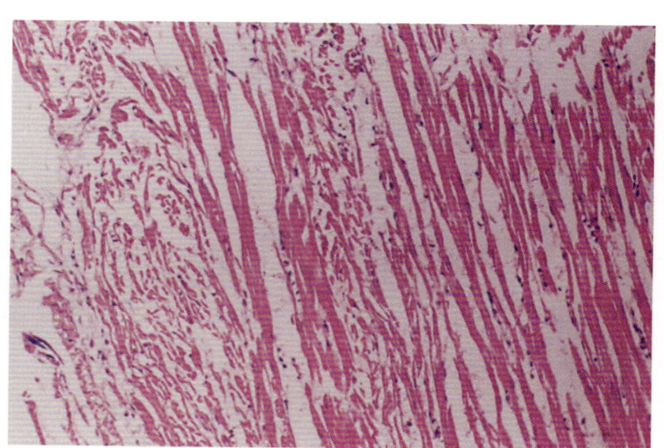

图 3-319　心肌纤维萎缩变细，间隙扩大，许多肌纤维发生断裂、崩解而变成碎片

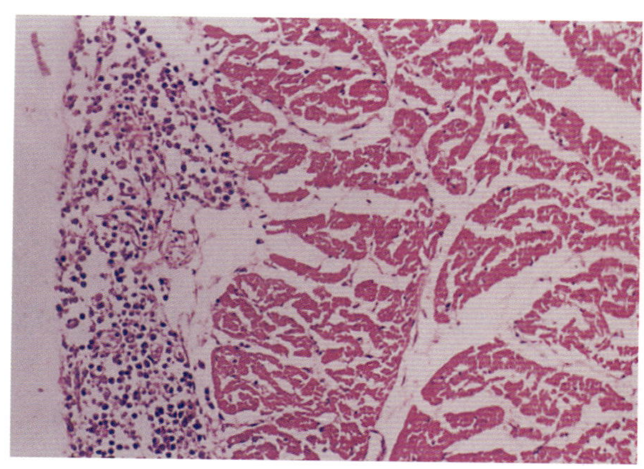

图3-320　心外膜增宽，其中充满多量炎性细胞

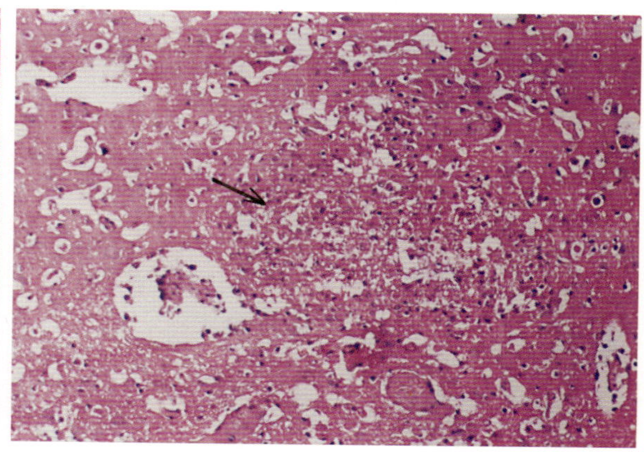

图 3-321　大脑切片显示两个血管周围间隙极度扩张，血管瘪缩，隙内有少量外膜细胞和淋巴细胞增生浸润，箭头所指为一小坏死区

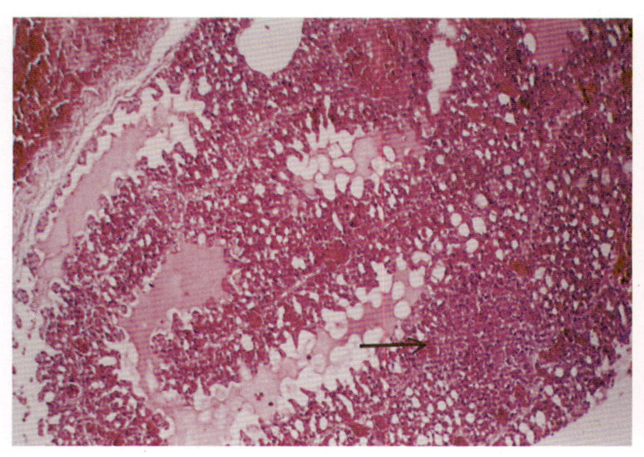

图3-322 肺支气管中充满红染浆液，肺泡壁充血，箭头示一个小坏死灶

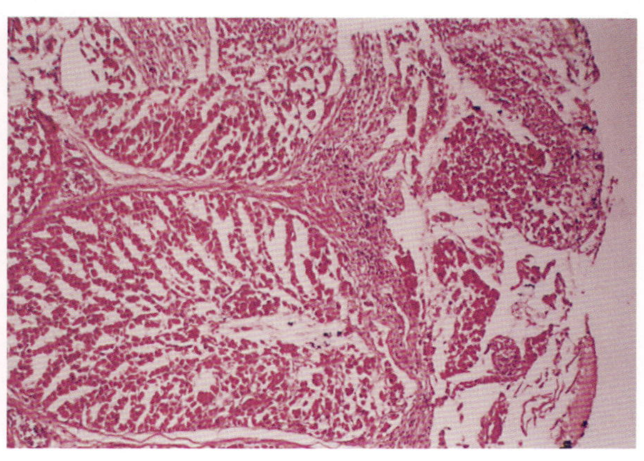

图 3-323 腺胃黏膜上皮脱落，黏膜下层炎性水肿，有多量炎性细胞增生浸润，浅层腺胃结构破坏

图 3-324 胚体全身充血、出血、皮下水肿

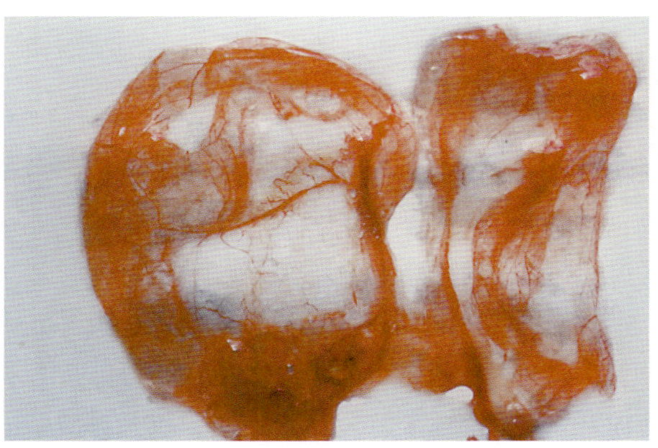

图 3-325 番鸭接种病毒后，绒尿膜充血，接种部位有灰白色、绿豆大的痘斑样坏死灶

三十二、鸡传染性腺胃炎

本病于1995年在江苏苏北发现，经病毒分离和鉴定结果，为鸡传染性支气管炎病毒所致。病毒属于冠状病毒科、冠状病毒属、鸡传染性支气管炎病毒。1930年美国首先发现鸡传染性支气管炎，经长期流行发生，病毒对器官嗜性及致病性和抗原性发生变异，出现支气管炎型、肾炎型、腺胃炎型病毒颗粒形态等不同病变类型（图3-326）。应用RT-PCR技术将4株腺胃炎型分离毒株与支气管炎型和肾炎型国内外标准毒株作S1基因比较，结果与肾炎型毒株核苷酸和氨基酸同源性为73.3%～76.3%和73.1%～76.1%，与支气管炎型毒株同源性为70.3%～78.7%和70.8%～77.9%。根据基因进化树，显示腺胃炎型为鸡传染性支气管病毒的一个独立分支。用单抗和多抗作中和等试验，腺胃炎型毒株与支气管炎型和肾炎型毒株抗原性存在着差异。病毒能在鸡胚复制，并致死鸡胚，胚体皮肤充血、出血（图3-327），肝脏有土黄色坏死灶，肾脏肿大、有尿酸盐沉积，后期胚胎发育明显受阻，呈典型侏儒胚。本病主要发生于20～100日龄左右鸡，病程长者可达20～40d，以生长

阻滞或体重负增长和饲料报酬低为特征性传染病。发病率为30%～50%，死亡率为30%左右。

患病鸡食欲减少，逐渐消瘦，体重出现下降，为同批正常鸡的1/2～1/3体重，鸡群像由不同日龄鸡组成的。后期患鸡缩头，两翅下垂，拉稀，因衰弱而死亡。

病鸡尸体极度消瘦，个体比同龄健康鸡明显小，皮下和腹腔内脂肪消失。腺胃外观明显增大（图3−328），腺胃黏膜肿胀（图3−329），乳头水肿突起、出血（图3−330），有的黏膜发生充血和出血，有的因黏膜组织坏死而形成凹陷的溃疡，周边出血。肠道内充满稀薄液体，小肠（尤其是十二指肠）黏膜肿胀、充血和出血。肝淤血，有的可见散在的灰白色小坏死点。多数病鸡胸腺、法氏囊和胰腺萎缩，体积皱缩。

腺胃黏膜表面上皮完全破坏脱落，固有层水肿，有多量炎性细胞浸润，腺管大部分结构破坏，有的结构完全消失。病变严重的，黏膜浅层组织发生凝固性坏死，常分离脱落。有的病鸡整个黏膜层完全发生坏死，坏死组织和炎性渗出物凝固形成厚层假膜并覆盖在腺胃表面，脱落后即形成溃疡（图3−331）。在炎症严重病例，病变可以深入腺胃肌层，平滑肌发生严重实质变性以至蜡样坏死。

小肠病变较严重。十二指肠绒毛上皮脱落，固有层充血、水肿，部分腺管结构破坏。

肾小管上皮细胞广泛发生浊肿，有些肾小管上皮成片脱落，上皮细胞浓缩碎裂，形成小的坏死灶，肾小球的囊腔扩张（图3−332）。

肝腺泡结构破坏，肝细胞严重颗粒变性和水泡变性。多数病鸡可见散在分布的坏死灶，灶内肝细胞溶解，胞核消失（图3−333）。有的小坏死灶互相融合形成较大的坏死区。有的病例肝小叶间质扩张，有炎性细胞浸润。

病鸡的淋巴器官均见实质组织明显萎缩。法氏囊皱襞缩小，淋巴滤泡显著减少，有的已完全消失，间质水肿扩张。胸腺的淋巴实质几乎完全消失不见，髓质上有多量空泡形成。

疫苗接种是目前预防鸡传染性支气管炎的一项主要措施。本病主要是幼年鸡阶段感染所造成的损失，故雏鸡的免疫接种是重要的一环。又因鸡传染性支气管炎病毒易变，已出现不同病变型和不同血清型的毒株，虽然有抗原交叉反应，但目前生产上应用的单苗不易达到有效的保护效果。根据病毒特性及我国饲养模式的情况，应用活苗和多价灭活苗相结合进行预防接种对预防支气管炎型和肾炎型传染性支气管炎有良好效果。单一的鸡传染性腺胃炎型的防制，从应用分离株制备的油乳剂灭活苗在疫区对80万余只鸡的免疫防制试验结果表明，经疫苗免疫的鸡群发病率仅为0.3%～1%，而未免疫鸡群发病率在30%以上，能有效地控制此病的流行发生。

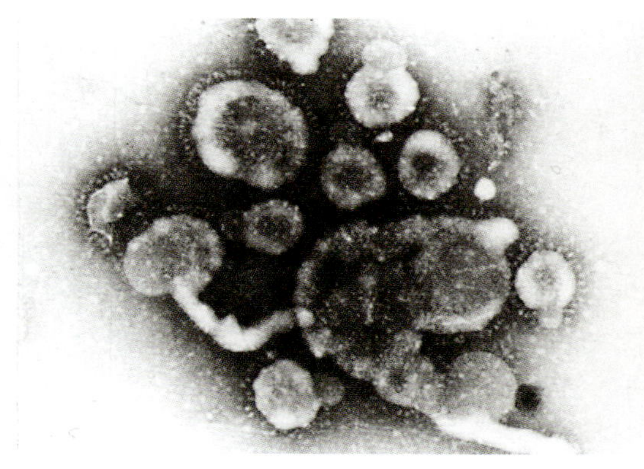

图3−326　传染性胃肠炎病毒，有囊膜，形态多样

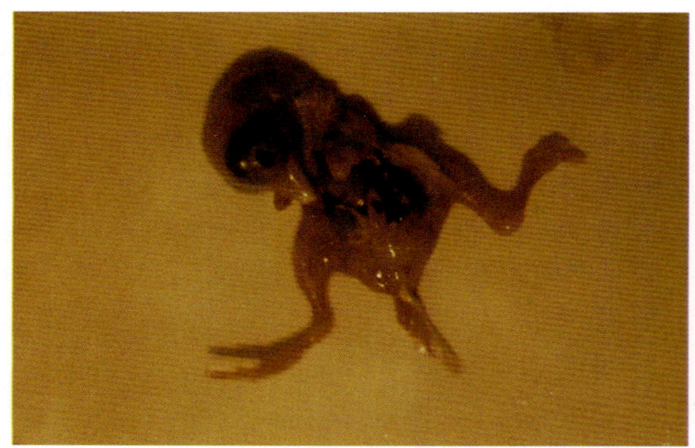

图3−327　鸡胚充血、出血

图3-328　腺胃肿大

图 3-329　腺胃黏膜肿胀，弥漫性乳头出血

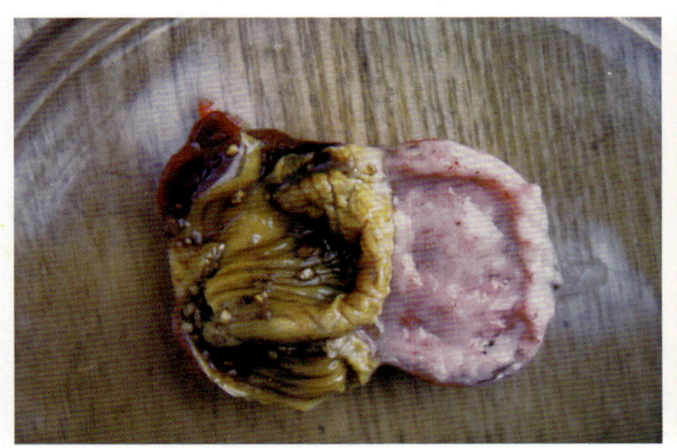
图 3-330　腺胃黏膜肿胀，弥漫性乳头出血

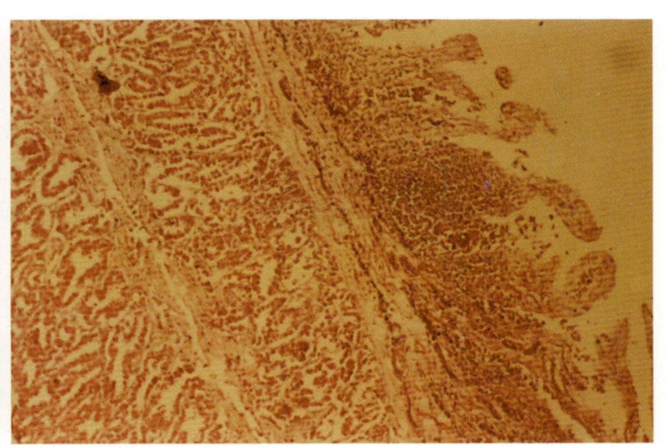
图3-331　腺胃黏膜上皮脱落，固有层结构破坏，多量炎性细胞弥漫浸润

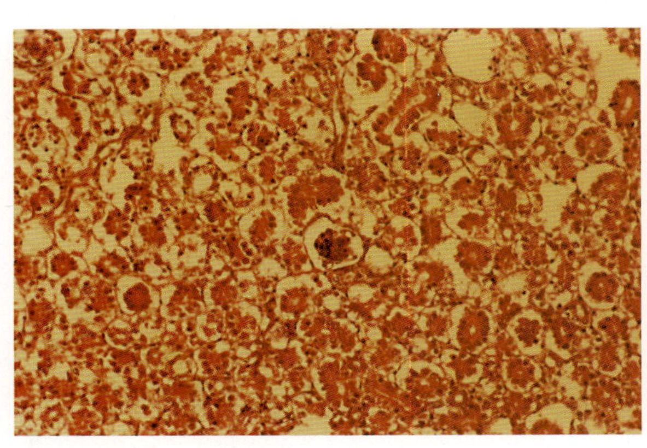
图 3-332　肾脏，肾小管水肿，上皮与基底膜之间形成扩张的空隙，部分肾小管上皮结构破坏

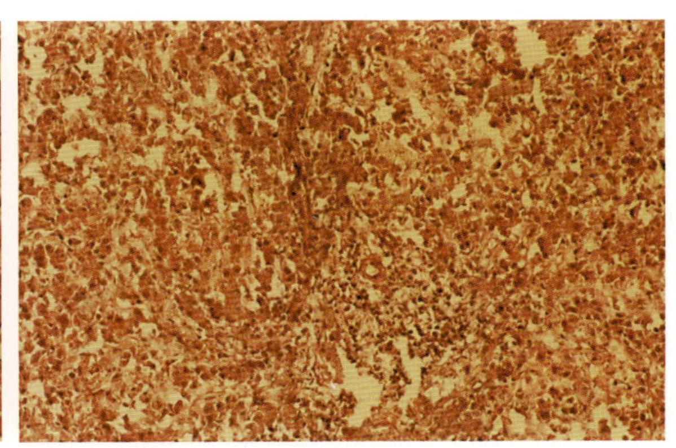
图 3-333　肝脏实质严重变性，许多肝腺泡结构破坏

第四章

其他动物的传染病

一、鼻　　疽

鼻疽是由鼻疽杆菌引起的马属动物的一种传染病，其特征是在鼻腔、喉头、气管黏膜或皮肤形成特异性鼻疽结节、溃疡、疤痕，在肺、淋巴结和其他实质器官发生鼻疽结节。狗和狼也可感染，人也有易感性。病原为鼻疽伯氏菌，原先归于假单胞菌属，现归于伯氏菌属，惯称鼻疽杆菌，革兰氏阴性。

本病主要是由于病马与健马同饲而经消化道传染，也可经损伤的皮肤和黏膜以及呼吸道传染。初发病地区呈暴发性流行，以急性为主。老疫区流行缓慢，常呈慢性经过。根据临诊症状分为肺鼻疽、鼻腔鼻疽和皮肤鼻疽。肺鼻疽见气管黏膜上有星状疤痕(图 4–1)，肺脏有鼻疽结节和鼻疽性肺炎(图 4–2)，肺泡内充满核呈浓缩、碎裂的中性粒细胞(图 4–3)。病程长的，肺呈硬结，硬结区组织几乎被增生的结缔组织取代(图 4–4)。鼻腔鼻疽见鼻中隔上有星状疤痕(图 4–5)和溃疡、坏死性溃疡(图 4–6、图 4–7)。皮肤鼻疽在马胸侧和腹部有鼻疽结节(图 4–8)。马匹感染后，经 2～3 周可出现变态反应，时间可保持 8～10 年，甚至终生。应用鼻疽菌素点眼，阳性反应见眼有脓性分泌物(图 4–9)，常用于马鼻疽检疫和诊断。

目前尚无有效菌苗，应严格采取养、检、隔、处、消等综合防疫措施，控制和消灭传染源这一重要环节。病马在隔离条件下应用土霉素和磺胺类药物进行治疗。目前本病在我国已得到有效控制。

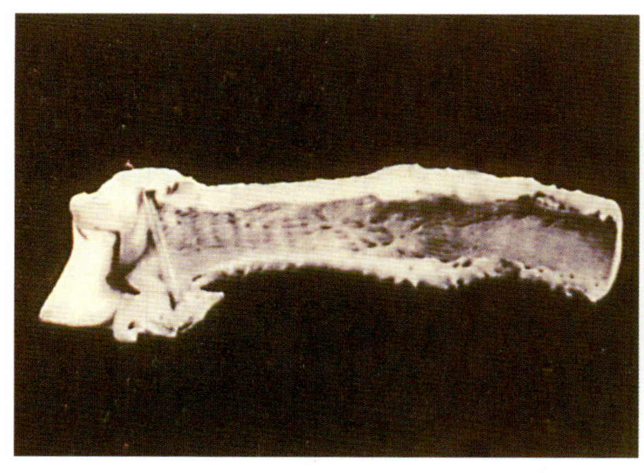

图4–1　气管星状疤痕

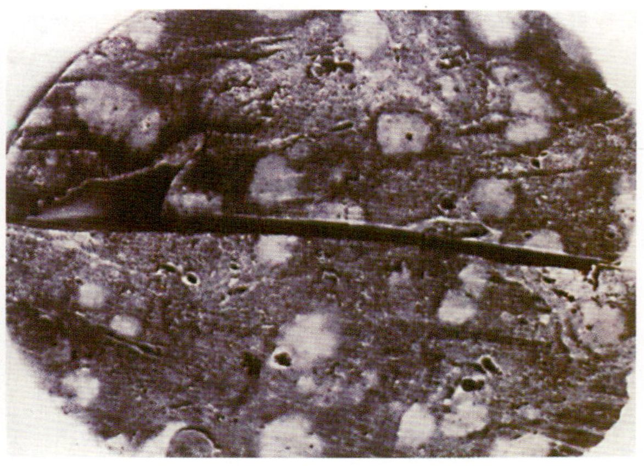

图4–2　肺脏有鼻疽结节和鼻疽性肺炎

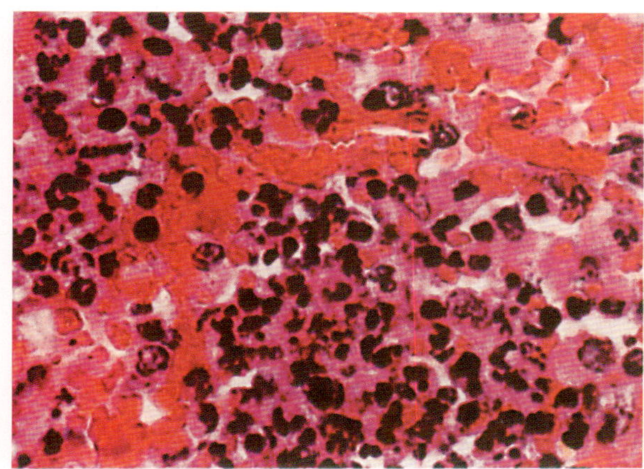

图4-3　肺渗出性鼻疽结节中心的肺泡毛细血管充血，肺泡内充满核呈浓缩、破裂的中性粒细胞

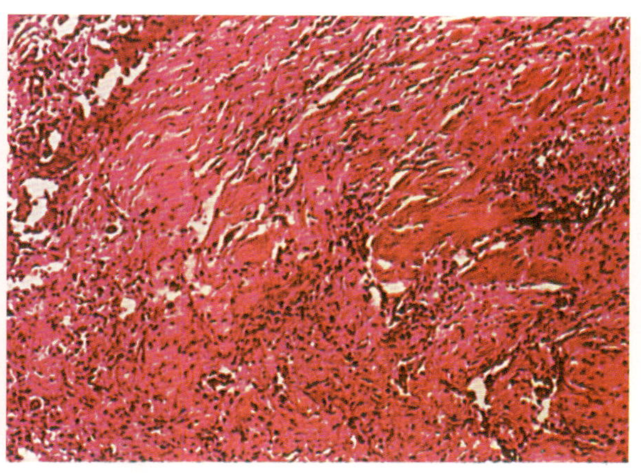

图4-4　鼻疽性肺硬结，硬结区的肺组织几乎完全被增生的结缔组织取代，见有残留的细支气管炎壁平滑肌

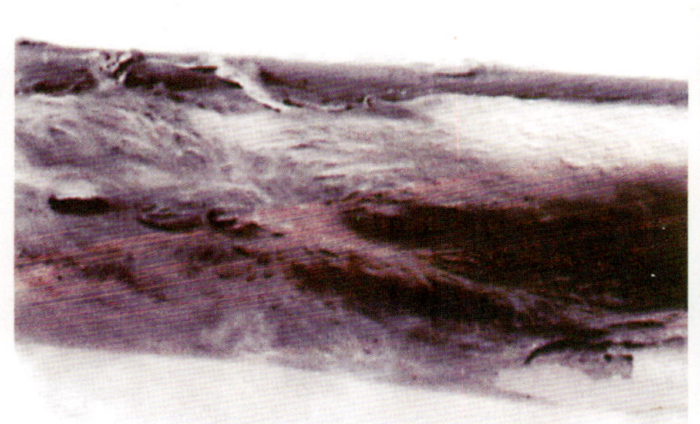

图4-5　鼻中隔星状疤痕

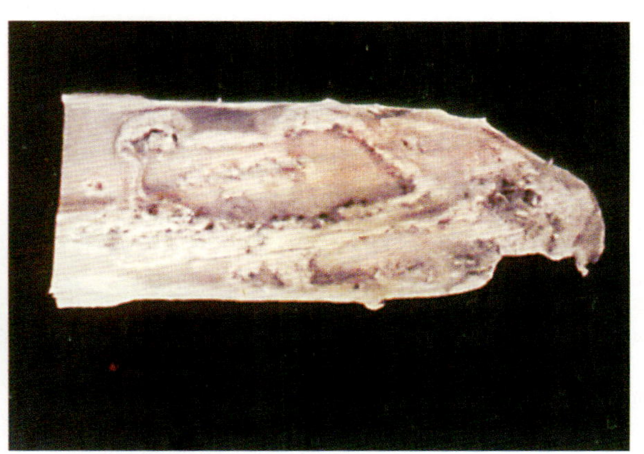

图4-6　鼻中隔溃疡

图4-7　鼻中隔坏死性溃疡

图4-8　在病马的胸侧和腹部有大量的皮肤病变

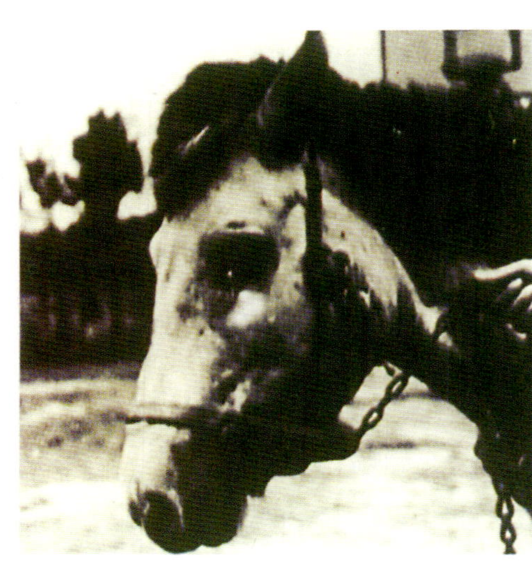

图 4-9 鼻疽菌素点眼阳性反应马，眼有脓性分泌物

二、马传染性贫血

马传染性贫血是由马传染性贫血病毒引起的马属动物的一种传染病。在发热期症状明显，表现贫血、出血、黄疸、浮肿和消瘦；无热期症状减轻或消失。本病毒属于正反录病毒亚科、慢病毒属，病毒核酸型有两个线状的正链单股RNA。

本病常呈地方流行性或散发，有明显季节性，一般多在吸血昆虫活跃季节(2～9月)发生。急性、亚急性、慢性传染性贫血的共同症状为发热，表现为稽留热和间隙热；红细胞数减少，严重的红细胞可减少至300万／mm^3以下；血沉加快，血液稀薄(图4-10、图4-11、图4-12)。亚急性和慢性型的病变，肝肿大，切面呈明显的槟榔样花纹，称为槟榔肝(图4-13)。本病的组织学变化具有一定的诊断价值，肝病变更具有特征，肝小叶结构破坏，肝细胞坏死、崩解，有许多含铁细胞和淋巴样细胞(图4-14、图4-15)。肝细胞呈急性肿胀和脂肪变性，见有含铁细胞(图4-16)。马传染性贫血琼扩反应特异性强，持续时间长，检出率高，可用于本病的检疫(图4-17)，检疫要

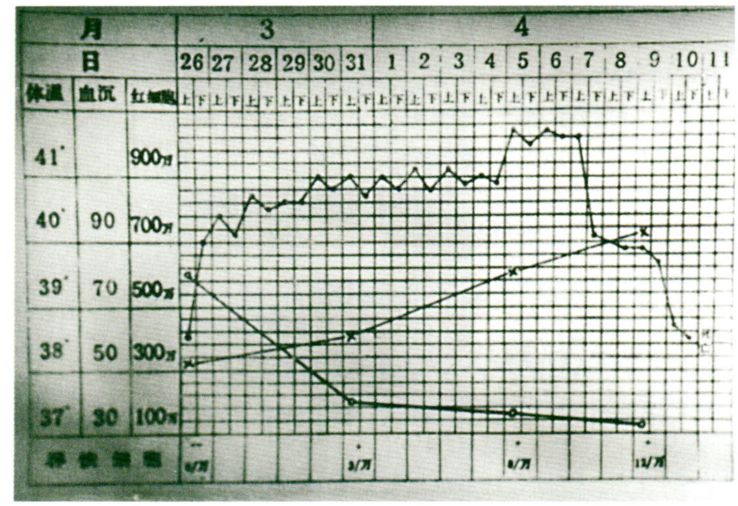

图4-10 急性马传染性贫血病马体温、红细胞、血沉的消长情况

做3次，每次间隔1个月。血清学检查和测温观察热型变化规律，是确诊本病依据之一。

预防和消灭本病，必须坚决贯彻《马传染性贫血防制试行办法》，通过检疫将病马、假定健康马分开，对病马按扑杀处理。假定健康马接种马传贫驴白细胞弱毒疫苗。

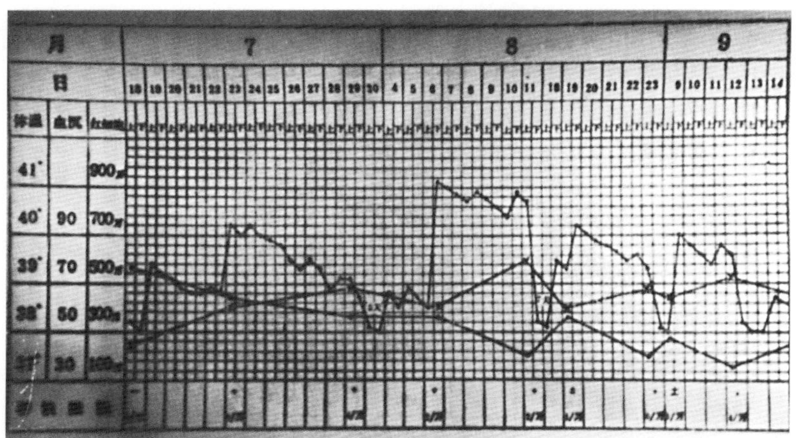

图4－11　亚急性马传染性贫血病马体温、红细胞、血沉的消长情况

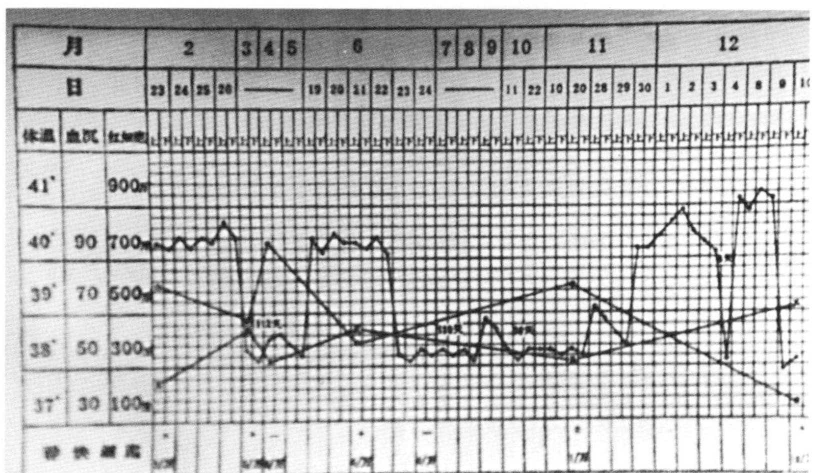

图4－12　慢性马传染性贫血病马体温、红细胞、血沉的消长情况

图4－13　马传染性贫血的槟榔肝

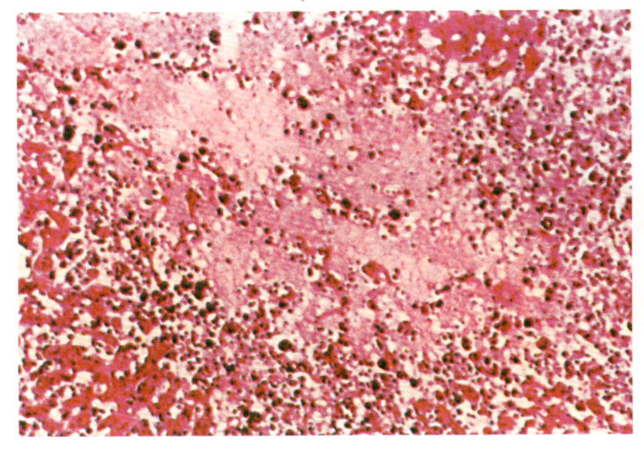

图 4-14　急性型：肝小叶的结构严重破坏，小叶中央区的肝细胞坏死、崩解，有许多含铁细胞和淋巴样细胞

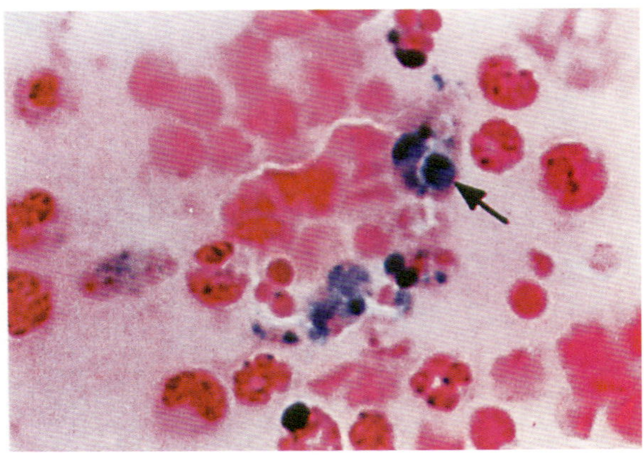

图4-15　含有蓝染颗粒或质块的细胞是呈普鲁氏蓝阳性反应的含铁细胞

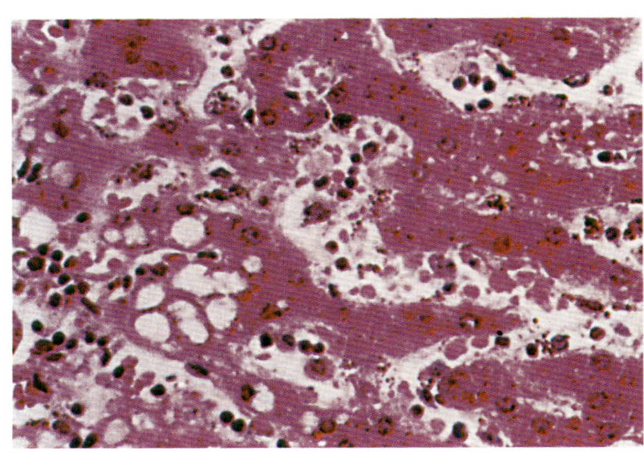

图4-16　肝细胞呈急性肿胀和脂肪变性，肝窦状隙含有许多淋巴样细胞和含铁细胞

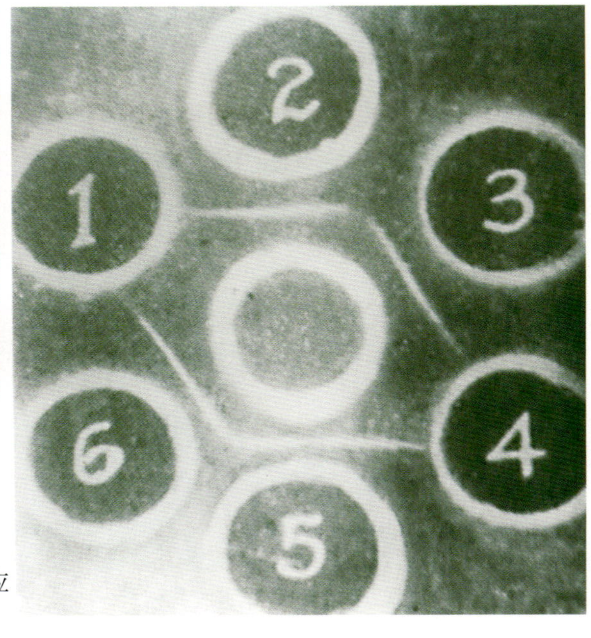

图4-17　马传染性贫血琼脂扩散试验阳性反应

三、非洲马瘟

非洲马瘟是由非洲马瘟病毒引起的单蹄兽急性或亚急性传染病。病的特征是发热、水肿，部分脏器出血。病原为呼肠孤病毒科、环状病毒属的一种病毒，双股RNA，病毒粒子呈球形，无囊膜(图 4-18)。现已知有 9 个血清型，各型之间没有交叉免疫反应。1958 年以前，主要在非洲国家流行，自 1959 年以后开始在中东及近东各国流行。我国目前尚无本病，但要注意防范。

本病主要是通过库蠓属昆虫传播，有明显季节性，幼龄马最易感，病死率很高。按临诊症状可分为肺型、心型、肺心型和发热型。肺型多以急性经过，病马从鼻腔流出大量的泡沫状液体(图

4−19)，肺小叶间严重胶样水肿(图4−20)，气管内有大量泡沫和胶样液体(图4−21)，肺严重水肿，切开流出多量水肿液(图4−22)。心型呈亚急性经过，病程长。病马头部水肿和眼睑、眼结膜水肿(图4−23、图4−24)，心包积液，冠状沟脂肪水肿，心脏房室瓣和左心室内膜出血(图4−25、图4−26、图4−27、图4−28)。肌肉间有黄色胶冻状水肿液(图4−29)。消化道病变见有大量腹水，胃底部黏膜出血，盲肠和结肠浆膜有点状出血(图4−30、图4−31、图4−32、图4−33)。

本病目前尚无特效药物用于治疗，对病马实施对症疗法，国外已有细胞培养弱毒疫苗和灭活苗，也制成多价疫苗，在疫区于吸血昆虫出现前1个月进行免疫接种。

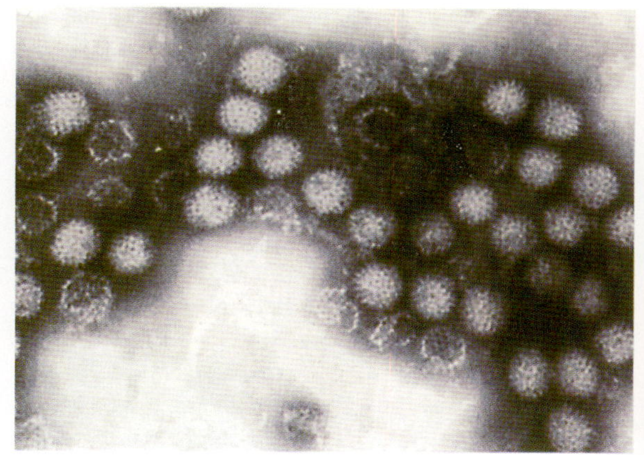

图4−18　非洲马瘟病毒形态

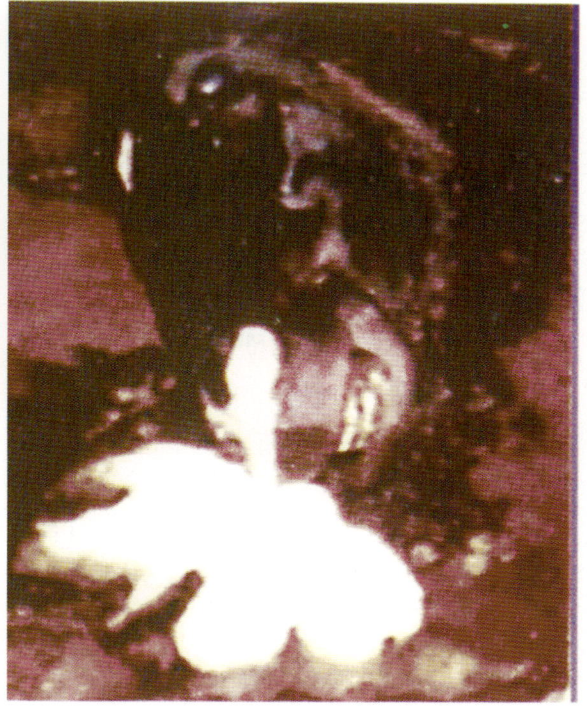

图4−19　病马从鼻腔流出大量的泡沫状液体

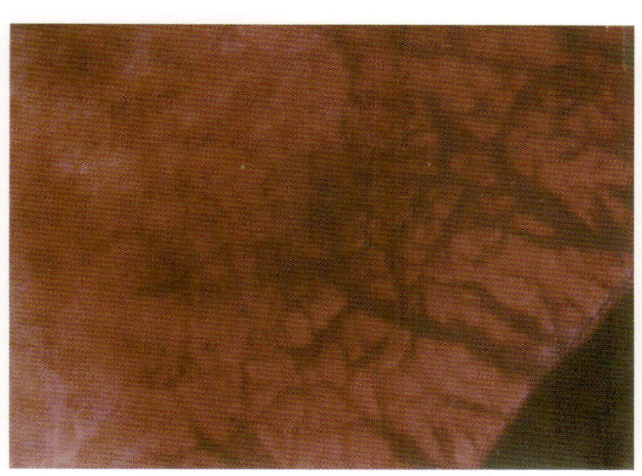

图4−20　肺小叶间严重胶样水肿

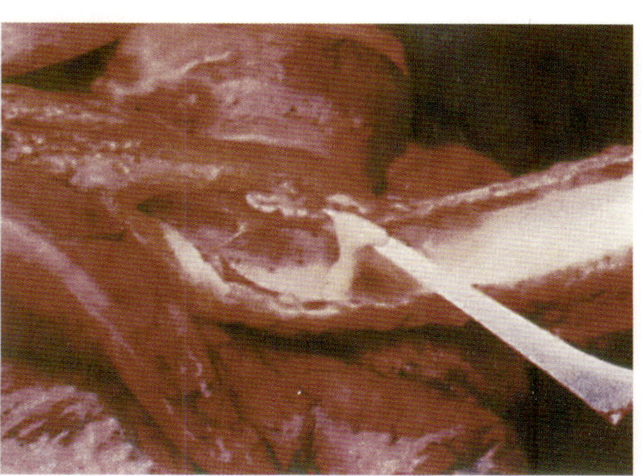

图4−21　气管内有大量泡沫和胶样液体

图 4-22　严重肺水肿

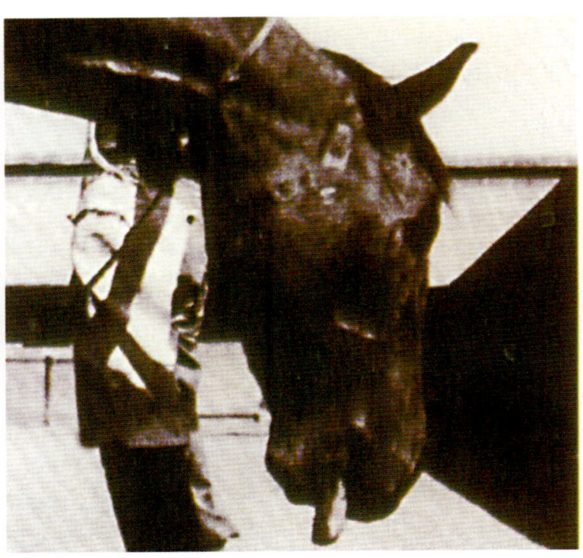

图 4-23　病马头部严重肿胀

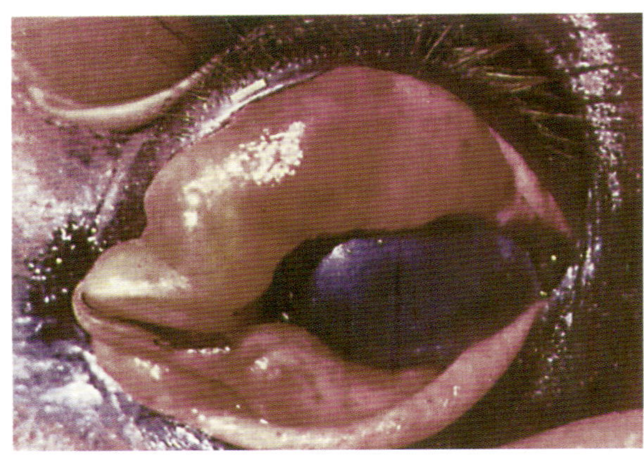

图 4-24　病马眼睑、眼结膜严重水肿

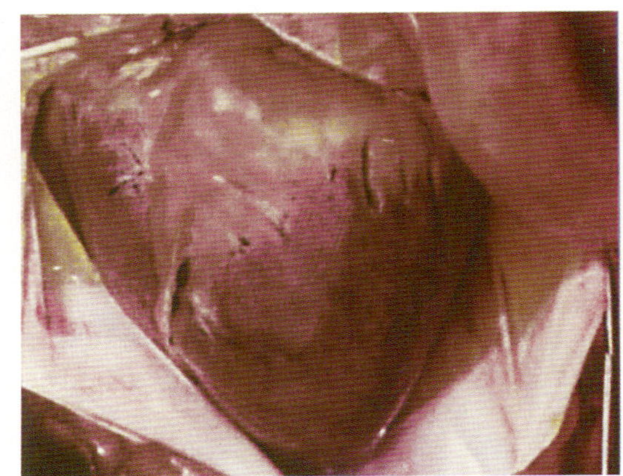

图 4-25　心包积液

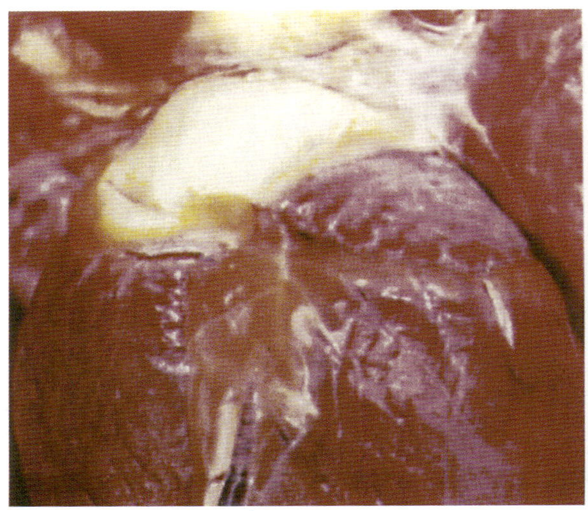

图4-26　心脏冠状沟脂肪水肿

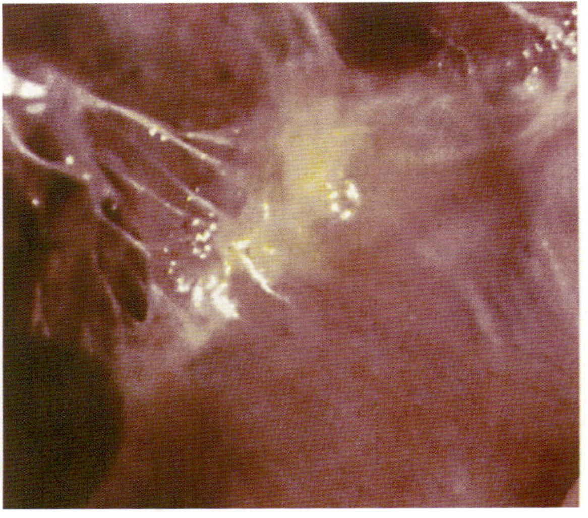

图4-27　心脏房室瓣膜上的水肿

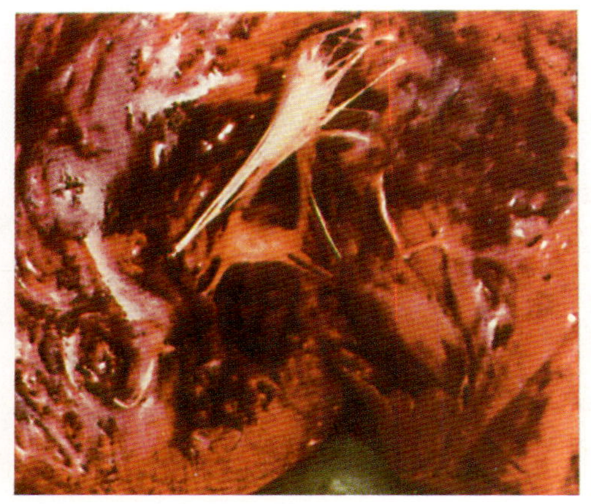
图 4-28 左心室心内膜上严重出血

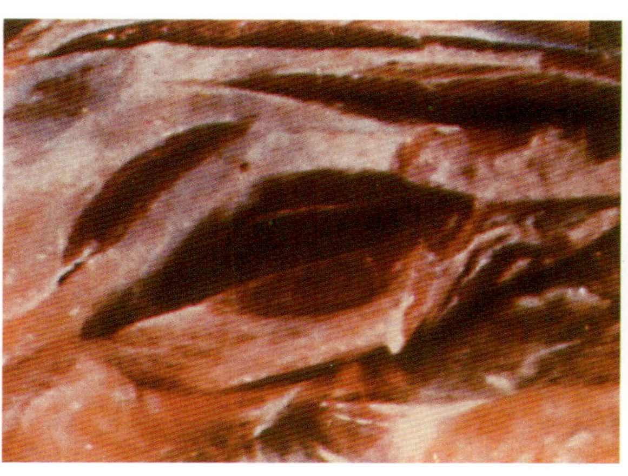
图 4-29 肌肉间黄色胶冻状水肿

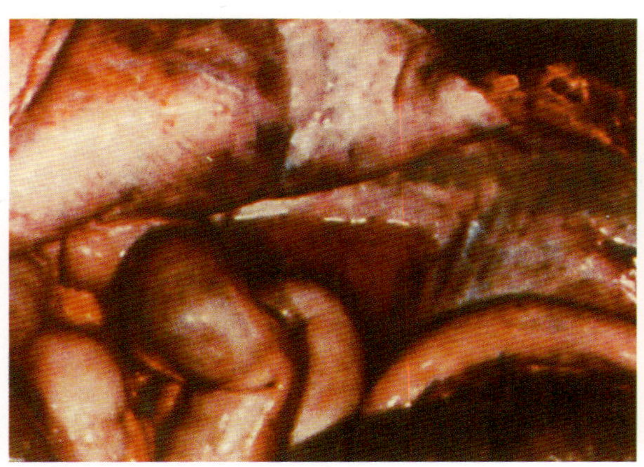
图 4-30 大量腹水

图4-31 胃底部充血

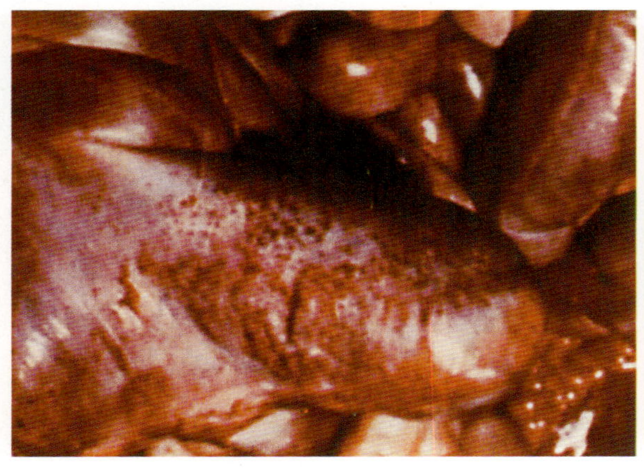
图4-32 盲肠浆膜表面有大量点状出血

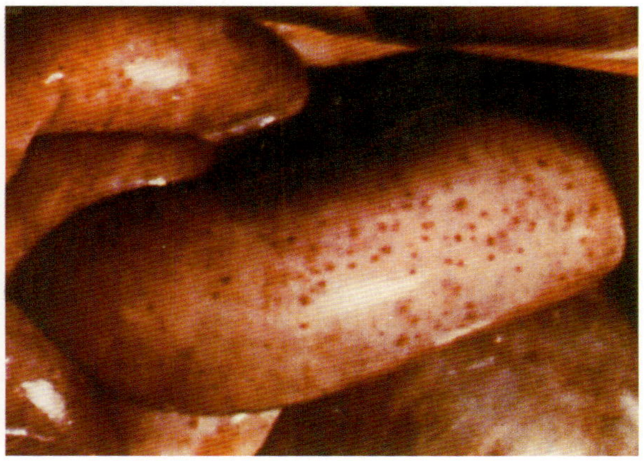
图4-33 结肠浆膜表面有点状出血

四、兔泰泽氏病

兔泰泽氏病发现于1965年，以后在大鼠、仓鼠及犬、猫等也发现感染本病，我国家兔也有发生。病原体为毛样芽孢梭菌，以前称毛样芽孢杆菌。严格细胞内寄生，可在鸡胚卵黄囊中生长。本菌在肝细胞、平滑肌和上皮细胞浆中呈束状、多形性，有密生鞭毛，能运动，产生芽孢，革兰氏阴性(图4—34)。

家兔易感性高，一般多发于幼龄或断奶兔。消化道感染是自然传播的主要途径。幼兔感染后表现水样和黏液状腹泻(图4—35)，病兔脱水、消瘦而死亡。病变主要局限于消化道，为出血性肠炎和肝多发性坏死灶(图4—36、图4—37)。心肌上有大片坏死区(图4—38)，心肌纤维中可见到病菌。

目前本病尚无有效菌苗，抗生素治疗效果不确切。四环素、金霉素和土霉素有些疗效。主要措施是防止病扩散，早发现和及时淘汰患病兔和定期消毒。

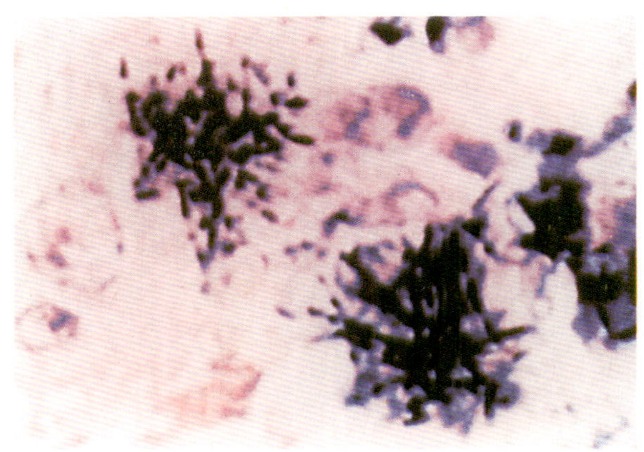

图4—34　毛样芽孢梭菌在肝细胞、上皮细胞浆中呈束状

图4—35　病兔表现水样和黏液状腹泻，后躯被稀粪污染

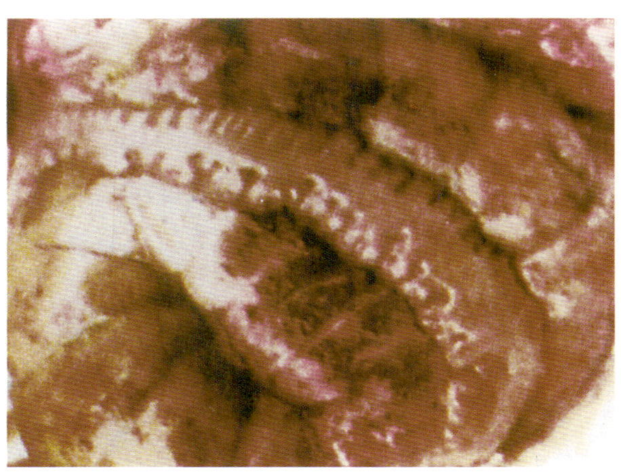

图4—36　结肠浆膜出血，肠壁水肿

图4—37　肝弥漫性坏死灶

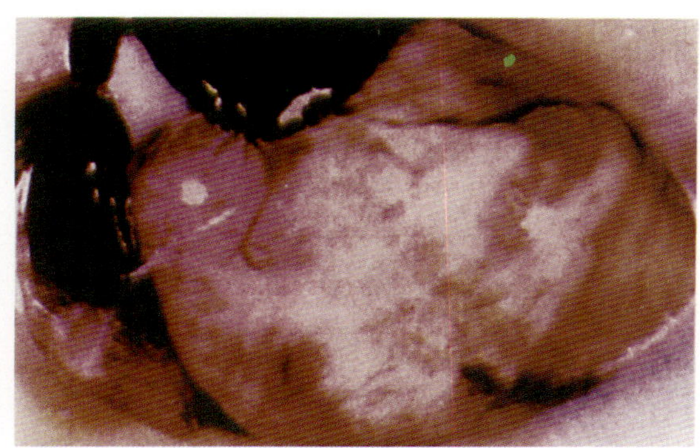
图 4−38　心肌的大片灰白色坏死区

五、兔梭菌性下痢

兔梭菌性下痢是由A型魏氏梭菌引起兔的一种消化道传染病，其特征为水样腹泻和脱水死亡。A 型魏氏梭菌为革兰氏阳性，有荚膜和产生芽孢。在动物体内或培养基中能产生强的外毒素，主要产生 α 毒素，具有坏死、溶血和致死作用。

1～3月龄兔发病率最高，一般在冬春季节青饲料缺乏时容易发病。急剧腹泻是本病的特征症状，排出灰褐色粪便，不久出现水泻或胶冻样稀粪，具有腥臭味，污染兔臀部及后腿(图 4−39)，病死率几乎达 100%。主要病变见于消化道，胃浆膜有出血点，胃底黏膜脱落并有出血和黑色溃疡点(图 4−40、图 4−41)。小肠充满气体，肠壁菲薄透明，有明显充血和出血(图 4−42)。盲肠内容物呈黑绿色，具有腐败味，盲肠浆膜出血呈横行条带状(图 4−43)。

发病早期可用抗血清 5～10mL ／只，每天肌内注射1～2 次，连用 2d，并配合抗生素和补液可收到良好效果。A 型魏氏梭菌甲醛氢氧化铝灭活苗，免疫 2 次，间隔 1 周，成兔肌内注射 2mL、青年兔 1.5mL、仔兔 1mL，免疫期 6 个月。

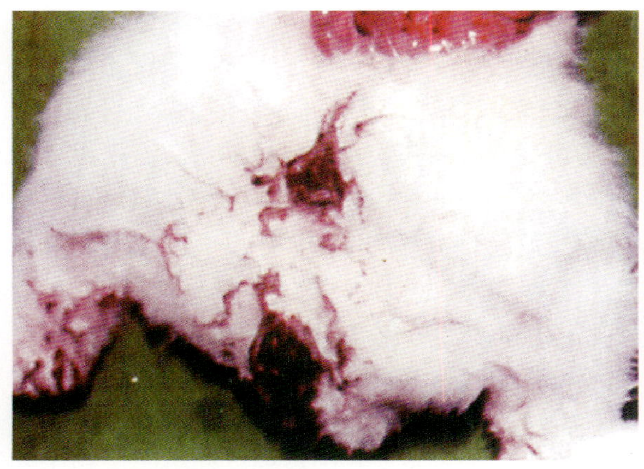
图 4−39　肛门周围和后肢内侧被毛污染灰褐色粪便

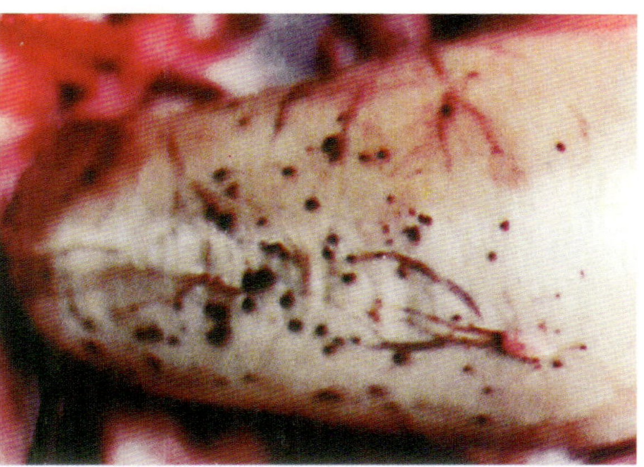
图 4−40　通过胃浆膜可见到胃黏膜的黑色溃疡

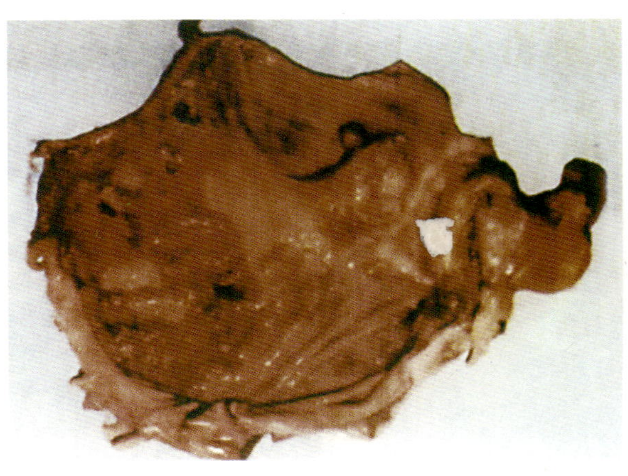
图 4-41　胃底部黏膜脱落，有几个黑色溃疡

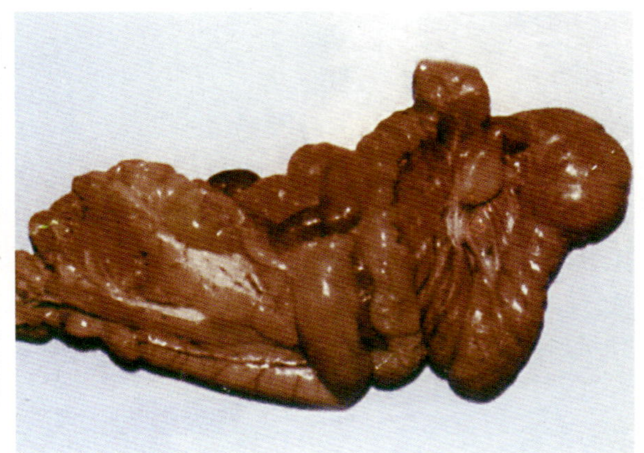
图 4-42　肠壁明显充血、出血，其内容物稀薄

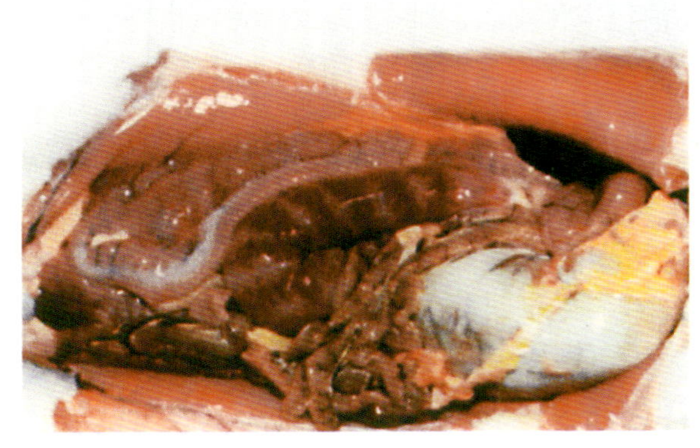
图 4-43　盲肠浆膜出血，呈横行条带形

六、兔病毒性出血症

兔病毒性出血症俗称兔瘟，是兔的一种急性、高度接触性传染病。特征为呼吸系统出血，肝坏死，实质脏器水肿、淤血及出血。1984年在我国江苏省首次发现，随后世界许多国家也有报道。兔病毒性出血症病毒在分类地位属于嵌杯病毒科兔病毒属，无囊膜，表面有短的纤突，基因型为单股正链RNA，只有一种血清型。

本病常呈暴发流行，对60日龄以上青年兔和成年兔易感性高于2月龄以内仔兔，未断奶兔很少发病。发病率和病死率达90%以上，一般多发生于冬春季节。最急性多发生在流行初期，突然发病、迅速死亡。急性型多见于流行中期，病兔鼻孔流出带血的分泌物(图 4-44)，怀孕母兔出现流产，阴道流出带血液体(图 4-45)。慢性型见于疫区和流行后期。眼观病变见气管黏膜出血，肺有不同程度的充血和出血(图 4-46)。肝肿大、淤血、质脆，有坏死灶(图 4-47)。心外膜出血，血管充血、扩张(图 4-48)。肾表面密布小点出血(图 4-49)。胃多充盈，浆膜出血，黏膜脱落和小肠浆膜、黏膜充血和出血(图 4-50、图 4-51)。脑和脑膜血管充血(图 4-52)。

目前采用病兔的脏器制成组织灭活苗，一年对兔免疫2次，仔兔20日龄开始首免，每只肌内注射1mL，也可以定期采用兔瘟和巴氏杆菌病二联苗或兔瘟、巴氏杆菌病、兔魏氏梭菌病三联苗，对兔群免疫能有效控制本病的发生。发病初期肌内注射抗兔病毒性出血症的血清，成兔3～4mL，仔兔和青年兔2～3mL，可取得良好疗效。重病兔应扑杀，尸体和病兔经无害化处理，被污染环境和用具应彻底消毒。

图4-44　鼻孔流出带血的分泌物

图4-45　孕兔流产，从阴道流出带血液体

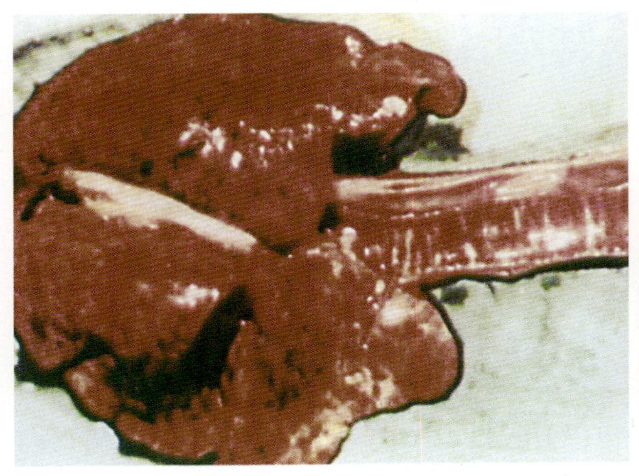

图4-46　气管黏膜出血、潮红，肺出血、淤血

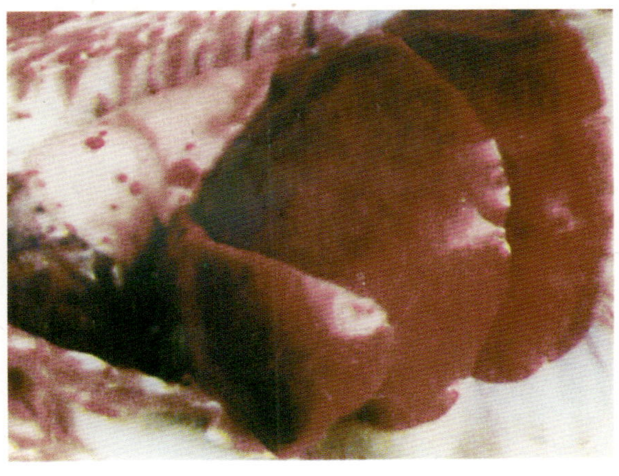

图4-47　肝肿大、淤血、质脆，有坏死灶，肺有出血斑

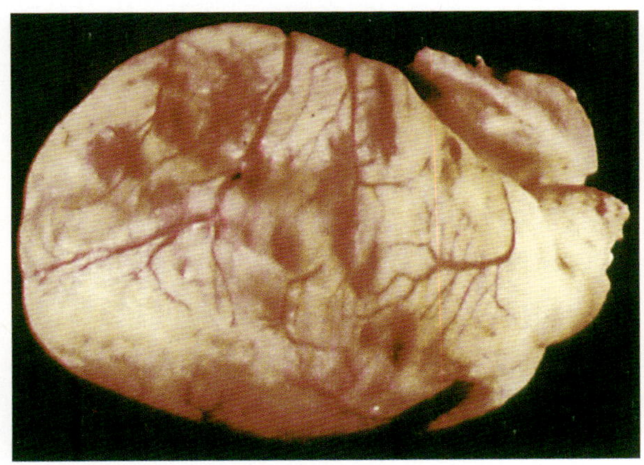

图4-48　心外膜出血，血管充血、扩张

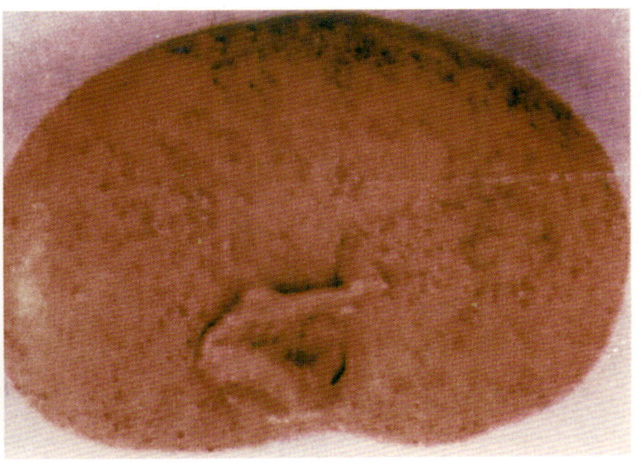

图4-49　肾表面密布细小的出血点

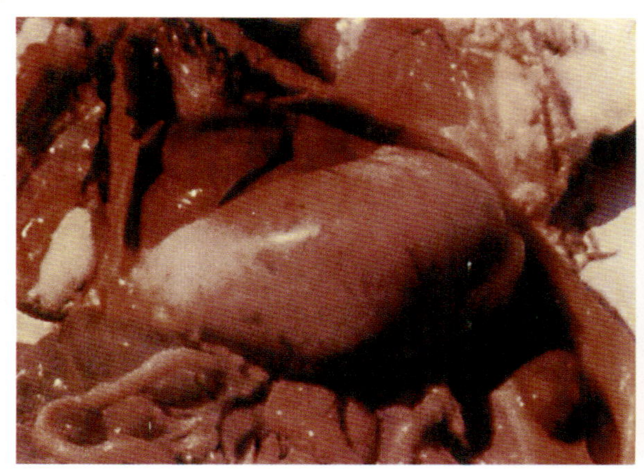

图4-50　胃浆膜出血，胃充盈

图4-51　小肠浆膜充血、出血，黏膜出血

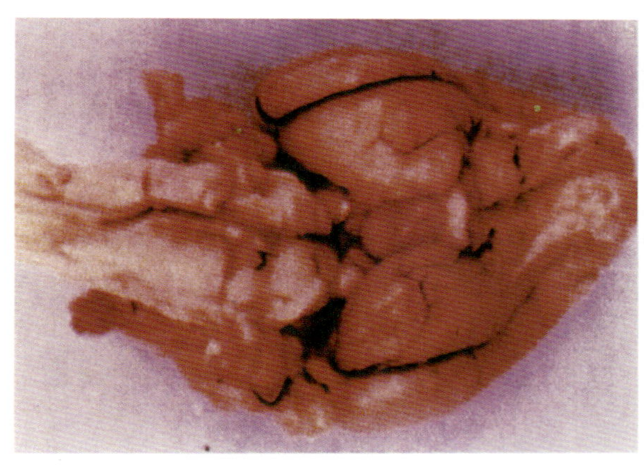

图4-52　脑膜血管充血、扩张

七、狂 犬 病

狂犬病俗称疯狗病，是病毒引起的一种急性接触性传染病。主要侵害中枢神经系统，病畜表现狂躁不安和意识紊乱，最后麻痹而死。病原为弹状病毒科、狂犬病病毒属，病毒基因组为负链单股RNA，有囊膜，在囊膜外层有由糖蛋白构成的纤突。犬科动物常成为人畜狂犬病的传染源和病毒贮存者。

本病传播方式系由患病(带毒)动物咬伤而感染。临诊症状一般分为狂暴和麻痹两种类型。犬在狂暴期意识障碍反射紊乱，常在野外游荡狂咬，流涎和夹尾(图4-53)。纵纹羚羊发病后狂暴不安而闯进农舍(图4-54)。牛在病初精神沉郁，不久后表现起卧不安，阵发性兴奋和冲动，冲撞墙壁，流涎、吼叫和共济失调(图4-55)，随后逐渐出现麻痹期，吞咽困难，伸颈，最后倒地而死(图4-56)。延脑小血管充血，周围有淋巴细胞浸润称管套(图4-57)，小脑和海马角切片染色可见到内基氏小体(图4-58、图4-59)。

目前我国采取管、免、灭综合防制：即市、城镇饲养的犬严格管理，有计划地对饲养家犬实施免疫接种，发放免疫证，配合消灭野犬，不使无免疫证的野犬到处游荡，以免伤害人畜。一旦被犬咬伤，在伤口彻底处理后，迅速用狂犬病疫苗进行紧急接种。

图4-53　病犬狂躁不安

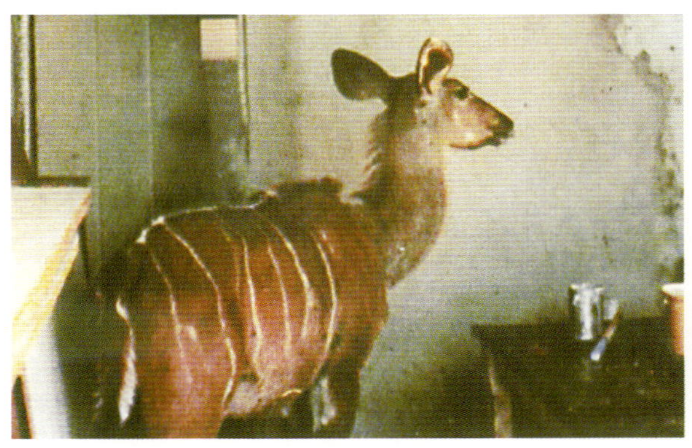

图4-54　发狂的纵纹羚闯进农舍

图4-55　病牛流涎、吼叫和共济失调

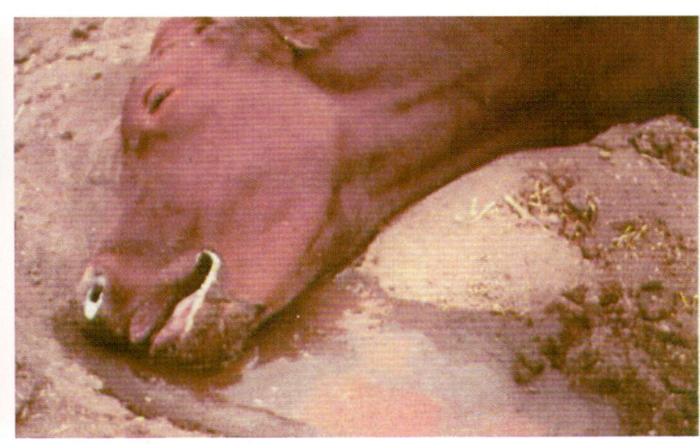

图4-56　麻痹期吞咽困难、伸颈，最后倒地死亡

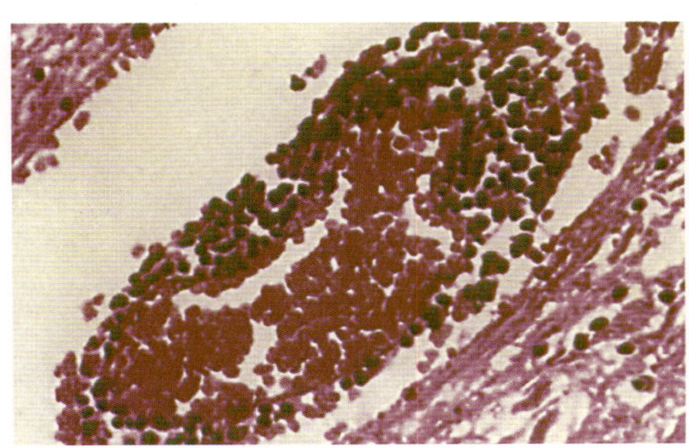

图4-57　延脑内的小血管充血，周围有数层淋巴细胞，称管套

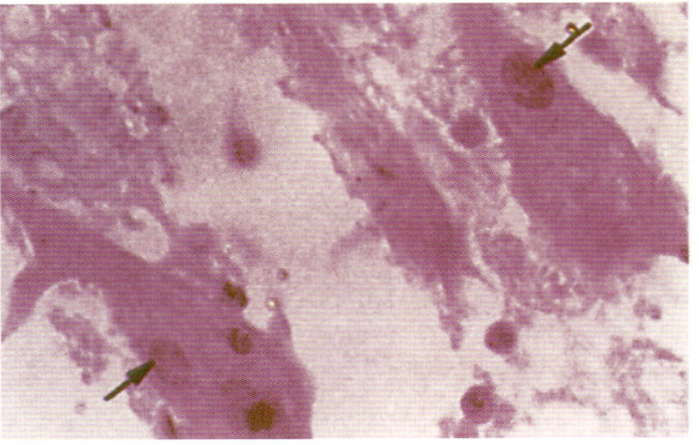

图4-58　小脑组织切片染色可见到内基氏小体

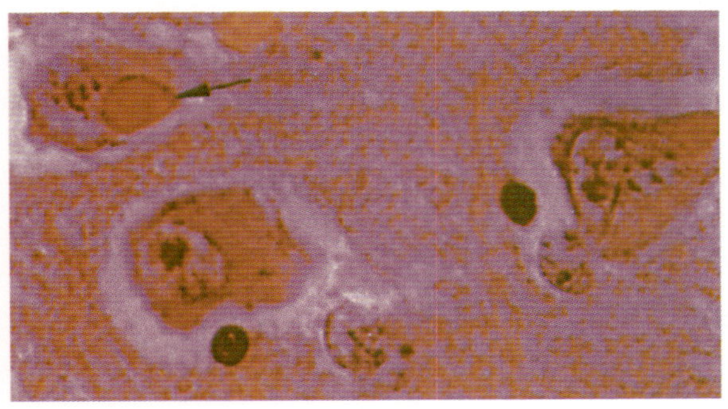

图4-59　海马角切片染色可见到内基氏小体

图书在版编目（CIP）数据

动物传染病诊治彩色图谱／郑明球，蔡宝祥，姜平主编．—2版．—北京：中国农业出版社，2009.6
（动物疾病诊治彩色图谱经典）
ISBN 978-7-109-13851-3

Ⅰ．动…　Ⅱ．①郑…②蔡…③姜…　Ⅲ．动物疾病：传染病－诊疗－图谱　Ⅳ．S855-64

中国版本图书馆 CIP 数据核字（2009）第 069696 号

中国农业出版社出版
（北京市朝阳区农展馆北路 2 号）
（邮政编码 100125）
责任编辑　颜景辰

中国农业出版社印刷厂印刷　　新华书店北京发行所发行
2010 年 1 月第 2 版　　2010 年 1 月第 2 版北京第 1 次印刷

开本：787mm × 1092mm 1/16　　印张：12.75
字数：325 千字　　印数：1～5 000 册
定价：108.00 元
（凡本版图书出现印刷、装订错误，请向出版社发行部调换）